计算机应用基础

(第 2 版)

主　编　吴俊强
副主编　史志英　王明芳
主　审　张卓云

东南大学出版社
·南京·

内 容 提 要

本书是一本通用的计算机基础教材,包括计算机基础知识、Windows XP 操作系统、Word 2003 文字处理、Excel 2003 电子表格、PowerPoint 2003 演示文稿、Internet 的基础知识和简单应用等共 6 章内容。本书紧扣全国计算机等级考试一级 MS Office 考试大纲,理论与实例相结合,为欲参加全国计算机等级考试一级考试的学生提供了参考。

本书可作为高职、高专院校计算机应用公共基础课程教材,也可作为计算机基础知识和应用能力考试人员的培训教材。

图书在版编目(CIP)数据

计算机应用基础/吴俊强主编. —2 版. —南京:东南大学出版社,2010.8(2012.12 重印)
ISBN 978-7-5641-2423-6

Ⅰ.①计… Ⅱ.①吴… Ⅲ.①电子计算机-高等学校-教材 Ⅳ.①TP3

中国版本图书馆 CIP 数据核字(2010)第 171525 号

计算机应用基础(第 2 版)

出版发行:东南大学出版社
社　　址:南京四牌楼 2 号　邮编 210096
出 版 人:江建中
责任编辑:史建农
网　　址:http://www.seupress.com
电子邮件:press@seu.edu.cn
经　　销:全国各地新华书店
印　　刷:南京新洲印刷有限公司
开　　本:787 mm×1 092 mm　1/16
印　　张:24.5
字　　数:587 千字
版　　次:2010 年 9 月第 2 版
印　　次:2012 年 12 月第 3 次印刷
书　　号:ISBN 978-7-5641-2423-6
印　　数:8001—11000
定　　价:45.00 元

本社图书若有印装质量问题,请直接与读者服务部联系。电话(传真):025-83792328

前 言
（第二版）

本书根据教育部考试中心制订的《全国计算机等级考试大纲（2008年版）》在第一版的基础上作了修订。

本书编写的指导思想是突出基础性、兼顾应用性，力求通俗易懂，便于教学。但是，作为大学新生的第一门计算机基础课程，一是课时有限，二是学生基础参差不齐，因此，要达到上述目标，难度是很大的。本书的编写人员都是具有多年丰富教学经验的专职计算机基础课教师，在教材编写中以方便教学组织为基本出发点之一，采用案例驱动的方式展开讲解，内容组织由浅入深，基本概念和基本操作讲解相互配合，系统性较强，既便于学生自学，又便于教师按照自己的知识结构和习惯组织教学。

本书分为6章。第1章计算机基础知识，介绍了计算机的概念、特点、系统组成与工作原理、多媒体技术以及计算机系统安全；第2章 Windows XP 操作系统，介绍了中文 Windows XP 的启动与退出、文件和文件夹的管理、控制面板与系统管理；第3章 Word 2003 文字处理，介绍了 Word 2003 的基础知识、文档的基本操作、格式化设置、表格与图形的插入与编辑、页面设置与打印输出；第4章 Excel 2003 电子表格，介绍了 Excel 2003 的基本操作、公式和函数的使用、数据管理、工作表的打印；第5章 PowerPoint 2003 演示文稿，介绍了幻灯片的基本操作、幻灯片的制作与设计、放映与打印；第6章 Internet 的基础知识和简单应用，介绍了计算机网络基础、局域网、Internet 概述、Internet Explorer 浏览器的使用、使用 Outlook Express 收发电子邮件。

与本书配套的习题与上机指导书，分为上机实验指导篇与习题篇。上机实验指导篇内容紧扣主教材，与课堂教学相辅相成，操作简洁，步骤详细，具有针对性。每个实验都包含实验目的、实验内容部分、上机练习三部分，以帮助学生更好的掌握相关操作。习题篇涉及全国计算机等级考试一级 MS Office 和一级 B 考试的全部内容，包括选择题、综合操作题、模拟试题等三部分。

本书由吴俊强任主编，史志英、王明芳任副主编，张卓云主审。各章主要执笔人员分别为：第1章（第1～4节）、第2章由史志英编写，第3章由王明芳编写，第1章（第5～7节）、第4章由吴俊强编写，第5章由赵翠萍编写，第6章由顾宇明编写。

由于水平所限，书中难免有不当和疏漏之处，恳请读者在使用过程中批评指正。读者可通过 E-mail 与编者联系，地址为 szywbx@163.com。

编 者
2010年6月

目 录

第1章 计算机基础知识 (1)
1.1 计算机概述 (1)
1.2 计算机中的信息表示 (14)
1.3 计算机系统 (22)
1.4 微型计算机的硬件系统 (25)
1.5 计算机软件系统 (47)
1.6 多媒体技术简介 (55)
1.7 计算机系统安全 (62)
习题 1 (71)

第2章 Windows XP 操作系统 (73)
2.1 操作系统概述 (73)
2.2 Windows XP 的基本操作 (78)
2.3 Windows XP 文件管理 (97)
2.4 控制面板与系统管理 (124)
2.5 其 他 (139)
习题 2 (155)

第3章 Word 2003 文字处理 (156)
3.1 Word 2003 概述 (156)
3.2 Word 2003 的窗口的组成 (158)
3.3 Word 2003 的帮助功能 (161)
3.4 文档的基本操作 (162)
3.5 文本输入和基本编辑 (166)
3.6 文档的排版 (178)
3.7 表格的制作 (194)
3.8 Word 2003 的图文混排功能 (206)
3.9 文档的打印 (220)
习题 3 (222)

第4章 Excel 2003 电子表格 (224)
4.1 Excel 2003 概述 (224)

4.2 Excel 2003 基本操作 …………………………………………… (229)
4.3 数据的计算——公式与函数 …………………………………… (237)
4.4 Excel 2003 工作表格式化 ……………………………………… (245)
4.5 Excel 2003 工作表与工作簿管理 ……………………………… (250)
4.6 Excel 2003 数据库管理 ………………………………………… (262)
4.7 Excel 2003 图表功能 …………………………………………… (273)
4.8 Excel 2003 的网络应用 ………………………………………… (281)
习题 4 ………………………………………………………………… (287)

第 5 章 PowerPoint 2003 演示文稿 ……………………………………… (290)
5.1 PowerPoint 2003 的基本操作 …………………………………… (290)
5.2 演示文稿的基本操作 …………………………………………… (295)
5.3 设置幻灯片外观 ………………………………………………… (316)
5.4 动画和超级链接技术 …………………………………………… (323)
5.5 演示文稿的放映和打印 ………………………………………… (335)
习题 5 ………………………………………………………………… (345)

第 6 章 Internet 的基础知识和简单应用 ………………………………… (346)
6.1 计算机网络概述 ………………………………………………… (346)
6.2 Internet 基础 …………………………………………………… (355)
6.3 Internet 的应用 ………………………………………………… (362)
习题 6 ………………………………………………………………… (384)

第1章 计算机基础知识

计算机的产生是20世纪重大的科技成果之一。自从世界上诞生第一台电子计算机以来,计算机科学已经成为本世纪发展最快的一门学科,尤其是微型计算机的出现和计算机网络的发展,大大促进了社会信息化的进程和知识经济的发展,引起了社会的深刻变革。计算机已广泛地应用于社会的各行各业,它使人们传统的工作、学习、生活乃至思维方式都发生了深刻变化,使人类开始步入信息化社会。因此,作为现代人必须掌握以计算机为核心的信息技术以及具备计算机的应用能力,不会使用计算机将无法进行有效学习和成功工作。

本章主要介绍计算机的基础知识,为进一步学习和使用计算机打下必要的基础。通过本章学习,应掌握:

1. 计算机的发展、特点、分类及其应用领域。
2. 计算机中信息的表示:二进制和十进制整数之间的转换,数值、字符和汉字的编码。
3. 一般计算机的系统组成与工作原理。
4. 微型计算机硬件系统的组成和作用,各组成部分的功能和简单工作原理。
5. 计算机软件系统的组成和功能,系统软件和应用软件的概念和作用。
6. 多媒体技术和计算机系统安全的相关知识。

1.1 计算机概述

计算机科学技术作为一种获取、处理、传输信息的手段,对社会的影响已经是人所共知。计算机应用领域覆盖了社会各个方面,从字表处理到数据库管理,从科学计算到多媒体应用,从工业控制到电子化、信息化的现代战争,从智能家电到航天航空,从娱乐消遣到大众化教育,从局域网到远距离通信。在信息社会里,计算机是人们需要接触和使用的非常重要的工具。

1.1.1 计算机的定义

什么是计算机?可能很多人脑海中都会浮现出一个计算机的影像。我们知道,计算机不仅可以做很多事情,还可以变换成各种各样的形状、外观,那么到底怎样才算是给计算机下了一个确切的定义呢?实际上,计算机就是一台根据事先已经存储的一系列指令,接收输入,处理数据,存储数据,并且产生输出结果的设备。

计算机的使用者通过一定的输入设备,如键盘、鼠标、触摸屏、扫描仪等,给计算机输入待处理的数据。这些数据包括文字、符号、数字、图片、温度、声音等。计算机接收各种形式输入的数据,按照一定指令序列对数据进行处理。当数据处理完毕,计算机又能够通过一定的输出设备,如显示器、打印机、绘图仪等,输出数据处理的结果。输出形式可以包括报表、文档、音乐、图片、图像等。

一台计算机由硬件系统和软件系统组成。硬件系统包括控制器、运算器、存储器、输入设备和输出设备。软件系统包括系统软件和应用软件。

硬件系统和软件系统结合,计算机就有了"头脑",可以帮助人们解决科学计算、工程设计、经营管理、过程控制和人工智能等问题。人们觉得计算机很神奇,似乎会自己思考,所以又称之为"电脑"。其实,这些都是计算机工程师的功劳。工程师给计算机编写程序,让计算机在这些程序指挥下完成相应的任务,从而使计算机有了"智能"。

1.1.2 计算机的诞生及发展

1. 计算机的诞生

在人类社会的发展历程中,人类在不断地发明和改进计算工具。从古老的结绳计数、算筹、算盘、计算尺、机械计算机等,到世界上第一台电子计算机的诞生,经历了漫长的过程。

我国唐代发明的算盘是世界上最早的一种手动式计算器。1622 年,英国数学家奥特雷德(William Oughtred)发明了可执行加、减、乘、除、指数、三角函数等运算的计算尺。1642 年,法国数学家帕斯卡尔(Blaise Pascal)发明了机械式齿轮加减法器。1673 年,德国数学家莱布尼兹(Gottfried Leibniz)发明了机械式乘除法器。

英国数学家巴贝奇(Charles Babbage)是国际计算机界公认的"计算机之父"。1822 年,巴贝奇设计出了一种机械式差分机,想用这种差分机解决数学计算中产生的误差问题;1834 年,他设计的分析机更加先进,出现现代通用计算机的雏形。巴贝奇分析机基本具备了现代计算机的五大部分:输入部分、处理部分、存储部分、控制部分、输出部分。但由于当时的工业生产水平低下,他的设计根本无法实现。

1936 年,美国数学家艾肯(Howard Aiken)提出用机电方法来实现巴贝奇的分析机。在 IBM 公司的支持下,经过 8 年的努力,他终于研制出了自动程序控制的计算机 Marh-I。它用继电器作为开关元件,用十进制计数的齿轮组作为存储器,用穿孔纸带进行程序控制。Mark-I 的计算速度虽然很慢(1 次乘法运算约需 3s),但它使巴贝奇的设想变成了现实。

计算机科学的奠基人是英国科学家艾伦·麦席森·图灵(Alan Mathison Turing,1912～1954,图 1-1),许多人工智能的重要方法均源自于这位伟大的科学家。他对计算机的重要贡献在于提出的有限状态自动机,也就是图灵机的概念。早在 1936 年,他在美国普林斯顿大学攻读博士学位时就开发出了以后称之为"图灵机"的计算机模型。这个模型由一个处理器 P、一个读写头 W/R 和一条无限长的存储带 M 组成,由 P 控制 W/R 在 M 上左右移动,并在 M 上写入和读出符号,这与现代计算机的处理器——读写存储器相类似。图灵机被公认为现代计算机的原型,这种假想的机器可以读入一系列的 0 和 1,这些数字代表了解决某一问题所需要的步骤,按这个步骤走下去,就可以解决某一特定的问题。这种观念在当时是具有革命性意义的,因为即使在 20 世纪 50

图 1-1 艾伦·麦席森·图灵

年代,大部分的计算机还只能解决某一特定问题,不是通用的,而图灵机在理论上却是通用机。在图灵看来,这台机器只需保留一些最简单的指令,然后只要把一个复杂的工作分解为这几个最简单的操作就可以实现了,在当时能够具有这样的思想是很了不起的。他相信有一个算法可以解决大部分问题,而困难的部分则是如何确定最简单、最少又最有用的指令集;还有一个难点是如何将复杂的问题分解为这些指令。尽管图灵机在当时还只是一个幻想,但其思想奠定了整个现代计算机发展的理论基础。

另一位"计算机之父"是美籍匈牙利科学家约翰·冯·诺依曼(John Von Neuman,1903—1957,图1-2)。冯·诺依曼对人类的最大贡献是对计算机科学、计算机技术和数值分析的开拓性工作。冯·诺依曼于1945年发表的题为"电子计算机逻辑结构初探"的报告,首次提出了电子计算机中存储程序的概念,提出了构造电子计算机的基本理论。他提出的"冯·诺依曼原理"又称为存储程序原理,该原理确立了现代计算机的基本结构。存储程序原理是将需要由计算机处理的问题,按确定的解决方法和步骤编成程序,将计算指令和数据用二进制形式存放在存储器中,由处理部件完成计算、存储、通信工作,计算机对所有计算进行集中的顺序控制,并重复寻找地址、取出指令码、翻译指令码、执行指令这一过程。冯·诺依曼体系结构的计算机由运算器、存储器、控制器、输出设备和输入设备五大部分组成。

图1-2 约翰·冯·诺依曼

第二次世界大战结束后,由于军事科学计算(弹道计算)的需要,美国物理学家莫奇利(Mauchly)和埃克特(Echert)终于在1946年2月15日于宾夕法尼亚大学研制出了世界上第一台电子数字计算机,命名为ENIAC(Electronic Numerical Integrator And Calculator,电子数字积分式计算机),如图1-3。ENIAC耗资超过4万美元,它使用了18 800个电子管,占地170平方米,重30多吨,功率达150千瓦,每秒运算5 000次加法,或者(400次乘法),比机械式的继电器计算机快1 000倍。当ENIAC公开展出时,一条炮弹的轨道用20秒钟就能算出来,比炮弹本身的飞行速度还快。ENIAC计算机的最主要缺点是存储容量太小,只能存储20个字长为10位的十进制数,基本上不能存储程序,每次解题都要依靠人工改接连线来编程序,准备的时间远远超过实际计算时间。虽然这台计算机体积庞大、造价昂贵,可靠性较低,使用不方便,维护也很困难,但是,它的诞生使人类的运算速度和计算能力有了惊人的提高,它完成了当时用人工无法完成的一些重大科题的计算工作。因此,我们说ENIAC的诞生标志着人类进入了电子计算机时代。

ENIAC是世界上第一台设计并投入运行的电子计算机,但它还不具备现代计算机的主要原理特征——存储程序和程序控制。

世界上第一台具有存储程序功能的计算机叫EDVAC(Electronic Discrete Variable Automatic Computer),它是由曾担任ENIAC小组顾问的冯·诺依曼领导设计的。EDVAC从1946年开始设计,于1950年研制成功。与ENIAC相比,EDVAC机有两个非常重大的改进,即采用了二进制,不但数据采用二进制,指令也采用二进制;提出了存储程序的概念,使用汞延迟线作存储器,指令和数据可一起放在存储器里,提高了运行效率,保证计算机能够按照事先存入的程序自动进行运算。EDVAC由运算器、逻辑控制装置、存储器、输入

图1-3 ENIAC

部件和输出部件五部分组成,简化了计算机的结构,提高了计算机运算速度和自动化程度。冯·诺依曼提出的存储程序和程序控制的理论以及计算机硬件基本结构和组成的思想,奠定了现代计算机的理论基础。计算机发展至今的四代统称为"冯·诺依曼计算机",冯·诺依曼也被世人称为"计算机鼻祖"。

"冯·诺依曼计算机"主要包含三个要点:

① 在计算机内部,采用二进制数的形式表示数据和指令。
② 将指令和数据进行存储,由程序控制计算机自动执行。
③ 由控制器、运算器、存储器、输入设备、输出设备五大部分组成计算机。

但是,世界上第一台投入运行的存储程序式的电子计算机是 EDSAC(The Electronic Delay Storage Automatic Calculator)。它是由英国剑桥大学的维尔克斯教授在接受了冯·诺依曼的存储程序计算机思想后,于1947年开始领导设计的。该机于1949年5月制成并投入运行,比 EDVAC 早一年多。

2. 计算机的发展阶段

从第一台电子计算机诞生至今,在短短的60多年时间里,计算机经历了电子管、晶体管、集成电路、大规模及超大规模集成电路等几个阶段。按采用的电子器件的不同来划分,计算机通常可以划分为以下几代,如表1-1所示。

表1-1 计算机的发展简史

年代	内存	外存储器	电子器件	数据处理方式	运算速度	应用领域
第一代 1946~1958年	汞延迟线	纸带、穿孔卡片	电子管	机器语言、汇编语言	几千到几万次/秒	国防军事及科研
第二代 1959~1964年	磁芯存储器	磁带	晶体管	汇编语言、高级语言	几万到几十万次/秒	数据处理事务管理
第三代 1965~1971年	半导体存储器	磁带、磁盘	中、小规模集成电路	高级语言、结构化程序设计语言	几十万到几百万次/秒	工业控制信息管理
第四代 1971年至今	半导体存储器	磁盘、光盘等大容量存储器	大规模、超大规模集成电路	分时或实时数据处理、计算机网络	几百万到上亿次/秒	工作、生活各方面

3. 微型计算机的发展

随着集成度更高的超级大规模集成电路(Super Large Scale Integrated circuits,SLSI)技术的出现,计算机朝着微型化和巨型化两个方向发展。尤其是微型计算机,自1971年世界上第一片4位微处理器4004在Intel公司诞生以来,就异军突起,以迅猛的气势渗透到工业、教育、生活等许多领域之中。

微处理器是大规模和超大规模集成电路的产物。以微处理器为核心的微型计算机属于第四代计算机,通常人们以微处理器的型号为标志来划分这一代微型计算机,如286机、386机、486机、Pentium机、PⅡ机、PⅢ机、P4机等等。微处理器是微型计算机中技术含量最高、对性能影响最大的部件,它的性能决定着微型计算机的性能,因而微型计算机的发展史实际上就是微处理器的发展史。微处理器的发展一直按照摩尔(Moore)定律,其性能以平均每18个月提高一倍的高速度发展着。现在,微机上使用的主要有两类CPU。一类是几乎90%的微机使用的Intel公司或AMD(Advanced Micro Devices)公司制造的Intel系列芯片;另一类是Apple Macintosh微机使用Motorola的公司制造的Motorola系列芯片。

Intel公司的芯片设计和制造工艺一直领导着芯片业界的潮流,Intel公司的芯片发展史从一个侧面反映了微处理器和微型计算机的发展史,它宏观上可划分为80x86和Pentium时代。

下面主要介绍Intel公司的微处理器的发展历程:

1971年,Intel公司成功研制出了世界上第一块微处理器4004,其字长只有4位。利用这种微处理器组成了世界上第一台微型计算机MCS-4。其后,该公司于1972年推出了8008,1973年推出了8080,它们的字长为8位。1976年,Apple公司利用微处理器R6502生产出了著名的微型计算机AppleⅡ。

Intel公司于1977年推出了8085,1978年推出了8086,1979年推出了8088。8088的内部数据总线为16位,外部数据总线为8位,它不是真正的16位微处理器,人们称它为准16位微处理器。而8086的内部和外部数据总线(字长)均为16位,是Intel公司生产的第一块真正的16位微处理器。8086和8088的主频(时钟频率)都为4.77MHz,地址总线为20位,可寻址范围为1MB。

1981年8月12日,IBM公司宣布IBM PC微型计算机面世,计算机历史从此进入了个人电脑新纪元。第一台IBM PC采用Intel 4.77MHz的8088芯片,仅64KB内存,采用低分辨率单色或彩色显示器,单由160KB软盘,并配置了Microsoft公司的MS-DOS操作系统。IBM稍后又推出了带有10MB硬盘的IBM PC/XT。IBM PC和IBM PC/XT成为20世纪80年代初世界微机市场的主流产品。

1982年,Intel 80286问世,其主频最初为6MHz,后来提高到8MHz、10MHz、12.5MHz、16MHz和20MHz。80286的内外数据总线均为16位,是一种标准的16位微处理器。80286采用了流水线体系结构,总线传输速率为8MB/S,中断响应时间为3.5μs,地址总线为24位,可以使用16MB的实际内存和1GB的虚拟内存。其指令集还提供了对多任务的硬件支持,并增加了存储管理与保护模式。IBM公司采用Intel 80286推出了微型计算机IBM PC/AT。

1985年,Intel公司开始推出32位的微处理器80386,其主频最初为12.5MHz,后来提高到16MHz、20MHz、25MHz、33MHz以及50MHz。80386的地址总线为32位,可以使用

4GB 的实际内存和 64GB 的虚拟内存。在 1985～1990 年期间,有多种类型的 80386 问世:80386SX、80386DX、80386EX、80386SL 和 80386DL。80386SX 的内部字长为 32 位,外部为 16 位,地址总线为 24 位,是一种准 32 位的微处理器。80386DX 的内外字长均为 32 位,是一种真正的 32 位微处理器。

1989 年,Intel 80486 问世,其主频最初为 25MHz,后来提高到 33MHz、50MHz、66MHz,甚至 100MHz。它是一种完全 32 位的微处理器。在 80486 芯片上集成了一块 80387 的数字协处理器和 8KB 的超高速缓冲存储器(Cache),使 32 位微处理器的性能有了进一步的提高。80486 微处理器的发展速度很快,在短短一段时间内,Intel 公司先后推出了 80486SX、80486Dx、80486SL、80486SX2、80486DX2 和 80486DX4。80486SX 未使用数字协处理器。80486SX2、80486DX2 和 80486DX4 采用了时钟倍速技术,80486SX2 的主频为 55MHz,80486DX2 的主频为 66MHz。在 80486 的各种芯片中,80486DX4 的速度最快,其主频为 100MHz。

Intel 公司于 1993 年推出了新一代微处理器 Pentium(奔腾)。Intel 在 Pentium 处理器中引进了许多新的设计思想,使 Pentium 的性能提高到了一个新的水平。继 Pentium 之后,Intel 于 1995 年推出了称为高能奔腾的 Pentium Pro 处理器,后来,又相继推出了 Pentium MMX、Pentium II 和 Pentium III。2000 年 11 月,Intel 推出 Pentium 4(奔腾 4)芯片,奔腾 4 电脑也同时进入市场,并很快成为主流产品。个人电脑在网络应用以及图像、语音和视频信号处理等方面的功能得到了新的提升。目前,CPU 的技术正向多核技术发展,双核 CPU 已经成为产品出售。

仅仅二十多年的时间,微型机已发展到了双核 Pentium D 和 Intel Core 2 Duo,与最初的 IBM PC 机相比,其性能已不可同日而语了。微型机的迅速发展与应用,为局域网的研究和发展提供了良好的基础。客户机(client)/服务器(server)结构模式的局域网系统组网成本低、灵活且应用面广,为广大中小型企业、机关学校所欢迎和采用。互联网的崛起与迅速发展,使世界进入了互联网时代。

展望未来,计算机将是半导体技术、超导技术、光学技术、纳米技术和仿生技术相互结合的产物。从发展上看,它将向着巨型化和微型化发展;从应用上看,它将向着系统化、网络化、智能化方向发展。

21 世纪,微型机将会变得更小、更快、更人性化,在人们的工作、学习和生活中发挥更大的作用;超级巨型机将成为各国体现综合国力和军力的战略物资以及发展高科技的强有力工具。

4. 我国计算机的发展概况

我国从 1956 年开始研制计算机,1958 年 8 月研制出的第一台电子管数字计算机定名为 103 型。1959 年夏,研制成功运行速度为每秒 1 万次的 104 机,这是我国研制的第一台大型通用型电子数字计算机。103 机和 104 机的研制成功,填补了我国在计算机技术领域的空白,为促进我国计算机技术的发展作出了贡献。1964 年研制成功晶体管计算机,1971 年研制了以集成电路为主要器件的 DJS 系列计算机。小型机的研制生产是在 1973 年开始的,代表性的机型有 100 系列的 DJS-130 并批量生产。1977～1980 年间由国家组织并确定了 050 和 060 两种微型机系列,1980 年,两种系列机先后研制成功。在微型计算机方面,研制开发了长城系列、紫金系列、联想系列等微机,并取得了迅速发展。

在国际高科技竞争日益激烈的今天,高性能计算机技术及应用水平已成为显示综合国力的一种标志。1978年,邓小平同志在第一次全国科技大会上曾说:"中国要搞四个现代化,不能没有巨型机!"二十多年来,在我国计算机专家的不懈努力下,取得了丰硕成果,"银河"、"曙光"和"神威"计算机的研制成功使我国成为具备独立研制高性能巨型计算机能力的国家之一。

1983年底,我国被命名为"银河"的第一台亿次巨型电子计算机诞生了。1992年,10亿次巨型计算机银河-II研制成功。1997年6月,每秒130亿次浮点运算,全系统内存容量为9.15GB的银河-III并行巨型计算机在北京通过国家鉴定。

1995年5月曙光1000研制完成,这是我国独立研制的第一套大规模并行机系统,打破了外国在大规模并行机技术方面的封锁和垄断。1998年,曙光2000-I诞生,它的峰值运算速度为每秒200亿次浮点运算。2008年8月我国自主研发制造的百万亿次超级计算机"曙光5000"获得成功,其峰值运算速度达到每秒230万亿次。这标志着中国成为继美国之后第二个能制造和应用超百万亿次商用高性能计算机的国家。

1999年9月,"神威"并行计算机研制成功并投入运行,其峰值运算速度可高达每秒3840亿次浮点结果,位居当今全世界已投入商业运行的前500位高性能计算机的第48位。

从2001年起,我国自主研发通用CPU芯片。2002年推出了具有完全自主知识产权的"龙腾"服务器。龙芯(Godson)CPU是中国科学院计算技术研究所自行研制的高性能通用CPU,也是国内研制的第一款通用CPU。龙芯2号已达到Pentium III的水平。2006年9月龙芯2E通过了技术鉴定,其性能比龙芯2号大有提高。可以预测,未来的龙芯3号将是一个多核的CPU。我国在微型机通用CPU的研发方面,已走上了自主创新的发展之路。

1.1.3 计算机的发展趋势

随着人类社会的发展和科学技术的不断进步,计算机技术也在不断向纵深发展,不论是在硬件还是在软件方面都不断有新的产品推出。

1. 计算机的发展趋势

(1) 巨型化

巨型化并不是指计算机的体积变大,而是指计算机存储容量更大、运算速度更快、功能更强。巨型机的发展集中体现了计算机技术的发展水平,它可以推动多个学科的发展。

(2) 微型化

由于大规模和超大规模集成电路的飞速发展,使计算机的微型化发展十分迅速,体积、功耗不断缩小,功能不断提高,笔记本电脑、掌上电脑等产品层出不穷。微处理器是将运算器和控制器集成在一起的大规模或超大规模集成电路芯片,称为中央处理单元。以微处理器为核心,再加上存储器和接口芯片,便构成了微型计算机。自1971年微处理器问世以来,发展非常迅速,几乎每隔2~3年就要更新换代,从而使微型计算机的性能不断跃上新台阶。

(3) 网络化

计算机网络可以实现计算机硬件资源、软件资源和数据资源的共享。网络应用已成为计算机应用的重要组成部分,现代网络技术已成为计算机技术中不可缺少的内容。

(4) 智能化

智能化是指让计算机具有模拟人的感觉和思维过程的能力。智能计算机具有解决问题和逻辑推理的功能、知识处理和知识库管理的功能等。人通过智能接口,用文字、声音、图像等与计算机进行自然对话。目前,已研制出各种"机器人",有的能代替人从事危险环境的劳动,有的能与人下棋等。智能化使计算机突破了"计算"这一初级的含意,从本质上扩充了计算机的能力,可以越来越多地代替人类的思维活动和脑力劳动。

2. 未来新一代的计算机

(1) 模糊计算机

1956年,英国人查德创立了模糊信息理论。依照模糊理论,判断问题不是以是、非两种值或0与1两种数码来表示,而是取许多值,如接近、几乎、差不多及差得远等等模糊值来表示。用这种模糊的、不确切的判断进行工程处理的计算机就是模糊计算机。模糊计算机是建立在模糊数学基础上的电脑。模糊计算机除具有一般电脑的功能外,还具有学习、思考、判断和对话的能力,可以立即辨识外界物体的形状和特征,甚至可帮助人从事复杂的脑力劳动。

日本科学家把模糊计算机应用在地铁管理上:日本东京以北320千米的仙台市的地铁列车在模糊计算机控制下,自1986年以来,一直安全、平稳地行驶着。车上的乘客可以不必攀扶拉手吊带,因为,在列车行进中,模糊逻辑"司机"判断行车情况的错误几乎比人类司机要少70%。1990年,日本松下公司把模糊计算机装在洗衣机里,它能根据衣服的肮脏程度、衣服的质料调节洗衣程序。我国有些品牌的洗衣机也装上了模糊逻辑计算机芯片。人们还把模糊计算机装在吸尘器里,可以根据灰尘量以及地毯的厚实程度调整吸尘器功率。模糊计算机还能用于地震灾情判断、疾病医疗诊断、发酵工程控制、海空导航巡视等方面。

(2) 量子计算机

量子计算机是利用一种链状分子聚合物的特性来表示开与关的状态,利用激光脉冲来改变分子的状态,使信息沿着聚合物移动,从而进行运算。量子计算机有四大优点:一是加快了解题速度(它的运算速度可能比目前个人计算机的 Pentium III 芯片快上10亿倍);二是大大提高了存储能力;三是可以对任意物理系统进行高效率的模拟;四是能使计算机的发热量极小。

(3) 光子计算机

光子计算机即全光数字计算机,以光子代替电子,以光互联代替导线互联,以光硬件代替计算机中的电子硬件,以光运算代替电运算。光子计算机系统的互联数和每秒互联数远远高于电子计算机,接近人脑;光子计算机的处理能力强,具有超高速的运算速度;光子计算机的信息存储量大,抗干扰能力强,具有与人脑相似的容错性。

(4) 生物计算机

生物计算机的运算过程就是蛋白质分子与周围物理、化学介质相互作用的过程。计算机的转换开关由酶来充当,而程序则在酶合成系统本身和蛋白质的结构中极其明显地表示出来。生物计算机的信息储存量大,能模拟人脑思维,有自我修复的功能,可以直接与生物活体相连。

(5) 超导计算机

1911年,昂尼斯发现纯汞在4.2K低温下电阻变为零的超导现象。超导线圈中的电流可以无损耗地流动。在计算机诞生之后,就有很多学者试图将超导体这一特殊的优势应用于开发高性能的计算机。早期的工作主要是延续传统的半导体计算机的设计思路,只不过是将用半导体材料制备的逻辑门电路改为用超导体材料制备的逻辑门电路,从本质上讲并没有突破传统计算机的设计构架,而且,在20世纪80年代中期以前,超导材料的超导临界温度仅在液氮温区,实施超导计算机的计划费用昂贵。这一切1986年左右出现重大转机,高温超导体的发现使人们可以在液氮温区实施操作,于是超导计算机的研究又获得各方向的广泛重视。

1.1.4 计算机的分类

计算机的分类方法有很多,主要有如下几种:

1. 按所处理数据的形态分类

(1) 数字计算机

数字计算机的电子电路处理的是以脉冲的有无、电压的高低等形式表示的非连续变化的(离散的)物理信号,该离散信号可以表示为由0和1组成的二进制数字。处理结果以数字形式输出,其基本运算部件是数字逻辑电路。数字计算机的计算精度高,存储量大,抗干扰能力强。现在大多数计算机是数字计算机。

(2) 模拟计算机

模拟计算机的电子电路处理的是连续变化的模拟量,模拟量以电信号的幅值来模拟数值或某物理量的大小,如电压、电流、温度等物理量的变化曲线。这种计算机精度低,抗干扰能力差,应用面窄,已基本被数字计算机所取代。

(3) 混合计算机

混合计算机则是集数字计算机和模拟计算机的优点于一身。

2. 按使用范围分类

(1) 通用计算机

通用计算机的硬件系统是标准的,并具有可扩展性,装上不同的软件就可做不同的工作。它可进行科学计算,也可用于信息处理,如果在扩展槽中插入相关的硬件,还可实现数据采集、完成实时测控等任务。因此,它的通用性强,应用范围广。常说的计算机就是指通用数字计算机。

(2) 专用计算机

专用计算机是为适应某种特殊应用需要而设计的计算机,它的软、硬件全部根据应用系统的要求配置,因此,具有最好的性能价格比。其运行程序不变,效率高、速度快、精度高,但只能完成某个专门任务,不宜做它用。如飞机的自动驾驶仪和坦克上的火控系统中用的计算机等均属于专用计算机。

3. 按性能分类

这是一种最常用的分类方法,所依据的性能主要包括:字长、存储容量、运算速度、外部设备、一台计算机允许同时使用的用户的多少和价格高低等。根据这些性能可将计算机分为超级计算机、大型计算机、小型计算机、工作站和微型计算机五类。

(1) 超级计算机(Supercomputer)

超级计算机又称巨型机。它是目前功能最强、速度最快、价格最贵的计算机。一般用于解决诸如气象、太空、能源、医药等尖端科学研究和战略武器研制中的复杂计算。它们安装在国家高级研究机关中,可供几百个用户同时使用。这种机器价格昂贵,号称国家级资源。

世界上只有少数几个国家能生产这种机器,如美国克雷公司生产的 Cray-1、Cray-2 和 Cray-3。我国自主生产的银河-Ⅲ型百亿次机、曙光-2000 型机和"神威"千亿次机都属于巨型机。巨型机的研制开发是一个国家综合国力和国防实力的体现。

(2) 大型计算机(Mainframe)

这种机器也有很高的运算速度和很大的存储量,并允许相当多的用户同时使用,但在量级上都不及超级计算机,价格也相对比巨型机便宜。大型机通常都像一个家族一样形成系列,如 IBM 4300 系列、IBM 9000 系列等。同一系列的不同型号的机器可以执行同一个软件,称为软件兼容。这类机器通常用于大型企业商业管理或大型数据库管理系统中,也可用作大型计算机网络中的主机。

(3) 小型计算机(Minicomputer)

其规模比大型机要小,但仍能支持十几个用户同时使用。这类机器价格便宜,适合中小型企事业单位采用。像 DEC 公司生产的 VAX 系列、IBM 公司生产的 AS/400 系列都是典型的小型机。

(4) 工作站(Workstation)

这里所说的工作站和网络中用作站点的工作站是两个完全不同的概念,它是计算机中的一个类型。

工作站与功能较强的高档微机之间的差别已不十分明显。通常,它比微型机有较大的存储容量和较快的运算速度,而且配备有一个大屏幕显示器。主要用于图像处理和计算机辅助设计等领域。它一般还内置网络功能。工作站一般都使用精减指令芯片,使用 UNIX 操作系统。目前也出现了基于 Pentium 系列芯片的工作站,这类工作站一般配置 Windows NT 操作系统。但由于这一类工作站和传统的使用精减指令(RISC)芯片的高性能工作站还有一定的差距,因此,常把这类工作站称为"个人工作站",而把传统的高性能工作站称为"技术工作站"。

(5) 微型计算机(Microcomputer)

其最主要的特点是小巧、灵活、便宜,但通常一次只能供一个用户使用,所以微型计算机也叫个人计算机(Personal Computer,PC)。除台式机外,还有体积更小的微机,如笔记本电脑、掌上型微机和 PDA 等。

微型机按字长可分为:8 位机、16 位机、32 位机和 64 位机;按结构分为:单片机、单板机、多芯片机和多板机;按 CPU 芯片分为:286 机、386 机、486 机、Pentium 机、PⅡ机、PⅢ机和 Pentium 4 机等。

随着计算机技术的发展,包括前几类计算机在内,各类计算机之间的差别有时也不再是那么明显了。比如,现在高档微机的内存容量比前几年小型机甚至大型机的内存容量还大得多。

随着网络时代的到来,网络计算机的概念也应运而生。Acorn 公司在 1997 年底推出网络型计算机,其主要宗旨是适应计算机网络的发展,降低计算机成本。这种计算机只能联网运行而不能单独使用,它不需配置硬盘,所以价格较低。

1.1.5 计算机的特点

计算机是一种能自动、高速进行科学计算和信息处理的电子设备。它不仅具有计算功能,还具有记忆和逻辑推理的功能,可以模仿人的思维活动,代替人的脑力劳动,所以又称为电脑。计算机之所以能够应用于各个领域,完成各种复杂的处理任务,是因为它具有以下一些基本特点:

1. 处理速度快

通常以每秒钟完成基本加法指令的数目表示计算机的运算速度。现在每秒执行数百万次运算的计算机已很平常,有的机器可达数百亿次、甚至数千亿次,使过去人工计算难以完成的科学计算(如天气预报、有限元计算等)能在几小时或更短时间内得到结果。计算机的高运算速度使它在金融、交通、通信等领域中能达到实时、快速的服务。这里的"处理速度快"不仅局限于算术运算速度,也包括逻辑运算速度。极高的逻辑判断能力是计算机广泛应用于非数值数据领域中的首要条件。

2. 计算精度高

由于计算机采用二进制数字进行运算,计算精度主要由表示数据的字长决定。随着字长的增长,配合先进的计算技术,计算精度不断提高,可以满足各类复杂计算对计算精度的要求。如用计算机计算圆周率 π,目前已可达小数点后数百万位了。

3. 存储容量大

计算机的存储器类似于人类的大脑,可以"记忆"(存储)大量的数据和信息。随着微电子技术的发展,计算机内存储器的容量越来越大。目前一般的微机内存容量已达256MB~1GB,加上80~120GB的大容量磁盘、光盘等外部存储器,实际上存储容量已达到了海量。而且,计算机所存储的大量数据,可以迅速查询。这种特性对信息处理是十分有用和重要的。

4. 可靠性高

计算机硬件技术迅速发展,采用大规模和超大规模集成电路的计算机具有非常高的可靠性,其平均无故障时间可达到以"年"为单位。现在人们所说的"计算机错误",通常是由与计算机相连的设备或软件的错误造成的,由计算机硬件引起的错误愈来愈少了。

5. 工作全自动

冯·诺依曼体系结构计算机的基本思想之一是存储程序控制。计算机在人们预先编制好的程序控制下自动工作,不需要人工干预,工作完全自动化。

6. 适用范围广,通用性强

计算机靠存储程序控制进行工作。一般来说,无论是数值的还是非数值的数据,都可以表示成二进制数的编码;无论是复杂的还是简单的问题,都可以分解成基本的算术运算和逻辑运算,并可用程序描述解决问题的步骤。所以,各个应用领域中的专家研发、编制出许多"以人为本"的应用软件产品,使得人们可以很轻松地使用计算机解决本领域中的各类实际问题。计算机已经渗透到科研、学习、工作和生活的方方面面。

1.1.6 计算机的应用

计算机具有存储容量大、处理速度快、工作全自动、可靠性高、具有很强的逻辑推理和判断能力等特点,所以已被广泛应用于各种学科领域,并迅速渗透到人类社会的各个方面,同时也进入了家庭。

数据有数值数据和非数值数据两大类,相应的数据处理也可分为数值数据处理和非数值数据处理,而后者包含有信息处理、计算机辅助设计、计算机辅助教学、过程控制、企业管理、人工智能等,其应用范围远远超过数值计算。由于计算机应用已形成一门专门的学科,这里只对应用的几个主要方面作简单介绍。

1. 科学计算(数值计算)

这是计算机应用最早也是最成熟的领域。计算机是为科学计算的需要而发明的。科学计算所解决的大都是科学研究和工程技术所提出的一些复杂的数学问题,计算量大而且精度要求高,只有能高速运算和存储量大的计算机系统才能完成。例如:高能物理方面的分子和原子结构分析、可控热核反应的研究、反应堆的研究和控制;水利、农业方面的设施的设计计算;地球物理方面的气象预报、水文预报、大气环境的研究;宇宙空间探索方面的人造卫星轨道计算、宇宙飞船的研制和制导。此外,科学家们还利用计算机控制的复杂系统,试图发现来自外星的通信信号。如果没有计算机系统高速而又精确的计算,许多近代科学都是难以发展的。

2. 信息处理(数据处理)

现代社会是信息化的社会。随着社会的不断进步,信息量也在急剧增加。现在,信息已和能源、物资一起构成人类社会活动的基本要素。信息处理是目前计算机应用最广泛的领域之一。有关资料表明,世界上80%左右的计算机主要用于信息处理。信息处理是指用计算机对各种形式的信息(如文字、图像、声音等)收集、存储、加工、分析和传送的过程。当今社会,计算机用于信息处理,对办公自动化、管理自动化乃至社会信息化都有积极的促进作用。

办公自动化大大提高了办公效率和管理水平,不仅在企业、事业单位的管理中被广泛采用,而且也越来越多地应用到各级政府机关的办公事务中。

3. 过程控制

过程控制又称实时控制。它在工业生产、国防建设和现代化战争中都有广泛的应用。过程控制是指用计算机对生产或其他过程中所采集到的数据按照一定的算法经过处理,然后反馈到执行机构去控制相应过程,是生产自动化的重要技术和手段。比如,在冶炼车间可将采集到的炉温、燃料和其他数据传送给计算机,由计算机按照预定的算法计算并确定吹氧或加料的多少等。过程控制可以提高自动化程度,减轻劳动强度,提高生产效率,节省生产原料,降低生产成本,保证产品质量的稳定。

4. 计算机辅助设计和辅助制造

计算机辅助设计和计算机辅助制造分别简称为 CAD(Computer Aided Design)和 CAM(Computer Aided Manufacturing)。在 CAD 系统与设计人员的相互作用下,能够实现最佳设计的判定和处理,能自动将设计方案转变成生产图纸。CAD 技术提高了设计质量和自动化程度,大大缩短了新产品的设计与试制周期,从而成为生产现代化的重要手段。以飞机设计为例,过去从制定方案到画出全套图纸,要花费大量人力、物力,用两年半到三年的时间才能完成;采用计算机辅助设计之后,只需 3 个月就可完成。

CAM 与 CAD 密切相关。CAD 侧重于设计,CAM 侧重于产品的生产过程。CAM 是利用 CAD 的输出信息控制、指挥生产和装配产品。现在通常把 CAD 和 CAM 放在一起,形成 CAD/CAM 一体化,如图 1-4 所示。CAD/CAM 使产品的设计、制造过程都能在高度自动化的环境中进行,具有提高产品质量、降低成本、缩短生产周期和减轻管理强度等特点。

目前,从复杂的飞机设计生产到简单的家电产品设计生产都广泛使用了CAD/CAM技术。

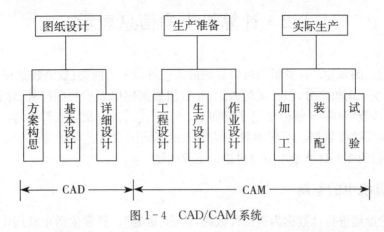

图1-4 CAD/CAM系统

将CAD、CAM和数据库技术集成在一起,就形成了CIMS(计算机集成制造系统)技术,实现了设计、制造和管理完全自动化。

5. 人工智能

人工智能又称"智能模拟",是计算机应用的一个较新领域,它是用计算机执行某些与人的智能活动有关的复杂功能。目前研究的方向有:模式识别、自然语言理解、自动定理证明、自动程序设计、机器学习、专家系统、机器人等。

人工智能研究中最有成就的要算"机器人"。智能机器人会自己识别控制对象和工作环境,做出判断和决策,直接领会人的口令和意图,能避开障碍物,适应环境条件的变化,灵活机动地完成控制任务与信息处理任务。

6. 网络应用

计算机技术与现代通信技术的结合构成了计算机网络,它使用通信设备和线路将分布在不同地理位置的功能自主的多台计算机系统互联起来,以功能完善的网络软件实现资源共享、信息传递等功能。计算机网络的建立不仅解决了一个单位、一个地区、一个国家中计算机与计算机之间的通信,实现了各种软、硬件资源的共享,也大大促进了国际文字、图像、视频和声音等各类数据的传输与处理。

7. 多媒体应用

近些年来,随着多媒体应用技术的发展、多媒体计算机的普及和网络应用的发展。多媒体技术广泛应用在文化教育、各类技术培训、家庭娱乐、电子图书和商业等各领域。

8. 嵌入式系统

并不是所有计算机都是通用的,有许多特殊的计算机用于不同的设备中。大量的消费类电子产品和工业制造系统都是把处理器芯片嵌入其中,完成特定的处理任务。这些系统称为嵌入式系统。如数码相机、数码摄像机以及高档电动玩具等都使用了不同功能的处理器。

1.2 计算机中的信息表示

数据是信息的载体。计算机中可以处理的数据可以分为两类：数值数据和非数值数据。数值数据有大小、正负之分，包含量的概念；非数值数据用以表示一些符号、标记，如英文字母 A～Z，a～z，数字 0～9，各种专用字符如＋、－、 、[、]、(、) 及标点符号等。汉字、图形、声音数据也属非数值数据。不同的数字编码表示不同的含义。在计算机中是如何表示数值、非数值数据的呢？这就是本节要讨论的主要问题。

1.2.1 计算机中的数制

按进位的原则进行计数称为进位计数制，简称"数制"。日常生活中常用十进制进行计数。除了十进制计数外，还有很多其他数制，如一年有十二个月（十二进制），一分钟等于六十秒（六十进制）等。

1. 数制的特点

（1）逢基数进位

基数是指数制中每个数据位所需要的数字字符的总个数。如十进制中有 10 个数字字符，基数是 10，表示"逢十进一"。

（2）位权表示法

位权是指一个数值的每一位上的数字的权值的大小。处在不同位置上的数字符号所代表的值不同，每个数字的位置决定了它的值或者说位权。例如，十进制数 2394，左起的第一个 2 表示 2 千，最右边的 4 表示 4 个，这就是说，该数从右向左的位权依次是个位（10^0）、十位（10^1）、百位（10^2）和千位（10^3）。某一位数码代表的数值的大小是该位数码与位权的乘积。相邻两位中，高位权值与低位权值之比一般是一个常数，此常数即为该数制的基数。

位权与基数的关系是：位权的值等于基数的若干次幂，例如，十进制数 1234.56 可以展开为下面多项式的和：

$1234.56 = 1 \times 10^3 + 2 \times 10^2 + 3 \times 10^1 + 4 \times 10^0 + 5 \times 10^{-1} + 6 \times 10^{-2}$

式中：10^3、10^2、10^1、10^0、10^{-1}、10^{-2} 等即为每位的位权，每一位的数码与该位权的乘积就是该位的数值。

2. 计算机常用数制

计算机是一种通过数字电路实现的电子设备，数字电路器件通常只有"导通"和"断开"两种状态，我们可以用"1"和"0"分别代表这两种状态。在计算机中的所有数据，如数字、符号以及图形等都是用电子元器件的不同状态表示的，也就是通过"1""0"序列表示。只有"1"和"0"两个数字的是二进制，所以，在计算机系统中，所有数据的表示都采用二进制形式。

二进制在计算机中使用，这是因为二进制具有如下特点：

① 简单可行，容易实现。因为二进制仅有两个数码 0 和 1，可以用两种不同的稳定状态（如有磁和无磁、高电位与低电位）来表示，而计算机的各组成部分都由仅有两个稳定状态的电子元件组成，因此二进制不仅容易实现，而且稳定可靠。

② 运算规则简单。二进制的计算规则非常简单。

③ 适合逻辑运算。二进制中的 0 和 1 正好分别表示逻辑代数中的假值(False)、真值(True),用二进制数代表逻辑值,容易实现逻辑运算。

3. 书写规则

为了区分各种计数制,常采用如下方法进行书写:

(1) 在数字后面加写相应的英文字母作为标识

B(Binary)——表示二进制数,二进制数的 100 可写成 100 B。

O(Octonary)——表示八进制数,八进制数的 100 可写成 100 O。

D(Decimal)——表示十进制数,十进制数的 100 可写成 100 D。

H(Hexadecimal)——表示十六进制数,十六进制数 100 可写成 100 H。

一般约定 D 可省略,即无后缀的数字为十进制数字。

(2) 在括号外面加数字下标

$(1101)_2$—— 表示二进制数的 1101。

$(3174)_8$—— 表示八进制数的 3174。

$(6678)_{10}$—— 表示十进制数的 6678。

$(2DF6)_{16}$—— 表示十六进制数的 2DF6。

4. 十六进制数

对比十进制计数制,十六进制计数制的加法规则是"逢十六进一"。它含有十六个数字符号:0、1、2、3、4、5、6、7、8、9、A、B、C、D、E、F,其中 A、B、C、D、E、F 分别表示十进制中的 10、11、12、13、14、15。权为 16^i。

例如,$(FA5)_{16} = 15 \times 16^2 + 10 \times 16^1 + 5 \times 16^0 = (4005)_{10}$

二进制、八进制和十六进制都是计算机中常用的数制,所以在一定数值范围内直接写出它们之间的对应表示也是经常遇到的。表 1-2 给出了常用计数制的基数和所需要的数字字符。表 1-3 给出了常用计数制的表示方法。

表 1-2 常用计数制的基数和数码

数制	基数	数码
二进制	2	0 1
八进制	8	0 1 2 3 4 5 6 7
十进制	10	0 1 2 3 4 5 6 7 8 9
十六进制	10	0 1 2 3 4 5 6 7 8 9 A B C D E F

表 1-3 常用计数制的表示方法

十进制数	二进制数	八进制数	十六进制数
0	0	0	0
1	1	1	1
2	10	2	2
3	11	3	3
4	100	4	4
5	101	5	5
6	110	6	6

续表 1-3

十进制数	二进制数	八进制数	十六进制数
7	111	7	7
8	1000	10	8
9	1001	11	9
10	1010	12	A
11	1011	13	B
12	1100	14	C
13	1101	15	D
14	1110	16	E
15	1111	17	F
16	10000	20	10

5. 十进制数与二进制数间的转换

对于各种数制间的转换，重点要求掌握二进制数与十进制数之间的转换。

（1）二进制数转换成十进制数的方法

利用按权展开的方法，可以把任意数制的一个数转换成十进制数。下面是将二进制数转换成十进制数的例子。

例 1-3　将二进制数 1010.101 转换成十进制数。

$1010.101B = 1\times2^3+0\times2^2+1\times2^1+0\times2^0+1\times2^{-1}+0\times2^{-2}+1\times2^{-3}$
$= 8+2+0.5+0.125 = 10.625D$

（2）十进制数转换成二进制数的方法

通常一个十进制数包含整数和小数两部分，对整数部分和小数部分的处理方法不同。

① 把十进制整数转换成二进制整数的方法是"除二取余法"。

具体步骤是：把十进制整数除以 2 得一商数和一余数；将所得的商除以 2，得到一个新的商和余数；这样不断地用 2 去除所得的商数，直到商等于 0 为止。每次相除所得的余数便是对应的二进制整数的各位数字。第一次得到的余数为最低有效位，最后一次得到的余数为最高有效位。

例 1-4　将十进制数 268 转换成二进制数。

解：

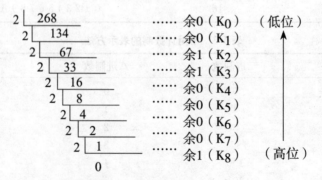

所以，$(268)_{10} = (100001100)_2$，也可以记为 268D=100001100B。

其中所有的运算都是除2取余,只是本次除法运算的被除数须用上次除法所得的商来取代,这是一个重复过程。

② 把十进制小数转换成二进制小数的方法是"乘2取整法"。

具体步骤是:把十进制小数不断地乘以2取整数,直到小数部分等于0或达到要求的精度为止(小数部分可能永远不会得到0)。每次相乘所得的整数从小数点后自左往右排列,取有效精度,即第一次得到的整数排在最左边。

例1-5　将十进制数0.6875转换成二进制数。

解:

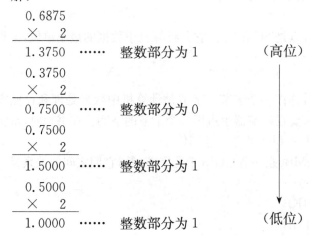

所以,$(0.6875)_{10} = (0.1011)_2$,也可以记为0.6875D=0.1011B。

用类似于将十进制数转换成二进制数的方法可将十进制数转换十六进制数、八进制数,只是用数16、8去替代2而已。

6. 二进制数与十六进制数间的转换

用二进制数编码存在这样一个规律:n位二进制数最多能表示2^n种状态,分别对应0,1,2,3,…,2^n-1。可见,用四位二进制数就可对应表示一位十六进制数。其对照关系如表1-3所示。

(1) 二进制整数转换成十六进制整数

将一个二进制数转换成十六进制数的方法是从个位数开始向左按每四位二进制数一组划分,不足四位的组前面以0补足,然后将每组四位二进制数代之以十六进制数字即可。

例1-6　将二进制整数1111101011010B转换成十六进制整数。

解　按上述方法分组得:0001,1111,0101,1010,在划分得到的二进制数组中,最后一组不足四位,是经补0而成的。再以一位十六进制数字符替代每组的四位二进制数字得:

1111101011010B=1F5AH

(2) 十六进制整数转换成二进制整数

将十六进制整数转换成二进制整数,其过程与二进制数转换成十六进制数相反。即将每一位十六进制数字代之以与其等值的四位二进制数展开。

例 1-7 将 2BFH 转换成二进制数。

解 因为

$$\begin{array}{ccc} 2 & B & F \\ 0010 & 1011 & 1111 \end{array}$$

所以，2BFH＝1010111111B

7. 计算机存储和处理二进制数的常用单位

在计算机内部，一切数据都用二进制形式来表示。为了衡量计算机中数据的量，人们规定了一些二进制数的常用单位，如位、字节等。

（1）位（bit）

位是二进制数中的一个数位，可以是"0"或"1"。它是计算机中数据的最小单位，又称为比特（bit）。

（2）字节（Byte）

通常将 8 位二进制数组成一组，称作一个字节。字节是计算机中数据处理和存储容量的基本单位，如存放一个英文字母需要在存储器中占用一个字节的空间。在书写时，常将字节英文单词 Byte 简写成 B，这样 1B ＝ 8bit（8 个二进制位）。

常用的单位还有 KB（千字节）、MB（兆字节）、GB（千兆字节）等，它们之间的关系是：

$1KB = 2^{10} B = 1024B$

$1MB = 2^{20} B = 1024^2 B = 1024KB$

$1GB = 2^{30} B = 1024^3 B = 1024MB$

1.2.2 字符编码

字符是计算机中使用最多的非数值型数据，如英文字母、不做算术运算的数字、可印刷的符号、控制符号等。它是人与计算机进行通信、交互的重要媒介。在计算机内部，可以采用不同的编码方式对字符进行二进制编码。当用户输入一个字符时，系统自动将用户输入字符按编码的类型转换为相应的二进制形式存入计算机存储单元中。在输出过程中，由系统自动将二进制编码数据转换成用户可以识别的数据格式输出给用户。编码方式主要有如下几种。

1. ASCII 码

目前微型机中使用最广泛的字符编码是 ASCII 码，即美国标准信息交换码（American Standard Code for Information Interchange），它被国际标准化组织（ISO）指定为国际标准。ASCII 包括 32 个通用控制字符、10 个十进制数码、52 个英文大小写字母和 34 个专用符号，共 128 个元素，故需要用 7 位二进制数 $b_6 b_5 b_4 b_3 b_2 b_1 b_0$ 进行编码，以区分每个字符。通常使用一个字节（即 8 个二进制位）表示一个 ASCII 码字符，规定其最高位总是 0。ASCII 码见表 1-4。表中每个字符都对应一个数值，称为该字符的 ASCII 码值。如数字"0"的 ASCII 码值为 00110000B（48D、30H），字母"A"的码值为 01000001B（65D、41H），"a"的码值为 01100001B（97D、61H）等。

表 1-4 七位 ASCII 码编码表

$b_3 b_2 b_1 b_0$ \ $b_6 b_5 b_4$	000	001	010	011	100	101	110	111
0000			空格	0	@	P	`	p
0001			!	1	A	Q	a	q
0010			"	2	B	R	b	r
0011			#	3	C	S	c	s
0100			$	4	D	T	d	t
0101			%	5	E	U	e	u
0110			&	6	F	V	f	v
0111	32 个	控制字符	'	7	G	W	g	w
1000			(	8	H	X	h	x
1001			)	9	I	Y	i	y
1010			*	:	J	Z	j	z
1011			+	;	K	[	k	{
1100			,	<	L	\	l	|
1101			—	=	M	]	m	}
1110			.	>	N	^	n	~
1111			/	?	O	_	o	DEL

例 1-9 分别用二进制数和十六进制数写出"GOOD!"的 ASCII 编码。

用二进制数表示：01000111B 01001111B 01001111B 01000100B 00100001B

用十六进制数表示：47H 4FH 4FH 44H 21H

2. BCD 码

BCD(Binary Coded Decimal)码又称"二—十进制编码"，专门用于解决用二进制数表示十进制数的问题。二—十进制编码方法很多，有 8421 码、2421 码、5211 码、余 3 码、右移码等。最常用的是 8421 编码，其方法是用四位二进制数表示一位十进制数，自左至右每一位对应的位权是 8、4、2、1。四位二进制数有 0000～1111 共十六种状态，而十进制数只有 0～9 十个数码，所以，BCD 码只取 0000～1001 十种状态，其余六种不用。8421 编码见表 1-5。

表 1-5 8421 编码表

十进制数	8421 码	十进制数	8421 编码
0	0000	8	1000
1	0001	9	1001
2	0010	10	0001 0000
3	0011	11	0001 0001
4	0100	12	0001 0010
5	0101	13	0001 0011
6	0110	14	0001 0100
7	0111	15	0001 0101

由于 BCD 码中的 8421 编码应用最广泛,所以通常所说的 BCD 码就指 8421 编码。

由于需要处理的数字符号越来越多,因此又出现了"标准六位 BCD 码"和八位的"扩展 BCD 码"(EBCDIC 码)。在 EBCDIC 码中,除了原有的 10 个数字之外,又增加了一些特殊符号、大、小写英文字母和某些控制字符。IBM 系列大型机采用 EBCDIC 码。

1.2.3 汉字编码

汉字的输入、转换、传输和存储方法与英文相似,但是由于汉字数量多,一般不能由键盘直接输入,所以汉字的编码和处理相对英文要复杂得多。经过多年的努力,我国在汉字信息处理的研制和开发方面取得了突破性进展,使我国的汉字信息处理技术处于世界领先地位。汉字通常用两个字节进行编码,且根据传输、输入、存储和处理、打印或显示等不同处理场合,分为交换码、输入码、机内码和字形码。

(1) 交换码

不同设备之间交换信息需要有共同的信息表示方法,对于字符和汉字的交换也需要制定一种人们共同遵守的编码标准,这就是交换码标准。现在,汉字交换码主要采用国标码和 BIG 5 码两种编码方式。

① 国标码

1981 年我国公布了《通用汉字字符集(基本集)及其交换码标准》,代号"GB2312-80"编码,简称国标码。它规定每个汉字编码由两个字节构成,第一个字节的范围从 A1H~FEH,共 94 种;第二个字节的范围也为 A1H~FEH,共 94 种。利用这两个字节可定义出 94×94＝8836 种汉字,实际共定义了 6763 个汉字和 682 个图形符号。汉字分为两级,一级(常用)汉字 3755 个(按汉语拼音排序),二级(次常用)汉字 3008 个(按偏旁部首排序)。

为了满足信息处理的需要,在国标码的基础上,2000 年 3 月我国又推出了《信息技术·信息交换用汉字编码字符集·基本集的扩充》新国家标准,共收录了 27000 多个汉字,还包括藏、蒙、维吾尔等主要少数民族文字,采用单、双、四字节混合编码,基本上解决了计算机汉字和少数民族文字的使用标准问题。

② BIG 5 码

BIG 5 码是台湾计算机界实行的汉字编码字符集。BIG 5 码规定:每个汉字编码由两个字节构成,第一个字节的范围从 A1H~F9H,共 89 种;第二个字节的范围分别为 40H~7EH、A1H~FEH,共 157 种。也就是说,利用这两个字节共可定义出 89×157＝13973 种汉字,其中,常用字共 5401 个,次常用字共 7652 个,剩下的是一些特殊字符。

(2) 汉字输入码

在计算机系统中处理汉字时,首先遇到的问题是如何输入汉字。汉字输入码是指从键盘输入汉字时采用的编码,又称为外码,主要有:

数字编码:如区位码;

拼音码:如全拼输入法、微软拼音输入法、紫光输入法、智能 ABC 输入法等;

形码:如五笔字型输入法、表形码;

音形码:如双拼码、五十字元等。

(3) 汉字机内码

汉字机内码是指计算机内部存储、处理加工汉字时所用的代码,要求它与 ASCII 码兼容但又不能相同,以便实现汉字和英文的并存兼容。输入码经过键盘被接收后就由汉字操作系统的"输入码转换模块"转换为机内码。一般要求机内码与国标码之间有较简单的转换规则,通常将国标码的前两个字节的最高位置"1"作为汉字的机内码。以汉字"啊"为例,其机内码为 B0A1H,即 10110000　10100001。

(4) 汉字字形码

字形码是指文字信息的输出编码。文字信息在计算机内部是以二进制形式存储、处理的,当需要显示这些文字信息时,必须通过字形码将其转换为人能看懂且能表示成各种字型、字体的图形格式,然后通过输出设备输出。

字形码通常采用点阵形式,不论一个字的笔画多少,都可以用一组点阵表示。每个点即二进制的一位,由"0"和"1"表示不同状态,如明、暗及不同颜色等特征,还有字的型和体。一种字形码的全部编码就构成"字模库",简称"字库"。根据输出字符要求的不同,每个字符点阵中点的多少也不同。点阵越大,点数越多,分辨率就越高,输出的字形也就越清晰美观。汉字字型有 16×16、24×24、32×32、48×48、128×128 点阵等,不同字体的汉字需要不同的字库。点阵字库存储在文字发生器或字模存储器中。字模点阵的信息量是很大的,所占存储空间也很大。以 16×16 点阵为例,每个汉字就要占用 32 个字节。

(5) 各种编码之间的关系

各种汉字编码使用的场合及其之间的关系如图 1-5 所示。汉字通常通过汉字输入码并借助输入设备输入到计算机内,再由汉字系统的输入管理模块进行查表或计算,将输入码(外码)转换成机器内码存入计算机存储器中。当存储在计算机内的汉字需要在屏幕上显示或在打印机上输出时,要借助汉字机内码在字模库中找出汉字的字形码,在输出设备上将该汉字的图形信息显示出来。当要与其他设备进行信息交换时,需要进行机内码和交换码之间的转换。

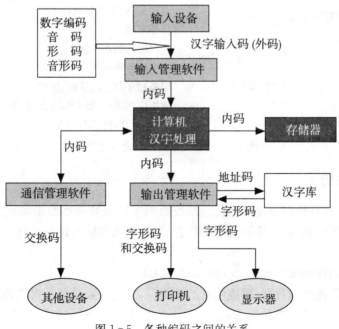

图 1-5　各种编码之间的关系

1.3 计算机系统

一个完整的计算机系统应当包括硬件系统(Hardware)和软件系统(Software)两部分。组成一台计算机的物理设备的总称叫做计算机硬件系统,是实实在在的物体,如通常所看到的机柜或机箱以及里边各式各样的电子器件或装置。此外,还有键盘、鼠标、软盘驱动器、光盘驱动器、硬盘、显示器和打印机等,它们是计算机工作的物质基础。当然,大型计算机的硬件组成比微型机复杂得多。但无论什么类型的计算机,都有负责完成相同功能的硬件部分。

软件是指运行在计算机硬件上的程序、运行程序所需的数据和相关文档的总称。程序就是根据所要解决问题的具体步骤编制成的指令序列。当程序运行时,它的每条指令依次指挥计算机硬件完成一个简单的操作,这一系列简单操作的组合,最终完成指定的任务。程序执行的结果通常是按照某种格式产生输出。

硬件是软件发挥作用的舞台和物质基础,软件是使计算机系统发挥强大功能的灵魂,两者相辅相成、缺一不可。计算机系统的组成示意图如图 1-6 所示。

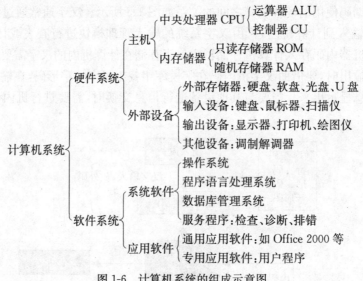

图 1-6　计算机系统的组成示意图

1.3.1　硬件系统

到目前为止,计算机的主流产品仍然是按照冯·诺依曼提出的模型构建的。冯·诺依曼计算机的硬件系统包括:运算器、控制器、存储器、输入和输出设备。冯·诺依曼机模型如图 1-7。

1. 运算器(Arithmetical and Logical Unit, ALU)

运算器是计算机处理数据、形成信息的加工厂,它的主要功能是对二进制数码进行算术运算或逻辑运算。算术运算是加、减、乘、除等按算术规则进行的运算;逻辑运算指比较大小、移位、逻辑"与"、"或"、"非"等非算术性质的运算。所以,也称运算器为算术逻辑部件

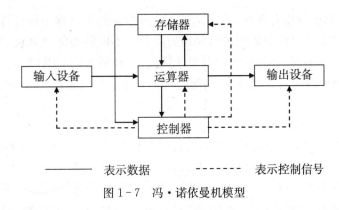

图 1-7 冯·诺依曼机模型

(ALU)。参加运算的数(称为操作数)全部是在控制器的统一指挥下从内存储器中取到运算器里。计算机中的绝大多数运算任务都由运算器完成。

运算器主要由一个加法器、若干个寄存器和一些控制线路组成。由于在计算机内,各种运算均可归结为相加和移位这两种基本操作,所以,运算器的核心是加法器(Adder)。为了能暂时存放操作数,能暂时保留每次运算的中间结果,运算器还需要若干个寄存数据的寄存器(Register)。若一个寄存器既保存本次运算的结果又参与下次的运算,它的内容就是多次累加的和,这样的寄存器又叫做累加器(Accumulator,AL)。

2. 控制器(Control Unit,CU)

控制器是计算机的神经中枢,由它指挥全机各个部件自动、协调地工作,就像人的大脑指挥躯体一样。控制器的主要部件有:指令寄存器、译码器、时序节拍发生器、操作控制部件和指令计数器(也叫程序计数器)。控制器的基本功能是根据指令计数器中指定的地址从内存取出一条指令,对其操作码进行译码,再由操作控制部件有序地控制各部件完成操作码规定的功能。控制器是计算机的指挥中心,它将输入设备输入的程序和数据存入存储器,并按照程序的要求指挥运算器进行运算和处理,然后把运算和处理的结果再存入存储器中,最后将处理结果传送到输出设备上。控制器也记录操作中各部件的状态,使计算机能有条不紊地自动完成程序规定的任务。

(1) 指令(Instruction)

指令是计算机硬件能够直接识别的指挥计算机完成某个基本操作的命令,一条指令控制计算机完成一种基本操作。它告诉计算机要做什么操作、参与此项操作的数据来自何处、操作结果又将送往哪里。每条指令都是由二进制代码表示和存储的,指令由两部分组成:操作码和地址码,如图 1-8。其中操作码指出该指令完成操作的类型,如加、减、乘、除、传送等;而地址码指出参与操作的数据和操作结果存放的位置。一个复杂的操作由许多条简单的操作组合而成。

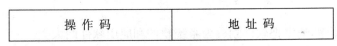

图 1-8 指令的构成

(2) 指令系统

通常,一台计算机能够完成多种类型的操作,而且允许使用多种方法表示操作数的地址。因此，一台计算机可能有多种多样的指令，这些指令的集合称为该计算机的指令系统。指令系统充分反映了计算机对数据进行处理的能力。不同种类的计算机，指令系统所包含的指令数目与格式也不同。例如，对于微型计算机，一种型号的 CPU 就具有一套特定的指令系统。指令系统是根据计算机使用要求设计的，指令系统越丰富完备，编制程序就越方便灵活。

(3) 计算机执行指令的过程

计算机的工作过程，实际就是 CPU 执行程序的过程，就是依次执行程序中的指令。CPU 执行一条指令分为取指令、分析指令、执行指令三个阶段。每执行完一条指令，CPU 会自动取下一条指令执行，如此下去，直到程序执行完毕或遇到停机指令、外来事件的干预。

在现代计算机中，运算器和控制器经常被封装在一起，构成中央处理器(CPU)的重要组成部分。

3. 存储器(Memory)

存储器是计算机的记忆装置，主要用来保存程序和数据，所以，存储器应该具备存数和取数功能。存数是指往存储器里"写入"数据；取数是指从存储器里"读取"数据。读写操作统称对存储器的访问。存储器分为内存储器(简称内存)和外存储器(简称外存)两类。

中央处理器(CPU)只能直接访问存储在内存中的数据。外存中的数据只有先调入内存后，才能被中央处理器访问和处理。

4. 输入设备(Input Device)

输入设备是用来向计算机输入命令、程序、数据、文本、图形、图像、音频和视频等信息的。其主要作用是把人们可读的信息转换为计算机能识别的二进制代码输入计算机，供计算机处理。例如，用键盘输入信息时，敲击它的每个键位都能产生相应的电信号，再由电路板转换成相应的二进制代码送入计算机。

目前常用的输入设备有键盘、鼠标器、扫描仪等。

5. 输出设备(Output Device)

输出设备的主要功能是将计算机处理后的各种内部格式的信息转换为人们能识别的形式(如文字、图形、图像和声音等)表达出来。例如，在纸上打印出印刷符号或在屏幕上显示字符、图形等。常见的输出设备有显示器、打印机、绘图仪和音箱等，它们能把信息直观地显示在屏幕上或打印出来。

1.3.2 软件系统

计算机软件包括计算机运行所需要的各种程序、数据及有关技术文档资料。有了软件，人们可以不必过多了解计算机本身的结构与原理而方便灵活地使用计算机。因此，一个性能优良的计算机硬件系统能否发挥其应有的功能，很大程度上取决于所配置的软件是否完善和丰富。

根据软件的用途，通常把软件划分为系统软件和应用软件两大类。

(1) 系统软件是用于管理、控制和维护计算机系统资源的软件。系统软件有两个显著的特点：一是通用性，其算法和功能不依赖于特定的用户，普遍适用于各个应用领域；二是基础性，其他软件都是在系统软件的支持下进行开发和运行的。系统软件通常又分为操作系统、语言处理系统、服务程序和数据库管理系统四大类。

（2）应用软件是用于解决各种实际问题的软件，常用的应用软件有文字处理软件、表格处理软件、辅助设计软件等。

1.3.3 计算机系统的层次结构

作为一个完整的计算机系统，硬件和软件是按一定的层次关系组织起来的。最底层是硬件，然后是系统软件中的操作系统，其上是其他软件，最上层是用户程序或文档。硬件为软件的运行提供了支持，计算机通过硬件（输入设备）获得软件要处理的数据；通过硬件（CPU）执行软件中处理数据的指令；通过硬件（输出设备）输出处理数据的结果。操作系统直接管理和控制硬件，它非常清楚计算机的硬件细节。用户程序、其他软件需要通过操作系统才能够与硬件进行交互。同时，操作系统也是计算机的使用者与计算机沟通的桥梁。

操作系统向下控制硬件，向上支持软件，即所有其他软件都必须在操作系统的支持下才能运行。也就是说，操作系统最终把计算机的使用者与物理机器隔离开了，对计算机的操作一律转化为对操作系统的操作，使用计算机就是使用操作系统。这种层次关系为软件开发、扩充和使用提供了强有力的手段。

计算机系统的层次结构如图1-9所示。

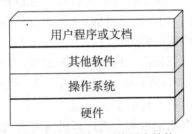

图1-9 计算机系统层次结构

综上所述，计算机系统由硬件系统和软件系统组成，两者缺一不可。而软件系统又由系统软件和应用软件组成，操作系统是系统软件的核心，在每个计算机系统中是必不可少的，其他的系统软件，如语言处理系统，可根据不同用户的需要配置不同。应用软件则随各用户的应用领域的不同而有不同。

1.4 微型计算机的硬件系统

微型计算机是如今在人们生活中广泛使用的一类计算机，它是与我们贴得最近的一类计算机。计算机的硬件是由电子器件和机电元件装置组成的物理实体。

1.4.1 微型计算机硬件系统结构

1. 微型计算机的基本逻辑结构

微型计算机的硬件系统也采用冯·诺依曼体系结构，即由运算器、控制器、存储器、输入设备和输出设备五大部分组成。随着超大规模集成电路技术的发展，运算器和控制器被集成在一起，构成微型计算机的重要组成部分——中央处理器（即CPU）。微型计算机基本逻辑结构如图1-10所示。

在微型计算机技术中,通过系统总线把CPU、存储器、输入设备和输出设备连接起来,实现信息交换。通过总线连接计算机各部件使微型机系统结构简洁、灵活、规范,可扩充性好。

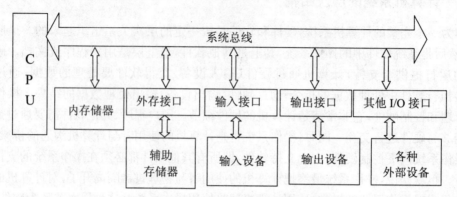

图1-10 微型计算机的基本逻辑结构

2. 微型计算机的实际构成

对用户而言,计算机只是一个由多种设备组合在一起的硬件体。每种设备的内部结构和功能特点是计算机设计者关心的问题。目前,几乎所有的微型计算机制造商都尽可能地把各个部件集成在一起,提高微机的性价比。

通常,我们所看到的微型计算机由主机、显示器、键盘、鼠标、音箱等构成。实际上有许多其他部件被封装在主机箱内部,如中央处理器、内存条、高速缓冲存储器、显卡、声卡、网卡、磁盘控制器等。这些部件通过主板组装在一起。

从外观上看,微型计算机有笔记本和台式计算机两大类,如图1-11、图1-12所示。

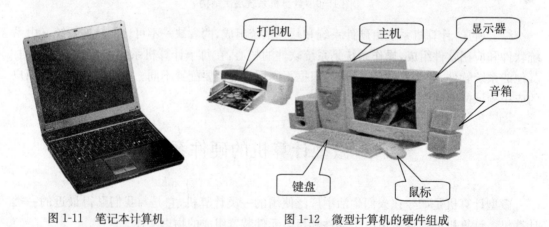

图1-11 笔记本计算机　　　图1-12 微型计算机的硬件组成

1.4.2 中央处理器(CPU)

1. 中央处理器的概念

中央处理器(Central Processing Unit,CPU)是一块体积不大而元件的集成度非常高、功能强大的芯片,又称微处理器(Micro-Processor Unit,MPU),它是计算机的心脏。计算机的所有操作都受CPU控制,它的性能强弱能直接决定整个计算机的性能,是衡量计算机档次的一个重要指标。CPU可以直接访问内存储器，它和内存储器构成了计算机的主机，是计算机系统的主体。输入/输出(I/O)设备和辅助存储器(又称外存)通称为外部设备(简称外设)，它们是沟通人与主机的桥梁。CPU主要包括运算器(ALU)和控制器(CU)两大部件，此外，还包括若干个寄存器和高速缓冲存储器(Pentium以后的CPU内部都集成了高速缓冲存储器Cache)，用内部总线连接。运算器可以执行算术运算，也可以执行逻辑运算。寄存器临时保存将要被运算器处理的数据和结果。控制器负责取指令，对指令进行分析，并按照指令的要求控制各部件工作。

目前微处理器的主要生产厂家有：Intel公司和AMD公司。Intel的微处理器产品主要包括Pentium和Celeron两个系列；AMD公司的微处理器产品主要包括Sempron、Athlon 64和Opteron系列微处理器。图1-13是Intel Celeron系列产品中的一款微处理器的正面、背面图片。

多核技术是进一步提高CPU性能的又一途径。双核CPU已经成为当代微机的主流CPU。简言之，双核处理器是在单个半导体的一个处理器上拥有两个一样功能的处理器核心。换句话说，是将两个物理处理器核心整合到一个CPU芯片中，从而提高计算能力。"双核"的概念最早是由IBM、HP、Sun等公司提出来的。双核处理器技术是提高处理器性能的有效途径。目前，Intel公司的台式机双核处理器有Pentium D、Pentium EE(Pentium Extreme Edition)和Core Duo三种，AMD公司的有Athlon 64 X2。

2. 处理器的主要技术参数

CPU的性能指标直接决定了由它构成的微型计算机系统性能指标。CPU的性能指标主要有字长和时钟主频两个。

图1-13 微处理器的正面、背面

(1) 字长

字长是指计算机运算部件一次能同时处理的二进制数据的位数。微处理器的字长主要是根据运算器和寄存器的比特位数确定的。如80286型号的CPU每次能处理16位二进制数据，而80386型号的CPU和80486型号的CPU每次能处理32位二进制数据，当前流行的Pentium 4型号的CPU每次也是能处理32位二进制数据。那么我们就说80286的微处理器的字长为16位，80386、80486、Pentium 4的字长为32位，并且把80286微处理称为"16位微处理器"，把80386、80486、Pentium 4微处理器称为"32位微处理器"。字长的大小直接反映计算机的数据处理能力，字长越长，作为存储数据用，则计算机的运算精度就越高；作为存储指令用，则计算机的处理能力就越强。目前流行的微处理器大多是32位或64位。

(2) 主频

即微处理器的时钟频率(Clock Speed),它决定了微处理器每秒钟可以执行多少个指令周期。通常,时钟频率越高的微处理器处理数据的速度相对也就越快。注意,时钟频率和微处理器一秒钟处理的指令数目不相等,因为一条指令的执行可能需要多个指令周期。时钟频率以 MHz(兆赫兹)或 GHz(吉赫兹)为单位来度量。CPU 的时钟频率由几百兆赫兹发展到 1~3 GHZ,如当前流行的 Pentium 4 的时钟频率最高可达到 3.8 GHZ。

随着 CPU 主频的不断提高,它对内存 RAM 的存取更快了,但 RAM 的响应速度达不到 CPU 的速度,这成为整个系统的"瓶颈"。为了协调 CPU 与 RAM 之间的速度差问题,在 CPU 芯片中又集成了高速缓冲存储器(Cache)。

(3) 外频

即微处理器的外部时钟频率,它直接影响微处理器与内存之间的数据交换速度。外频由计算机主板提供。

(4) 高速缓存(Cache)

随着微电子技术的不断发展,微处理器的主频不断提高。内存由于容量大、寻址系统和读写电路复杂等原因,造成了内存的工作速度大大低于微处理器的工作速度,直接影响了计算机的性能。为了解决内存与微处理器工作速度上的矛盾,设计者们在微处理器和内存之间增设一级容量不大、但速度很高的高速缓冲存储器。封闭在微处理器芯片内部的 Cache 中暂时存储微处理器运算时的部分指令和数据。当微处理器访问程序和数据时,首先从 Cache 中查找,如果所需程序和数据不在 Cache 中,则到内存中读取,并同时写入 Cache 中。因此采用 Cache 可以提高系统的运行速度。缓存的容量单位一般为 KB。缓存越大,微处理器工作时与存取速度较慢的内存间交换数据的次数越少,运算速度越快。Cache 由静态存储器(SRAM)构成,常用的容量为 128KB、256KB、512KB。在高档微机中,为了进一步提高性能,还设置了二级或三级 Cache(L1、L2、L3 Cache)。

(5) 地址总线宽度

地址总线宽度决定了微处理器可以访问的物理地址空间。简单地说,就是微处理器能够使用多大容量的内存。假设微处理器有 n 根地址线,则其可以访问的物理地址为 2n。目前,微型计算机地址总线有 8 位、16 位、32 位等之分。

(6) 数据总线宽度

数据总线负责整个系统的数据传输,数据总线宽度决定了微处理器与二级高速缓存、内存以及输入/输出设备之间数据传输一次的信息量。

(7) 运算速度

计算机的运算速度通常是指每秒钟所能执行的加法指令的数目,常用百万次/秒(Million Instructions Per Second,MIPS)来表示。这个指标能更直观地反映机器的速度。

1.4.3 存储器(Memory)

存储器分为两大类:一类是设在主机中的内部存储器(简称内存),也叫主存储器,用于存放当前运行的程序和程序所用的数据,属于临时存储器;另一类是属于计算机外部设备的存储器,叫外部存储器(简称外存),也叫辅助存储器(简称辅存)。外存属于永久性存储器,存放暂时不用的数据和程序,当需要用其中某一程序或数据时,首先应调入内存,然后再运行。

一个二进制位(bit)是构成存储器的最小单位。实际上,存储器是由许许多多个二进制位的线性排列构成的。为了存取到指定位置的数据,通常将每 8 位二进制位组成的一个存储单元称为字节(Byte),并给每个字节编上一个号码,称为地址(Address)。

存储器可容纳的二进制信息量称为存储容量。目前,度量存储容量的基本单位是字节(Byte)。此外,常用的存储容量单位还有 KB(千字节)、MB(兆字节)和 GB(吉字节)。

1. 主存储器(Main Memory)

内存储器是直接与微处理器相联系的存储设备,是计算机中最主要的部件之一,它的性能在很大程度上影响计算机的性能。

(1) 内存的分类

微机的内存储器分为随机存取存储器(Random Access Memory,RAM)、只读存储器(Read Only Memory,ROM)两类。

① 随机存取存储器(RAM)

随机存储器也叫读写存储器。RAM 是计算机程序和数据的存储区,一切要执行的程序和数据都要先装入该存储器。随机存取的含义是指既能读数据,也可以往里写数据。通常所说的 256MB 内存指的就是 RAM。目前,所有的计算机大都使用半导体 RAM 存储器。半导体存储器是一种集成电路,其中有成千上万的存储元件。依据存储元件结构的不同,RAM 又可分为静态 RAM(Static RAM,SRAM)和动态 RAM(Dynamic RAM,DRAM)。静态 RAM 是利用其中触发器的两个稳态来表示所存储的"0"和"1"的,这类存储器集成度低、价格高,但存取速度快,常用来做高速缓冲存储器用。动态 RAM 则是用半导体器件中分布电容上有无电荷来表示"1"和"0"的。因为保存在分布电容上的电荷会随着电容器的漏电而逐渐消失,所以需要周期性地给电容充电,称为刷新。这类存储器集成度高、价格低,但由于要周期性地刷新,所以存取速度较 SRAM 慢。微机的内存一般采用 DRAM。RAM 一般以内存条的形式插入主板,图 1-14 为内存插槽和一款 RAM 内存条。

RAM 中存储当前使用的程序、数据、中间结果和与外存交换的数据,CPU 根据需要可以直接读/写 RAM 中的内容。RAM 有两个主要特点:一是其中的信息随时可以读出或写入,当写入时,原来存储的数据将被覆盖掉;二是加电使用时其中的信息会完好无缺,但是一旦断电(关机或意外掉电),RAM 中存储的数据就会消失,而且无法恢复。由于 RAM 的这特点,所以也称它为临时存储器。

图 1-14　内存插槽和 RAM 内存条

② 只读存储器(ROM)

顾名思义,对只读存储器只能做读出操作而不能做写入操作,ROM 中的信息只能被 CPU 随机读取。ROM 主要用来存放固定不变的控制计算机的系统程序和数据,如常驻内存的监控程序、基本 I/O 系统、各种专用设备的控制程序和有关计算机硬件的参数表等。例如,安装在系统主板上的 ROM-BIOS 芯片中存储着系统引导程序和基本输入输出系统。ROM 中的信息是在制造时用专门设备一次写入的,是由计算机的设计者和制造商事先编制好固化在里面的一些程序,使用者不能随意更改。ROM 中存储的内容是永久性的,即使关机或掉电也不会丢失。随着半导体技术的发展,已经出现了多种形式的只读存储器,如可编程的只读存储器 PROM(Programmable ROM)、可擦除可编程的只读存储器 EPROM(Erasable Programmable ROM)以及掩膜型只读存储器 MROM(Masked ROM)等等。它们需要特殊的手段改变其中的内容。

(2) 内存的性能指标

① 存储容量

存储器可以容纳的二进制信息量称为存储容量,通常以 RAM 的存储容量来表示。存储器的容量以字节(Byte)为单位。显然,内存容量越大,机器所能运行的程序就越大,处理能力就越强。尤其是当前多媒体 PC 机应用多涉及图像信息处理,要求的存储容量会越来越大,甚至没有足够大的内存容量就无法运行某些软件。目前微机的内存容量一般为 512 MB~1 GB。

② 存取周期

简单地讲,存取周期就是 CPU 从内存储器中存取数据所需的时间。目前,内存的存取周期在 7~70ns 之间。存储器的存取周期是衡量主存储器工作速度的重要指标。

③ 功耗

这个指标反映了存储器耗电量的大小,也反映了发热程度。功耗小,对存储器的稳定工作有利。

2. 辅助存储器(Auxiliary Memory)

与内存相比,外部存储器的特点是存储量大、价格较低,而且在断电的情况下也可以长期保存信息,所以又称为永久性存储器。主要包括:软盘存储器、硬盘存储器、光盘存储器、U 盘存储器。

(1) 硬盘存储器

① 硬盘的组成

微机中的硬盘存储器由于采用了"温彻斯特"技术,所以又称"温盘"。其主要特点是将盘片、磁头、电机驱动部件乃至读/写电路等做成一个不可随意拆卸的整体,并密封在金属盒中,所以,防尘性能好、可靠性高,对环境要求不高。硬盘内部如图 1-15 所示。

一个硬盘可以有多张盘片,所有盘片按同心轴方式固定在同一轴上,每片磁盘都装有读写磁头,在控制器的统一控制下沿着磁盘表面径向同步移动。每张盘片也与软盘一样按磁道、扇区来组织数据的存取。硬盘有多个

图 1-15　硬盘内部

记录面,不同记录面的同一磁道被称为柱面。

硬盘的容量计算公式是:

硬盘的存储容量＝磁头数×柱面数×每磁道扇区数×每扇区字节数(512 B)

硬盘通常用来作为大型机、服务器和微型机的外部存储器。它有很大的容量,常以兆字节(MB)或以吉字节(GB)为单位。随着硬盘技术的发展,其主流容量已达到 40~200GB 了,转速也有 5400rpm(转/分钟)和 7200rpm 两种,且 7200rpm 已逐步成为主流。与软盘相比,硬盘容量大,转速快,存取速度高。但是,硬盘多固定在机箱内部,不便携带。

② 硬盘的主要性能指标
- 转速:单位是 rpm,目前硬盘主轴电机的转速为 5400rpm、7200rpm。
- 平均寻道时间:指磁头从初始位置到目标磁道的时间,单位是 ms,硬盘的平均寻道时间为 8~12ms。
- 数据传输率:指硬盘读写数据的速度,单位是 Mb/s。目前硬盘的最大外部传输率不低于 16.6Mb/s。

③ 硬盘使用时注意事项
- 硬盘转动时不要关闭电源。
- 防止震动、碰撞。
- 防止病毒对硬盘数据的破坏,应注意对重要数据的备份。
- 未经允许严禁对硬盘进行低级格式化、分区、高级格式化等操作。

(2) USB 移动硬盘

随着多媒体技术的不断应用,有越来越多的图像、声音、动画和视频文件需要保存和交流,而这类文件一般都非常庞大,传统的软盘片不能满足需求了。于是 USB 移动硬盘和 U 盘就应运而生。USB 移动硬盘的优点是:体积小;重量轻(一般重 200g 左右);容量大(一般在 40~80GB 之间);存取速度快(USB 1.1 标准接口的传输率是 12 MB/s,而 USB 2.0 的传输率为 480 MB/s);可以通过 USB 接口即插即用,而当前的计算机都配有 USB 接口,在 Windows 2000/XP/Vista 操作系统下,无须驱动程序,可直接热插拔,使用非常方便。

(3) USB 优盘(U 盘)

U 盘(如图 1-16)作为新一代存储设备被广泛使用。USB 优盘又称拇指盘。U 盘的存储介质是快闪存储器,闪存(Flash Memory)具有在断电后还能保持存储的数据不丢失的这一特点。将闪存和一些外围数字电路焊接在电路板上,并封装在颜色比较亮丽的外壳内,就形成了 U 盘。U 盘可重复擦写达 100 万次,有的还提供了类似软盘写保护的功能。

图 1-16 U 盘

U 盘具有许多优点:
- 直接使用 USB 接口,无需外接电源,支持即插即用和热插拔,只要用户所使用的计算机主板上有 USB 接口就可以使用 U 盘。当计算机操作系统使用 Windows 2000/XP/Vista 时不用安装驱动程序就可以使用 U 盘。
- 存取速度比软盘快,存储容量比软盘大。现在比较流行的 U 盘容量为 128MB、256MB、512MB、1G、2G 等。

- 体积小，重量轻，便于携带。

（4）光盘存储器

计算机常采用光盘存储器存储声音、图像等大容量信息。光盘存储器由光盘（如图1-17所示）、光盘驱动器和接口电路组成。

① 光盘存储原理

光盘的存储原理很简单，在其螺旋形的光道上，刻上一些凹坑；读取数据时，用激光去照射旋转着的光盘片，从凹坑和非凹坑处得到的反射光，其强弱是不同的，根据这样的差别就可以判断出存储的是"0"还是"1"。

图1-17　光盘

光盘的特点是：第一，存储容量大，价格低。目前，微机上广泛使用的直径为4.72英寸（120mm）的光盘的存储容量达650MB。这样每位二进制位的存储费用要比磁盘低得多；第二，不怕磁性干扰。所以，光盘比磁盘的记录密度更高，也更可靠；第三，存取速度高。目前，主流光驱为50倍速和52倍速。单倍速为150KB/s。例如，50倍速光驱的传输率为：50×150KB/s＝7500KB/s。

② 常用光盘标准

- CD-ROM（Compact Disk Read Only Memory）光盘

光盘在十多年的发展过程中，制定了许多标准。目前常用的CD-ROM光盘其存储容量达650MB。CD-ROM中的程序或数据预先由生产厂家写入，用户只能读出，不能改变其内容。

由于声音、视频和图形文件的使用，CD-ROM的应用极为广泛。它的制作成本低、信息存储量大、保存时间长。CD-ROM的印刷面不含数据，数据刻录在光滑的一面。不过虽然CD-ROM只有一面有数据，在它的表面有一层保护膜，但它还是很容易被划伤。在CD-ROM中，数据的读取靠激光来实现，表面的灰尘和划痕都会影响到读盘质量。CD-ROM的容量不是固定的，对一片CD来说，它有一个最大容量。CD-ROM有两种尺寸，即12厘米和8厘米，最常见的是12厘米的。同样是12厘米的光盘，CD-R74可存储650MB字节的数据或74分钟的音乐，CD-R63可存储550MB字节的数据或63分钟的音乐。

- DVD光盘

MPEG-2的成熟促使具有更高密度、更大容量的DVD光盘的产生。数字多功能光碟DVD（Digital Versatile Disk，也称作Digital Video Disk，数字影像光碟）大小和普通的CD-ROM完全一样。它采用与普通CD相类似的制作方法，但具有更密的数据轨道、更小的凹坑和较短波长的红激光激光器，大大增加了光盘的存储容量。DVD定义了单面单层，单面双层，双面单层，双面双层四种规格，容量分别是：4.7GB、8.5GB、9.4GB和17GB字节，而普通的CD-ROM容量仅为650MB。DVD和我们熟悉的CD-ROM、VCD一样，可以存储各种类型的数据。

- 可擦写光盘CD-RW（CD-Rewriteable）和一次写入型光盘CD-R（CD-Recordable）

CD-ROM光盘、VCD光盘和DVD光盘都是只读式光盘，也就是说，信息一旦写入上述光盘之中，就不能对其进行修改，光盘只能一次性使用。为了使用户能方便地制作多媒体软件和多媒体节目，出现了可擦写光盘CD-RW和一次写入型光盘CD-R的光盘存储器，但其制作成本目前要比大批量模压生产的CD盘高出许多。

③ 光盘驱动器

- CD-ROM 光盘驱动器（光驱）

光驱是读取光盘数据的设备，通常固定在主机箱内，光驱的外观及其控制面板结构如图 1-18。

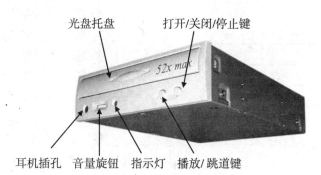

图 1-18　CD-ROM 光盘驱动器

光驱是一个结合了光学、机械及电子技术的产品。在光学和电子结合方面，激光光源来自于一个激光二极管，它可以产生波长约 $0.54\sim0.68\mu m$ 的光束，经过处理后，光束更集中且能精确控制。光束首先打在光盘上，再由光盘反射回来，由光检测器捕获信号。光盘上有两种状态，即凹点和空白，它们的反射信号相反，很容易被光检测器识别。检测器所得到的信息只是光盘上凹凸点的排列方式，驱动器中有专门的部件对它进行转换并进行校验，然后我们才能得到实际数据。光盘在光驱中高速的转动，激光头在伺服电机的控制下前后移动读取数据。

- DVD 驱动器

DVD 驱动器是用来读取 DVD 盘上数据的设备，从外形上看和 CD-ROM 驱动器一样。DVD 驱动器的读盘速度比 CD-ROM 驱动器提高了近 4 倍以上。目前 DVD 驱动器采用的是波长为 $635\sim650$ mm 的红激光。DVD 的技术核心是 MPEG 2 标准，MPEG 2 标准的图像格式共有 11 种组合，DVD 采用的是其中"主要等级"的图像格式，使其图像质量达到广播级水平。DVD 驱动器也完全兼容 VCD、CD-ROM、CD-R、CD-AUDIO。但是 VCD 光驱却不能读 DVD 光盘。因为 DVD 光盘是采用 MPEG 2 标准进行录制的，所以播放 DVD 光盘上的视频数据需使用支持 MPEG2 解码技术的解码器。

④ 光盘使用注意事项

- 将光盘放入光驱和光盘保护盒中时要小心轻放。
- 光盘用后最好装在光盘保护盒中，以免盘面划伤。
- 光盘处于高速旋转状态时，中途不能按面板上的打开/关闭/停止键，因为中途取出光盘有可能损坏盘片。
- 不要用有油渍、污垢的手拿光盘。

3. 存储系统的层次结构

如上所述，在计算机中存储设备有内存、硬盘、软盘、光盘、移动硬盘、U 盘等。内存具有较快的存取速度，但存储容量有限，且价格相对昂贵。硬盘、光盘的存储容量大，但存取速度慢，价格相对低廉。为了充分发挥各种存储设备的长处，将其有机地组织起来，就构成了具有层次结构的存储系统。

存储系统的层次结构如图 1-19 所示。

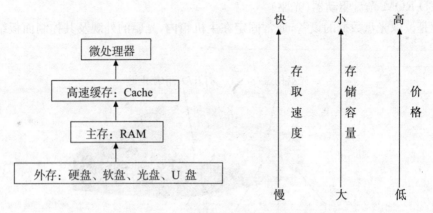

图 1-19　存储系统层次结构图

1.4.4　输入设备(Input Device)

输入设备是向计算机输入信息的设备,是人与计算机对话的重要工具。常用的输入设备有键盘、鼠标、扫描仪、数码相机等。

1. 键盘(Key Board)

键盘是计算机最常用的一种输入设备,专家认为在未来相当长的时间内也会是这样。它实际上是组装在一起的一组按键矩阵。当按下一键时,就产生与该按键键面对应的二进制代码,并通过接口送入计算机,同时将按键键面字符显示在屏幕上。键盘通常包括数字键、字母键、符号键、功能键和控制键等,并分放在一定的区内。目前,微机上流行的 101 键的标准键盘如图 1-20 所示。

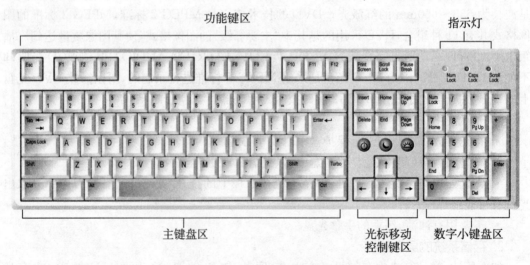

图 1-20　101 键的标准键盘

(1) 主键盘区

本区的键位排列与标准英文打字机的键位相同,位于键盘中部,包括 26 个英文字母、数字、常用字符和一些专用控制键。具体分别叙述如下:

- 控制键：转换键 Alt、控制键 Ctrl 和上档键 Shift（左右各一个，通常左右的功能一样）。一般它们都与其他键配合组成组合键使用，书面时在前后两个键之间用加号"＋"连接表示。组合键的使用方法是要先按住 Alt、Ctrl 或 Shift 键中的某一个，再按其他键，然后同时松开。例如，在 Windows 操作系统下，按 Alt＋F4 键退出程序；按 Ctrl＋Esc 键打开"开始"菜单；按 Ctrl＋空格键是右中/英文输入法之间切换。Shift 键和某字母键同时按下输入该键面的大写字母；若与某双符键（键面上标有两个符号）同时按下，则是输入该键的上排符号，如 Shift＋8 是输入数字键 8 上面的星号"＊"。
- 大写锁定键 Caps Lock：是开关式按键。没按下以前，指示灯 Caps Lock 是熄灭的，此时按字母键时，键入的都是小写字母；当按下之后，指示灯 Caps Lock 被点亮，这时按字母键时，键入的都是大写字母了；再按一次 Caps Lock 键后，指示灯 Caps Lock 熄灭，恢复到最初的状态。对于要大量输入大写字母的情况，使用 Caps Lock 键是非常有用的。
- 回车键 Enter：主要用于"确认"。例如键入一条命令后，按 Enter 键表示确认，系统执行键入的命令。
- 制表键 Tab：按一次，光标就跳过若干列，跳过的列数通常可预先设定。
- 回退键 BackSpace：按一次，光标就向左移一列，同时删除该位置上的字符。编辑文件时可用它删除多余的字符。
- 字母键：共 26 个。若只按字母键，键入的是小写字母；若 Caps Lock 指示灯被点亮，或先按住了 Shift 键，则键入的是大写字母。
- 数字键：共 10 个。
- 符号键：共有 32 个符号，分布在 21 个键上。当一个键面上分布有两个字符时，上方的字符需要先按住 Shift 键后才能键入，下方的字符则直接键入。

（2）功能键区

该区放置了 F1～F12 共 12 个功能键和 Esc 键等。具体如下：

- 退出键 Esc：在一些软件的支持下，通常用于退出某种环境或状态。例如，在 Windows 下，按 Esc 键可取消打开的下拉菜单。
- 功能键 F1～F12。在一些软件的支持下，通常将常用的命令设置在某功能键上，按某功能键，就相当于键入了一条相应的命令，这样可简化计算机的操作。各个功能键在不同的软件中所对应的功能可能是不同的。例如，在 Windows 下，按 F1 键可查看选定对象的帮助信息，按 F10 键可激活菜单栏。
- 打印屏幕键 Print Screen：在一些软件的支持下，按此键可将屏幕上正显示的内容送到打印机去打印。例如，在 Windows 下，按组合键 Alt＋Print Screen 可将当前激活的窗口复制到剪贴板中。

（3）数字小键盘区

数字键区也叫小键盘区，位于键盘右端。其左上角有一 Num Lock（数字锁定）键，它是一开关式键，按一下，Num Lock 指示灯点亮，数字小键盘区各数字键用于输入键上的数字；再按一下，Num Lock 指示灯熄灭，则小键盘上的各键使用键面下排符号，用于移动光标。

（4）光标移动控制键区

该区包括上、下、左、右箭头及 Page Up、Page Down 等键，主要用于编辑修改。

- 插入键 Insert：是开关式键。在"插入"和"替换"状态之间切换。

- 删除键 Delete：在一些软件的支持下，按一次就删除光标位置上（或右边）的一个字符，同时所有右面的字符都向左移一个字符。
- 行首键 Home：在一些软件的支持下，按一次，光标就跳到光标所在行的首部。
- 行尾键 End：在一些软件的支持下，按一次，光标就跳到光标所在行的末尾。
- 向上翻页键 Page UP：在一些软件的支持下，按一次，屏幕或窗口显示的内容就向下滚动一屏，使当前屏幕或窗口内容前面的内容显示出来。
- 向下翻页键 Page Down：在一些软件的支持下，按一次，屏幕或窗口显示的内容就向上滚动一屏，使当前屏幕或窗口内容后面的内容显示出来。
- 光标移动键↑、←、↓和→：在一些软件的支持下，按一次，光标就向相应的方向移动一行或一列。

(5) Windows 键盘及其他形式键盘

除标准键盘外，还有 Windows 键盘、各种形式的多媒体键盘和专用键盘。如银行计算机管理系统中供储户用的键盘，专供储户输入密码和选择操作之用。专用键盘的主要优点是简单，即使没有受过专门训练的人也能使用。

Windows 键盘中，除 101 标准键盘外，增加了：

- 打开"开始"菜单键（Windows 键）：键面上标有"视窗"图标的键，在空格键左右两侧各有一个。按它可以打开 Windows"开始"菜单。包含 Windows 键的组合键还有：

① Windows 键＋R：打开"运行"对话框。
② Windows 键＋M：最小化所有已打开的窗口。
③ Windows 键＋E：打开"我的电脑"窗口。
④ Windows 键＋F：打开"搜索结果"窗口，用于搜索指定的文件或文件夹。
⑤ Windows 键＋Tab 键：切换任务栏中的对象。当对象被选中后，按下 Enter 键即可激活此任务。

- 打开"快捷菜单"键：键面上标有"快捷菜单"图标的键，在空格键右侧。按下它可打开光标所指对象的快捷菜单。

(6) 打字指法

准备打字时，双手除拇指外的八个手指分别放在基本键上，如图 1-21 所示：

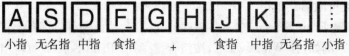
小指 无名指 中指 食指　　+　　食指 中指 无名指 小指

图 1-21　打字指法基本键位

每个手指分工的击键区域如图 1-22 所示，左右手的小指、无名指、中指各分工一列按键；食指最灵活，包含中间的两列按键；空格键由拇指负责。

打字前，手指放在基本键上；打字时，迅速有力击打按键；打字后，迅速抬起，返回基本键待命。

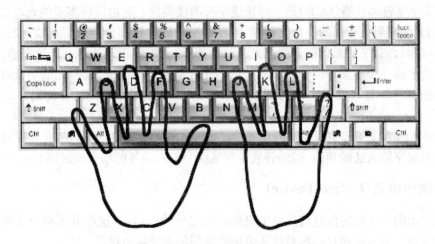

图 1-22　手指按键分工

注意:击键必须短促,长时间按下某个按键,会造成该字符被重复录入。

2. 鼠标器(Mouse)

鼠标器简称鼠标(见图 1-23),其上有两(或三)个按键,当它在平板上滑动时,屏幕上的指针也跟着移动。它不单可用于光标定位,还可用来选择菜单、命令和文件,能减少击键次数,简化操作过程。目前,随着 Windows 操作系统的普及和发展,鼠标已经成为微机常用的输入设备,特别是在图形界面操作方式下,鼠标的使用给人们的操作带来了极大的方便。鼠标在 Windows 环境下的应用软件中是最常用的输入设备之一。

图 1-23　鼠标

常见的鼠标有机械式、光电式和无线遥控式。机械式鼠标内有一个实心橡皮球,当鼠标移动时,橡皮球滚动,通过相应装置将移动的信号传送给计算机。光电鼠标的内部有红外光发射和接收装置,它利用光的反射来确定鼠标的移动。无线遥控式鼠标又可分为红外无线型鼠标和电波无线型鼠标。红外无线型鼠标一定要对准红外线发射器后才可以活动自如;而电波无线型鼠标较为灵活,但价格贵。

通常,鼠标上的左键用作确定操作,右键用作特殊功能。还有一种由 Microsoft 公司发布的滚轮鼠标。它在原有两键鼠标的基础上增加了一个滚轮键,拥有特殊的滑动和放大功能,手指轻轻转动滚轮,就可以使网页上下翻动。

常见的鼠标接口有串口、PS/2 接口和 USB 接口等。

3. 其他输入设备

键盘和鼠标是微机中最常用的输入设备,此外,还有扫描仪、条形码阅读器、光学字符阅读器(OCR)、触摸屏、手写笔、声音输入设备(麦克风)和图像输入设备(数码相机)等。

(1) 扫描仪是一种将图像或文本输入计算机的输入设备,它可以直接将图形、图像、照片或文本输入计算机中。利用扫描仪输入图片已在多媒体计算机中广泛使用。

(2) 条形码阅读器是一种能够识别条形码的扫描装置。当阅读器从左向右扫描条形码时,就把不同宽窄的黑白条纹翻译成相应的编码供计算机使用。许多自选商场和图书馆里都用它管理商品和图书。

(3) 光学字符阅读器(OCR)是一种快速字符阅读装置。它由许许多多的光电管排成一个矩阵,当光源照射被扫描的一页文件时,文件中空白的白色部分会反射光线,使光电管产生一定的电压;而有字的黑色部分则把光线吸收掉,使光电管不产生电压。这些有、无电压的信息组合形成一个图案,并与 OCR 系统中预先存储的模板匹配,若匹配成功就可确认该图案是哪些字符。有些机器一次可阅读一整页的文件,称为读页机,有的则一次只能读一行。

(4) 语音输入设备和手写笔输入设备使汉字输入变得更为方便、容易,免去了计算机用户学习键盘汉字输入法的烦恼,但语音或手写笔汉字输入设备的输入速度还有待提高。

1.4.5 输出设备(Output Device)

输出设备的任务是将信息传送到中央处理机之外的介质上,这些介质可分为硬拷贝和软拷贝两大类。显示器和打印机是计算机中最常用的两种输出设备。

1. 显示器(Monitor)

显示器又称为"监视器",是微机中最重要的输出设备之一,也是人机交互必不可少的设备。显示器可显示多种不同的信息。

(1) 显示器的分类

可用于计算机的显示器有许多种,常用的有阴极射线管显示器(简称 CRT,见图 1-24)和液晶显示器(简称 LCD,见图 1-25)。CRT 显示器又有球面 CRT 和纯平 CRT 之分,其中纯平显示器大大改善了视觉效果。液晶显示器为平板式,体积小、重量轻、功耗少、不产生辐射,目前已有越来越多的微机使用 LCD 显示器。

图 1-24 CRT 显示器

图 1-25 LCD 显示器

当前,微机上使用的主流显示器是彩色图形显示器,它可以显示多达 1600 多万种颜色。而黑白字符显示器常用于金融、商业领域。

(2) 显示器的主要技术参数

① 屏幕尺寸:指显示器对角线长度,以英寸为单位(1 in=2.54 cm),常见的显示器为 15 in、17 in、19 in、21 in 等。

② 像素(Pixel)与点距(Pitch):屏幕上图像的分辨率或说清晰度取决于能在屏幕上独立显示的点的直径。这种独立显示的点称作像素,屏幕上两个像素之间的距离叫点距。目前,微机上使用的显示器的点距有 0.31mm、0.28mm 和 0.25mm 等规格。一般讲,点距越小,显示器的分辨率就越高,显示器质量也就越好。

③ 分辨率：分辨率是衡量显示器的一个常用指标。它指的是整个屏幕上像素的数目。通常写成"水平点数"×"垂直点数"的形式。目前，有 640×480、800×600、1024×768 和 1280×1024 等几种。显示器的分辨率受点距和屏幕尺寸的限制，也和显示卡有关。

④ 灰度和颜色深度：灰度指像素点亮度的级别数，在单色显示方式下，灰度的级数越多，图像层次越清晰。颜色深度指计算机中表示色彩的二进制位数，一般有 1 位、4 位、8 位、16 位、24 位，24 位可以表示的色彩数为 1600 多万种。

⑤ 刷新频率：指每秒钟屏幕画面刷新的次数。刷新频率越高，画面闪烁越小。通常是 75~90Hz。

⑥ 扫描方式：水平扫描方式分为隔行扫描和逐行扫描。隔行扫描指在扫描时每隔一行扫一行，完成一屏后再返回来扫描剩下的行；逐行扫描指扫描所有的行。隔行扫描的显示器比逐行扫描闪烁得更厉害，也会让使用者的眼睛更疲劳。现在的显示器采用的都是逐行扫描方式。

（3）显示卡

显示器是通过"显示器接口"（简称显示卡或显卡，见图 1-26）与主机连接的，所以显示器必须与显示卡匹配。

① 显卡的结构

显卡主要由显示芯片、显示内存、RAMDAC 芯片、显卡 BIOS、连接主板总线的接口组成。

• 显示芯片：显示芯片是显卡的核心部件，它决定了显卡的性能和档次。现在的显卡都具有二维图像或三维图像的处理功能。3D 图形加速卡将三维图形的处理任务集中在显示卡内，减轻了 CPU 的负担，提高了系统的运行速度。

图 1-26　显卡外观

• 显示内存：用来存放显示芯片处理后的数据，其容量、存取速度对显卡的整体性能至关重要，它还直接影响显示的分辨率及色彩的位数。

• RAMDAC 芯片：RAMDAC 芯片将显示内存中的数字信号转换成能在显示器上显示的模拟信号。它的转换速度影响着显卡的刷新频率和最大分辨率。

• 显卡 BIOS：显卡上的 BIOS 存放显示芯片的控制程序，同时还存放着显卡的名称、型号、显示内存等。

• 总线接口：是显卡与总线的通信接口。目前最多的是 PCI 和 AGP 接口（插入主板的 AGP 插槽中）。

② 显卡的分类

• 按采用的图形芯片分：单色显示卡、彩色显示卡、2D 图形加速卡、3D 图形加速卡。

• 按总线类型分：ISA 显卡、VESA 显卡、PCI 显卡和 AGP 显卡。

• 按显示的彩色数量分：

伪彩色卡：用 1 个字节表示像素，可显示 256 种颜色。

高彩色卡：用 2 个字节表示像素，可显示 65536 种颜色。

真彩色卡：用 3 个字节表示像素，可显示 1600 多万种颜色。

• 按显示卡发展过程分：

MDA(Monochrome Display Adapter),即单色字符显示卡。
CGA(Color Graphics Adapter),即彩色图形显示卡。
EGA(Enhanced Graphics Adapter),即增强图形显示卡。
VGA(Video Graphics Array),即视频图形阵列显示卡。
SVGA(Super VGA),即超级视频图形阵列显示卡。
XGA(Extended Graphics Array),即增强图形阵列显示卡。

目前,PC机上使用的显示卡大多数与VGA兼容,SVGA是一种较流行的VGA兼容卡。VGA的分辨率是640×480,256种颜色。SVGA是VGA的扩展,分辨率可达1280×1024。

2. 打印机(Printer)

打印机用于将计算机运行结果或中间结果打印在纸上。利用打印机不仅可以打印文字,也可以打印图形、图像。因此,打印机是计算机目前最常用的输出设备之一,也是品种、型号最多的输出设备之一。

(1) 打印机的分类

按打印工作方式分:串行式打印机和行式打印机。所谓串行打印机是逐字打印成行的。行式打印机则是一次输出一行,故它比串行式打印机的打印速度要快。

按打印色彩分:单色打印机和彩色打印机。

按打印机打印原理分:击打式打印机和非击打式打印机。击打式打印机中有字符式打印机和针式打印机(又称点阵打印机)。目前,普遍使用的是针式打印机。非击打式打印机种类繁多,有静电式打印机、热敏式打印机、喷墨打印机和激光打印机等。当前流行的是激光打印机和喷墨打印机(如图1-27)。

由于击打式打印机依靠机械动作实现印字,因此,打印速度慢,噪音大,打印质量差。而非击打式打印机打印过程中无机械击打动作,速度快,无噪音,打印质量高。

图1-27 喷墨打印机、针式打印机、激光打印机

① 针式打印机

针式打印机主要由打印头、运载打印头的小车机构、色带机构、输纸机构和控制电路等几部分组成。打印头是针式打印机的核心部分。针式打印机有9针、24针之分,24针打印机可以印出质量较高的汉字,是目前使用较多的针式打印机。

针式打印机是在脉冲电流信号的控制下,打印针击打针点形成字符或汉字的点阵。这类打印机的最大优点是耗材(包括色带和打印纸)便宜,缺点是打印速度慢、噪声大、打印质量差(字符的轮廓不光顺,有锯齿形)。

② 喷墨打印机

喷墨打印机属非击打式打印机,其工作原理是:喷嘴朝着打印纸不断喷出极细小的带电的墨水雾点,当它们穿过两个带电的偏转板时,受控制落在打印纸的指定位置上,形成正确的字符,无机械击打动作。喷墨打印机的优点是设备价格低廉,打印质量高于点阵打印机,无噪声,还能彩色打印。缺点是打印速度慢、耗材(主要指墨盒)贵。

③ 激光打印机

激光打印机也属非击打式打印机,工作原理与复印机相似,涉及光学、电磁、化学等。简单说来,它将来自计算机的数据转换成光,射向一个充有正电的旋转的鼓上。鼓上被照射的部分便带上负电,并能吸引带色粉末。鼓与纸接触就把粉末印在纸上,并在一定压力和温度的作用下熔结在纸的表面。

激光打印机的优点是无噪声,打印速度快,打印质量最好,常用来打印正式公文及图表。其缺点是设备价格高,耗材贵,打印成本在三种打印机中最高。

(2) 打印机主要技术参数

① 打印分辨率:用 DPI(点/英寸)表示。激光打印机和喷墨打印机一般都达到 600 DPI。

② 打印速度:可用 CPS(字符/秒)表示,或用"页/分钟"表示。

③ 打印纸最大尺寸:一般打印机是 A4 幅面。

3. 其他输出设备

在微型机上使用的其他输出设备有绘图仪、声音输出设备(音箱或耳机)、视频投影仪等。绘图仪有平板绘图仪和滚动绘图仪两类,通常采用"增量法"在 x 和 y 方向产生位移来绘制图形。视频投影仪常称多媒体投影仪,是微型机输出视频的重要设备。目前,有 CRT 投影仪和使用 LCD 投影技术的液晶板投影仪。液晶板投影仪具有体积小、重量轻色彩丰富的优点。

1.4.6 主板(Main Board)

一台微型计算机包括各种形式的硬件部件,这些部件是如何连接在一起,彼此协调工作的呢?这就离不开计算机的"主板"了。通过主板上的插槽、接口,可以将各种部件连接在一起。主板是微机系统中最大的一块电路板,它的主要功能有两个:一是提供安装微处理器、内存和各种功能卡的插座,部分主板甚至将一些功能卡的功能集成在主板上,如主板集成显卡,声卡;二是为各种常用外部设备,如打印机、扫描仪、外存等提供通用接口。

图 1-28 和图 1-29 显示了磐正 EP-8RDA3 主板中的主要部件。

主板的主要部件包括:

1. 芯片组

芯片组是主板的灵魂,由一组超大规模集成电路芯片构成。芯片组控制和协调整个计算机系统的正常运转和各个部件的选型,它被固定在母板上,不能像微处理器、内存等进行简单的升级换代。

2. 微处理器插座及插槽

用于固定、连接微处理器芯片。微处理器与主板的接口形式根据微处理器的不同分为 Socket 插座和 Slot 插槽。

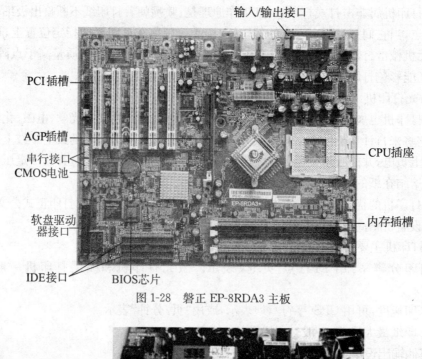

图 1-28　磐正 EP-8RDA3 主板

图 1-29　输入/输出接口

3. 内存插槽

主板给内存预留的专用插槽，插入与主板插槽匹配的内存条，可以实现内存扩充。

4. 总线扩展槽

总线扩展槽主要用于扩展微型计算机的功能，也称为 I/O 插槽。在它上面可以插入许多标准选件，如显卡、声卡、网卡等。根据总线的不同，总线扩展槽可分为 ISA、EISA、VE-SA、PCI、AGP（用来插 AGP 显卡）扩展槽。任何插卡插入扩展槽后，都可以与微处理器相连接，成为系统的一部分。这种开放式的结构为用户组合各种功能设备提供了便利。

5. BIOS 芯片

BIOS(Basic Input/Output System)保存着计算机系统中的基本输入/输出程序、系统设置信息、自检程序和系统启动自举程序。现在主板的 BIOS 还具有电源管理、CPU 参数调整、系统监控、病毒防护等功能。BIOS 为计算机提供最基本、最直接的硬件控制功能。

早期的 BIOS 通常采用 PROM 芯片，用户不能更新版本。目前主板上的 BIOS 芯片采用快闪只读存储器(Flash ROM)。由于快闪只读存储器可以电擦除，因此可以更新 BIOS 中的内容，升级十分方便，但也成为主板上唯一可被病毒攻击的芯片。BIOS 中的程序一旦被破坏，主板将不能工作。

6. CMOS 芯片

CMOS 用来存放系统硬件配置和一些用户设定的参数。参数丢失，系统将不能正常启动,必须对其重新设置,方法是:系统启动时按设置键(通常是"Del"键)进入 BIOS 设置窗口,在窗口内进行 CMOS 的设置。CMOS 开机时由系统电源供电,关机时靠主板上的电池供电。因此即使关机,信息也不会丢失,但应注意更换电池。

7. 输入/输出接口

输入/输出接口是连接外存储设备、打印机等外部设备以及键盘鼠标等设备的装置,主要包括如下几种:

(1) IDE 接口

IDE(Integrated Device Electronics,集成设备电子部件)主要连接 IDE 硬盘和 IDE 光驱。

(2) 软盘驱动器接口

软盘驱动器通过电缆与主板上的软盘驱动器接口相连。一个软盘驱动器接口可以连接两台软盘驱动器。

(3) 串行接口(Serial Port)

串行接口主要用于连接鼠标器、外置 Modem 等外部设备。主板上的串口一般为两个,分别标注为 COM1 和 COM2。

(4) 并行接口(Parallel Port)

并行接口主要用于连接打印机等设备。主板上的并行接口标识为 LPT 或 PRN。

(5) USB(Universal Serial Bus)接口

USB 即通用串行总线,是一种新型的接口总线标准。USB 接口可以连接键盘、鼠标、数码相机、扫描仪等外部设备,连接简单,支持热插拔,传输速率高。

(6) PS/2 接口

该接口主要用于连接 PS/2 接口键盘和 PS/2 接口鼠标。

(7) 跳线开关

跳线开关主要用于改变主板的工作状态,如改变 CPU 的工作频率、工作电压等。不同的主板跳线方式与位置不相同,只有通过产品说明书才能正确的配置。目前许多主板采用免跳线技术,除了主板上用于清除 CMOS 信息的跳线之外,再无任何跳线,主板会自动识别 CPU 的频率和工作电压。

1.4.7 总线(Bus)

计算机系统中各功能部件必须互连,但如果各部件和每一种外围设备都分别用一组线路与微处理器直接连接,那么连线将会错综复杂,难以实现。为了简化系统结构,总线技术是目前微型机中广泛采用的连接方法。所谓总线(Bus)就是系统各部件之间传送信息的公共通道,各部件由总线连接并通过它传送数据和控制信号。总线经常被比喻为"高速公路",总线上的信息流被视为公路上的各类车辆。显然,总线技术已成为计算机系统结构的重要方面。

总线连接的方式使各部件之间的连接比较规范,精简了连线,同时也使设备的增减简单、方便可行。当需要增加设备时,只要这些设备发送与接收信息的方式符合总线规定的要求,就可通过接口卡与总线相连。总线体现在计算机硬件上就是主板,主板的制造商在制造主板时会考虑主板应当采用哪种总线标准。总线技术给计算机生产厂商和用户都带来了极大的方便。其缺点是传送速率低,并要增设相应的总线控制逻辑。

1. 总线的分类

根据所连接部件的不同,微机中总线可分为内部总线和系统总线。内部总线是同一部件(如 CPU)内部控制器、运算器和各寄存器之间的连接总线。系统总线指同一台计算机各部件(如 CPU、内存、I/O 接口)之间相互连接的总线。这里主要介绍微机中的系统总线。

2. 系统总线

系统总线根据传送内容的不同,分为数据总线、地址总线、控制总线。

(1) 数据总线 DB(Data Bus)

用于在微处理器与内存、微处理器与输入/输出接口之间传送信息。数据总线的宽度(根数)决定每次能同时传输信息的位数,因此是决定计算机性能的主要指标。目前,微型计算机采用的数据总线有 16 位、32 位、64 位等几种类型。

(2) 地址总线 AB(Address Bus)

用于给出源数据或目的数据所在的内存单元或输入/输出端口的地址。地址总线的宽度决定微处理器的寻址能力。若微型计算机采用 n 位地址总线,则该计算机的寻址范围为 2^n。

(3) 控制总线 CB(Control Bus)

主要用来控制对内存和输入/输出设备的访问。

3. 常用的总线标准

(1) ISA 总线

ISA(Industrial Standard Architecture)总线标准是 IBM 公司 1984 年为推出的 PC/AT 机而建立的系统总线标准,所以也叫 AT 总线。它的时钟频率为 8MHz,数据线的宽度为 16 位,最大传输速率为 16MB/s。

(2) EISA 总线

EISA(Extended Industrial Architecture)总线是 1988 年由 Compaq 等 9 家公司联合推出的总线标准,它是在 ISA 总线的基础上发展起来的高性能总线。EISA 总线完全兼容 ISA 总线信号,它的时钟频率为 8.33MHz,数据总线和地址总线都是 32 位,最大传输速率为 33MB/s。

(3) VESA 总线

VESA(Video Electronics Standard Association)总线简称为 VL(VESA Local Bus)总线。它定义了 32 位数据线,可扩展到 64 位,使用 33MHz 时钟频率,最大传输率达 132MB/s。VESA 总线可与微处理器同步工作,是一种高速、高效的局部总线。VESA 总线可支持 386SX、386DX、486SX、486DX 及奔腾微处理器。

(4) PCI 总线

PCI(Peripheral Component Interconnect)总线是当前最流行的总线之一。它是由 Intel 公司推出的一种局部总线,定义了 32 位数据总线,可扩展为 64 位,传输速率可达 132MB/s,64 位的传输速率为 264MB/s,可同时支持多组外围设备。PCI 总线不能兼容 ISA、EISA、MCA(Micro Channel Architecture)总线,但它不受制于处理器,是基于奔腾等新一代微处理器的总线。

4. 系统总线的性能指标

（1）总线的宽度：指数据总线的根数。

（2）总线的工作频率：也称为总线的时钟频率，以 MHz 为单位。工作频率越高，总线工作速度越快。

（3）标准传输率：在总线上每秒钟能够传输的最大字节量。

1.4.8 微型计算机的配置、选购与组装

在实际生活中，如果你想自己动手组装一台微型计算机，需要考虑各方面的问题，如你的计算机需要有哪些硬件部件，具体每种硬件部件选用哪个厂商、哪个型号的，如何把这些部件组装起来，构成一台微型计算机。

1. 微型计算机的配置

在购买微型计算机时，市场上主要有两类可供选购，一类为品牌机，即计算机是由生产微型计算机的厂家整机销售的。国内常见的微型计算机品牌很多，如联想、方正、IBM、DELL 等。这类计算机一般整机具有质量保证的承诺以及售后服务。另外一类为组装机，也就是计算机的使用者购买计算机的各种硬件部件，自己动手，或者请专业人士将它们组装在一起而形成的计算机。这类计算机没有整机的质量保证承诺，但是各个部件都有质量保证承诺。一般来说，组装机的价格比同档次的品牌机价格便宜。

微型计算机的配置主要指在微型计算机中具体选用哪些硬件部件。品牌机一般会推出几种不同配置、不同档次的计算机供购买者选择，计算机中的硬件配置是不能随意更改的。对于组装机，购买者可以根据自己的情况任意调换硬件配置。

2. 微型计算机的选购

当我们到市场上选购各种微机部件前，首先应该做到以下两点：

- 明确自己的需求定位

搞清楚自己购买计算机主要想完成哪些工作。如果仅仅完成一些文字处理、上网之类的任务，可以选购配置比较低、价钱便宜的计算机。如果希望用计算机完成大量的图形、视频等信息的处理，则需要考虑选购配置比较高、价钱相对昂贵的计算机。

- 充分查阅当前流行的各种微机硬件情况

计算机的各种硬件部件品牌、种类繁多，在购买计算机之前，可以上网通过相关硬件报价网站（如中关村在线、太平洋电脑网、新浪时代等）查阅具体哪个厂家、哪种型号的部件性能比较好。当真正进行选购时，做到心中有数。

下面介绍一些在购买微机主要部件时应该考虑的问题。

（1）机箱

在这里大家可能会问：机箱有些什么？机箱怎么会影响性能呢？事实上，机箱是一个非常重要的角色，它的尺寸、设计、空气对流、风扇卡槽等都大大地影响机器性能。一个足够大、设计精良的机箱，价钱上不会比小的、结构差的机箱贵很多，但后者可能会出现风扇卡不紧，空气对流差，热气排不出去，系统频频死机的现象。所以建议购买大一些的机箱，这样可以有较大的空气对流空间，布线方便，也方便安装其他部件。

（2）电源供应器

目前计算机的性能大增，电源供应器的重要性不言而喻。为了散热，电源供应器一般都

配有风扇。电源供应器风扇可能是计算机上最吵的东西,如果你想要一个安静点的电源供应器,就需要仔细挑选了。最好不要选购没有品牌、没有质量保证的电源供应器。

（3）微处理器

购买微处理器该选 Intel 的,还是 AMD 的呢？要根据你的实际情况。如果你想用低廉的价钱,买到更快的 CPU,那么不妨选择 AMD 的产品；如果你更注重品牌,那么就选择 Intel。在选购微处理器时应注意微处理器的种类、处理速度和散热息息相关。为了给微处理器散热,需要给微处理器加装风扇。一般 AMD 与 Intel 同档次的微处理器比,AMD 的微处理器发热量比较大,需要更好的散热能力,这样必须选购转速比较快的微处理器风扇,所以噪音往往比较大。

（4）主板

在选购主板时应该注意主板与微处理器是否匹配。主板的设计非常复杂,在出厂前还有许多测试及修改。也由于其复杂异常,一旦出现问题,往往我们也无法判断其中的原因。所以,应尽量选用性能比较稳定的主板。

（5）内存

建议购买品牌内存条,如 Kingston(金士顿)。无品牌的内存条可能经常会出现一些故障。再有,使用一条 2GB 的内存会好于使用两条 1GB 的内存,因为主板容易因为内存条数目的增多而不稳定。还要注意内存条与主板的兼容性。

（6）硬盘

在购买硬盘时同样应该注意选购带有品牌的,如希捷。购买时主要考虑它的转速和容量大小,注意当时硬盘的性能价格比。

（7）显示器

在购买显示器时,除了要注意显示器的尺寸、分辨率等,还应该注意显示画面的稳定性,是否有倾斜、凹凸的现象等。如果选购 CRT 显示器,需要看一看其是否通过了 TCO 认证。

3. 微型计算机的组装

如果你通过专门从事组装机销售的销售商购买计算机零部件,这些销售商可以帮助你组装计算机,而无需你自己动手。如果你想自己动手组装计算机,下面介绍一些基本的方法。

（1）准备工作

仔细阅读主板说明书,了解各个插槽、插座究竟应该插接什么。准备好一把螺丝刀。一些零部件(如主板)会装在防静电的袋子中,把所有的零部件连同防静电袋子一起从盒中取出备用。

（2）注意防静电

静电无所不在,人身体上、地毯、尼龙混纺的衣服都有静电。静电很容易损伤电子部件,在组装计算机时,要注意防静电。防静电的方法很多,如可以在接触零件前,一手握住接地的东西(如果可以的话,握着不放)这样可以将你身体上的静电释放出来。90%的静电伤害都可以避免。

（3）组装过程提示

先装什么,后装什么没有具体的步骤,主要要将各种零部件很好的与主板插接或者连接在一起。下面对其中一些问题做一点提示,以方便组装。

- 在将主板装进机箱前,可以先装上微处理器、微处理器风扇、内存,要不然到后面可能会很难装。
- 硬盘、软盘线的安排非常重要,不要让它们挡住气流的方向。
- 尽量不要让排线、连线一团团的堆在机箱内,用合适的方式将线绑成一束。
- 组装完以后,应该对计算机进行测试,看一看各部件是否都能够被计算机识别出来,能否在一起正常工作,然后再开始安装软件。

1.5 计算机软件系统

计算机的工作过程可以归纳为输入、处理、输出和存储4个过程。输入是指接收由输入设备提供的信息;处理是对信息进行加工处理的过程,并按一定方式进行转换;输出是将处理结果在输出设备上显示或打印出来;存储是将原始数据或处理结果进行保存以便再次使用。这四个步骤是一个循环过程。输入、处理、输出和存储并不一定按照固定的顺序操作。在程序的指挥下,计算机根据需要决定采取哪一个步骤。因此,计算机程序在计算机工作过程中起着非常重要的作用。

所谓软件是指为方便使用计算机和提高使用效率而组织的程序以及用于开发、使用和维护的有关文档。计算机软件系统包括系统软件和应用软件两大类,下面主要介绍系统软件中的操作系统、语言处理程序、数据库管理系统软件以及常用的应用软件。

1.5.1 系统软件

系统软件由一组控制计算机系统并管理其资源的程序组成,其主要功能包括:启动计算机,存储、加载和执行应用程序,对文件进行排序、检索,将程序语言翻译成机器语言等。实际上,系统软件可以看作用户与计算机的接口,它为应用软件和用户提供了控制、访问硬件的手段,这些功能主要由操作系统完成。此外,编译系统和各种工具软件也属此类,它们从另一方面辅助用户使用计算机。下面分别介绍它们的功能。

1. 操作系统

操作系统 OS(Operating System)是整个计算机系统中非常重要的部分,它是管理、控制和监督计算机软、硬件资源协调运行的程序系统,由一系列具有不同控制和管理功能的程序组成,如目前微机中使用最广泛的微软的 Windows 系统。它是直接运行在计算机硬件上的、最基本的系统软件,是系统软件的核心。操作系统是计算机发展中的产物,它的主要目的有两个:一是方便用户使用计算机,是用户和计算机的接口。比如用户键入一条简单的命令就能自动完成复杂的功能,这就是操作系统辅助的结果;二是统一管理计算机系统的全部资源,合理组织计算机工作流程,以便充分、合理地发挥计算机的效率。

(1) 操作系统的功能

现代操作系统的功能十分丰富,操作系统通常应包括处理器管理、存储管理、文件管理、设备管理、作业管理等五大功能模块。

① 处理器管理

处理器管理是操作系统的主要功能之一。当多个程序同时运行时,解决处理器(CPU)

时间的分配问题。它负责为进程(指程序的一次执行过程)分配处理器,即通过对进程的管理和调度来有效地提高处理器的效率,实现程序的并行执行或资源的共享。具体地说,处理器管理就是根据特定规则(或算法)从进程就绪队列中选择一个合适的进程,并为该进程分配处理器。处理器管理中所采用的 CPU 调度策略有多种,如抢占算法、非抢占算法、最短作业优先、轮转算法、最短停留时间优先算法等。当一个进程运行完毕或时间片已用完时,则由 CPU 调度程序选择下一个进程并分配处理器。对时间片用完的进程,保留现场后放入就绪队列。当发生诸如 I/O 中断请求等程序性中断时,保存现场并将当前进程放入等待队列,转而执行中断服务程序等。

② 存储管理

为各个程序及其使用的数据分配存储空间,并保证它们互不干扰。存储管理的职责是合理、有效地分配和使用系统的存储资源。在内存、高速缓存和外存三者之间合理地组织程序和数据,实现由逻辑地址空间到物理地址空间的映射,使系统的运行效率达到满意的程度,并提供一定的保护措施。存储管理所采取的主要技术有:界地址管理、段式管理、页式管理、段页式管理等。由于内存空间有限,在多道程序系统中,为保证用户尽可能方便、尽可能多地使用内存资源,出现了虚拟存储管理技术,其中包括覆盖和交换技术,使多个用户、多个任务可以共享内存资源,是现代操作系统的关键技术之一。

③ 文件管理

操作系统的文件管理程序,采用统一、标准的方法管理辅助存储器中的用户和系统文件数据的存储、检索、更新、共享和保护,并为用户提供一整套操作和使用的方法。

文件指有组织的数据可用集合。文件结构分为逻辑结构和物理结构。文件逻辑结构是指用户概念中文件数据的排列方法和组织关系,由流式结构和记录式结构。文件物理结构指文件数据在存储空间中的存放方法和组织关系,用计算法和指针法等构造物理结构。

早期,用户按物理地址存储媒体上的信息,使用不便,效率很低。引入文件概念后,用户不再需要了解文件物理结构,可以实现"按名存取",由文件管理程序根据用户给出的文件名自动地完成数据传输操作。把数据组织成文件加以管理是计算机数据管理的重大进展,其主要优点是使用方便、安全可靠、便于共享。

文件共享指一个文件可以让规定的某些用户共同使用。文件保护和保密与文件的共享是互为依存的。文件保护指防止文件拥有者误用或授权者破坏文件;文件保密指不经文件拥有者授权,任何其他用户不得使用文件。两者均涉及用户对文件的访问权限。以下方法可以规定使用权限:存取控制矩阵、存取控制表、文件使用权限、文件可访问性。文件保密措施有:隐蔽文件目录、口令、密码等。

文件目录是文件系统实现"按名存取"的主要手段和工具,文件系统的基本功能之一就是文件目录的建立、检索和维护。文件目录应包含有关文件的说明信息、存取控制信息、逻辑和物理结构信息、管理信息。目录结构采用树形结构。在 Windows 中,目录称为文件夹,目录结构即为文件夹结构。

操作系统一般都把 I/O 设备看作是"文件",称为设备文件,这样用户无需考虑保存文件的设备差异,可用统一的观点去处理驻留在各种存储媒体上的信息,给使用带来极大方便。

④ 设备管理

它能根据用户提出使用设备的请求进行设备分配；同时还能随时接受设备的请求(称为中断)，如要求输入信息。设备管理负责组织和管理各种输入输出设备，有效地处理用户(或进程)对这些设备的使用请求，并完成实际的输入/输出操作。它通过建立设备状态表或控制表来管理设备，并通过中断和设备队列来处理用户的输入/输出请求，最后通过 I/O 设备驱动程序来完成实际的设备操作。设备管理与存储管理技术相结合可实现虚拟设备、假脱机输入/输出等功能，从而大大提高了系统的性能。

⑤ 作业管理

作业指用户请求计算机系统完成的一个计算任务，由用户程序、数据及其所需的控制命令组成。作业管理的任务主要是为用户提供一个使用计算机的界面，使其方便地运行自己的作业，并对所有进入系统的作业进行调度和控制，尽可能高效地利用整个系统的资源。作业管理负责所有作业从提交到完成期间的组织、管理和调度工作。通常，一个作业被提交到系统之后，将按某种规则放入作业队列中，并被赋予某一优先级，作业调度程序则根据作业的状态及其优先级，按某种算法从作业队列中选择一个作业运行。

此外，操作系统具有安全和保护功能，以保证系统正常运行，防止系统中某种资源受到有意或无意破坏。通常安全是指非法用户不能进入系统，而保护是指操作系统中用户控制程序、进程以及用户对系统资源和用户资源的存取所采用的控制措施。例如，用户进入系统需要核对口令、文件的存取受文件权限的限制以及用户级别的划分等。

(2) 操作系统的分类

操作系统的种类繁多，按其功能和特性分为批处理操作系统、分时操作系统和实时操作系统等；按同时管理用户的多少分为单用户操作系统和多用户操作系统；还有适合管理计算机网络环境的网络操作系统。按其发展前后过程，通常分成以下六类：

① 单用户操作系统(Single User Operating System)

单用户操作系统的主要特征是：计算机系统内一次只支持运行一个用户程序，整个计算机系统的软、硬件资源都被该用户占有。这类系统的最大缺点是计算机系统的资源不能充分利用。微型机的 DOS、Windows 操作系统属于这一类。

② 批处理操作系统(Batch Processing Operating System)

批处理操作系统是 20 世纪 70 年代运行于大、中型计算机上的操作系统。当时由于单用户、单任务操作系统的 CPU 使用效率低，I/O 设备资源未充分利用，因而产生了多道批处理系统。多道是指多个程序或者多个作业(Multi Programs or Multi Jobs)同时存在和运行，故也称为多任务操作系统。IBM 的 DOS/VSE 就是这类系统。

③ 分时操作系统(Time-Sharing Operating System)

分时操作系统也称多用户操作系统，它具有如下特征：在一台计算机周围挂上若干台近程或远程终端(终端是连接到计算机上可对计算机进行操作及控制的设备)，每个用户可以在各自的终端上以交互的方式控制作业运行。

在分时系统管理下，虽然各用户使用的是同一台计算机，但却能给用户一种"独占计算机"的感觉。实际上，分时操作系统将 CPU 时间资源划分成极短的时间片(毫秒量级)，轮流分给每个终端用户使用，当一个用户的时间片用完后，CPU 就转给另一个用户，前一个用户只能等待下一次轮到。由于人的思考、反应和键入的速度通常比 CPU 的速度慢的多，所以只要同时上机的用户不超过一定数量，人们就不会有延迟的感觉，好像每个用户都独占着计算机。分时系统的优点是：第一，经济实惠，可充分利用计算机资源；第二，由于采用交互会话方式控制作业，用户可以坐在终端前边思考、边调整、边修改，从而大大缩短了解题周期；第三，分时系统的多个用户间可以通过文件系统彼此交流数据和共享各种文件，在各自的终端上协同完成共同的任务。分时操作系统是多用户、多任务操作系统，UNIX是国际上最流行的分时操作系统。此外，UNIX具有网络通信与网络服务的功能，也是广泛使用的网络操作系统。

④ 实时操作系统（Real-Time Operating System）

在某些应用领域，要求计算机对数据能进行迅速处理。例如，在自动驾驶仪控制下飞行的飞机、导弹的自动控制系统，计算机必须对测量系统测得的数据进行及时、快速地处理和反应，以便达到控制的目的，否则就会失去战机。这种有响应时间要求的快速处理过程叫做实时处理过程，当然，响应的时间要求可长可短，可以是秒、毫秒或微秒级的。对于这类实时处理过程，批处理系统或分时系统就无能为力了，因此产生了另一类操作系统——实时操作系统。配置实时操作系统的计算机系统称为实时系统。实时系统按其使用方式可分成两类：一类是广泛用于钢铁、炼油、化工生产过程控制，武器制导等领域的实时控制系统。另一类是广泛用于自动订购飞机票、火车票系统、情报检索系统，银行业务系统，超级市场销售系统中的实时数据处理系统。

⑤ 网络操作系统（Network Operating System）

计算机网络是通过通信线路将地理上分散且独立的计算机联结起来的一种网络，有了计算机网络之后，用户可以突破地理条件的限制，方便地使用远处的计算机资源。提供网络通信和网络资源共享功能的操作系统称为网络操作系统。

不同的网络，需要不同的网络操作系统。网络操作系统除具备通常的操作系统所应有的功能外，还包括网络管理、网络通信、远程作业录入服务、分时系统服务、文件传输、网络资源共享、用户权限控制等功能。Novell、Windows NT/2000/ 2003、Unix、Linux等均是使用广泛的网络操作系统。

网络操作系统与多用户操作系统的区别在于：网络操作系统管理的是多个各自独立的计算机系统，而多用户操作系统管理的是多个用户使用的单台计算机。

⑥ 微机操作系统

微机操作系统随着微机硬件技术的发展而发展，从简单到复杂。Microsoft公司开发的DOS是单用户单任务系统，而Windows操作系统则是单用户多任务系统。经过十几年的发展，其已从Windows 3.0发展到目前的Windows 2000、Windows XP、Windows Vista、Windows 7，它是当前微机中应用最广泛的操作系统。Linux是一个源代码公开的操作系统，目前已被越来越多用户所采用，是Windows操作系统强有力的竞争对手。

2. 语言处理系统

像人们交往需要语言一样，人与计算机交往也要使用相互理解的语言，以便人们把意图告诉计算机，而计算机则把工作结果告诉给人们。人们用以同计算机交往的语言叫程序设计语言，也称为计算机语言。程序设计语言通常分为：机器语言、汇编语言和高级语言三类。机器语言是计算机唯一能直接识别和执行的程序语言。如果要在计算机上运行高级语言程序就必须配备语言处理系统（简称翻译程序），将高级语言源程序翻译成等价的机器语言程序（称目标程序）。语言处理系统本身是一组程序，具备翻译功能。不同的高级语言都有相应的翻译程序。

3. 服务程序

服务程序能够提供一些常用的服务性功能,它们为用户开发程序和使用计算机提供了方便,像微机上经常使用的诊断程序、调试程序、编辑程序均属此类。

4. 数据库管理系统

在信息社会里,人们的社会和生产活动产生更多的信息,以至于人工管理难以应付,因此希望借助计算机对信息进行搜集、存储、处理和使用。数据库系统(Data Base System,DBS)就是在这种需求背景下产生和发展的。

数据库(DataBase,DB)是指为了一定的目的而组织起来的相关数据的集合,可为多种应用所共享。如工厂中职工的信息、医院的病历、人事部门的档案等都可分别组成数据库。数据库管理系统(Data Base Management System,DBMS)则是能够对数据库进行加工、管理的系统软件。其主要功能是建立、消除、维护数据库及对库中数据进行各种操作。传统的数据库管理系统有三种类型:关系型、层次型和网状型,使用较多的是关系型数据库管理系统。目前常用的中小型数据库管理系统有 Visual FoxPro、Access 等,大型数据库管理系统有 Oracle、Sybase、SQL Server、Informix 等。从某种意义上讲它们也是编程语言。数据库系统主要由数据库(DB)、数据库管理系统(DBMS)以及相应的应用程序组成。比如,某机关的工资管理系统就是一个具体的数据库系统。数据库系统不但能够存放大量的数据,更重要的是能迅速、自动地对数据进行检索、修改、统计、排序、合并等操作,以得到所需的信息。这一点是传统的文件柜无法做到的。

数据库技术是计算机技术中发展最快、应用最广的一个分支。可以说,今后的计算机应用开发大都离不开数据库。因此,了解数据库技术,尤其是微机环境下的数据库应用是非常必要的。

1.5.2 计算机语言

在日常生活中,人与人之间交流思想一般是通过语言进行的,人类所使用的语言一般称为自然语言。而人与计算机之间的"沟通",或者说人们让计算机完成某项任务,也需用一种语言,这就是计算机语言。随着计算机技术的不断发展,计算机所使用的"语言"也在快速地发展,并形成了一种体系。

程序是为完成特定任务的计算机指令(语句)的集合。程序可以直接用二进制指令代码编写(机器语言),也可以用汇编语言或高级语言编写,但计算机能直接识别执行的是二进制形式的指令代码,所以,汇编语言和高级语言的源程序要使用专门的工具翻译成二进制代码表示的机器语言才能执行。

1. 机器语言(Machine Language)

一般来说,不同型号(或系列)的 CPU,具有不同的指令系统。对于早期的大型机来说,不同型号的计算机就有不同的指令系统;对于现代的微型机来说,使用不同系列 CPU(如 Intel 80x86 或 Intel Pentium 系列)的微机具有不同的指令系统。

指令系统也称机器语言。每条指令都对应一串二进制代码。机器语言是计算机唯一能够识别并直接执行的语言,所以与其他程序设计语言相比,其执行效率高。

用机器语言编写的程序叫机器语言程序,由于机器语言中每条指令都是一串二进制代码,可读性差、不易记忆;编写程序既难又繁,容易出错;程序的调试和修改难度也很大,所以不易掌握和使用。此外,因为机器语言直接依赖于机器,所以在某种类型计算机上编写的机器语言程序不能在另一类计算机上使用,也就是说,可移植性差,是"面向机器"的语言。

2. 汇编语言(Assemble Language)

为了方便地使用计算机,人们一直在努力改进程序设计语言。20世纪50年代初,出现了汇编语言。汇编语言不再使用难以记忆的二进制代码,而是使用比较容易识别、记忆的助记符号,所以汇编语言也叫符号语言。下面就是几条Intel 80x86的汇编指令:

ADD AX,BX 表示(BX)+(AX)→AX,即把寄存器AX和BX中的内容相加并送到AX;

SUB AX,NUM1 表示(AX)-NUM1→AX,即把寄存器AX中的内容减去NUM1并将结果送到AX;

MOV AX,NUM1 表示NUM1→AX,即把数NUM1送到寄存器AX中。

汇编语言和机器语言的性质差不多,只是表示方法上有所改进。就指令而言,一条机器指令对应一条汇编指令,汇编语言是符号化了的机器语言。虽然,与机器语言相比,汇编语言在编写、修改和阅读程序等方面都有了相当的改进,但仍然与人们使用的语言有一段距离,仍然是一种"面向机器"的语言。

用汇编语言编写的程序称为汇编语言源程序,计算机不能直接识别和执行它。必须先把汇编语言源程序翻译成机器语言程序,然后才能被执行。这个翻译过程是由事先存放在机器里的"汇编程序"完成的,叫做汇编过程。

3. 高级程序设计语言

尽管汇编语言比机器语言用起来方便很多,但是与人类自然语言或数学式子还相差甚远。到了20世纪50年代中期,人们又创造了高级程序设计语言。所谓高级语言是一种用表达各种意义的"词"和"数学公式"按照一定的"语法规则"编写程序的语言,也称高级程序设计语言或算法语言,这里的"高级",是指这种语言与自然语言和数学式子相当接近,而且不依赖与计算机的型号,通用性好。

高级语言的使用,大大提高了编写程序的效率,改善了程序的可读性。用高级语言编写的程序称为高级语言源程序,计算机是不能直接识别和执行高级语言源程序的,也要用翻译的方法把高级语言源程序翻译成等价的机器语言程序才能执行。

对于高级语言来说。把高级语言源程序翻译成机器语言程序的方法有两种:

一种称为"解释"。早期的BASIC源程序的执行就采用这种方式。它调用机器配备的BASIC"解释程序",在运行BASIC源程序时,逐条对BASIC的源程序语句进行解释和执行,边解释边执行,效率比较低,速度慢。这种方式不保留目标程序代码,即不产生可执行文件,每次运行都要"解释"。其过程如图1-30(a)所示。

另一种称为"编译",它调用相应语言的编译程序,把源程序变成目标程序(以.OBJ为扩展名),然后再用连接程序,把目标程序与各种的标准库文件相连接形成可执行文件。尽管编译的过程复杂一些,但它形成的可执行文件(以.EXE为扩展名)可以反复执行,速度较快。源程序编译执行的过程如图1-30(b)所示。运行程序时只要键入可执行程序的文件名,再按ENTER键即可。简单地说,一个高级语言源程序必须经过"编译"和"连接装配"两步后才能成为可执行的机器语言程序。

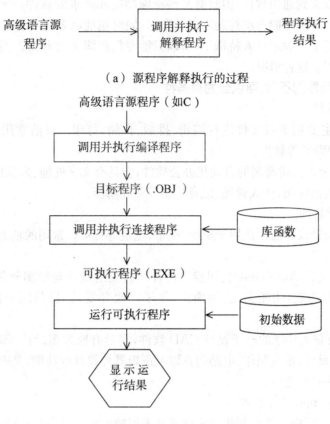

(a) 源程序解释执行的过程

(b) 源程序编译执行的过程

图 1-30 源程序的解释和编译过程

对源程序进行解释和编译任务的程序分别叫做解释程序和编译程序。如 BASIC、LISP 等高级语言，使用时需要相应的解释程序。目前流行的高级语言如 C、C++、Visual C++、Visual Basic 等都采用编译的方法。

1.5.3 应用软件

应用软件是为了解决各种实际问题而设计、开发的程序，通常由计算机用户或专门的软件公司开发。应用软件的分类方法有很多，主要有如下两种。

1. 从其服务对象的角度，可分为通用软件和专用软件两类

(1) 通用软件

这类软件通常是为解决某一类问题而设计的，而这类问题是很多人都要遇到和解决的。例如：文字处理、表格处理、电子演示、电子邮件收发等是企事业等管理单位及日常生活中常见的问题。WPS Office 2002 办公软件、Microsoft Office 2000/XP 办公软件是针对上述问题而开发的通用软件。后面各章将详细介绍 Microsoft Office 2000 办公软件的应用。

此外，如针对机械设计制图问题的绘图软件（AutoCAD），以及图像处理软件（Photoshop）等等都是适于解决某一类问题的通用软件。

(2) 专用软件

在市场上可以买到通用软件,但具有某些特殊功能和需求的软件是无法买到的。比如某个用户希望有一个程序能自动控制厂里的车床,同时也能将各种事务性工作集成起来统一管理。因为它对于一般用户太特殊了,所以只能专门组织人力开发。当然开发出来的这种软件也只能专用于这种情况。

2. 根据解决问题的不同,可以分为很多种

(1) 字处理软件

字处理软件主要用于对文件进行编辑、排版、存储、打印。目前常用的字处理软件有 Microsoft Word、WPS 等软件。

WPS 是我国金山公司研制的自动化办公软件,它具有文字处理、多媒体演示、电子邮件发送、公式编辑、表格应用、样式管理、语音控制等多种功能。

(2) 辅助设计软件

目前计算机辅助设计已广泛用于机械、电子、建筑等行业。常用的辅助设计软件有 AutoCAD、Protel 等。

AutoCAD 是美国 Auto Desk 公司推出的计算机辅助设计与绘图软件,它提供了丰富的作图和图形编辑功能,功能强、适用面广、便于二次开发,是目前国内使用广泛的绘图软件。

Protel 是具有强大功能的电子设计 CAD 软件,它具有原理图设计、印制电路板(PCB)设计、层次原理图设计、报表制作、电路仿真以及逻辑器件设计等功能,是电子工程师进行电子设计的最常用的软件之一。

(3) 图形图像、动画制作软件

图形图像、动画制作软件是制作多媒体素材不可缺少的工具,目前常用的图形图像软件有 Adobe 公司发布的 PhotoShop、PageMaker,MacroMedia 公司发布的 Freehand 和 Corel 公司的 CorelDraw 等。动画制作软件有 3D MAX、Softimage 3D、Maya、Flash 等。

(4) 网页制作软件

目前微机上流行的网页制作软件有 FrontPage 和 Dreamweaver。

Dreamweaver 是一个专业的编辑与维护 Web 网页的工具。它是一个"所见即所得"式的网页编辑器,不仅提供了可视化网页开发工具,同时不会降低对 HTML 源代码的控制。它能让用户准确无误地切换于预览模式与源代码编辑器之间。Dreamweaver 是一个针对专业网页开发者的可视化网页设计工具。

(5) 网络通信软件

目前网络通信软件的主要功能是浏览万维网和收发电子邮件(E-mail)。常用的 Web 浏览器有:Microsoft 公司的 Internet Explorer 和 Netscape 公司的 Netscape Navigator,它们都具有浏览信息、收发邮件、网上聊天等功能。常用的电子邮件收发程序有 Outlook、Internet Mail 等软件。这些软件的使用方法将在第 6 章中详细介绍。

(6) 常用的工具软件

微机中常用的工具软件很多,主要有压缩/解压缩软件(WinZip、WinRAR);杀毒软件(金山毒霸、瑞星杀毒软件、KV3000);翻译软件(金山词霸、东方快车);多媒体播放软件(超级解霸、Realplayer、Winamp);图形图像浏览软件(ACDSee);下载软件(迅雷、FlashGet)、系统工具软件(Ghost、优化大师、超级兔子)等。

1.6　多媒体技术简介

计算机工业中近几年发展最快的一个方面就是多媒体技术。多媒体技术是集文字、声音、图形、图像、视频和计算机技术于一体的综合技术，在教育、宣传、训练、仿真等方面得到了广泛的应用，是当前信息技术研究的热点问题之一。

1.6.1　多媒体的概念

所谓媒体（media）就是信息的表示和传输的载体，通常指广播、电视、电影和出版物等。从广义上讲，媒体每时每地都存在，而且每个人随时都在使用媒体，同时也在被当作媒体使用，通过媒体获得信息或把信息保存起来。但是，这些媒体传播的信息大都是非数字的，而且是相互独立的。比如说，我们只能捧着报纸看报，拿着收音机听广播，坐在电视机前看电视，而不能在一个电器前同时做两件事。即使被视为高技术产品的计算机，先前也只能处理文字和图形，不能处理视频和音频信息。

随着计算机技术和通信技术的不断发展，可以把上述各种媒体信息数字化并综合成一种全新的媒体——多媒体（Multimedia）。多媒体的实质是将以不同形式存在的各种媒体信息数字化，然后用计算机对它们进行组织、加工，并以友好的形式提供给用户使用。这里所说的不同的信息形式包括文本、图形、图像、音频和视频，所说的使用不仅仅是传统形式上的被动接受，还能够主动地与系统交互。

与传统媒体相比，多媒体有以下几个突出的特点：

（1）数字化

传统媒体信息基本上是模拟信号，而多媒体处理的信息都是数字化信息，这正是多媒体信息能够集成的基础。

（2）集成性

所谓集成性是指将多种媒体信息有机地组织在一起，共同表达一个完整的多媒体信息，使文字、图形、声音、图像一体化。如果只是将不同的媒体存储在计算机中，而没有建立媒体间的联系，比如只能实现对单一媒体的查询和显示，则不是媒体的集成，只能称为图形系统或图像系统。

（3）交互性

指人能与系统方便地进行交流，这是多媒体技术最重要的特征。传统媒体只能让人们被动接受，而多媒体则利用计算机的交互功能可使人们对系统进行干预。比如，电视观众无法改变节目播放顺序，而多媒体用户却可以随意挑选光盘上的内容播放。

（4）实时性

多媒体是多种媒体的集成，在这些媒体中有些媒体（如声音和图像）是与时间密切相关的，这就要求多媒体必须支持实时处理。

多媒体的众多特点中，集成性和交互性是最重要的，可以说它们是多媒体的精髓。从某种意义上讲，多媒体的目的就是把电视技术所具有的视听合一的信息传播能力同计算机系统的交互能力结合起来，产生全新的信息交流方式。

1.6.2 多媒体元素

多媒体元素是指多媒体应用中可显示给用户的媒体组成,包括文本、图形、图像、音频、视频、动画、虚拟现实。

1. 文本(Text)

文本是信息世界最基本的媒体。文本分为非格式化文本文件和格式化文本文件。非格式化文本文件是指只有文本信息没有其他任何有关格式信息的文件,又称为纯文本文件,如".TXT"文件。格式化文本文件是指带有各种文本排版信息等格式信息的文本文件,如".DOC"文件。

2. 图形(Graphic)

图形一般指用计算机绘制的几何形状,如直线、圆、圆弧、矩形、任意曲线和图表等,也称矢量图。矢量图文件的后缀常常是 CDR、AI 或 FHx,它们一般是直接用软件程序制作的,这些软件有 CORELDRAW、FREEHAND 等。

矢量图采用的是一种计算的方法,它记录的是生成图形的算法。图形的重要部分是节点,相邻的节点之间用特性曲线连接;曲线由节点本身具有的角度特性经过计算得出。我们还可以用算法在封闭曲线之间填充颜色。

3. 静态图像(Image)

静态图像是指由输入设备捕捉的实际场景画面,如用扫描仪对照片等进行扫描,或直接由数字相机拍摄照片,也可以用视频采集设备截取录像带或电视中的图像,还可以通过绘图程序手工制作以数字化形式存储的任意画面。图像不像图形那样有明显规律的线条,因此在计算机中基本上只能用点阵来表示,图上的一个点称之为像素,这种图也称为位图。

对于同一幅图来说,因为矢量图形文件保存的只是节点的位置和曲线、颜色的算法,所以产生的文件非常小,用位图表达则会产生很大的文件;然而电脑每次显示矢量图时都要通过重新计算生成,所以矢量图的显示速度没有位图快。但矢量图可以进行随意的放大和缩小,图像质量不会有损失,这种优越性在打印中体现的更明显,无论你如何放大图形,打印出来的图像都不会失真。位图细致稳定,偏重于写实;矢量图比较灵活,更富于创造性,它们共同为多媒体创造出奇异多彩的图形世界。

图像文件在计算机中的存储格式有多种,如 BMP、PCX、TIF、TGA、GIF、JPG 等。

图像处理时要考虑三个因素,即分辨率、图像深度与显示深度、图像文件大小。

(1) 分辨率

分为三种,屏幕分辨率、图像分辨率、像素分辨率。

- 屏幕分辨率是指显示器屏幕上水平与垂直方向的像素个数。
- 图像分辨率是指数字化图像的大小,即该图像的水平与垂直方向的像素个数。
- 像素分辨率是指像素的宽和高之比,一般为 1∶1。

(2) 图像深度和显示深度

- 图像深度(也称图像灰度、颜色深度)表示数字位图图像中每个像素上用于表示颜色的二进制数字位数。

如 4 位二进制数可以表示 2 的 4 次方即 16 种颜色,在 16 色下显示黑白的文本或简单的色彩线条是非常正常的,但如果我们要想看多于 16 种颜色的画面,就得用 256 色或更多种色彩了。256种颜色要用8位二进制数表示,即2的8次方,因此我们也把256色图像叫做8位图;如果每个像素的颜色用16位二进制数表示,我们就叫它16位图,它可以表达2的16次方即65536种颜色;还有24位彩色图,可以表达16,777,216种颜色,我们叫它真彩色。

- 显示深度表示显示器上每个点用于显示颜色的二进制数字位数。若显示器的显示深度小于数字图像的深度,就会使数字图像颜色的显示失真。

(3) 图像文件大小

图像文件的大小是指图像在磁盘中所占用的磁盘存储空间。用字节表示图像文件大小时,一幅未经压缩的数字图像数据量非常庞大,所以往往对图像文件进行压缩。有多种图像压缩的方法,形成不同格式的文件,常用的有:

① JPG文件

JPEG是联合图像专家组格式(Joint Photographic Experts Group),文件后缀名为".jpg"或".jpeg"。JPEG是一种有损压缩格式,但支持24位真彩色。JPEG的压缩比率通常在10:1到40:1之间,压缩比越大,品质就越低;相反地,压缩比越小,品质就越好。因此,用户要在图像质量与图像大小之间权衡。由于JPEG图像文件比较小,便于从网上下载,是当今Internet中使用最为广泛的格式之一。常用的位图软件有PHOTOSHOP、PAINT-SHOP等。

② GIF文件

GIF是图像交换格式(Graphics Interchange Format)。按照CompuServe公司研制的标准,基于LZW算法的连续色调的压缩文件,采用无损压缩存储,在不影响图像质量的情况下,可以生成很小的文件,其压缩率一般在50%左右。它有以下几个特点:支持透明色,可以使图像浮现在背景之上;可以制作动画;只支持256色以内的图像。

GIF文件的众多特点恰恰适应了Internet的需要,所以它也是Internet上最流行的图像格式之一,它的出现为Internet注入了一股新鲜的活力。GIF文件的制作也与其他文件不太相同。首先,我们要在图像处理软件中做好GIF动画中的每一幅单帧画面,然后用专门的制作GIF文件的软件把这些静止的画面连在一起,再定好帧与帧之间的时间间隔,最后保存成GIF格式。制作GIF文件的软件很多,比较常见的有Animagic GIF、GIF Construction Set、GIF Movie Gear、Ulead Gif Animator等。

4. 音频(Audio)

音频除包括音乐、语音外,还包括各种音响效果。将音频信号集成到多媒体应用中,可以获得其他任何媒体不能取代的效果。它不仅能烘托气氛,而且可以增加活力,增强对其他类型媒体所表达的信息的理解。通常,声音用一种模拟的连续波形表示,如图1-31所示。

声音波形可以用两个参数来描述,即振幅和频率。振幅的大小表示声音的强弱,频率的大小反映了音调的高低。频率的单位为Hz(赫兹),1Hz表示每秒振动

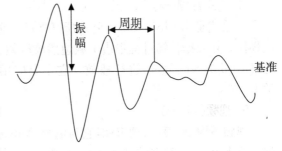

图1-31 声音波形

1次。

由于声音是模拟量,需要将模拟信号数字化后计算机才能处理。数字化就是以固定的时间间隔对模拟信号的幅度进行测量并变换为二进制值记录下来。这个过程将形成波形声音(.WAV)文件,这类文件比较庞大,不利于传输和存储,一般要将其压缩。播放时,首先将压缩文件解压缩,根据文件中的幅度记录以同样的时间间隔重构原始波形,通过扬声器等设备播放出来。声音数字化的质量与以下参数相关:

• 采样频率(Sampling Rate):将模拟声音波形转换为数字时,每秒钟所抽取的声波幅度样本的次数,单位是 Hz(赫兹)。

• 量化数据位数(也称采样位数):每个采样点能够表示的数据范围,位数越多,对幅度值的描述越精细。

• 声道数:记录声音时,如果每次生成一个声波数据,称为单声道;每次生成两个以上声波数据,称为立体声(多声道)。

采样频率越高,量化级越大,声道数越多,声音质量就越好,而数字化后数据量就越大。采样后的声音以文件方式存储,声音文件有多种格式,常用的有以下 5 种:

① 波形音频文件(WAV)

是 PC 机常用的声音文件,它实际上是通过对声波(wave)进行高速采样直接得到的,无论声音质量如何,该文件所占存储空间都很大。

② 数字音频文件(MID)

MIDI(Musical Instrument Digital Interface,音乐设备数字接口)是 MIDI 协会设计的音乐文件标准。MIDI 文件并不记录声音采样数据,而是包含了编曲的数据,它需要具有 MIDI 功能的乐器(例如 MIDI 琴)的配合才能编曲和演奏。由于不存声音采样数据,所以所需的存储空间非常小。

③ 光盘数字音频文件(CD-DA)

其采样频率为 44.1kHz,每个采样使用 16 位存储信息。它不仅为开发者提供了高质量的音源,还无需硬盘存储声音文件,声音直接通过光盘由 CD-ROM 驱动器中特定芯片处理后发出。

④ 压缩存储音频文件(MP3)

MP3(MPEG-1 audio layer-3)是根据 MPEG-1 视像压缩标准中对立体声伴音进行第三层压缩的方法所得到的声音文件,它保持了 CD 激光唱盘的立体声高音质,压缩比达到 12:1。MP3 音乐现今在互联网上、下都非常普及。

⑤ 流式音频(ra)

ra 格式是 RealNetworks 公司所开发的一种新型流式音频 Real Audio 文件格式,也称流媒体。在数据传输过程中边下载边播放声频,从而实现音乐的实时传送和播放。客户端通过 Realplayer 播放器进行播放。它主要应用在网络广播、网络点歌以及网络的语音教学上。

5. 视频(Video)

视频图像是一种活动影像,它与电影(Movie)和电视原理是一样的,都是利用人眼的视觉暂留现象,将足够多的画面(Frame,帧)连续播放,只要能够达到每秒 20 帧以上,人的眼睛就察觉不出画面之间的不连续性。如果活动影像帧率在 15 帧/s 之下,则将产生明显的闪烁甚至停顿;若提高50帧/s甚至100帧/s,则感觉到图像极为稳定。

视频的每一帧实际上是一幅静态图像,所以图像信息存储量大的问题在视频中就显得更加严重,因为播放一秒钟视频就需要20~30幅静态图像。幸而,视频中的每幅图像之间往往变化不大,因此可以对视频信息进行压缩。

视频影像文件的格式在微型计算机中主要有四种:

(1) AVI

AVI(Audio Video Interleaved 声音/影像交错),这是 Microsoft 公司推出的视频格式文件,不需要特殊的设备就可以将声音和影像同步播出。它应用广泛。这种格式的文件随处可见,比如一些游戏、教育软件的片头,不少都会用 AVI 文件。它又有几种格式,最常见的有 Intel Indeo(R)Video R 3.2、Microsoft Video 等。在资源管理器里选中 AVI 文件,点击右键,再点击"详细资料",就能看到这种文件的格式。但这种格式的数据量较大。

(2) MPG

MPG 是 MPEG(Motion Photographic Experts Group,活动图像专家组)制定的压缩标准所确定的文件格式,供动画和视频影像用。这种格式的数据量较小。MPEG 分为 MPEG-1、MPEG-2 两种数据压缩标准。目前的 VCD、DVD 分别采用 MPEG-1、MPEG-2 标准。MPG 的压缩率比 AVI 高,画面质量却比它好。

(3) MOV

MOV 是 MOVIE 的简写,原来是苹果电脑中的视频文件格式,但自从有了 QuickTime 驱动程序后,我们也能在 PC 机上播放 MOV 文件了。将 QuickTime 安装完成后,可以看到 QuickTime 建立了自己的程序组,而且会自动启动它的一个例行文件 Sample.mov,点击播放键就能播放了。在实际操作中,我们一般都在资源管理器中打开.mov 的文件,因为安装 QuickTime 后,.mov 的文件就被关联起来了,可以直接播放。

(4) ASF

ASF 是 Microsoft 公司采用的流式媒体播放的格式(advanced stream format),比较适合在网络上进行连续的视像播放。

6. 动画

动画也是一种活动影像,最典型的是"卡通"片。它与视频影像不同的是,视频影像一般是生活上所发生的事件的记录,而动画通常是人工创作出来的连续图形所组合成的动态影像。

动画也需要每秒 20 幅以上的画面,每幅画面的产生可以是逐幅绘制出来的(例如卡通画片),也可以是实时"计算"出来的(如中央电视一台新闻联播节目片头)。前者绘制工作量大,后者计算量大。二维动画相对简单,而三维动画就复杂得多,它要经过建模(指产生飞机、人体等三维对象的过程)、渲染(指给以框架表示的动画贴上材料或涂上颜色等)、场景设定(定义模型的方向、高度,设定光源的位置、强度等)、动画产生等过程,常需要高速的计算机或图形加速卡及时地计算出下一个画面,才能产生较好的立体动画效果。

实质上,一个 3D 动画是由计算机用特殊的动画软件给出一个虚拟的三维空间,把模型放在这个三维空间的舞台上,从不同的角度用灯光照射,然后赋予每个部分动感和强烈的质感。用三维电脑软件表现质感的效果一般受两个因素影响,一是软件本身,二是软件使用者的经验。一般经常使用的是 3DS MAX 软件,它完成的物体质感非常强烈,光线反射、折射、阴影、镜像、色彩都非常清楚。当然,这需要在三维建模、材质渲染方面有相当熟练的技巧。

计算机设计动画有两种,一种是帧动画,一种是造型动画。帧动画是由一幅幅位图组成的连续画面,就如电影胶片或视频画面一样要分别设计每屏幕显示的画面。造型动画是对每一个运动的物体分别进行设计,赋予每个动元一些特征,然后用这些动元构成完整的帧画面。动元的表演和行为是由制作表组成的脚本来控制。

存储动画的文件格式有 GIF、FLASH、FLC、MMM 等。

7. 虚拟现实(VR)

我们一般将虚拟现实简称为 VR(Virtual Reality)虚拟现实采用各种技术来营造一个能使人有置身于现实世界感觉的环境。也就是能使人产生与现实世界中相同的视觉、听觉、触觉、嗅觉、味觉等。其实大家最关心的,也是工作做得最多的是在视觉和听觉两方面。随着 Internet 的飞速发展及 3D 技术的日益成熟,人们已经开始在 Internet 上应用虚拟现实技术了。

下面介绍在网络中经常应用的苹果公司的 QuickTime VR。Quick Time VR 虚拟技术有两大表现方式:

- 感受周围的环境:可以从一个固定的位置去看你周围的环境,也可以在固定的位置拉近或放远地看某一个场景。你会感觉到好像在真实空间里一样,你将可作 360 度空间旋转,感受周围的环境及 3D 的视觉效果,让你真正体会身临其境的感受。

- 观察某个物体:当 Quick Time VR 与物件完美结合时,你可以从不同的角度去观察一个物体,我们能将这一点充分运用到产品的介绍和销售等方面,如电脑软件展示、电脑硬件展示或其他商品展示等。

1.6.3 多媒体计算机

多媒体个人计算机(Multimedia Personal Computer,MPC)是一种能对多媒体信息进行获取、编辑、存取、处理和输出的计算机系统。20 世纪 80 年代末 90 年代初,几家主要 PC 厂商联合组成的 MPC 委员会制定过 MPC 的三个标准,按当时的标准,多媒体计算机除应配置高性能的微机外,还需要配置的多媒体硬件有:CD-ROM 驱动器、声卡、视频卡和音箱(或耳机)。显然,对于当前的 PC 机来讲,这些已经都是常规配置了,可以说,目前的微型机都属于多媒体计算机。

对于从事多媒体应用开发的行业来说,实用的多媒体计算机系统除应有较高的微机配置外,还要配备一些必需的插件,如视频捕获卡、语音卡等。此外,也要有采集和播放视频、音频信息的专用外部设备,如数码相机、数字摄像机、扫描仪和触摸屏等等。

当然,除了基本的硬件配置外,多媒体系统还应配置相应的软件:首先是支持多媒体的操作系统(如 Windows 98/2000/XP 等),它负责多媒体环境下多任务的调度,保证音频、视频同步控制以及信息处理的实时性,提供多媒体信息的各种基本操作和管理。它具有对设备的相对独立性与可扩展性。其次是多媒体开发工具(如 Authorware、PowerPoint 等)及压缩和解压缩软件等。声音和图像数字化之后会产生大量的数据,1 min 的声音信息就要存储 10MB 以上的数据,因此必须对数字化后的数据进行压缩,即去掉冗余或非关键信息;播放时再根据数字信息重构原来的声音或图像,即解压缩。

1.6.4 多媒体技术的应用

随着多媒体技术的飞速发展,现在,多媒体技术已逐渐渗透到各个领域。在文化教育、技术培训、电子图书、旅游娱乐、商业及家庭等方面,已如潮水般地出现了大量的以多媒体技术为核心的多媒体产品,备受用户的欢迎。多媒体之所以能博得用户如此的厚爱,其原因是它能使图片、动画、视频片段、音乐以及解说等多种媒体统一为有机体,以生动的形式将内容展现给用户,并使用户自始至终处于主导地位,更接近人们自然信息交流方式和人们的心理需求。

多媒体技术的最终产品是存放在 CD-ROM 上的多媒体软件。下面简单介绍其应用的几个方面。

（1）教育和培训

目前在国内,多媒体教学已经成为一种主流。利用多媒体的集成性和交互性,编制出的计算机辅助教学 CAI(Computer Assisted Instruction)软件,能给学生创造出图文并茂、有声有色、生动逼真的教学环境,激发学生的学习积极性和主动性,提高学习兴趣和效率。多媒体课件为学员提供了不依赖教室和训练指导人员以及严格的教学计划而自主学习的独立性。

（2）商业和服务行业

现在,模拟复杂动作和仿真的虚拟现实技术已经可在高档 PC 上实现了。所以,多媒体技术越来越广泛地应用到商业、服务行业中,如产品的广告、商品的查询和展示、查询服务系统、旅游产品的促销演示等。

（3）家庭娱乐、休闲

家庭娱乐和休闲如音乐、影视和游戏是多媒体技术应用较广的领域。

（4）影视制作

影视制作是另一种需求多媒体技术较多的应用,它要用到视频捕获,图像压缩、解压缩,图像编辑和转换等特殊效应,还有音频同步、添加字幕和图形重叠等。

（5）电子出版业

多媒体技术和计算机的普及大大促进了电子出版业的发展。以 CD-ROM 形式发行的电子图书具有容量大、体积小、重量轻、成本低等优点,而且集文字、图画、图像、声音、动画和视频于 身,这是普通书籍所无法比拟的。

（6）Internet 上的应用

多媒体技术在 Internet 上的应用,是其最成功的应用之一。不难想象,如果 Internet 只能传送字符就不会受到这么多人的青睐了。

多媒体技术集声音、图像、文字于一体,集电视录像、光盘存储、电子印刷和计算机通信技术之大成,将把人类引入更加直观、更加自然、更加广阔的信息领域。

1.6.5 多媒体计算机的发展

展望未来,网络和计算机技术相交融的交互式多媒体将成为 21 世纪多媒体的一个发展方向。所谓交互式多媒体是指不仅可以从网络上接收信息、选择信息,而且还可以发送信息,其信息是以多媒体的形式传输。利用这一技术,人们能够在家里购物,点播自己喜欢的电视节目,在家里工作、学习以及共享全球一切资源等。

多媒体正在以迅速的、意想不到的方式进入人们生活的方方面面,各个方面都将朝着当前新技术综合的方向发展,这其中包括大容量光碟存储器、国际互联网、交互电视和电子商务等。这个综合是一场广泛革命的核心,它不仅影响信息的包装方式、运用方式、通信方式,甚至势必影响人类的生存方式。

1.7 计算机系统安全

随着计算机的不断普及与应用,通过计算机系统进行犯罪的案例不断增多,计算机系统的安全问题成为人们关注的焦点。

1.7.1 计算机系统安全的概念

目前,国际上还没有一个权威、公认的关于计算机系统安全的标准定义,且随着时间推移,计算机系统安全的概念与内涵也不相同。计算机系统安全主要包括:实体安全、信息安全、运行安全及系统使用者的安全意识。

1. 实体安全

实体安全是指保护计算机设备、设施(含网络)免遭破坏的措施、过程。造成实体不安全的因素主要有:人为破坏、雷电、有害气体、水灾、火灾、地震、环境故障。计算机实体安全的防护是系统安全的第一步。

2. 信息安全

信息安全是指防止信息财产被故意地和偶然地泄漏、更改、破坏,或使信息被非法系统识别、控制。信息安全的目标是保证信息的保密性、完整性、可用性、可控性。信息安全范围主要包括操作系统安全、数据库安全、网络安全、病毒防护、访问控制、加密、鉴别等几个方面。

3. 运行安全

运行安全是指信息处理过程中的安全。运行安全范围主要包括系统风险管理、审计跟踪、备份与恢复、应急四个方面的内容。系统的运行安全检查是计算机信息系统安全的重要环节,用以保证系统能连续、正常地运行。

4. 安全意识

系统使用者的安全意识主要是指计算机工作人员的安全意识、法律意识、安全技能等。除少数难以预知、抗拒的天灾外,绝大多数不安全事件是人为的,由此可见安全意识是计算机信息系统安全工作的核心因素。安全意识教育主要是法规宣传、安全知识学习、职业道德教育和业务培训等。

1.7.2 计算机病毒

目前,计算机病毒是对计算机系统安全构成威胁的一个重要方面。

1. 计算机病毒的概念

计算机病毒(Computer Virus)实质上是一种特殊的计算机程序。这种程序具有自我复制能力,可非法入侵并隐藏在存储媒体的引导部分、可执行程序或数据文件中。当病毒被激活时,源病毒能把自身复制到其他程序体内,影响和破坏程序的正常执行和数据的正确性。有些恶性病毒对计算机系统具有极大的破坏性。病毒一旦感染计算机,就可能迅速扩散,这种现象和生物病毒侵入生物体并在生物体内传染一样,"病毒"一词也就是借用生物病毒的概念。

在《中华人民共和国计算机信息系统安全保护条例》中,计算机病毒被明确定义为:"编制或者在计算机程序中插入的破坏计算机功能或者破坏数据,影响计算机使用,并且能够自我复制的一组计算机指令或者程序代码"。

计算机病毒一般具有如下主要特点:

(1) 寄生性。它是一种特殊的寄生程序,不是一个通常意义下的完整的计算机程序,而是寄生在其他可执行的程序中,因此,它享有被寄生的程序所能得到的一切权利。

(2) 破坏性。这里的破坏是广义的,不仅仅是指破坏系统,删除或修改数据,甚至格式化整个磁盘,而且包括占用系统资源,降低计算机运行效率等。

(3) 传染性。病毒能够主动地将自身的复制品或变种传染到其他未染毒的程序上,并通过这些程序的迁移进一步感染其他计算机。

(4) 潜伏性。病毒程序通常短小精悍,寄生在别的程序上,使得其难以被发现。在外界激发条件出现之前,病毒可以在计算机内的程序中潜伏、传播。

(5) 隐蔽性。当运行受感染的程序时,病毒程序能首先获得计算机系统的监控权,进而能监视计算机的运行,并传染其他程序,但不发作,整个计算机系统看上去一切正常。其隐蔽性使广大计算机用户对病毒失去应有的警惕性。

计算机病毒是计算机科学发展过程中出现的"污染",是一种新的高科技类型犯罪。它可以造成重大的政治、经济危害。

2. 计算机感染病毒的常见症状

计算机病毒虽然很难检测,但是,只要细心留意计算机的运行状况,还是可以发现计算机感染病毒后的一些异常情况的。例如:

(1) 磁盘文件数目无故增多,出现大量来历不明的文件;

(2) 系统的内存空间明显变小,经常报告内存不够;

(3) 文件的日期/时间值被修改成新近的日期或时间(用户自己并没有修改);

(4) 感染病毒后的可执行文件的长度通常会明显增加;

(5) 正常情况下可以运行的程序却突然因 RAM 区不足而不能装入;

(6) 程序加载时间或程序执行时间比正常的明显变长;

(7) 计算机经常出现死机现象或不能正常启动系统;

(8) 显示器上经常出现一些莫名其妙的信息或异常现象;

(9) 从有写保护的软盘上读取数据时,发生写盘的动作,这是病毒往软盘上传染的信号;

(10) 键盘或鼠标无端地锁死,这时要特别留意"木马";

(11) 系统运行速度慢,这是病毒占用了内存和 CPU 资源,在后台运行了大量非法操作。

随着制造病毒和反病毒双方较量的不断深入,病毒制造者的技术越来越高,病毒的欺骗性、隐蔽性也越来越好。只有在实践中细心观察才能发现计算机的异常现象。

3. 计算机病毒的分类

目前，常见的计算机病毒按其感染的方式可分为如下五类：

(1) 引导区型病毒

引导区型病毒感染软盘的引导区，通过软盘感染硬盘的主引导记录(MBR)，当硬盘主引导记录感染病毒后，病毒就企图感染每片插入计算机进行读写的软盘片的引导区。这类病毒常常将其病毒程序替代 MBR 中的系统程序，并将原引导区的内容移到软盘的其他存储区中。引导区病毒总是先于系统文件装入内存储器，获得控制权并进行传染和破坏。

(2) 文件型病毒

文件型病毒主要感染扩展名为.COM、.EXE、.DRV、.BIN、.OVL、.SYS 等的可执行文件。它通常寄生在文件的首部或尾部，并修改程序的第一条指令。当染毒程序执行时就先跳转去执行病毒程序，进行传染和破坏。这类病毒只有当带毒程序执行时才能进入内存，一旦符合激发条件，它就发作。文件型病毒种类繁多，且大多数活动在 DOS 环境下，但也有些文件病毒可以感染 Windows 下的可执行文件，如 CIH 病毒就是一个文件型病毒。

(3) 混合型病毒

这类病毒既可以传染磁盘的引导区，也传染可执行文件，兼有上述两类病毒的特点。

(4) 宏病毒

宏病毒与上述其他病毒不同，它不感染程序，只感染 Microsoft Word 文档文件(.DOC)和模板文件(.DOT)，与操作系统没有特别的关联。它们大多以 Visual Basic 或 Word 提供的宏程序语言编写，比较容易制造。它能通过软盘文档的复制、E—mail 下载 Word 文档附件等途径蔓延。当对感染宏病毒的 Word 文档操作时(如打开文档、保存文档、关闭文档等操作)，它就进行破坏和传播。Word 宏病毒的主要破坏是：文件不能正常打印；封闭或改变文件名称或存储路径，删除或随意复制文件；封闭有关菜单，最终导致无法正常编辑文件。

(5) Internet 病毒(网络病毒)

Internet 病毒大多是通过 E—Mail 传播的，破坏特定扩展名的文件，并使邮件系统变慢，甚至导致网络系统崩溃。"蠕虫"病毒是典型的代表。它不占用除内存以外的任何资源，不修改磁盘文件，利用网络功能搜索网络地址，将自身向下一地址进行传播。

"我爱你"病毒(又叫"爱虫"病毒)是一种蠕虫类病毒，它与 1999 年的"Melissa"病毒相似。这个病毒是通过 Microsoft Outlook 电子邮件系统进行传播的，邮件的主题为"I LOVE YOU"，并包含一个附件。一旦在 Microsoft Outlook 里打开这个邮件，系统就会自动复制并向地址簿中的所有邮件地址发送这个病毒。这个病毒可以改写本地及网络硬盘上面的某些文件。当用户机器染毒后，邮件系统将会变慢，并可能导致整个网络系统崩溃。

根据病毒造成的危害，一般可以分为良性病毒和恶性病毒两大类：

(1) 良性病毒只具有传染的特点，或只会干扰系统的运行，而不破坏程序和数据信息。如"两只老虎"病毒发作时，只会不断唱歌干扰。这样只是造成系统运行速度降低，干扰计算机的正常工作。

(2) 恶性病毒具有强大的破坏能力，能使计算机系统瘫痪，数据信息被盗窃或删除，甚至能破坏硬件部分(BIOS)，如宏病毒、蠕虫病毒、木马病毒等。

4. 计算机病毒的防治

（1）计算机病毒的传染途径

要预防病毒的侵害，首先要清除病毒传染的途径。

① 通过外部存储设备传染：这种传染方式是最普通的传染途径。由于使用了带病毒的外部移动存储设备，首先使计算机（如硬盘、内存）感染病毒，并传染给未被感染的其他的外部移动存储设备（如软盘、光盘、U 盘或移动硬盘）。这些感染上病毒的外部存储设备在其他计算机上使用时，造成其他计算机进一步感染。因此，应尽量避免随便使用外部移动存储设备，如果的确需要使用，应在运行文件之前，进行查毒处理，确定没有病毒，再继续使用。

② 通过网络传染：这种传染扩散得极快，能在很短的时间内使网络上的计算机受到感染。病毒会通过网络上的各种服务对网络上的计算机进行传染，比如电子邮件、RPC 漏洞等，因此，在安装操作系统时，应首先断开网络连接，然后安装杀毒软件，再打开网络连接。

（2）计算机病毒的预防

像"讲究卫生，预防疾病"一样，对计算机病毒采取"预防为主"的方针是合理、有效的。预防计算机病毒应从切断其传播途径入手。

人们从工作实践中总结出一些预防计算机病毒的简易可行的措施，这些措施实际上是要求用户养成良好的使用计算机的习惯。具体归纳如下：

① 在开机工作时，一要打开个人防火墙，特别是在联网浏览时，可避免木马病毒入侵，防止帐号被盗；二要打开杀毒软件的实时监控，它能及时发现病毒并根据用户的指令实施杀毒；三要及时打系统补丁，利用系统漏洞的病毒层出不穷，如果能及时安装好补丁就可以防止此类病毒攻击。

② 专机专用：制定科学的管理制度，对重要任务部门应采用专机专用，禁止与任务无关人员接触该系统，防止潜在的病毒罪犯。

③ 慎用网上下载的软件。通过 Internet 是病毒传播的主要途径，对网上下载的软件最好检测后再用。此外，不要随便从网络上下载一些来历不明的软件，也不要随便阅读不相识人员发来的电子邮件。

④ 分类管理数据。对各类数据、文档和程序应分类备份保存。

⑤ 建立备份。定期备份重要的数据文件，以免遭受病毒危害后无法恢复；创建系统的镜像文件，以便系统遭受破坏时能恢复到初始状态。

⑥ 定期检查。定期用杀病毒软件对计算机系统进行检测，发现病毒及时消除。

（3）计算机病毒的清除

一旦发现电脑染上病毒后，一定要及时清除，以免造成病毒扩散、破坏。清除病毒的方法有两类，一是手工清除，二是借助反病毒软件消除病毒。

用手工方法消除病毒不仅繁琐，而且对技术人员素质要求很高，只有具备较深的电脑专业知识的人员才能采用。

用反病毒软件消除病毒是当前比较流行的方法，它既方便，又安全，但一般不会破坏系统中的正常数据。特别是优秀的反病毒软件都有较好的界面和提示，使用相当方便。遗憾的是，反病毒软件只能检测出已知病毒并消除它们，不能检测出新的病毒或病毒的变种。所以，各种反病毒软件的开发都不是一劳永逸的，而是要随着各式新病毒的出现不断升级，作为用户要及时通过网络升级反病毒软件的病毒库版本。目前较著名的反病毒软件都有实时检测系统驻留在内存中,随时检测是否有病毒入侵。我国病毒的清查技术已经成熟,市场上已出现的世界领先水平的杀毒软件有:Kill、江民杀毒软件、瑞星杀毒软件、金山毒霸等。

感染病毒以后用反病毒软件检测和消除病毒是被迫的处理措施。况且已经发现相当多的病毒在感染之后会永久性地破坏被感染程序,如果没有备份将无法恢复。

计算机病毒的防治宏观上讲是一项系统工程,除了技术手段之外还涉及诸多因素,如法律、教育、管理制度等。尤其是教育,是防止计算机病毒的重要策略。通过教育,使广大用户认识到病毒的严重危害,了解病毒的防治常识,提高尊重知识产权的意识,增强法律、法规意识,不随便复制他人的软件,最大限度地减少病毒的产生与传播,更不去设计病毒。

1.7.3 黑客及防范

随着计算机网络的广泛应用,保证网络数据的安全尤为重要。在国际上,几乎每20s就有一起黑客事件发生,仅美国每年由黑客所造成的经济损失就高达100亿美元。"黑客攻击"在今后的电子对抗中可能成为一种重要武器。随着互联网的日益普及和在社会经济活动中的地位不断加强,互联网安全性得到更多的关注。因此,有必要对黑客现象、黑客行为、黑客技术、黑客防范进行分析研究。

1. 黑客的概念

黑客(hacker),源于英语动词hack,意为"劈,砍",引申为"干了一件非常漂亮的工作"。在早期麻省理工学院的校园俚语中,"黑客"则有"恶作剧"之意,尤指手法巧妙、技术高明的恶作剧。在日本《新黑客词典》中,对黑客的定义是"喜欢探索软件程序奥秘,并从中增长了其个人才干的人。他们不像绝大多数电脑使用者那样,只规规矩矩地了解别人指定了解的狭小部分知识。""黑客"通常具有硬件和软件的高级知识,并有能力通过创新的方法剖析系统。"黑客"能使更多的网络趋于完善和安全,他们以保护网络为目的,而以不正当侵入为手段找出网络漏洞。

但也有一些利用网络漏洞破坏网络的人。他们往往做一些重复的工作(如用暴力法破解口令),他们也具备广泛的电脑知识,但与"黑客"不同的是,他们以破坏为目的。这些人称为"骇客"。

事实上,"黑客"并没有明确的定义,他具有"两面性"。"黑客"在造成重大损失的同时,也有利于系统漏洞发现和技术进步。

2. 常见的黑客攻击手段

(1) 特洛伊木马

简单地说,特洛伊木马是包含在合法程序中的未授权代码,执行不为用户所知的功能。国际著名的病毒专家Alan Solomon博士在他的《病毒大全》一书中给出了另一个恰当的定义:特洛伊木马是超出用户所希望的,并且有害的程序。一般来说,我们可以把特洛伊木马看成是执行隐藏功能的任何程序。

(2) 拒绝服务

2000年2月,美国的网站遭到黑客大规模的攻击。由于商务网站的动态性和交互性,黑客们在不同的计算机上同时用连续不断的服务器电子邮件请求来轰炸Yahoo等网站。在袭击的最高峰,网站平均每秒钟要遭受1000兆字节数量的猛烈攻击,这一数据相当于普通网站一年的数据量,网站因此陷入瘫痪。这就是所谓的"拒绝服务"(Denial Of Service)

攻击。

(3) 网络嗅探器

嗅探器(Sniffer),有时又叫网络侦听,就是能够捕获网络报文的设备。嗅探器的正当用处在于监视网络的状态、数据流动情况以及网络上传输的信息,分析网络的流量,以便找出网络中潜在的问题。例如,如果网络的某一段运行得不是很好,报文的发送比较慢,又不知道问题出在什么地方时,就可以用嗅探器来作出精确的问题判断。因此嗅探器既指危害网络安全的网络侦听程序,也指网络管理工具。嗅探器程序在功能和设计方面有很多不同,有些只能分析一种协议,而另一些则能够分析几百种协议。

(4) 扫描程序

扫描程序(Scanner)是自动检测主机安全脆弱点的程序。通过使用扫描程序,一个洛杉矶用户足不出户就可以发现在日本境内服务器的安全脆弱点。扫描程序通过确定下列项目,收集关于目标主机的有用信息:当前正在进行什么服务、哪些用户拥有这些服务、是否支持匿名登录、是否有某些网络服务需要鉴别。

(5) 字典攻击

字典攻击是一种典型的网络攻击手段,简单地说它就是用字典库中的数据不断地进行用户名和口令的反复试探。一般黑客都拥有自己的攻击用字典,其中包括常用的词、词组、数字及其组合等,并在进行攻击的过程中不断充实丰富自己的字典库。黑客之间也经常会交换各自的字典库。

3. 黑客的防范

(1) 只安装必要的程序

现在的硬盘越来越大,许多人在安装程序时,希望越多越好。岂不知装得越多,虽然所提供的服务越多,但系统的漏洞也就越多。如果只是要作为一个代理服务器,则只安装最小化操作系统和代理软件、杀毒软件、防火墙即可,不要安装任何应用软件,更不可安装任何上网软件用来上网下载,甚至输入法也不要安装,更不能让别人使用服务器。

(2) 安装补丁程序

及时下载各种软件的最新补丁程序,可较好地完善系统和防御黑客利用漏洞攻击。

(3) 关闭无用端口

计算机要进行网络连接就必须通过端口,而"黑客"要种上"木马",控制我们的电脑也必须通过端口。所以我们可以关闭一些对于我们暂时无用的端口。

(4) 删除 Guest 帐号

Windows 系统的 Guest 帐号可以"禁用",但是可以通过 net 命令(net user guest/active)将其激活,所以它很容易成为"黑客"攻击的目标,最好的方法就是将其"删除"。

(5) 安装防火墙

防火墙的本义是指房屋之间防止火灾蔓延的墙。这里所说的防火墙是指隔离本地网络与外界网络的一道防御系统,是这一类防范措施的总称。在互联网上,防火墙是一种非常有效的网络安全模型,通过它可以隔离风险区域(即 Internet 或有一定风险的网络)与安全区域(局域网)的连接,同时不会妨碍人们对风险区域的访问。防火墙可以防止不希望的、未授权的通信进出被保护的网络。一般防火墙都可以达到以下目的:

① 控制不安全的服务

防火墙可以控制不安全的服务,从而大大提高网络安全性,并通过过滤不安全的服务来降低子网上主系统所冒的风险,因为只有经过授权的协议和服务才能通过防火墙。例如,防火墙可以禁止某些易受攻击的服务(如 NFS)进入或离开受保护的子网,可以防止这些服务不会被外部攻击者利用,但同时允许在大大降低被外部攻击者利用的风险情况下使用这些服务。对局域网特别有用的服务(如 NFS 或 NIS)因而可得到共用,并减轻了主系统管理负担。

防火墙还可以防止和保护基于路由器选择的攻击。例如,源路由选择和企图通过 ICMP 改向把发送路径转向要损害的网点,防火墙可以排斥所有源点发送的包和 ICMP 改向,然后把偶发事件通知管理人员。

② 控制访问网点

防火墙还提供对网点的访问控制。例如,可以允许外部网络访问某些主机系统,而其他主机系统则有效地封闭起来,防止非法访问。除了邮件服务器或信息服务器等特殊情况外,该网点可以防止外部对其主机系统的访问。

由于防火墙不允许访问不需要访问的主机系统或服务,它在网络的边界形成了一道关卡。如果某一用户很少需要网络服务,或几乎不与别的网点打交道,防火墙就是他保护自己的最后选择。

③ 集中安全性

对一个机构来说,防火墙实际上可能并不昂贵,因为所有的或大多数经过修改的软件和附加的安全性软件都可以放在防火墙上,而不是分布在很多主机系统上,尤其是一次性口令。而其他的网络安全性解决方案,如 Kerberos,要对每个主系统都进行修改。尽管 Kerberos 和其他技术有很多优点值得考虑,而且在某些情况下可能要比防火墙更适用,但是,防火墙往往更易实施,因为只有防火墙不需要运行专门的软件。

④ 增强保密性

对某些网点来说,保密是非常重要的,因为,一般被认为无关大局的信息实际上可能含有对攻击者有用的线索。使用防火墙后,可以封锁某些服务,如 Finger 和域名服务。Finger 显示有关用户的信息,如最后注册时间、有无存读邮件等,它可能把有关信息泄露给攻击者,如系统多少时间使用一次,系统有没有把现有用户接上,系统能不能遭到攻击而不引起注意等。

防火墙还可用来封锁有关网点系统的 DNS 信息,网点系统名字和 IP 地址都不要提供给因特网主系统。有观点认为,通过封锁这种信息,可以把对攻击者有用的信息隐藏起来。

⑤ 提供网络日志及使用统计

如果对因特网的往返访问都通过防火墙,那么,防火墙可以记录各次访问,并提供有关网络使用率和等有价值的统计数字。如果一个防火墙能在可疑活动发生时发出音响报警,则可提供防火墙和网络是否被试探或攻击的细节。

采集网络使用率统计数字和试探证据最为重要的是可知道防火墙能否经得住试探和攻击,并确定防火墙上的控制措施是否得当。网络使用率统计数字也可作为网络需求研究和风险分析活动的数据。

⑥ 策略的执行

防火墙可以提供实施和执行网络访问策略的工具。事实上,防火墙可向用户和服务提供访问控制。因此,网络访问策略可以由防火墙执行。如果没有防火墙,这样一种策略完全取决于用户的协作。网点也许能依赖其用户进行协作,但是,它一般不可能也不应该依赖网络用户。

事实上,在 Internet 上,超过三分之一的 Web 网站都由某种形式的防火墙加以保护,这是对黑客防范最严、安全性较强的一种方式,任何关键性的服务器都建议放在防火墙之后。

(6) 安装入侵检测系统

防火墙等网络安全技术属于传统的网络安全技术,是建立在经典安全模型基础之上的。但是,传统网络安全技术存在着与生俱来的缺陷,主要体现在两个方面:程序的错误与配置的错误。由于牵涉过多的人为因素,在网络实际应用中很难避免这两种缺陷带来的负面影响。

在网络安全领域,还存在着另外一个重要的局限性因素。传统网络安全技术最终转化为产品都遵循"正确的安全策略→正确的设计→正确的开发→正确的配置与使用"的过程,但是由于技术的发展、需求的变化决定了网络处于不断发展之中,静止的分析设计不能适应网络的变化:产品在设计阶段可能是基于一项较为安全的技术,但当产品成型后,网络的发展已经使得该技术不再安全,产品本身也相对落后了。也可以说,传统的网络安全技术属于静态安全技术,无法解决动态发展网络中的安全问题。

在传统网络安全技术无法全面、彻底地解决网络安全这一客观前提下,入侵检测系统(Intrusion Detection System)应运而生。

入侵检测是用来发现外部攻击与内部合法用户滥用特权的一种方法,它还是一种增强内部用户责任感及提供对攻击者进行法律诉讼武器的机制。因此,入侵检测技术不仅在网络安全技术领域有价值,而且在社会应用上有价值与意义。

入侵检测是一种动态的网络安全技术,它利用各种不同类型的引擎,实时地或定期地对网络中相关的数据源进行分析,依照引擎对特殊的数据或事件的认识,将其中具有威胁性的部分提取出来,并触发响应机制。入侵检测的动态性反映在入侵检测的实时性,对网络环境的变化具有一定程度上的自适应性,这是以往静态安全技术无法具有的。

入侵检测所涵盖的内容分为两大部分:外部攻击检测与内部特权滥用检测。外部攻击与入侵是指来自外部网络非法用户的威胁性访问或破坏,外部攻击检测的重点在于检测来自于外部的攻击或入侵;内部特权滥用是指网络的合法用户在不正常的行为下获得的特殊的网络权限并实施威胁性访问或破坏,内部特权滥用检测的重点集中于观察授权用户的活动。

1.7.4 计算机使用安全常识

计算机及其外部设备的核心部件主要是集成电路。由于工艺和其他原因,集成电路对电源、静电、温度、湿度以及抗干扰都有一定的要求。正确的安装、操作和维护不但能延长设备的使用寿命,更重要的是可以保障系统正常运转,提高工作效率。下面从工作环境和常用操作等方面提出一些建议。

1. 电源要求

微机一般使用 220V、50Hz 交流电源。对电源的要求主要有两个:一是电压要稳,二是微机在工作时供电不能间断。为防止突然断电对计算机工作的影响,在断电后机器还能继续工作一小段时间，使操作员能及时保存好数据和进行必要的处理，最好配备不间断供电电源 UPS，其容量可根据微型机系统的用电量选用。此外，要有可靠的接地线，以防雷击。

2. 环境洁净要求

微机对环境的洁净要求虽不像大型计算机那样严格，但是保持环境清洁还是必要的。因为灰尘可能造成磁盘读写错误，还会减少机器寿命。

3. 室内温度、湿度要求

微机的合适工作温度在 15～35℃ 之间。低于 15℃ 可能引起磁盘读写错误，高于 35℃ 则会影响机内电子元件正常工作。为此，微机所在之处要考虑散热问题。

相对湿度一般不能超过 80%，否则会使元件受潮变质，甚至漏电、短路，以致损害机器。相对湿度低于 20%，则会因过于干燥而产生静电，引发机器的错误动作。

4. 防止干扰

计算机应避免强磁场的干扰。计算机工作时，应避免附近存在强电设备的开关动作，那样会影响电源的稳定。

5. 注意正常开、关机

对初学者来说，一定要养成良好的计算机操作习惯。特别要提醒注意的是不要随意突然断电关机，因为那样可能会引起数据的丢失和系统的不正常。结束计算机工作，最好按正常顺序先退出各类应用软件，然后利用 Windows 的"开始"菜单正常关机。

另外，计算机不要长时间搁置不用，尤其是雨季。磁盘、光盘片应存放在干燥处，不要放置于潮湿处，也不要放在接近热源、强光源、强磁场处。

1.7.5 计算机道德与法规

计算机在信息社会中充当着越来越重要的角色，但是，不管计算机怎样功能强大，它也是人类创造的一种工具，它本身并没有思想，即使计算机具有某种程度的智能，也是人类赋予它的。因此，在使用计算机时，我们一定要遵守道德规范，同各种不道德行为和犯罪行为作斗争。

1990 年 9 月我国颁布了《中华人民共和国著作权法》，把计算机软件列为享有著作权保护的作品；1991 年 6 月，颁布了《计算机软件保护条例》，规定计算机软件是个人或者团体的智力产品，同专利、著作一样受法律的保护，任何未经授权的使用、复制都是非法的，按规定要受到法律的制裁。

人们在使用计算机软件或数据时，应遵照国家有关法律规定，尊重其作品的版权，这是使用计算机的基本道德规范。

计算机信息系统是由计算机及其相关配套设备、设施（包括网络）构成，为维护计算机系统的安全，防止病毒的入侵，我们应该注意：

① 不要蓄意破坏和损伤他人的计算机系统设备及资源；

② 不要制造病毒程序，不要使用带病毒的软件，更不要有意传播病毒给其他计算机系统（传播带有病毒的软件）；

③ 要采取预防措施，在计算机内安装防病毒软件；要定期检查计算机系统内文件是否有病毒，如发现病毒，应及时用杀毒软件清除；

④ 维护计算机的正常运行，保护计算机系统数据的安全；

⑤ 被授权者对自己享用的资源负有保护责任,口令密码不得泄露给外人。

此外,计算机网络正在改变着人们的行为方式、思维方式乃至社会结构,它对于信息资源的共享起到了无与伦比的巨大作用,并且蕴藏着无尽的潜能。但是网络的作用不是单一的,在它广泛的积极作用背后,也有使人堕落的陷阱,这些陷阱产生着巨大的反作用。因此,我们在网络上一定要遵循以下规范:

① 不应该在 Internet 上传送大型文件和直接传送非文本格式的文件,而造成浪费网络资源;

② 不能利用电子邮件作广播型的宣传,这种强加于人的做法会造成别人的信箱充斥无用的信息而影响正常工作;

③ 不应该使用他人的计算机资源,除非你得到了准许或者作出了补偿;

④ 不应该利用计算机去伤害别人;

⑤ 不能私自阅读他人的通讯文件(如电子邮件),不得私自拷贝不属于自己的软件资源;

⑥ 不得蓄意破译别人口令。

习 题 1

一、选择题

1. 计算机应用最早,也是最成熟的应用领域是( )。
   A. 数值计算　　　B. 数据处理　　　C. 过程控制　　　D. 人工智能
2. 冯·诺依曼计算机工作原理的核心是( )和"程序控制"。
   A. 顺序存储　　　B. 存储程序　　　C. 集中存储　　　D. 运算存储分离
3. 微型计算机使用的主要逻辑部件是( )。
   A. 电子管　　　　　　　　　　　　B. 晶体管
   C. 固体组件　　　　　　　　　　　D. 大规模和超大规模集成电路
4. 与十六进制数 AB 等值的十进制数是( )。
   A. 171　　　　　B. 173　　　　　C. 175　　　　　D. 177
5. CPU 与其他部件之间传送数据是通过( )实现的。
   A. 数据总线　　　　　　　　　　　B. 地址总线
   C. 控制总线　　　　　　　　　　　D. 数据、地址和控制总线三者
6. 根据软件的功能和特点,计算机软件一般可分为( )。
   A. 系统软件和非系统软件　　　　　B. 系统软件和应用软件
   C. 应用软件和非应用软件　　　　　D. 系统软件和管理软件
7. 计算机的存储容量常用 KB 为单位,这里 1KB 表示( )。
   A. 1024 个字节　　　　　　　　　　B. 1024 个二进制信息位
   C. 1000 个字节　　　　　　　　　　D. 1000 个二进制信息位
8. 数字字符"1"的 ASCII 码的十进制表示为 49,那么数字字符"8"的 ASCII 码的十进制表示为( )。
   A. 56　　　　　　B. 58　　　　　C. 60　　　　　D. 54

9. 多媒体计算机是指( )。
   A. 具有多种外部设备的计算机　　B. 能与多种电器连接的计算机
   C. 能处理多种媒体的计算机　　　D. 借助多种媒体操作的计算机
10. 下列关于计算机病毒的四条叙述中,有错误的一条是( )。
    A. 计算机病毒是一个标记或一个命令
    B. 计算机病毒是人为制造的一种程序
    C. 计算机病毒是一种通过磁盘、网络等媒介传播、扩散,并能传染其他程序的程序
    D. 计算机病毒是能够实现自身复制,并借助一定的媒体存的具有潜伏性、传染性和破坏性的程序

二、思考题

1. 在计算机系统中,为什么所有数据都采用二进制形式表示?
2. 计算机中常用的数制有哪些? 如何书写?
3. 什么是计算机指令、指令系统、程序?
4. 什么是 ASCII 码? 用 ASCII 如何在计算机内部表示字符?
5. 汉字编码为什么比英文字符编码复杂?
6. 什么是交换码、输入码、机内码、字形码? 它们之间是什么关系?
7. 计算机系统由哪些部分构成? 它们之间具有什么样的层次关系?
8. 如何合理的选购计算机?
9. 简述微处理器的组成及各部分的功能。常用技术参数有哪些? 各有什么含义?
10. 内存分为哪几种? 各有什么特点?
11. 常用的外存有哪些? 它们各自的优、缺点是什么?
12. 为什么存储系统要划分层次? 存储系统的层次结构是什么样的?
13. 微机主板上主要包括哪些部件?
14. 微型计算机的配置中一般包括哪些部件?
15. 计算机是如何被组装在一起的?
16. 计算机应用软件有哪些?

第 2 章　Windows XP 操作系统

目前,微软(Microsoft)公司的 Windows(视窗)操作系统在个人计算机领域中占有重要的地位。本章就以应用广泛的中文 Windows XP 操作系统为例,介绍操作系统的环境及使用方法。通过本章的学习,应掌握:
1. 桌面、窗口、菜单、任务栏、工具栏和对话框的基本操作。
2. 使用"资源管理器"管理文件和文件夹。
3. 使用控制面板中的应用程序进行系统设置和管理的基本方法。
4. 常用附件程序的操作,注册表的基本功能。

2.1　操作系统概述

2.1.1　常用操作系统简介

随着微型计算机硬件技术的不断发展,微型计算机的操作系统已不断更新。下面简要介绍微机常用的操作系统及其发展。

1. DOS 操作系统

IBM 公司在 1981 推出个人电脑的同时也推出了 DOS 操作系统(Disk Operating System,磁盘操作系统)PC-DOS 1.0。此后陆续推出多个版本,1994 年推出 MS DOS 6.22 后停止发展。DOS 操作系统是基于字符界面的单用户、单任务的操作系统。它只有一个黑底白字的字符操作界面,在这种界面下操作计算机,需要输入有严格语法规定的命令,也就使得使用电脑须记忆大量的命令,使电脑成了高深莫测、难学难用的机器。

DOS 的核心启动程序有 Boot 系统引导程序、IO.SYS、MSDOS.SYS 和 COMMAND.COM。它们是构成 DOS 系统最基础的几个部分,有它们系统就可以启动了。

2. Windows 操作系统

Microsoft 公司推出的 Windows 系列操作系统以窗口的形式显示信息,它提供了基于图形的人机对话界面,从此开始了 GUI(Graphical User Interfaces,图形化用户界面)时代。用户操作计算机时只需要轻点鼠标,无需记忆复杂的命令。这种简便的操作方式也极大地推动了计算机在各种行业、各种应用场合的普及。与早期的 DOS 操作系统相比,Windows 更容易操作,更能充分有效地利用计算机的各种资源。

Microsoft 公司 1985 年推出第一个 Windows 操作系统 Windows 1.0 版本,1987 年推出了 Windows 2.0,1990 年推出了 Windows 3.0,1992 年推出了 Windows 3.1。最早推向

中国的是 Windows 3.2 中文版。Windows 3.x 是基于图形界面的 16 位的单用户、多任务操作系统，但其内核是 DOS，必须与 DOS 共同管理系统硬件资源和文件系统，因此还不能算是一个完整的操作系统。

1995 年，Microsoft 公司推出真正的 32 位操作系统 Windows 95，它已摆脱了 DOS 的限制，提供了全新的桌面形式，使得对系统各种资源的浏览和操纵变得更加容易；提供了"即插即用"功能，允许长文件名；支持抢先式多任务和多线程；在网络、多媒体、打印机、移动计算等方面具有了较强的管理功能。

随后 Microsoft 公司又陆续推出了 Windows 98/Me/2000/XP/Vista 等，不断增强功能和提高性能。

• Windows NT 是 Microsoft 公司 1993 年推出的 32 位的多用户、多任务的操作系统，主要安装在服务器上，它包括 Windows NT Server 和 Windows NT Workstation。

• Windows 98 是 Microsoft 公司发行于 1998 年 6 月 25 日的 16 位/32 位混合的操作系统。是基于 Windows 95 编写的，它改良了对硬件标准的支持。

• Windows Me 是 Microsoft 公司 2000 年推出的一个 16 位/32 位混合的 Windows 系统。其名字有三个意思，一是纪念 2000 年，Me 是英文中千禧年（Millennium）的意思；二是纪念自己，Me 在英文中有"我"的意思；此外 Me 还有多媒体应用的意义（多媒体的英文为 multimedia）。

• Windows 2000 原名 Windows NT 5.0。它结合了 Windows Me 和 Windows NT 4.0（服务器操作系统）的很多优良功能于一身，超越了 Windows NT。Windows 2000 有两大系列：Professional（专业版）及 Server 系列（服务器版），包括 Windows 2000 Server、Windows 2000 Advanced Server 高级服务器版和 Windows Data Center Server 数据中心服务器版。Windows 2000 可进行组网使用，因此它又是一个网络操作系统。

• Windows XP 是 Microsoft 公司 2001 年继 Windows 2000 后的又一个 Windows 系列产品，其中 XP 是 Experience（体验）的缩写。2003 年，Microsoft 公司发布了 Windows 2003，增加了支持无线上网等功能。

• Windows Vista（Windows 2005）是 Microsoft 公司 2005 年推出的 Windows 操作系统的最新版本。根据 Microsoft 公司表示，Windows Vista 包含了上百种新功能，其中较特别的是新版的图形用户界面和称为"Windows Aero"的全新界面风格、加强后的搜寻功能（Windows indexing service）、新的多媒体创作工具（例如 Windows DVD Maker）以及重新设计的网络、音频、输出（打印）和显示子系统。Vista 使用点对点技术（peer－to－peer）提升了计算机系统在家庭网络中的通信能力，使得在不同计算机或装置之间分享文件与多媒体内容变得更简单。在针对开发者方面，Vista 使用.NET Framework 3.0 版本，比起传统的 Windows API 让开发者能更简单写出高品质的程序。Microsoft 公司也在安全性方面进行了改良。

Windows Vista 分为家庭版和企业版两个大类。家庭版包含四种版本：Windows Vista Starter、Windows Vista Home Basic、Windows Vista Home Premium、Windows Vista Ultimate。企业版包含三种版本：Windows Vista Ultimate、Windows Vista Business、Windows Vista Enterprise。与 Windows XP 相同，Vista 同样有 32 位和 64 位两个版本。但是 Vista 目前存在的问题是兼容不理想，一些软件还不能运行，此外要求硬件配置比较高。

3. Linux 操作系统

Linux 操作系统是目前全球最大的一个自由软件,具有完备的网络功能,且具有稳定性、灵活性和易用性等特点。Linux 最初由芬兰赫尔辛基大学学生 Linus Torvalds 开发,其源程序在 Internet 上公布以后,引起了全球电脑爱好者的开发热情,许多人下载该源程序并按照自己的意愿完善某一方面的功能,再发回到网上,Linux 也因此被雕琢成一个很稳定、很有发展前景的操作系统。

Linux 版本众多,厂商们利用 Linux 的核心程序,再加上外挂程序,就变成了现在的各种 Linux 版本。现在主要流行的版本有 Red Hat Linux、Turbo Linux、S. u. S. E Linux 等。我国自行开发的有红旗 Linux、蓝点 Linux 等。

4. Unix 操作系统

Unix 操作系统是在 1969 年由 AT&T 贝尔实验室的 Ken Thompson、Dennis Ritchie 和其他研究人员开发的,是一个交互式的多用户、多任务的操作系统。自问世以来迅速在全球范围内推广。该操作系统的安全性、可靠性、可移植性高,可用于网络、大型机和工作站。缺点是缺乏统一的标准,应用程序不够丰富,并且不易学习,这些限制了 Unix 的普及应用。

5. OS/2

1987 年,IBM 公司在推出 PS/2 的同时发布了为 PS/2 设计的操作系统——OS/2。在 20 世纪 90 年代,OS/2 的整体技术水平超过了当时的 Windows 3.x,但因为缺乏大量应用软件的支持而失败。

6. Mac OS

Mac OS 是在苹果公司的 Power Macintosh 机及 Macintosh 一族计算机上使用的操作系统。它是最早成功的基于图形用户界面的操作系统。它具有较强的图形处理能力,被广泛应用于平面出版和多媒体应用等领域。MaCOS 的缺点是与 Windows 缺乏较好的兼容性,因而影响了它的普及。

7. Novell NetWare

Novell NetWare 是一种基于文件服务和目录服务的网络操作系统,主要用于构建局域网。

2.1.2 Windows XP 操作系统

Windows XP 是一个典型的图形界面。XP 是 experience(体验)的缩写,象征着由各种装置提供的网络服务,使用户拥有丰富而广泛的全新计算机使用体验,并且享受科技的乐趣。它共有 4 个版本:

(1) Windows XP Home 版:面向普通的家庭。

(2) Windows XP Professional 版:面向企业和高级家庭。它包括 Home 版的所有功能,如 Network Setup Wizard、Windows Messenger、无线连接、互联网连接防火墙等,另外还有一些 Home 版所没有的功能,如远程桌面系统、支持多处理器、加密系统文件和访问控制等。

(3) Windows XP Media Center 版:预装在 Media Center PC 上,具有 Windows XP 的全部功能,而且针对电视节目的观看和录制、音乐文件的管理以及 DVD 播放等功能添加了新的特性。

(4) Windows XP Tablet PC 版：在 Windows XP Professional 的基础上增加了手写输入功能，因此被认为是 Windows XP Professional 的扩展版本。

1. Windows XP 主要功能

操作系统是管理计算机软、硬件资源，控制程序运行，改善人机界面和为应用软件提供支持的系统软件。它是计算机系统中必不可少的基本系统软件，其层次最靠近硬件（裸机）。它把硬件（裸机）改造成为功能更加完善的一台虚拟机器，使得计算机系统的使用和管理更加方便，计算机资源的利用率更高。它为上层的应用程序提供更多的功能上的支持，为用户提供更友好的人机界面。

Windows XP 作为操作系统也具有这些功能。Windows XP 的主要功能是管理计算机的全部软、硬件资源，提供简单方便的用户操作界面。Windows XP 的内部实现机制是很复杂的，但其基本操作又是很简单的。从用户操作的角度看，Windows XP 主要有如下功能：

(1) 程序的启动和关闭；应用程序窗口切换等——作业管理。
(2) 操作环境的定制和修饰——操作环境管理。
(3) 文件的建立、复制、移动、删除、恢复、磁盘操作等——文件资源管理。
(4) 软、硬件的安装、卸载、属性设置等——系统管理。

本章各节主要围绕完成以上功能的基本操作进行讨论，如需了解 Windows 编程、高级的系统优化和配置等，还需要学习更深入的课程。

2. Windows XP 中文版的特点

Windows XP 中文版采用的是 Windows NT 的核心技术，运行非常可靠、稳定而且快速，为用户的计算机的安全正常高效运行提供了保障。

正如比尔·盖茨所说的那样，Windows XP 既是为那些害怕接触计算机的人设计的，也是为那些热爱计算机的人设计的。Windows XP 是 Microsoft 公司自发布 Windows 95 软件以来所推出的意义最为重大的一个操作系统软件，它将彻底改变许多人对计算机的看法。Windows XP 中文版特点可以归结如下：

(1) 增强型文件关联处理方式。对于没有进行关联的文件，当双击它的时候，系统会自动进行分析，然后弹出相应的应用程序清单以供选择；也就是说，弹出的程序清单中的程序都可能执行该文件。如果经过分析，系统本身没有与之相应的匹配方式，用户还可以到互联网上去搜索与之相适应的关联方式。

(2) 支持双屏显示、双芯片和 4 GB 内存。Windows XP 支持通过一块显卡连接两个显示器，并将一个桌面的画面进行分屏显示，这对美工与设计工作尤为有利；它最大支持 4 GB 的内存容量，并跟 Windows NT 一样支持双芯片。

(3) 驱动恢复。Windows XP 中集成了一项极为有用的 Roll Back 功能，能保持机器中正确的驱动信息。在写入任何内容之前，它会先自动备份欲操作文件，操作后如果有问题不能正常使用，只需使用此功能就能快速将驱动信息恢复到以前的模样。

(4) 增强了病毒防护功能。很多病毒、木马都是通过电子邮件传播的，为此，Windows XP 取消了电子邮件直接执行的功能，以保证计算机的安全；同时，赋予系统管理员更高的权限，让其可以对其他用户的文件类型的操作权限做出限制。

(5) 超强的软件兼容功能。在新一代的操作系统中，采用了 AppFixs 模拟仿真技术，通过模拟与软、硬设备适应的操作环境来解决不兼容的问题。通过它，Windows XP 可以为一个与自己不兼容的软件,将自己模拟成与 Windows NT 或 Windows 95/98/Me 相兼容的模式,甚至是 DOS 模式。

(6) 方便的用户移植功能。要将一个用户的数据、应用程序或系统设置转移到另外一台计算机上,在 Windows 以前的版本需要做大量繁琐的拷贝与复制工作,而在 Windows XP 中,只需使用远程桌面(Remote Desktop)功能按钮,就能让系统快速自动地完成用户向其他终端移植的工作,极大地减少了工作量。

(7) 支持断点续传的自动更新和系统预置功能。Windows XP 自动升级增加了断点续传功能。同时具有克隆功能的系统预置功能包(System Preparation Tool),用户可以通过它方便地将指定文件、应用程序、配置文件,甚至分区信息进行磁盘映射,这对于系统维护无疑是非常有用的。

(8) 简单方便的局域网安装向导。用户可以在安装向导的指导下组建自己的局域网,包括网络参数设置、文件共享等,都可在它的详细提示下进行操作。同时,Windows XP 支持组建与以前版本兼容的对等网络。Windows XP 与以前的 Windows 版本兼容,可以直接对网络中的服务器进行升级,而不用管其他终端安装的是什么版本的 Windows。同样,这也是一种创新,是以前版本所不具备的。此外,Windows XP 还支持多语言共用平台、无线互联网络连接等。

3. Windows XP 的运行环境

Windows XP 功能强大,同时,对使用环境的要求也相对较高。为了充分发挥系统性能,计算机硬件应满足以下基本要求:

推荐使用主频为 300MHz 或更高的处理器;至少需要 233MHz。
推荐使用 128MB RAM 或更高的内存(最低需要 64M;可能会影响性能和某些功能)。
至少 1.5GB 可用硬盘空间。
Super VGA(800×600)或分辨率更高的视频适配器和监视器。
CD-ROM 或 DVD 驱动器。
键盘和 Microsoft 鼠标或兼容的指针设备。

4. Windows XP 的基本术语

应用程序:是一个完成指定功能的计算机程序。

文档:是由应用程序所创建的一组相关的信息的集合,也是包含文件格式和所有内容的文件。它被赋予一个文件名,存储在磁盘中。文档可以是一篇报告,一幅图片等,其类型可以是多种多样的。

文件:是一组信息的集合,以文件名来存取。它可以是文档、应用程序、快捷方式和设备,可以说文件是文档的超集。

文件夹:用来存放各种不同类型的文件,文件夹中还可以包含下一级文件夹。相当于 MS-DOS 的目录和子目录。

对象:是指系统直接管理的资源,如驱动器、文件、文件夹、打印机、系统文件夹(控制面板、我的电脑、网上邻居、回收站)等。

选定:选定一个项目通常是指对该项目做一标记,选定操作不产生动作。

组合键:两个(或三个)键名之间用"+"连接表示。如组合键 Ctrl+C 表示先按住 Ctrl 键不放,再按 C 字符键,然后同时放开;又如组合键 Ctrl+Alt+Del 表示同时先按住 Ctrl 键和 Alt 键不放,再按 Del 键,然后同时放开。注意:Ctrl 键和 Alt 键只有与其他键配合使用才会起作用。

2.2 Windows XP 的基本操作

Windows 环境下大多数软件具有规范的窗口格式,基本操作方法相同或相似。所以学习本节,不止是掌握 Windows XP 的基本操作,更重要的是要掌握 Windows XP 环境下应用软件共同的操作方法和特点。

2.2.1 Windows XP 的启动和关闭

Windows XP 是一个独立的磁盘操作系统。一般情况下,Windows XP 会随着计算机的打开而自动运行;随着计算机的关闭而退出。启动和关闭 Windows XP 的过程其实就是开、关机的过程。开机过程如图 2-1 所示。

1. 开机(Windows XP 的启动)

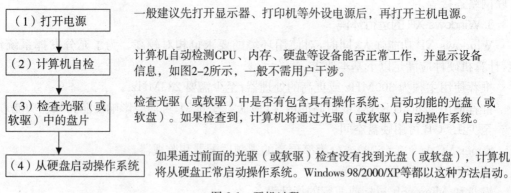

图 2-1 开机过程

正常启动 Windows XP Professional 操作系统,需要取出软驱中的软盘或光驱中的光盘,使计算机能够从硬盘启动。打开计算机的电源开关后,一般计算机会出现自检信息(如图 2-2)。视计算机配置的不同,Windows XP 的启动时间需要十几秒到数十秒不等,直到出现如图 2-3 所示的登录对话框。Windows XP 的登录界面是完全动态的,只要在用户名上面单击一下,便会看见密码输入栏自动展开。另外,不同的用户可以用不同的图标来代表自己,既直观又实用。"登录"过程用以确认用户身份。完成 Windows XP 的启动过程后,Windows 的桌面将展现在用户面前,用户可以开始进行计算机的操作。

2. 关机(Windows XP 的关闭)

操作系统是计算机最底层的软件系统,关闭操作系统后,就无法再对计算机进行操作,所以关闭操作系统其实就是关机的过程。

在关闭和重新启动计算机之前,一定要先退出 Windows XP,否则可能会破坏一些没有保存的文件和正在运行的程序。

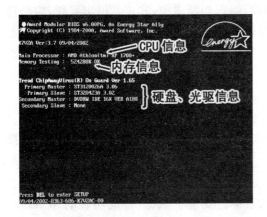
图 2-2　自检信息

图 2-3　选择帐户并登录

用户可以按以下步骤安全地退出系统：
① 关闭所有正在运行的应用程序。
② 单击任务栏上的"开始"按钮，打开"开始菜单"，然后单击"关闭计算机"，出现如图 2-4 所示的"关闭计算机"对话框。

图 2-4　"关闭计算机"对话框

③ 单击"关闭"按钮，系统将作关机准备——将目前在内存中的 Windows 新设置参数存储到硬盘中的更新注册表；关闭尚在前台、后台运行的应用程序，并删除硬盘上的临时文件释放硬盘空间等。最后主机会先自动关闭，然后再关闭显示器并切断电源。

"关闭计算机"界面中的其他选项含义：

• 重新启动：计算机长时间连续运行，可能造成运行速度下降和一些运行错误，用户可以通过"重新启动"计算机，让系统先进行关闭计算机操作，然后自动重新启动计算机，来恢复计算机的良好运行状态。

• 待机：如果一段时间不使用计算机，但又不想关闭计算机，可以进入"待机"状态，关闭显示器和硬盘，以节省电能消耗。但用户正在处理的信息还存储在内存中，这样用户很快就可以从停止处恢复继续处理这些信息。

正确退出 Windows XP 的操作虽说简单但也很重要。用户切不可用直接关闭电源的方法来退出 Windows XP。由于 Windows XP 的多任务特性，在运行时可能需要占用大量磁盘空间临时保存信息。在正常退出时，Windows XP 将做好退出前的准备工作，如删除临时文件、保存设置信息等，保证不浪费磁盘资源。而且在退出系统时，Windows XP 系统还会重新更新注册表。如果在终止运行的应用程序前，强行切断电源，非正常退出系统，将会使 Windows XP 来不及处理这些工作，从而导致设置信息的丢失、硬盘空间的浪费，也会引起后台运行程序的数据和结果的丢失，还可能发生系统错误，影响 Windows XP 操作系统再次正常启动。

2.2.2 鼠标和键盘的操作

Windows XP 环境下的操作主要依靠鼠标和键盘来执行，因此熟练掌握鼠标和键盘操作可以提高工作效率。

1. 鼠标操作

Windows XP 支持两键模式及带有滚轮的鼠标。安装了鼠标，并成功启动 Windows XP 后，会发现屏幕中央有一个"▶"型的指针，这就是鼠标指针。鼠标指针随着鼠标的移动在屏幕上移动位置，可以把鼠标指针对准屏幕上的特定目标。鼠标指针随着用户的操作，在窗口的不同位置（或不同状态）会有不同形状，显示系统运行的一些状态。鼠标的指针形状也可以通过设置而采用不同的方案。表 2-1 列出了在 Windows 标准方案下鼠标指针的常见形状及其操作说明。

表 2-1 鼠标指针的常见形状及其操作说明

鼠标指针的形状	操作说明
▶	标准选择。鼠标指向桌面、窗口、菜单、工具栏、滚动条、图标、按钮等对象，代表正常选择状态
I	文字选择。鼠标指向文本区域
⧖	等待。表示系统正忙，此时只能等待，不能进行操作
▶⧖	后台运行。代表有程序在后台运行
✛	精确定位
✥	移动。通过鼠标的拖放操作，可以改变对象的位置
↘ ↗ ↔ ↕	调整大小。通过鼠标的拖放操作，可以改变对象的大小
☝	链接选择。通过单击，可以打开相应的主题
⊘	不可用
↑	其他选择
▶?	帮助选择

鼠标的用法：一般用右手握住鼠标，食指和中指分别放在左键和右键上，具体操作分为如下几种：

• 指向：拖动鼠标，鼠标指针随之改变位置。移动鼠标指针到目标位置（某一对象上），即为指向该目标。

- 单击（或称左击）：鼠标指针指向屏幕上的对象，然后快速按下并立即释放鼠标左键。左键单击后一般用于选中对象。
- 右单击（或称右击）：鼠标指针指向屏幕上的对象，然后快速按下并立即释放鼠标右键。右键单击一般会弹出快捷菜单。
- 双击：鼠标指针指向屏幕上的对象，快速地连续两次按下并立即释放鼠标左键。一般用于程序的执行。
- 拖动：将鼠标指针移到屏幕的对象上，按住鼠标左键不放，这时移动鼠标位置，对象随之被拖拽到新位置，然后释放鼠标左键。
- 右拖动：将鼠标指针移到屏幕的对象上，按住鼠标右键不放，移动鼠标到另一地方松开。
- 滚轮滚动：使用食指推动中间滚轮转动，一般用于向上或向下滚动屏幕显示内容。

注意：本书中如无特殊说明，"单击"、"双击"和"拖动"指的都是使用鼠标左键，当要使用右键时，会用"右单击"、"右拖动"来明确表示。

2. 键盘操作

键盘不仅可以用来输入文字或字符，而且可以使用组合键替代鼠标操作，例如：组合键Alt+Tab 可以完成任务之间的切换，相当于用鼠标单击任务按钮。下面将结合鼠标操作介绍常用的相应键盘操作。

2.2.3 Windows XP 桌面的组成

Windows 相对于以前的 DOS 操作系统表现出简单易用的特点，主要体现在它的图形界面上。

1. 桌面

Windows XP 启动完成后所显示的整个屏幕称为桌面。它是用户和计算机进行交流的窗口，上面可以存放用户经常用到的应用程序和文件夹图标，并可以根据自己的需要在桌面上添加各种快捷图标。

Windows XP 的一切操作都从桌面开始，用户通过对桌面上的图标、任务栏和开始菜单的操作，完成对 Windows XP 的最基本操作。

2. 图标

图标通常是由代表 Windows XP 的各种组成对象的小图形并配以文字说明而组成。每个图标代表一个对象，如文档、应用程序、文件夹、磁盘驱动器、控制面板、打印机等都用一个形象化的图标表示。在 Windows XP 中，图标应用很广，它可以代表一个应用程序、一个文档或一个设备，也可以是一个激活"窗口控制菜单"。把鼠标放在图标上停留片刻，就会出现图标所表示内容的说明或者是文件存放的路径，双击图标可以打开相应的内容。

初次安装的 Windows XP，通常桌面上默认的图标是："我的电脑"、"我的文档"、"回收站"、"网上邻居"及"Internet Explorer"，如图 2-5 所示。随着应用软件的安装，还会添加新的图标。用鼠标左键单击某一个图标，该图标及其下的文字说明颜色改变，表示此图标被选中。双击桌面上的图标是最快捷的启动应用程序和打开文档的方式，为了操作快捷方便，可以把经常使用的程序和文档放在桌面上或在桌面上手动为它们建立若干个快捷方式图标（方法后述）。

我的电脑：在"我的电脑"图标上双击鼠标，会打开"我的电脑"窗口，主要用于显示、查找和访问软盘、硬盘、光盘驱动器和网络驱动器中的内容。

我的文档：是一个文件夹，用来存储用户需要保存的各种文档和图片等。双击"我的文档"图标，打开"我的文档"窗口，以图标的形式显示里面的文件列表。

回收站：用来存放被删除的文件或文件夹，必要的时候，可以把删除的内容还原。

Internet Explorer：用于打开 Internet Explorer 浏览器，进行 Internet 网络信息的浏览。

网上邻居：用于浏览、查找、访问处于同一个局域网中的其他计算机上的共享资源。

图 2-5　桌面图标

如果想恢复系统默认的图标，可执行下列操作：

（1）右击桌面，在弹出的快捷菜单中选择"属性"命令。

（2）在打开的"显示属性"对话框中切换到"桌面"选项卡。

（3）单击"自定义桌面"按钮，弹出"桌面项目"对话框，如图 2-6 所示。

（4）在"桌面图标"选择组中选中"我的电脑"、"网上邻居"等复选框，单击"确定"按钮返回到"显示属性"对话框。

（5）单击"应用"按钮，然后关闭该对话框，这时就可以看到系统默认的图标了。

图 2-6　"桌面项目"对话框

系统使用时间长了，桌面上的图标可能会越来越多，凌乱地堆在一起，不易查找，这个时候就需要对图标进行排列。有多种排列桌面图标的方式，还可以选择是否自动排列。右键单击桌面空白处，会弹出桌面快捷菜单（快捷菜单的含义将在"菜单和工具栏的操作"一节讲述），鼠标指针指向"排列图标"项，会弹出下级子菜单，如图 2-7 所示，单击子菜单的前四项之一，即可使桌面上的图标按预期规则排列。

若取消图 2-7 中"显示桌面图标"命令前的选中标志，桌面上将不显示任何图标。

如果在桌面上有最近不使用的图标，可以启动图 2-7 中的"运行桌面清理向导"命令来清理桌面，将不常使用的快捷方式放到一个名为"未使用的桌面快捷方式"文件夹中。具体方法如下：

在桌面空白处右击，在弹出的快捷菜单中选择"排列图标/运行桌面清理向导"命令，弹出"清理桌面向导"对话框，单击"下一步"按钮继续。可以选择需要清理的快捷方式，所选择的快捷方式将被移动

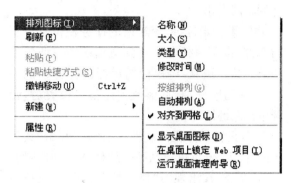

图 2-7　桌面快捷菜单

到"未使用的桌面快捷方式"文件夹中。当根据向导提示操作完成后，所选的快捷方式在桌面上消失，而在桌面上出现一个"未使用的桌面快捷方式"文件夹。

3. 任务栏

一般任务栏位于桌面底部，以按钮的形式显示当前运行的程序，如图 2-8 所示。

图 2-8　任务栏

（1）任务栏的构成

① 开始菜单：通常位于桌面底部任务栏的最左端，名为"开始"，意味着从这里开始运行计算机程序。单击此按钮可以打开 Windows XP 的"开始"菜单。这是执行程序最常用的方式。"开始"菜单中包含了 Windows XP 的全部功能，只要是计算机上正常安装的程序都可以在这里找到，并开始运行。后面将详细介绍之。

② 快速启动区："开始"按钮的右边是快速启动工具栏，在缺省情况下它包含三个快捷方式：Internet Explorer 浏览器、Outlook Express 和桌面。单击"快速启动区"中的图标，可启动程序。由于任务栏一般情况下不会被程序窗口遮挡，因此任何时候都可以快速找到快速启动区中的图标，迅速启动程序，体现出"快速启动区"的操作快捷。

操作技巧：鼠标指向按钮，会显示该按钮代表的程序或操作名称；单击"显示桌面"按钮，可将打开的所有窗口缩小到任务栏上，快速显示桌面内容。

③ 窗口按钮栏：每一个正在运行的应用程序在任务栏上都会显示相应的按钮。每次启动一个应用程序或打开一个窗口后，"任务栏"上就会出现代表该程序或窗口的一个"窗口按钮"，其中处于按下状态的"窗口按钮"表示当前活动的应用程序。单击所需的"窗口按钮"可以在多个应用窗口之间切换。总之，任务栏中的所有任务按钮显示了当前运行在 Windows XP 下的程序。若关闭程序，相应的任务按钮也随之消失。

④ 通知区：任务栏右端的提示区有"音量控制"、"语言指示器"、"网络连接"和"系统时钟"等按钮。

（2）任务栏的操作

① 重设大小：鼠标指针指向任务栏的边框处，当鼠标指针变为双向箭头时，拖动鼠标即

可调整其大小。

② 重新定位：系统默认的任务栏位置是桌面底部，也可将任务栏移到桌面的左右两侧或顶端。其方法是：将鼠标指针指向任务栏的空白处，拖动鼠标，看见虚框到达指定位置后，松开鼠标左键即可。

③ 设置任务栏的属性：先选择"开始"菜单中的"设置"子菜单，然后选择"任务栏和『开始』菜单"命令，在出现的"任务栏和『开始』菜单属性"对话框中，选择"任务栏"选项卡，如图2-9所示。

4. 窗口

Windows XP 的操作主要是在系统提供的不同窗口中进行的，每个运行的程序和打开的文档也都以窗口的形式出现，Windows 意即窗口（window）的集合。

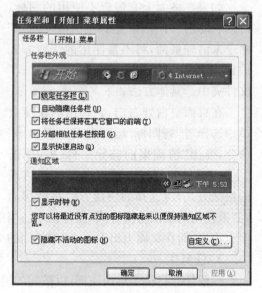

图 2-9 "任务栏和开始菜单属性"对话框

2.2.4 Windows XP 的窗口

标准的窗口是一个具有标题、菜单、工具按钮等图形符号的矩形区域。窗口为用户提供多种工具和操作手段，是人机交互（输入、输出信息）的主要界面。

1. 窗口类型

Windows XP 中的窗口各式各样，其中包含的内容和提供的功能也不尽相同，主要分为以下几种：

（1）文件夹窗口

Windows 管理系统时所用的一种特殊窗口，显示一个文件夹的下属文件夹和文件的主要信息。Windows XP 将文件夹窗口和 Internet Explorer(IE)浏览器的窗口格式统一起来，通过浏览器可以浏览本机的文件夹信息，从文件夹窗口（例如"我的电脑"）也可以直接浏览网页。

（2）应用程序窗口

运行任何一个需要人机交互的程序都会打开一个该程序特有的"程序窗口"。程序名显示在标题栏中，一般关闭程序窗口就关闭了程序。

（3）文档窗口

隶属于应用程序窗口的子窗口。有的应用程序可以同时打开多个文档窗口，称为多文档界面（MDI—Multiple Document Interface）软件。

（4）对话框

对话框可看成一种特殊的窗口，用来输入信息或进行参数设置。对话框与以上三类窗口的形式和包含的元素有较大区别，后面将专门介绍。

2. 窗口组成

Windows XP 窗口是屏幕中一种可见的矩形区域,周围有边框。各种窗口间会有差别,但大多数窗口都有以下共同的组件。下面以"资源管理器"窗口为例介绍这些组件,如图 2-10 所示为 Windows 窗口的组成。

(1) 边框

每个窗口都有一个双线边界框,标识出窗口的边界。当鼠标指针指向某条边框时,鼠标指针会变成垂直或水平的双向箭头,此时,沿箭头所指方向拖动鼠标就可改变窗口的大小。

(2) 窗口标题

窗口标题用于标识窗口,提醒用户正在使用什么窗口,图 2-10 中的窗口标题是"本地磁盘(C:)"。

(3) 标题栏

标题栏位于窗口顶部第一行,用于显示窗口标题(应用程序名或文档名)。

(4) 最小化、最大化/还原和关闭按钮

位于标题栏右边的三个按钮,其含义如图 2-10 所示,用于窗口的调整及关闭。鼠标单击某按钮可进行相应的操作。最大化和还原共用一个按钮位置,最大化(窗口充满整个桌面)后,该按钮变为还原按钮;还原后,变为最大化按钮。

图 2-10 Windows 窗口的组成

(5) 控制菜单图标

控制菜单图标位于窗口左上角,它是一个图标,不同的应用程序有不同的图标。用鼠标单击它可以打开一个下拉菜单,这是为键盘操作准备的窗口控制菜单,利用其中的命令可以改变窗口大小,移动、放大、缩小和关闭窗口。如使用键盘操作时,按 Alt+空格键可以打开控制菜单。按 Esc 键或单击窗口的任意处可以关闭控制菜单。

(6) 菜单栏

菜单栏一般位于标题栏的下边一行,在这条形区域中列出了可选用的菜单项。其中所列的菜单项分类汇总了该窗口的全部操作功能,每个菜单项都有一个下拉菜单,给出该菜单项下的各种操作命令。不同系统的菜单栏中的项目数量不同。

鼠标单击菜单项可打开对应的下拉菜单,再单击某一选项可进行相应的操作。

(7) 工具栏

工具栏通常位于菜单栏之下,以按钮或下拉列表框的形式将常用功能分组排列出来,使用鼠标单击按钮便能直接执行相应的操作。

窗口可以有一个或多个工具栏,一般是可选的,可显示也可关闭。工具栏中的每个小图标对应下拉菜单中的一个常用命令,可提高操作效率。

(8) 水平和垂直滚动条

当窗口的内容无法同时在窗口内全部显示时,窗口的底端或(和)右端会分别出现水平和垂直滚动条。滚动条是一个长方形框,在每个滚动条上有一个滑块,鼠标拖动滑块、单击滑块左右(上下)空白处、单击滚动条两头的箭头,就可滑动滑块,使窗口内容上下或左右滚动,以便查看当前窗口尚未显示出来的内容。滑块的位置表示窗口当前显示信息所在区段,长度表示窗口当前显示信息占全部信息的比例,即其长度是变动的。无论纵向或横向,当要显示信息的长度或宽度能被窗口容纳时,该方向的滚动条会自动消失。

(9) 边角

边角是窗口的四个角,拖动它可以控制以二维坐标为基准的窗口大小(即可以同时改变窗口水平和垂直方向的大小)。

(10) 左窗格

窗口的左窗格用来显示文件夹树。

(11) 右窗格

窗口的右窗格用来显示已打开文件夹的内容。

(12) 状态栏

许多窗口都有状态栏,它位于窗口底端,显示一些当前系统状态信息或与当前操作有关的解释性信息。与工具栏一样,可以单击"查看"菜单上的"状态栏"命令来关闭或打开状态栏。

3. 窗口操作

窗口的基本操作包括窗口的移动、放大、缩小、切换、排列和关闭等。

(1) 激活(切换)窗口

桌面上可以同时打开多个窗口,总有一个窗口位于其他窗口之前。在 Windows 环境下,用户当前正在使用的窗口称为活动窗口(或称前台窗口),位于最上层,窗口的标题栏默认是深蓝色。其他窗口称为非活动窗口(或称后台窗口)。可随时用鼠标或键盘激活(切换)窗口,具体方法如下:

🖰 用鼠标切换

在所要激活的窗口内任意处单击一下。

单击任务栏中所需的任务按钮。

⌨ 用键盘切换

应用程序窗口:反复按组合键 Alt+Tab 或 Alt+Esc。即先按住键盘上的"Alt"键,然后按"Tab"键,出现如图 2-11 所示的切换窗口,被框住的图标为即将切换到的程序窗口。"Alt"键不要松开,每按一次"Tab"键,就改变一次方框的位置,当方框移动到合适的图标上后,松开"Alt"键,完成应用程序窗口的切换。

图 2-11 切换窗口

文档窗口:反复按组合键 Alt+F6。

(2) 移动窗口

可以将窗口从一个位置移动到另一个位置。用鼠标时,可以通过拖动窗口标题栏来实现;用键盘时,可以通过控制菜单上的"移动"命令来移动窗口。具体方法如下:

🖱 用鼠标移动窗口

① 将鼠标指针指向窗口标题栏,拖动鼠标到所需要的地方,此时窗口轮廓虚框也随着移动。

② 松开鼠标左键,窗口即被移动到指定位置。如想取消本次窗口移动,那么只要在松开鼠标左键前,按一下 Esc 键。

⌨ 用键盘移动窗口

① 对于应用程序窗口,按组合键 Alt+空格键打开控制菜单,如图 2-12 所示;对于文档窗口,按组合键 Alt+连字符键打开控制菜单。

② 按 M 键选择控制菜单中的"移动"命令。这时鼠标指针变成十字箭头✥形,表示四个可移动的方向。

③ 按上、下、左、右箭头键移动窗口,此时窗口轮廓虚框也随着移动。

④ 当移到所需位置时,按 Enter 键表示确认。在按 Enter 键之前,可按 Esc 键取消本次移动。

注意:此处所移动的窗口是当前窗口,如果要移动的窗口是非活动窗口,移动前应激活它;最大化的窗口是不能移动的。

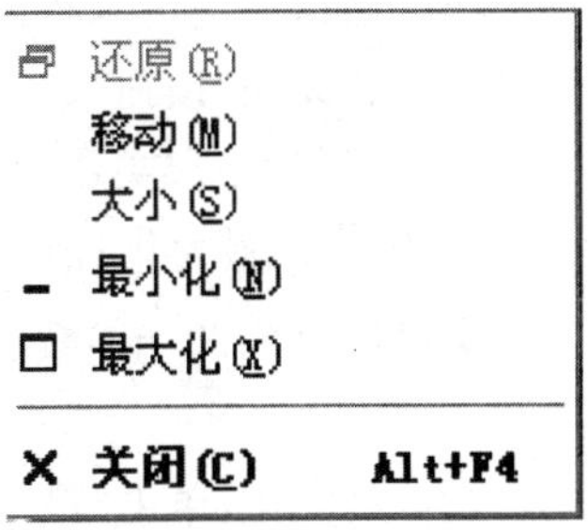

(3) 改变窗口大小

当窗口处于非最大化状态时,用户可以根据需要改变桌面上窗口的大小。用鼠标时,可以通过拖动窗口边框或边角来调整窗口的大小;用键盘时,可以通过控制菜单上的"大小"命令来改变窗口的大小。

🖱 用鼠标改变窗口大小

① 将鼠标指针移动到窗口的边框或边角上,鼠标指针会自动变成如图 2-13 所示的双箭头形状。

图 2-12 应用程序窗口的控制菜单

② 拖动窗口边框或边角，直到窗口变成所需的大小为止。

③ 松开鼠标左键。如想取消本次窗口的改变，那么只要在松开鼠标左键前按一下 Esc 键。

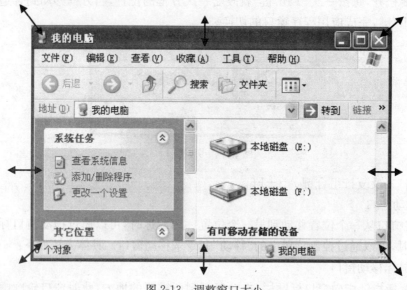

图 2-13　调整窗口大小

🖰 用键盘改变窗口大小

① 激活要改变大小的窗口。

② 打开窗口控制菜单。

③ 按 S 键选择控制菜单中的"大小"命令。这时鼠标指针变成十字箭头形，表示四个可改变大小的方向。

④ 按上、下、左、右箭头键将鼠标指针移到要改变大小的窗口边框上。

⑤ 按相应的箭头键改变窗口到所需的大小，按 Enter 键确认。如想取消本次窗口的改变，那么只要在按 Enter 键前按一下 Esc 键。

（4）最大化、最小化、还原和关闭窗口

用户可以根据需要将应用程序窗口扩大到填满整个桌面，将文档窗口扩大到填满整个应用程序窗口的工作区，以便有较大的工作区域。也可以将窗口缩小成任务按钮或只有标题栏的小窗口。还可以将窗口关闭用鼠标时，可以通过单击标题栏右端的"最小化"、"最大化/还原"、"关闭"按钮来实现；用键盘时，可以通过控制菜单上的"最大化"、"最小化"、"还原"和"关闭"命令来实现。具体方法如下：

🖰 用鼠标最大化、最小化、还原和关闭窗口

窗口最小化：单击"最小化"按钮 ▬ 。此时，激活的应用程序窗口成为任务栏中的任务按钮。

窗口最大化：单击"最大化"按钮 ▢，活动窗口扩大到整个桌面，此时"最大化"按钮变成"还原"按钮。

窗口还原：对于应用程序窗口，单击"还原"按钮 ▣ 或任务按钮，可以将最大化（或最小

化)的窗口还原成原窗口的大小;对于文档窗口,单击"还原"按钮或双击标题栏,可以将最大化(或最小化)的窗口还原成原窗口的大小。

窗口关闭:单击"关闭"按钮![X],可以快速关闭窗口;也可以使用文件菜单中的关闭命令,或者双击控制菜单图标。对于应用程序,关闭窗口导致应用程序运行结束,其任务按钮也从任务栏上消失;关闭文档窗口时,如果用户还没有保存对文档的修改,那么,应用程序会提示用户保存文件。

注意:"窗口最小化"和"关闭窗口"是两个决然不同的概念。应用程序窗口最小化后,它仍然在内存中运行,占据系统资源;而关闭窗口表示应用程序结束运行,退出内存。

⌨ 用键盘最小化、最大化、还原和关闭窗口

① 激活要最小化、最大化、还原、关闭的窗口。

② 打开控制菜单。

③ 按 N、X、R、C 键,选择控制菜单中的"最小化、最大化、还原、关闭"命令。

注意:对于应用程序窗口,可以直接按控制菜单的快捷键 Alt+F4 关闭它,而不必打开控制菜单。

(5) 窗口内容的滚动和复制

将鼠标指针指向窗口滚动条的滚动块上,按住左键拖动滚动块,即可滚动窗口中的内容。单击滚动条上的上箭头按钮▲或下箭头按钮▼,可以上滚或下滚一行窗口内容。若希望把某个窗口的内容复制到另一些文档或图像中去,可按 Alt+PrintScreen 组合键将整个窗口放入剪贴板,再进入处理文档或图像的窗口进行"粘贴",这样,剪贴板中存放的窗口内容就粘贴到这个文件中了。如果想复制整个桌面的内容,可按 PrintScreen 键实现。

(6) 排列窗口

打开多个窗口后,桌面会显得非常凌乱,并且操作不便。这时,使用鼠标右键单击"任务栏"空白处,弹出快捷菜单,选择其中的"层叠窗口"、"横向平铺窗口"或"纵向平铺窗口"可以自动排列窗口,如图2-14所示。

在选择了某项排列方式后,在任务栏快捷菜单中会出现相应的撤销该选项的命令,例如,用户选择了"层叠窗口"命令后,任务栏的快捷菜单会增加一项"撤销层叠"命令,如图2-15所示。当用户选择此命令后,窗口排列恢复原状。

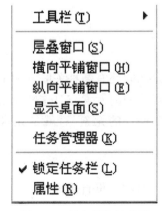
图 2-14 任务栏快捷菜单

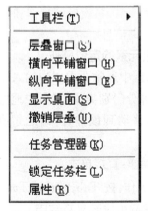
图 2-15 选择"层叠窗口"命令后的快捷菜单

2.2.5 对话框

顾名思义,对话框主要用作人与系统之间的信息对话。它是 Windows 和用户进行信息交流的一个界面。在执行某些菜单命令时,Windows 需要请求用户输入信息或设置选择,就是通过对话框来提问的。Windows 也使用对话框显示附加信息和警告,或解释没有完成任务的原因。

1. 启动对话框

对话框广泛应用于 Windows XP 中。对话框的大小、形状各不相同,很不标准,它是继菜单和图标后进一步提供给用户的又一种人机对话的窗口,如图 2-4 所示的是"关闭计算机"对话框,如图 2-16 和图 2-17 所示的是"显示 属性"对话框和"回收站 属性"对话框。

下面几种情况时可能会出现对话框:

- 单击带有省略号(…)的菜单命令。

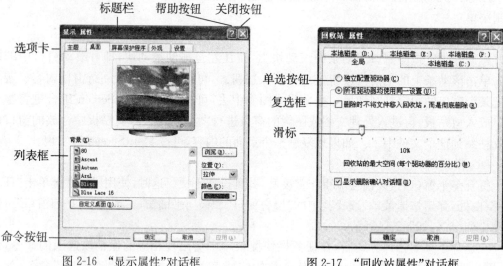

图 2-16 "显示属性"对话框 图 2-17 "回收站属性"对话框

- 按相应的组合键,如 Ctrl+O。
- 执行程序时,系统提示操作和警告信息。
- 选择帮助信息。

2. 对话框元素的定位操作

一个对话框中通常要求用户输入多种信息,有些信息之间还有某种关联。为了操作方便,将这些内容分门别类、相对集中地摆放在一起,称为对话框的元素。对这些元素操作时首先要将光标移动到该位置,即通过移动光标来选择要操作的元素,这就是元素的定位操作。

🖱 鼠标操作:直接单击。

⌨ 键盘操作:按 Tab、Shift+Tab 移动光标;按 Alt+选项字母直接定位。

3. 对话框的组成元素及使用

除桌面外,窗口和对话框的操作是最基本的。对话框外形与窗口类似,也有标题栏。不同的是对话框没有菜单栏、工具栏和控制菜单图标。大小是固定的,不能改变。一般不关闭对话框不能进行本应用程序的其他操作。对话框的形态不一,有很简单的,也有很复杂的,但组成对话框的元素一般有:

(1) 标题栏

标题栏中的左边是对话框的名称,右边是"帮助"和"关闭"按钮。用鼠标拖动标题栏可以移动对话框。

(2) 选项卡

用户可在多个选项卡之间进行切换选择。可用鼠标单击选项卡的标签或按选项卡名后的英文字母键来切换,也可以按 Ctrl+Tab 或 Ctrl+Shift+Tab 键打开下一个或前一个选项卡。

(3) 单选按钮

单选按钮是一组相互排斥的选项(用小圆框表示),用来在一组选项中选择一个且只能选择一个,被选中的按钮上出现一个小黑点。

(4) 复选框

复选框列出一组可选择任意数量的选项(用小方框表示),可以根据需要选择一个或多个选项。某选项被选中后,在复选框中会出现"√"。再单击一次被选中的选项就将取消选中,"√"消失。

(5) 列表框

列表框显示多个选项,由用户选择其中一项。当选项一次不能全部显示在列表框中时,系统会提供滚动条以便用户快速查看。

(6) 下拉列表框

用来显示可供选择的多行列表信息,单击下拉列表框右端的下拉按钮或定位光标到该项后按"↓"键都可以打开下拉列表,用鼠标单击,或用↑、↓键选中某项然后按回车键,可选择一项。列表关闭时,框内所显示的就是选中的信息。

(7) 文本框

文本框是用于输入文本信息的一种矩形区域。当定位光标到文本框时,框中出现闪烁的光标,此时可输入所需文字。

(8) 数值框

用于输入数字信息,单击数值框右边的上下三角形增/减按钮或定位光标后按↑、↓键可以改变数值人小,也可直接输入。

(9) 滑标

又称滑动按钮,鼠标拖动或单击两侧可以快速地改变数值大小,一般用于调整参数。用键盘将光标定位到滑块上后,用光标移动键也可达到同样效果。

(10) 命令按钮

单击命令按钮可立即执行一个命令。如果一个命令按钮呈灰色,表示该按钮是不可选的;如果一个命令按钮后跟有省略号(...),表示打开另一个对话框。对话框中常见的是矩形带文字的按钮,如:"确定"、"取消"和"应用"等。

(11) 关闭对话框

① 若选择了命令按钮,单击"确定"按钮,则对话框自动关闭,所选择的命令生效。

② 若想不执行任何命令，则直接关闭对话框。可选择"取消"按钮、"关闭"按钮、按 Esc 键、按"Alt＋F4"键关闭。

2.2.6 菜单和工具栏的操作

菜单是一张命令列表，它是应用程序与用户交互的主要方式。用户可从中选择所需的命令来指示应用程序执行相应的动作。

Windows XP 的菜单中有开始菜单、控制菜单、下拉式菜单和弹出式快捷菜单等四种典型菜单。

菜单操作有：打开菜单、选择菜单命令和关闭菜单。控制菜单的操作已在第 2.2.4 节中介绍过了，下面分别介绍下拉式菜单（见图 2-18）、开始菜单和弹出式快捷菜单的操作。

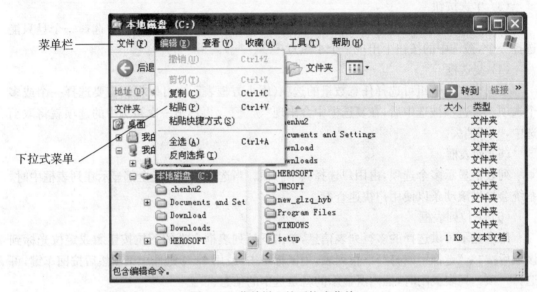

图 2-18　菜单栏上的下拉式菜单

1. 下拉式菜单(一般菜单、固定菜单)

应用程序的菜单系统主要由控制菜单和菜单栏组成。菜单栏上的文字如"文件"、"编辑"、"帮助"等称为菜单名。每个菜单名对应一个由若干菜单命令组成的下拉菜单。

(1) 打开下拉菜单的方法

🖱 用鼠标单击菜单栏中的相应菜单名即可打开下拉菜单。

⌨ 键盘操作方法一：

按 Alt＋菜单名后带下横线的字母，如按组合键 Alt＋F，可打开"文件"下拉菜单。

⌨ 键盘操作方法二：

① 按 Alt 键或 F10 键，此时菜单栏上第一个菜单名被激活。

② 按左、右箭头键选定所需菜单名。

③ 按 Enter 键或上、下箭头键打开相应的下拉菜单。

(2) 选择菜单命令

🖱 打开菜单；用鼠标单击菜单中要选择的菜单命令。

⌨ 键盘操作方法一：打开菜单；按所需菜单项后的字母键。如在"文件"下拉菜单中，按字母 S 表示选择"保存"菜单命令。

⌨ 键盘操作方法二：打开菜单；用上、下箭头键移动蓝色亮条到所需菜单命令处；按 Enter 键。

⌨ 键盘操作方法三：有些菜单命令后标有组合键，如"文件"下拉菜单中 Ctrl+O 表示"打开"命令、"编辑"下拉菜单中的 Ctrl+C 表示"复制"命令。这种组合键称菜单命令的快捷键。它可以在不打开菜单的情况下直接应用，与菜单命令后的带下横线的字母（如C）的含义不同。

(3) 菜单的关闭(或撤销)

🖱 用鼠标单击打开的下拉菜单以外的任何地方。

⌨ 按 Esc 键可关闭被打开的下拉菜单。

Windows 系列操作系统和在其环境下运行的应用程序窗口的菜单具有共同的规范，菜单项分组也有共同的规律，例如，"文件"下拉菜单一般包括文件的新建、打开、保存、查看属性等有关操作，还包括应用程序的关闭、打印、页面设置等；"查看"或"视图"下拉菜单一般包括对窗口显示内容格式的设置等。

2. 菜单的约定

(1) 灰色字符的菜单命令

正常的菜单命令是用黑色字符显示，表示此命令当前有效，可以选用。用灰色字符显示的菜单命令表示在当前情形下无效，不能选用，如图 2-18 中所示的"剪切"命令。随选定的对象不同，可选择的菜单命令是变化的。

(2) 带省略号(…)的菜单命令

表示选择该命令后就弹出一个相应的对话框，要求进一步输入某种信息或改变某些设置。如图 2-19 中的"选择详细信息…"命令，单击该命令会打开相应对话框。

(3) 名字前带有"√"的菜单命令

是一个选择标记，当菜单命令前有"√"时，表示该命令有效。再次选择该命令可以删除，这时该命令不再起作用。如图 2-19 中的"状态栏"命令。

(4) 名字前带有"•"的菜单选项

表示该项已经选用。在同组的选项中，只能有一个且必须有一个被选用，即选中其中一个，则其他选项自动失效。如图 2-19 中的"详细信息"命令。

(5) 名字后括弧中的字母

括弧中加下划线的字母是该菜单选项的键盘操作代码。打开菜单后，直接键入该字母即可执行相应操作，与鼠标单击该项效果一样，如图 2-19 所示。

(6) 名字后带有组合键的菜单命令

这种在菜单命令右边显示的组合键称为该命令的快捷键，表示用户不打开菜单，直接按下该组合键就可以执行该菜单命令。如图 2-18 中的 Ctrl+C 就是"复制"命令的快捷键，按此快捷键可直接进行复制而不必打开下拉菜单。在实际操作中，记住一些常用命令的快捷键可提高操作效率。

(7) 带符号"▶"的命令项

如图 2-19 所示，选中带符号"▶"的"排列图标"命令后弹出下一级子菜单。

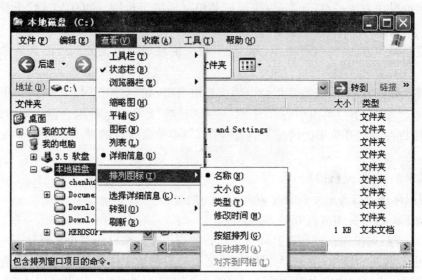

图 2-19 带符号"▶"弹出下一级子菜单

(8) 向下的双箭头

Windows XP 对于不常用的菜单项实施自动隐藏,以保证常用菜单项目简单明了。当菜单中有命令没有显示时,就会出现一个双箭头 ⌄ 。当鼠标指向它时,会显示一个完整的菜单。

(9) 菜单的分组线

有时候,菜单命令之间用线条分开,形成若干菜单命令组。这种分组是按照菜单命令的功能组合的,主要是为了方便用户查找。如图 2-19 中的"查看"菜单下的菜单命令被分成四组:第一组与工具栏和状态栏的显/隐性有关;第二组与文件和文件夹的显示形式有关;第三组与图标的排列方式有关;第四组则与其他选项有关。

(10) 带有用户信息的菜单

此菜单中有最近用户的信息。如图 2-20 所示,单击"开始"按钮,鼠标指向"开始"菜单中的"我最近的文档"项,就会打开一个用户最近打开过的文件名列表(若某文件仍存在,则单击文件名就会打开相应的文件)。

3. "开始"菜单

(1) "开始"菜单的打开

"开始"菜单又称系统菜单,如图 2-20 所示。打开"开始"菜单的方法有:

⌨ 单击"开始"按钮 开始 。

⌨ 按组合键 Ctrl+Esc。

⌨ 在 Windows 键盘中,按标有视窗图案的键(此键位于 Ctrl 键和 Alt 键之间)。

打开"开始"菜单后,便可运行程序、打开文档及执行其他常规任务,用户要求的所有功能几乎都可以由"开始"菜单提供。"开始"菜单的便捷性简化了频繁访问程序、文档和系统功能的常规操作方式。

选择"开始"菜单中的"所有程序"命令,将显示完整的程序列表,单击程序列表中的任一命令项将运行对应的应用程序。

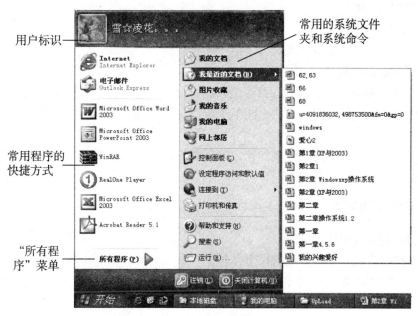

图 2-20 "开始"菜单

在 Windows XP 系统中,不但可以使用具有鲜明风格的新的"开始"菜单,考虑到 Windows 旧版本用户的需要,系统中还保留了经典版本的"开始"菜单。

需要改变"开始"菜单的样式时,右击任务栏的空白处或右击"开始"按钮,在弹出的快捷菜单中选择"属性"命令,就会打开"任务栏和「开始」菜单属性"对话框,在"「开始」菜单"选项卡中选中"经典「开始」菜单"单选按钮,单击"确定"按钮。这样再次打开"开始"菜单时,将改为经典样式,如图 2-21 所示。

(2)"开始"菜单的关闭

🖱 单击桌面上"开始"菜单以外的任意处。

⌨ 按 Esc 键、Alt 键、F10 键可关闭"开始"菜单。

4. 快捷菜单(关联菜单)

快捷菜单是右单击桌面上的对象打开的菜单。此类菜单没有固定的位置或标志,有很强的针对性,对不同的操作对象,菜单内容会有很大差异。例如,右键单击窗口空白处和任务栏空白处会弹出不同的快捷菜单。快捷菜单中包含了该对象的常用操作命令。

(1)打开快捷菜单

🖱 右键单击所选定的对象即可,如图 2-14 所示的就是右击"任务栏"空白处打开的快捷菜单。

⌨ 选定所需的对象,按组合键 Shift+F10。

(2)快捷菜单命令的选择

快捷菜单命令的选择方法与下拉菜单命令的一样。

图 2-21 经典"开始"菜单

(3) 关闭快捷菜单

🖱 单击菜单以外任意处。

⌨ 按 Esc 键、Alt 键、F10 键。

5. 工具栏及其操作

大多数 Windows XP 应用程序都有工具栏,工具栏上的按钮在菜单中都有对应的菜单命令。当移动鼠标指针指向工具栏上的某个按钮时,稍停留片刻,应用程序将显示该按钮的功能名称。

用户可以用鼠标把工具栏拖放到窗口的任意位置或改变排列方式,例如,水平放置变为垂直放置。

2.2.7 运行应用程序

1. 应用程序的运行

启动并运行应用程序的方法有以下几种。

(1) 使用"开始"菜单

这是应用程序的入口,也是运行应用程序的最常用方式。

步骤如下:

① 单击"开始"按钮。

② 将鼠标指针指向"所有程序"菜单,再指向相应的选项(如附件)进入下一级级联菜单。

③ 单击其中包含的应用程序名(如画图)。

④ 屏幕上出现相应的应用程序窗口,代表该程序的任务按钮出现在任务栏上。

(2) 直接指名运行

如果用户已经知道程序的名称和所在的文件夹路径(路径的概念参见第 2.3.1 节),则可以通过"开始"菜单中的"运行"命令来启动程序。具体步骤如下:

① 单击"开始"按钮,再单击"开始"菜单中的"运行"命令。屏幕出现如图 2-22 所示的"运行"对话框。

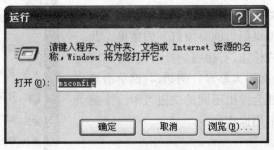

图 2-22 "运行"对话框

② 在对话框中输入程序的路径和名称,并单击"确定"按钮。

如果不知道程序的位置或不知道如何指定路径,则可以单击"浏览..."按钮,屏幕会显示当前路径下的所有程序名称,用户可以在其中找到需要的程序名称,然后单击它。

(3) 利用快捷方式图标

双击文件夹里的应用程序名或桌面上的快捷方式图标。快捷方式图标的创建方法参见第 2.3.9 节。

2. 应用程序的退出

退出应用程序,也就是终止应用程序的运行。做如下操作之一都可退出应用程序:
- 单击窗口右上角的关闭按钮。
- 双击控制菜单图标。
- 按快捷键 Alt+F4。
- 单击"文件"菜单中的"退出"命令。
- 若遇异常结束,则要按组合键 Ctrl+Alt+Del 键,显示"Windows 任务管理器"对话框,在应用程序列表中选择要关闭的程序名,再单击"结束任务"按钮。

3. 最小化所有应用程序窗口

当打开很多应用程序窗口时,屏幕会显得很乱,这时可以先将所有打开的窗口最小化,然后再将某一个应用程序窗口激活。单击任务栏上的"显示桌面"按钮,就可以起到最小化所有应用程序窗口的作用。

4. 应用程序间的切换

Windows XP 允许同时运行多个程序。每一个运行中的应用程序都有一个对应的任务按钮出现在任务栏中。只要单击代表程序的任务按钮,就可以方便地在程序间进行切换。激活的程序窗口将出现在其他程序窗口的前面,称为当前窗口。

2.3 Windows XP 文件管理

使用计算机进行的很多操作都是对文件的操作。计算机的磁盘上存放着大量的各种各样的文件,如何有效地对这些文件进行管理?

Windows XP 提供了两套管理计算机资源的系统:"Windows 资源管理器"和"我的电脑"窗口。它们是组织和管理用户文件和文件夹以及其他资源的有效工具。"资源管理器"是一个功能很强的程序,使用它用户可以迅速地对磁盘文件和文件夹进行复制、移动、删除和查找等操作。

本节将着重介绍"资源管理器"的基本功能和使用。"我的电脑"文件夹窗口的使用方法与之类似,将在第 2.3.8 节作简单介绍。

2.3.1 Windows XP 的文件系统

Windows XP 是一个以图形界面为基础的操作系统,在文件管理方面不同于原来的操作系统(如 DOS)。它增加了一些新的概念,弄清这些概念的含义是十分重要的,尤其对"资源管理器"这个概念。

1. 文件与文件夹

使用计算机为什么要用到文件呢?

我们知道,计算机工作的时候需要把程序和数据放到内存储器中进行处理。但是,一旦断电或关机,内存中的数据会全部消失。如何使数据和程序长期保存呢?

方法是把数据和程序以文件的形式保存到计算机的磁盘上,也就是外存储器中,这样就可以长期保存。

在计算机中,文件就是相关信息的集合。一个程序、一幅画、一篇文章、一个通知等都可以是文件的内容,它们都可以用文件的形式存放在磁盘和光盘上。

我们保存文件的时候需要明确三点:文件名称、保存位置和文件类型。

(1) 文件名称

文件名称其实就是文件的一个代号,每个文件都要起一个名字,以便使用的时候能"按名存取"。

文件名的格式是:主文件名.扩展名

主文件名和扩展名都可以由字母、数字、汉字等构成。扩展名用于表示文件的性质和类型,主文件名体现文件的内容,起区分、标识的作用。虽然文件名只是一个识别代号,但对于自己建立的文件,为了方便查找,最好起一个和文件内容有关的主文件名。例如"通知.doc",主文件名是"通知","."后面的"doc"是扩展名,表示是一个 Word 文档。

对于文件名的要求,以前的 DOS 非常严格,称"8.3"格式,具体说就是主文件名必须存在,长度不得超过 8 个字符;扩展名可选,长度不得超过 3 个字符。发展到 Windows,文件名的要求宽松了很多。

① 支持长文件名

Windows 系统可以多达 255 个西文字符的文件名(包括盘符和路径在内),但其中不能包含回车符。

② 可以使用多种字符

文件名可以是数字字符 0~9、英文字符 A~Z 和 a~z,还可以使用多个其他 ASCII 字符,包括:~、!、$、%、^、#、&、(,)、-、_、{,}、+、,、;、[,]、=、.。

除了这些字符外,Windows 文件名中还允许包含空格,但不能使用尖括号(<>)、正斜杠(/)、反斜杠(\)、竖杠(|)、冒号(:)、双撇号(")、星号(*)和问号(?)。

③ 英文字母不区分大小写

Windows 的文件名中可以使用大写和小写的英文字母,且不会将它们变为同一种字母,但系统对文件名的大小写是不区别的,如 FILE1 和 file1 是相同的。

④ 可以使用汉字

Windows 的文件名中可以使用汉字,一个汉字以两个字符来计数。使用汉字的文件名只有在中文环境下才能被识别。

⑤ 扩展名可以超过 3 个字符

扩展名并不是必须的。如果有,至少一个字符,最多没有规定。通常扩展名用 3~5 个字符。

⑥ 不能使用系统保留的设备名

文件名不能使用系统保留的设备名,例如文件名不能为"CON"。系统保留的设备名及其代表的设备见表 2-2。

表 2-2 系统保留的设备名

保留的设备名	代表的设备
CON	控制台。输入时代表键盘,输出时代表显示器
AUX	串行端口
COM1~COM4	串行端口
PRN	打印机端口
LPT1~LPT4	打印机端口
NUL	虚拟设备。代表实际不存在的设备

⑦ 系统自动删除文件名中最前面和最后面的空格。

根据以上的规定,下面的文件名都是符合要求的:"My File. txt"、"report to boss. doc"、"电脑.销售.计划(1999).xls"。

(2) 保存位置

保存文件时,除了要明确文件名外,还必须指定文件的保存位置。保存位置一般是某个磁盘上的某个文件夹。

磁盘是存储文件的外部存储设备,驱动器是查找、读取磁盘信息的硬件。驱动器分为软盘驱动器、硬盘驱动器和光盘驱动器。每个驱动器都用一个大写字母来标识。通常情况下软盘驱动器用字母 A 或 B 标识;硬盘驱动器用字母 C 标识。如果硬盘划分了多个逻辑分区,则各分区依次用字母 D、E、F 等标识。光盘驱动器标识符总是按硬盘标识符的顺序排在最后,它带有光盘图标,通常用字母 F、G 或 H 标识。

计算机中的文件非常多,如果把大量的文件都直接堆放在磁盘中,非常不利于查找和管理,所以采取建文件夹的方式,分类进行存放。

在 Windows XP 中,文件夹就是组织文件的一种方式,可以把同一类型的文件保存在一个文件夹中,也可以根据用途将同一用途的文件保存在一个文件夹中。文件夹是用来存储文件和其他文件夹的容器,在窗口中看到的黄色的 图标都是文件夹。它的大小由系统自动分配。

计算机资源包括文件、硬盘、键盘、显示器等。将计算机资源统一通过文件夹的形式进行管理,可以规范资源的管理。用户不仅通过文件夹来组织管理文件,也可以用文件夹管理其他资源。如"开始"菜单就是一个文件夹;设备也被认为是一个文件夹。文件夹中除了可以包含程序、文档、打印机等设备文件和快捷方式外,还可以包含下一级文件夹。通过文件夹将不同的文件进行分组、归类管理。利用"资源管理器"可以很容易地实现创建、移动、复制、重命名和删除文件夹等操作。

在操作系统中,负责管理和存取文件信息的部分称为文件系统或信息管理系统。在文件系统操作的管理下,用户可以根据文件名访问文件,而不必考虑各种外存储器的差异,不必了解文件在外存储器上的具体物理位置以及存放方式。文件系统为用户提供了一种简单、统一的访问文件的方法,因此它也被称为用户与外存储器的接口。

(3) 文件类型

在 Windows XP 中,文件被划分为很多类型,文件的类型是根据它们所含信息类型的不同进行区分的。不同类型的文件在 Windows XP 中使用的图标也不同。文件的类型、用文件的扩展名来区别。文件的扩展名可以帮助用户辨认文件的类型、创建它的程序和存放的数据类型。在以图形用户界面为特色的 Windows 操作系统中,还采用不同的图标来表示不同类型的文件。大多数文件在存盘时,若不特别指出文件的扩展名,应用程序都会自动为其添加文件的扩展名。了解这些文件的类型和作用对维护自己的 Windows XP 系统来说是非常必要的。表 2-3 列出了 Windows 系统中文件的类型和含义。在计算机应用中,经常遇到的文件类型有以下几种:

程序文件:用于执行某种任务的文件。
支持文件:用于支持程序文件的辅助文件。
文本和文档文件:由文字处理软件生成的信息记录文件。
图像文件:由图像处理软件生成的可视信息文件。
字体文件:支持文本记录的字符形式文件。

表 2-3 Windows 中文件的类型和含义

类型	含义
.BMP	位图文件,存放位图
.CAL	日历产生的文件
.CLP	剪贴板文件
.COM	可执行文件,命令程序文件(二进制代码文件)
.CRD	卡片盒产生的文件
.DAT	应用程序创建的用来存放数据的文件,如 REG.DAT
.DIF	程序信息文件,文件中存放 Windows 如何运行非 Windows 程序的信息
.DLL	动态连接库文件,如 RECORDER.DLL
.DRV	设备驱动程序
.EXE	可执行文件(浮动代码文件)。可以是 Windows 程序,也可以是非 Windows 程序
.FON	字体文件
.GRP	程序管理器中应用程序、附件或文档的集合组成的文件
.HLP	帮助文件,存放帮助信息
.ICO	图标文件,存放图标
.INI	初始化文件,存放定义 Windows 运行环境的信息,如 WIN.INI
.MID	MIDI(乐器的数字化接口)文件,存放使用 MIDI 设备演奏声音所需全部信息
.PAR	永久交换文件,如 SPART.PAR 和 386SPART.PAR
.PCX	图像文件
.REC	记录器产生的文件
.SWP	交换文件
.SYS	系统文件
.TMP	临时文件
.TRM	终端仿真程序产生的设置文件
.TXT	文本文件(ASCII 码文件,可用 TYPE 命令显示其内容)
.WAV	声音文件,存放声音的频率信息的文件
.WRI	书写器应用程序所编辑的文档,如 RESDME.WRI

2. 文件的组织结构

文件是由文件系统来管理的。一台计算机所要管理的文件可以是成千上万的,如果没有良好的管理方法,文件的使用和查找将十分困难。

Windows XP 采用树型结构的文件系统来管理文件。由于各级文件夹之间有互相包含的关系,使得所有文件夹构成一树状结构,称为文件夹树。Windows XP 系统中的文件夹树的根是桌面,下一级是"我的电脑"、"网上邻居"和"回收站",再下一级是"光盘驱动器"和"硬盘"等等。用户可以在硬盘的文件夹下创建自己的文件夹来管理自己的文档,所以,一般情况下,我们也把硬盘看成是文件夹树的根。

(1) 文件夹树的特点

图 2-23 是文件夹树的示意图。D 盘根目录像树的根,各文件夹像树的枝杈,文件像树的叶,整体看像一棵倒挂的树。

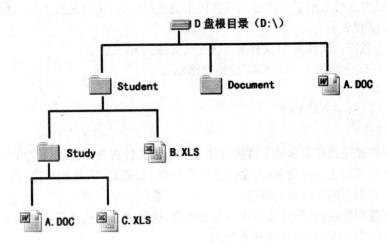

图 2-23 树型文件系统

从图中可以看出,这种结构有如下特点:

① 所有文件都存放于某一外部介质上。可以是软盘、硬盘、光盘等。

② 每个外部介质都有一个唯一的根节点,称为根文件夹,处于树型结构的最上面。图 2-23 根节点为 D 盘根文件夹,习惯叫做 D 盘根目录,记作"D:\"。

③ 根结点向外可以有若干个子结点表示子文件夹。每个子结点都可以作为父结点,再向下分出若干个子结点。

④ 在任何层次的文件夹中都可以再建立文件夹,如图中的文件夹 Student;也可以直接存放文件,如图中的文件"A. DOC"、"B. XLS"等。

⑤ 文件是层次结构文件系统的末端,不论哪个层次文件,文件之下都不会再有分支了。

(2) 文件位置的表示方式

前面介绍文件名的时候曾经说过文件名起标识作用,应该具有唯一性,那是不是在任何情况下文件都不允许重名?

从图 2-23 中可以看出,D 盘中共有两个"A. DOC"文件,但由于它们处在不同的文件夹中,可以起相同的名字。两个文件都叫"A. DOC",如何区分呢?

在树型结构的文件系统中,文件不只是依靠文件名来区分的,具体定位一个文件要依靠三个因素:文件存放的磁盘、存放的文件夹和文件名。借助"路径(Path)"对这三个因素进行完整地描述。

(3) 路径

通常在对文件进行操作时,不仅要指出该文件在哪一个磁盘上,还要指出它在磁盘上的位置(即哪一级子文件夹下),文件在文件夹树上的位置称为文件的路径(path)。文件的路径是用反斜杠"\"隔开的一系列子文件夹名来表示,它反映了文件在文件夹树中的具体位置,而路径中的最后一个文件夹名就是文件所在的子文件夹名。

通常用两种方式来指定文件路径,即绝对路径和相对路径。

① 绝对路径

所谓绝对路径是指包含从该文件所在磁盘根文件夹开始直到该文件所在的子文件夹为止的路径上的所有文件夹名(各子文件夹名之间用"\"分隔)。所以,绝对路径总是以符号"\"开始的。绝对路径表示了文件在文件夹树中的绝对位置,文件夹树上的所有文件的位置都可以用绝对路径表示。

表示方法:盘符:\文件夹1\文件夹2\……\文件夹n\文件名

例如,图2-23中的两个"A.DOC"的绝对路径为:

D:\A.DOC

D:\Student\Study\A.DOC

② 相对路径

所谓相对路径是指包含从该文件所在磁盘的当前文件夹开始直到该文件所在的文件夹为止的路径上的所有子文件夹名(各文件夹名之间"\"分隔)。因此相对路径表示了文件在文件夹树上相对于当前文件夹的位置。

这种方法使用较灵活,但需要引入一些新概念,这些概念是从字符界面的操作系统留下来的,例如DOS、UNIX等,现在也还在使用。

• 当前文件夹:我们把执行某一操作时系统所在的那个位置的文件夹称为"当前文件夹",每一时刻系统都有一个当前文件夹。

• 父文件夹:当前文件夹的上一级文件夹,记做"..\",需要注意的是根文件夹没有父文件夹。

• 子文件夹:当前文件夹的下一级文件夹,记作"子文件夹名\"。

相对路径表示方法:文件夹1\文件夹2\……\文件夹n\文件名

假设当前文件夹是"Student"文件夹:

B.XLS由于直接处在"Student"文件夹中,可以直接以相对路径方式表示为"B.XLS";

根目录下的A.DOC表示为"..\A.DOC";

C.XLS表示为"Study\C.XLS"。

3. Windows 文件系统

Windows支持三种文件系统:FAT、FAT32和NTFS。

(1) FAT(File Allocation Table)

是从MS DOS发展而来的一种文件系统,最大管理2GB的磁盘空间或分区。其优点是一种标准的文件系统,只要将分区划分为FAT文件系统,几乎所有的操作系统都可读/写这种格式存储的文件,包括Linux和UNIX等。其缺点是文件大小受2GB这一分区限制。

(2) FAT32

FAT32 文件系统提高了存储空间的使用效率,其缺点是兼容性没有 FAT 格式好,它只能通过 Windows 9x 版本以上的系统进行访问。在 Windows XP 中,FAT32 可以在容量为 512MB～2TB 的驱动器上使用。分区最大为 32GB,文件最大为 4GB。

(3) NTFS (New Technology File System)

兼顾了磁盘空间的使用与访问效率,文件大小只是受卷的容量限制,是一种提供了高性能、高安全性、高可靠性以及许多 FAT 或 FAT32 没有的功能的高级文件系统。例如,NTFS 通过使用标准的事务处理记录和还原技术来保证卷的一致性。如果系统出现故障,NTFS 将使用日志文件和检查点信息来恢复文件系统的一致性。在 Windows 2000/XP 中,NTFS 还提供了诸如文件和文件夹权限、加密、磁盘配额和压缩这样的高级功能。

4. 文件关联

文件关联是将一种类型的文件与一个可以打开它的应用程序建立一种依存关系。当双击该类型文件时,系统就会先启动这一应用程序,再用它来打开该类型文件。一个文件可以与多个应用程序发生关联,用户可以利用文件的"打开方式"进行关联程序的选择。当双击该文件时,操作系统会运行与文件默认关联的应用程序,然后由该程序打开该文件。例如,BMP 位图文件在 Windows 中的默认关联程序是"画图"程序,当用户双击一个 BMP 文件时,系统会启动"画图"程序打开这个文件。也可以通过右击文件,从弹出的快捷菜单中选择"打开方式"子菜单中的某个关联程序打开该文件,比如 ACDSee 图片浏览器程序。

如果安装了另一个应用程序,比如 PhotoImpact,该程序接管了 BMP 文件的默认关联任务,则不仅 BMP 文件图标变为 PhotoImpact 文档图标,而且双击 BMP 文件时,打开该文件的程序也变成了 PhotoImpact。

熟悉和掌握文件关联的设置方法对初学者而言是十分必要的,下面具体介绍设置文件关联的一些方法。

(1) 安装新应用程序

大部分应用程序会在安装过程中自动与某些类型文件建立关联,例如,安装 ACDSee 图片浏览器程序时,通常会与 BMP、GIF、JPG 等多种图形文件建立关联。程序安装完成以后,双击 BMP 图形文件时,系统将运行 ACDSee 将其打开。

注意:系统只认可最后一个安装的程序设置的文件关联。

(2) 利用"打开方式"指定文件关联

右击某个类型的文件(比如 BMP 文件),从弹出的快捷菜单中选择"打开方式/选择程序"命令,弹出"打开方式"对话框。从"程序"列表框中选择合适的程序(比如"画图"程序),如果同时选中下方的"始终使用选择的程序打开这种文件"复选框,单击"确定"按钮后,该类型文件(BMP)就与"画图"程序重新建立默认关联,即当双击这类文件(BMP)时将自动启动那个被选中的程序("画图"程序)来打开这类文件。否则系统只是这一次用"画图"程序打开 BMP 文件,即临时关联。

2.3.2 资源管理器

Windows 提供了一个管理文件和文件夹的工具软件——"资源管理器",可以用来浏览和管理存放在软盘、硬盘和光盘驱动器中的文件。它有两个窗格:左侧窗格用于显示树型文件夹结构；右侧窗格中显示文件夹中的具体内容，如图 2-24 所示。这种一分为二的设计，极大地方便了用户浏览和管理文件、文件夹的操作。

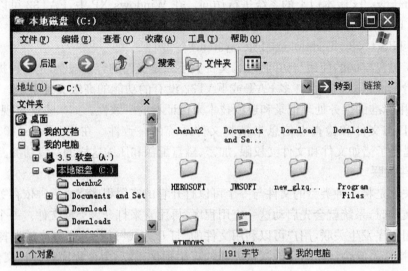

图 2-24 "资源管理器"窗口

1. "资源管理器"的启动和退出

（1）"资源管理器"的启动

"资源管理器"程序可以用下列方法之一启动：

① 用"开始"菜单启动。因为"资源管理器"是一个程序，所以可以用运行程序的方法来启动它。单击"开始"按钮，在"开始"菜单用鼠标指向"程序"，再指向"附件"，在弹出的级联菜单中单击"Windows 资源管理器"菜单项，就可以启动资源管理器。

② 如果在桌面上创建了"资源管理器"的快捷方式图标，那么双击此图标就可启动它。

③ 右单击"我的电脑"图标，在弹出的快捷菜单中单击"资源管理器"命令即可启动。右单击"开始"按钮或"回收站"、"网上邻居"、"我的文档"等图标，或者右单击"我的电脑"文件夹窗口内的任一驱动器或文件夹对象也都会弹出一个包含"资源管理器"命令项的快捷菜单，单击该选项即可启动。

（2）"资源管理器"的退出

用下列方法之一可以退出"资源管理器"程序：

① 单击"资源管理器"窗口中右上角的"关闭"按钮。

② 单击"资源管理器"窗口控制菜单，再单击"关闭"命令。

③ 双击"资源管理器"窗口标题栏上的控制菜单图标。

④ 单击"文件"菜单中的"关闭"命令。

⑤ 按组合键 Alt＋F4。

2. 资源管理器窗口

在资源管理器窗口中可以浏览计算机的全部资源，包括网络资源。

（1）资源管理器窗口的组成

图 2-24 为"资源管理器"启动后出现的窗口，它由以下几部分组成：

① 标题栏

用来显示窗口当前的文件夹名,如图 2-24 中所示的"本地磁盘(C:)"表示 C 盘根是当前文件夹。

② 菜单栏

菜单栏在窗口的第二行,有"文件"、"编辑"、"查看"、"收藏"、"工具"和"帮助"6 个菜单项。

③ 工具栏

工具栏在菜单栏之下,提供常用菜单命令的快捷访问按钮。单击工具栏上的"向上"按钮可显示上一级文件夹内容。单击"后退"、"前进"按钮可以重复以前显示过的内容。可以单击"查看"菜单,指向"工具栏"级联子菜单,单击其中的"自定义…"对工具栏按钮进行定义。

工具栏是系统以一种图标形式提供给用户的操作方式,用单击"工具栏"级联菜单的"标准按钮"命令来显示(或隐藏)它。

④ 地址栏

地址栏显示的是当前文件夹名,是一个下拉列表框。单击地址栏右端的下拉按钮 ▼ 可弹出本地的资源列表,用户可从表中选择所需的文件夹。也可以在"地址栏"直接输入要浏览的文件夹路径,击"回车"键后,右窗格会显示该文件夹的内容。

可以单击"工具栏"级联菜单的"地址栏"命令来显示(或隐藏)它。

Windows XP 资源管理器和 Internet Explorer 也可将本地资源和 Web 资源集成到此地址栏中。当键入 Web 地址时,系统可自动填充以前访问过的 Web 地址。将计算机功能和 Internet 的交互式内容相结合之后,Windows XP 尽显 Web 风格。

⑤ 链接栏

"链接"工具栏提供了指向重要 Web 站点(如 www.microsoft.com)的快捷方式,因此不需要事先打开浏览器即可打开该站点。

⑥ 窗口分隔条

它处于"资源管理器"中部。将窗口分隔为文件夹树窗格和文件夹内容窗格两部分。用鼠标指针指向分隔条,当指针变成左右双箭头时,左右拖动分隔条就可以调整左右窗格的大小。

⑦ 文件夹树窗格(左窗格)

窗口左面是文件夹树窗格,显示文件夹树结构。桌面为文件夹树的根。桌面其实是一个特殊的文件夹。其下包含"我的电脑"、"回收站"、"网上邻居"等文件夹。"我的电脑"下又包含了 A、B、C、D、E 等驱动器文件夹,驱动器文件夹中可包含用户的各级文件夹和文件。单击某驱动器图标,可以使其成为当前文件夹,在文件夹内容窗格(右窗格)中显示该驱动器上的文件夹和文件。在右窗格中双击文件夹图标,也可打开该文件夹。

⑧ 文件夹内容窗格(右窗格)

窗口右面是文件夹内容窗格,用来显示当前文件夹中的文件和子文件夹名及相关信息。通常是某一类的应用程序、文档等。除文件夹和驱动器图标外,还有表示各种类型的文件图标。

⑨ 状态栏

"资源管理器"底部是状态栏,显示当前文件夹中文件的个数及占用的总字节数和当前驱动器中可用空间的字节数,或显示所选定文件的个数和所占的字节数等信息。

状态栏可以打开或关闭。可以单击"查看"菜单中的"状态栏"命令,其左端出现"√",表示显示状态栏;左端的"√"标志消失,状态栏被关闭。

状态栏显示许多信息,因此除非特殊需要,一般应处于显示状态为好。

(2) 资源管理器窗口显示方式的调整

① 文件夹内容的显示方式

在"资源管理器"里,用户可以根据需要,用"查看"下拉菜单中的命令来调整文件夹内容窗格的显示方式,如图 2-25 所示。五种查看图标方式是:缩略图、平铺、图标、列表、详细资料。

单击"工具栏"中的"查看"按钮可以改变"文件夹内容"窗格的显示方式。右击"文件夹内容"窗格中任意空白处,弹出快捷菜单,指向"查看",单击其中的命令同样可以改变其显示方式。

② 图标的排列

"查看"菜单中的"排列图标"命令是一个级联菜单,它包括:名称、大小、类型、修改时间、按组排列、自动排列、对齐到网格等命令。

名称:按文件夹和文件名的字典次序排列图标。

大小:按所占存储空间大小排列图标,小的在先。

类型:按扩展名的字典次序排列图标。

修改日期:按修改日期排列,最近修改的在后。

在详细资料显示时,单击右窗格中列的名称,就以该列递增或递减排序。如单击"名称",则按文件夹或文件名称的递增排序;若再击"名称",则按文件夹或文件名称的递减排序。如单击"大小"、"类型"、"修改时间"的列名,同样进行递增或递减的排序。

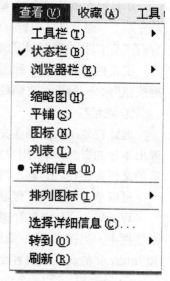

图 2-25 "查看"下拉菜单

③ "查看"菜单中的"刷新"命令

刷新"资源管理器"左、右窗格的内容,使之显示最新的信息。

(3) 自定义资源管理器的工具栏按钮

使用资源管理器时,工具栏上的按钮可以简化用户的操作。然而,Windows XP 默认的工具栏并不总能符合用户的习惯。用户可以自定义资源管理器的工具栏按钮,把最经常用到的按钮放到工具栏上,把不经常用的按钮删去,可以按照如下步骤操作:

• 在资源管理器的工具栏的空白处,单击鼠标右键。

• 从弹出的菜单中选择"自定义",出现如图 2-26 所示的"自定义工具栏"对话框。

• 从"可用工具栏按钮"框中选择适当的按钮,单击"添加"按钮,就可以把按钮添加到右边的"当前工具栏按钮"框中。

• 在右边"当前工具栏按钮"框中选定一按钮,单击"删除"按钮,即可把该按钮从列表框中删除。

• 在右边"当前工具栏按钮"框中选定一按钮,单击"上移"或"下移"按钮,可以对"当前工具栏按钮"框中的按钮重新进行排序。

• 单击"重置"按钮,可以恢复自定义前的按钮列表。

• 从"文字选项"下拉列表中选择合适的按钮文字说明(显示文字选项卡、选择性地将文字置于右侧、无文字选项卡)。

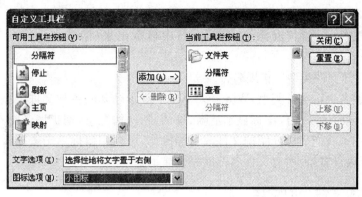

图 2-26 "自定义工具栏"对话框

- 从"图标选项"下拉列表中选择"大图标"或"小图标"的按钮显示模式。
- 单击"关闭"按钮。

3. 文件夹选项

根据需要对"文件夹选项"进行修改,可以改变"资源管理器"中文件以及文件名的显示方式。设置方法如下:

选择"工具"菜单中的"文件夹选项"命令,打开"文件夹选项"对话框,可以在其对话框中设置显示所有文件或不显示隐藏的文件、文件扩展名显示或隐藏、显示完整路径;设置桌面的风格、在同一窗口或不同的窗口浏览文件夹等。

选择"查看"选项卡,如图 2-27 所示,主要设置其中两项内容:

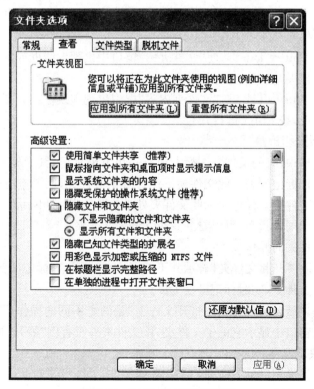

图 2-27 "文件夹选项"对话框

(1) 隐藏文件和文件夹

设置隐藏文件是否在"资源管理器"窗口中显示出来（隐藏文件将在 2.3.5 小节介绍）。

(2) 隐藏已知文件类型的扩展名

文件的扩展名决定文件类型，Windows XP 中对于已知的各种文件类型分配了不同的图标加以区分，同时为了文件图标显示清晰、整洁，默认情况下，把扩展名隐藏起来不显示。但这可能会影响到我们后面介绍的文件改名等操作，可以用鼠标单击去掉该选项前方格中的"√"标记，修改设置，使所有文件名都能完整显示。

2.3.3 文件和文件夹的管理

利用"资源管理器"可以对文件夹或文件（统称为对象）进行建立、移动、复制、删除、恢复及更名等操作，这是使用"资源管理器"进行管理的常用操作。此外，它还具有查找文件和文件夹的功能。

1. 打开文件夹

打开一个文件夹是指在"文件夹内容"窗格中显示该文件夹的内容。被打开的文件夹成为当前文件夹，其名字显示在标题栏和地址栏的列表框中。可用下列方法之一打开文件夹：

(1) 在"文件夹树"窗口中，单击要打开的文件夹图标或文件夹名。

(2) 在"文件夹内容"窗格中，双击要打开的文件夹图标或文件夹名。

(3) 单击"常用"工具栏中的"向上"按钮（或按 Backspace 键），可浏览当前文件夹的上一级文件夹。

(4) 单击地址栏的下拉列表框的下拉按钮，可列出当前文件夹的上级文件夹，单击要打开的文件夹。

(5) 按 Tab 或 Shift+Tab 键，使"文件夹树"窗口中出现虚线框或深亮条；按上、下箭头键到所需打开的文件夹，按 Enter 键打开它。

(6) 按 Tab 或 Shift+Tab 键，"文件夹内容"框中出现虚线框或深亮条；按上、下箭头键到所需打开的文件夹，按 Enter 键打开它。

2. 文件夹的展开和折叠

在文件夹树窗格中，有的文件夹图标左边有一小方框标记，其中标有加号⊞或减⊟号，有的则没有。有方框标记的表示此文件夹下包含有子文件夹，而没有方框标记的表示此文件夹不再包含有子文件夹。标记表示此文件夹处于折叠状态，看不到其包含的子文件夹；标记表示此文件夹处于展开状态，可以看到其包含的子文件夹。

展开或折叠文件夹的操作如下：

单击标记⊞可以展开此文件夹，显示其下的子文件夹，并且标记⊞变为⊟。反之，单击标记⊟可以折叠此文件夹，同时标记⊟变为⊞。

值得注意的是，"展开文件夹"和"打开文件夹"是两个不同的操作。"展开文件夹"操作仅仅是在文件夹树窗口中显示它的子文件夹，该文件夹并没有因"展开"操作而打开。

3. 创建文件夹或文件

可以在当前文件夹中创建一个新的文件夹或文件，具体步骤如下：

(1) 使用"文件"下拉菜单

① 选定新建文件夹或文件所在的文件夹（可以是驱动器文件夹或其下的各级文件夹）。
② 选择"文件"菜单中的"新建"子菜单中的"文件夹"命令或某类文件。
③ 在文件夹内容窗格中出现默认名为"新建文件夹"的新文件夹或新建的某类文件，用户可在这蓝色的框中给出用户文件夹名或文件名并按 Enter 键确认。注意，若是新建的文件，文件的扩展名要与选定对象类型匹配。

（2）使用快捷菜单
① 选定新建文件夹或文件所在的文件夹。
② 右单击文件夹内容窗格中任意空白处，在快捷菜单中指向"新建"，如图 2-28 所示。

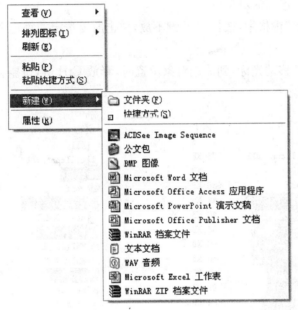

图 2-28　建立新的文件夹或某类文件

③ 单击"文件夹"命令或某类文件，然后给新文件夹或新文件命名。
用上述两种方法建立的文件是选定类型的空文件，建立的文件夹是空文件夹。

4. 文件或文件夹的选定

在"资源管理器"中要对文件或文件夹进行操作，首先应选定文件或文件夹对象，以确定操作的范围。选定对象（文件或文件夹）的操作方法有：

（1）选定单个对象
在"文件夹内容"窗格中单击所选的文件或文件夹的图标或名字，所选定的文件名或文件夹名以蓝底反白显示。
反复按 Tab 键或 Shift+Tab 键，直到"文件夹内容"窗格中出现虚线框或深亮条为止，然后按上、下箭头键选定对象。也可用 Home、End、PgUp、PgDn 等功能键来选定对象。例如：按 Home 键选定"文件夹内容"窗格中的第一个对象；按字母键 M，则选定名字以 M 开头的所有对象中的第一个。

（2）选定多个连续对象
如果要选定多个连续的对象，那么可做如下操作：

🖱 在"文件夹内容"窗格中,单击要选定的第一个对象,然后移动鼠标指针至要选定的最后一个对象,按住 Shift 键不放并单击最后一个对象,那么这一组连续文件即被选中。如图 2-29 所示。

另一个快捷的方法是用鼠标左键从连续对象区的右上角外开始向左下角拖动,这时就出现一个虚线矩形框,直到此虚线矩形框围住所要选定的所有对象为止,然后松开左键。

⌨ 反复按 Tab 键或 Shift+Tab 键,直到"文件夹内容"窗格中出现虚线框或深亮条为止,然后按上、下箭头选定第一个对象;再按住 Shift 键不放,按箭头键来选定其余的对象。也可用 Home、End、PgUp 和 PgDn 等功能键来扩展选定其余的对象。

(3) 选定多个不连续的对象

🖱 "文件夹内容"窗格中,按住 Ctrl 键不放,单击所要选定的每一个对象,然后放开 Ctrl 键,如图 2-30 所示。

⌨ 按住 Ctrl 键移动光标,到欲选对象位置时,释放 Ctrl 键,按空格键。重复以上操作到全部选中欲选对象。

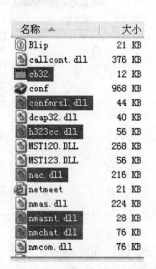

图 2-29 选定多个连续对象　　　　图 2-30 选定多个不连续对象

(4) 选定全部对象

🖱 单击"编辑"菜单中的"全部选定"命令可选定当前文件夹中的(即文件夹内容窗格中的)全部文件和文件夹对象。

⌨ 按"全部选定"命令的快捷键 Ctrl+A,可以迅速全部选定文件夹内容窗格中的全部对象。

(5) 取消选定的对象

只需用鼠标在文件夹内容窗格中任意空白区处单击一下,全部取消已选定的对象。

对于对象的选择,使用键盘操作过于复杂,一般掌握鼠标操作方式即可。

5. 文件或文件夹的复制和移动

前面说过,借助文件夹可以实现文件的分类存放、复制、移动,可以把文件、文件夹等对象整理到不同的磁盘或文件夹。此外,复制操作还可以实现重要文件的备份。

到底什么是复制、移动呢？复制和移动又有什么区别呢？

例如："文件夹 1"中有两个文件"A.doc"和"B.doc"，把它们分别复制和移动到"文件夹 2"中。

- 移动："B.doc"被从"文件夹 1"中移到"文件夹 2"中。"文件夹 1"中的"B.doc"会消失，而在"文件夹 2"里面出现。
- 复制：就像使用复印机复印资料一样，"A.doc"被复制到"文件夹 2"后，原来在"文件夹 1"中的"A.doc"不会有任何变化，而"文件夹 2"中出现一个与"文件夹 1"中一模一样的"A.doc"。

也就是说"移动"指文件从原来位置上消失，而出现在指定的位置上；"复制"指原来位置上的源文件保留不动，而在指定的位置上建立源文件的拷贝（目标或副本）。复制对象的方法很多，用户可以根据具体情况灵活使用，具体有：

(1) 用"编辑"菜单

① 打开源文件所在的文件夹，选定要复制的一个或多个对象。

② 单击"编辑"菜单中的"复制"命令，此时 Windows XP 把对象复制到剪贴板上（也可以不打开"编辑"菜单直接按快捷键 Ctrl+C）。

③ 打开目标文件夹（目标文件夹可以是驱动器文件夹或其下的各级文件夹）。

④ 单击"编辑"菜单中的"粘贴"命令（也可以不打开"编辑"菜单直接按快捷键 Ctrl+V），将剪贴板中的信息复制到目标文件夹。

注：只要剪贴板上的内容没有被破坏，那么就可以实现一到多的复制。

(2) 使用"常用"工具栏

① 打开源文件所在的文件夹，选定要复制的一个或多个对象。

② 单击工具栏中的"复制"按钮，此时 Windows XP 把对象复制到剪贴板上。

③ 打开目标文件夹。

④ 单击工具栏中的"粘贴"按钮。

(3) 使用快捷菜单

① 先选定要复制的一个或多个对象，然后右单击这些对象，打开快捷菜单。

② 单击快捷菜单中的"复制"命令。

③ 右单击目标文件夹，打开快捷菜单。

④ 单击"粘贴"命令。

(4) 用鼠标左键拖动

① 打开源文件所在的文件夹，选定要复制的对象。

② 按住 Ctrl 键，用鼠标左键将选定的对象拖动到目标文件夹，此时目标文件夹变成蓝色框，拖动过程中鼠标指针下出现一个标有"+"的小方框，表示"复制"之意。

③ 放开鼠标左键和 Ctrl 键。

释放鼠标左键或右键之前，如果想终止操作，按"Esc"键。

(5) 用鼠标右键拖动

① 打开源文件所在的文件夹，选定要复制的一个或多个对象。

② 用鼠标右键将选定的对象拖动到目标文件夹，此时目标文件夹变成蓝色框，放开右键出现一快捷菜单。

③ 单击菜单中的"复制到当前位置"命令即完成复制。

(6) 使用"文件"菜单中的"发送"命令

使用"文件"菜单中的"发送"命令可将选定的对象快速传送到目的地(如打印机、传真机或特定文件夹)。在这里我们只介绍发送到 U 盘的具体操作步骤：

① 在"文件夹内容"窗格中选定要发送的对象。

② 打开"文件"下拉菜单,鼠标指针指向"发送到"命令。

③ 在下一级级联菜单中,从中选择 U 盘。

注："发送"命令在右击对象打开的快捷菜单中也可以得到。

(7) 文件的移动

移动对象的方法与复制对象的方法类似,稍作变动就可用来移动对象。具体变动如下：

• 前三种方法中,只要用"剪切"命令替换"复制"命令,其余操作相同。执行"剪切"命令后,所选定的对象的图标变淡,只有当执行"粘贴"命令后,所选定的原对象才被剪去,如果想取消本次移动,那么,只要在执行"粘贴"命令之前,按 Esc 键即可。

• 第四种方法的操作是按住 Shift 键同时用鼠标左键拖动对象。

• 第五种方法是在右拖动对象的操作中,用"移动到当前位置"命令替换"复制到当前位置"命令,其余操作相同。

注意：

(1) 左拖动对象时,应注意区别两种情况：

① 在同一磁盘驱动器的文件夹之间左拖动对象时,Windows XP 默认是移动对象。所以,在同一驱动器的各文件夹间左拖动对象时,不需按住 Shift 键。

② 在不同磁盘驱动器之间左拖动对象时,Windows XP 默认是复制对象,不需按住 Ctrl 键。

左键拖动的操作方法和结果见表 2-4。

表 2-4 鼠标左键拖动操作及结果

	源与目标在同一磁盘		源与目标不在同一磁盘	
	一般对象	可执行文件	一般对象	可执行文件
直接拖动	移动	快捷方式	复制	快捷方式
Shift＋拖动	(移动)	移动	移动	移动
Ctrl＋拖动	复制	复制	(复制)	复制

(注："可执行文件"是指文件扩展名为".exe"或".com"的文件。)

观察拖动过程中鼠标指针下方的符号可判断执行结果,鼠标指针下方有一个加号时表示是复制;有一个箭头时表示是建立快捷方式;没有符号时表示是移动。

左键拖动的结果受文件类型、操作方式等各种因素的影响,掌握难度较大,建议使用鼠标右键拖动。

(2) 如果目标文件夹和源文件夹同一个文件夹,则复制文件的副本文件名前会加"复制"字样;如果目标文件夹和源文件夹不同的文件夹,但目标文件夹中存在与要复制或移动的文件名相同的文件,则在复制或移动时系统会提示用户作出是否"替换"的决定。如果选择"是"会造成目标文件夹中的对象被替换,选否放弃复制或移动。

如果确实需要进行对象的复制(或移动)，但又不想替换文件，可以先对其中一个文件进行重命名操作后，再进行复制(或移动)。

6. 删除文件或文件夹

没有用的过期文件可以删除，以释放磁盘空间。删除文件或文件夹的具体方法是首先选定要删除的一个或多个对象，然后：

(1) 直接使用 Delete 键删除

① 按 Delete 键。

② 单击"确认文件删除"对话框中的"是"按钮；如果想取消本次删除操作，可单击"否"按钮。

(2) 使用"文件"菜单或工具栏按钮。

① 单击"文件"菜单中的"删除"命令或工具栏中的"删除"按钮。

② 单击"确认文件删除"对话框中的"是"按钮。

(3) 使用快捷菜单

① 右击选定的对象，打开快捷菜单。

② 选择"删除"命令。

③ 单击"确认文件删除"对话框中的"是"按钮。

(4) 直接左拖动到回收站

将要删除的对象左拖至"回收站"图标处，单击"确认文件删除"对话框中的"是"按钮即可。

注意：

- 如果删除的对象是文件夹，就是将该文件夹中的文件和子文件夹一起被删除。
- 如果删除的对象是在硬盘上，那么删除时被送到"回收站"文件夹中暂存起来，以备随时恢复用。如果想直接删除硬盘上的对象而不送入"回收站"，那么只要按组合键 Shift+Delete 键，并回答"是"即可。
- 如果删除的对象是在可移动媒体上(U 盘或网络上)，那么删除时不送入回收站，也就是说删除的项目被彻底删除了，是不能还原的。

7. 撤销复制、移动和删除操作

如果在完成对象的复制、移动和删除操作后，用户突然改变主意，想要回到刚才操作前的状态，那么只要单击"编辑"菜单中的"撤销"命令，或单击工具栏上的 按钮即可。"撤销"命令叫及时避免误操作，非常有用。

8. 恢复删除的对象

Windows XP 为删除操作提供了一个"回收站"，"回收站"像一个垃圾桶，是 Windows XP 为用户提供的一种挽回误删除损失的方法。在"资源管理器"或"我的电脑"文件夹窗口中，用户删除的文件只是暂时移到"回收站"中保存，并没有真正从磁盘中删除掉，需要时，可以从"回收站"恢复被删除的文件。

"回收站"是在桌面上的一个文件夹，通常所占用空间的默认值是它所在磁盘容量的10%。实际上回收站是硬盘的一部分。单击回收站"文件"菜单中的"清空回收站"或"删除"命令可以永久性地全部或部分清空回收站，这样真正把文件从硬盘中删除掉，也就不能再恢复了。只要在"回收站"中还存在被删除的文件，用户就可以使用"还原"命令，将所选定的文件恢复到原来位置上去。

恢复被删除文件的具体操作步骤如下：

① 打开"回收站"窗口，其上列出了被删除的文件名。

② 选定要恢复的文件。

③ 单击"文件"菜单中的"还原"命令，文件就恢复到原来位置。

- 如果还原的文件最初所在文件夹已删除，将重新创建该文件夹，然后在该文件夹中还原该文件。

- 若要恢复的文件夹位置不同于原来位置，则可以在回收站用快捷菜单中的"剪切"命令，在目标文件夹中"粘贴"即可。

- 用户还可以用鼠标拖动方式，把要恢复的文件直接从回收站窗口拖到指定的文件夹窗口中来恢复。

右击"回收站"图标，在弹出的快捷菜单中选择"属性"命令，打开"回收站 属性"对话框，如图 2-31 所示。Windows 为每个分区或硬盘分配一个"回收站"，如果硬盘已经分区，或者说计算机中有多个硬盘，则可以为每个分区或设备指定不同大小的"回收站"。因此从硬盘删除任何对象时，Windows 将该对象放在"回收站"中，而且"回收站"的图标从空变为满状态。当"回收站"充满后，Windows 自动清除"回收站"中的空间以存放最近删除的文件或文件夹。

从图 2-31 中可以看出，删除文件或文件夹时可彻底删除，而不必放在"回收站"中。通常为安全起见，不使用该选项。回收站的默认空间是驱动器的 10%，是可调整的。

如果想直接删除文件或文件夹，而不将其放入"回收站"中，可在删除的同时按住 Shift 键。

9. 文件或文件夹的重命名

对文件或文件夹名进行更名是经常遇到的问题，在"资源管理器"中具体的操作步骤如下：

(1) 使用"文件"下拉菜单

① 选定要更名的文件或文件夹。

② 单击"文件"下拉菜单（或右击要更名的对象，选定快捷菜单）中的"重命名"命令。

③ 在选定对象名字周围出现细线框且进入编辑状态，用户可直接键入新的名字，或将插入点定位到要修改的位置修改文件名。

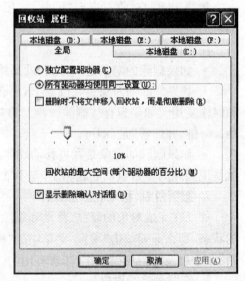

图 2-31 "回收站属性"对话框

④ 按 Enter 键，或单击该名字方框外任意处即可。

(2) 两次单击对象法

① 选定要更名的文件或文件夹；

② 再单击一次该对象，等待出现细线框（或按 F2 键）；

③ 在选定的对象细线框内键入新名字或修改旧名字；

④ 按 Enter 键或单击该名字方框外任意处即可。

注：如要取消本次更名，可在按 Enter 键前，按 Esc 键。

2.3.4 搜索文件与文件夹

有时候用户需要查看某个文件或文件夹的内容，却忘记了该文件或文件夹存放的具体位置或具体名称，这时可以使用 Windows XP 提供的强大搜索功能快速查找。它可以搜索本地计算机和联网计算机上的信息，定位文件、文件夹、网络上的计算机、Internet 中的数据或者用户等。

1. 搜索程序的使用

用户可以利用某些相关的信息来搜索文件或者文件夹。例如，可以根据文件名、文件类型、文件大小及文件创建的日期来搜索，甚至可以利用文件中的内容来搜索。要快速查找用户所需要的某个文件或文件夹，可以用如下方法之一启动。

(1) 单击"开始"菜单，选择"搜索"菜单。
(2) 右单击"开始"按钮弹出快捷菜单，单击"搜索"命令。
(3) 右单击"我的电脑"窗口内驱动器图标弹出快捷菜单，单击"搜索"命令。

启动搜索程序后，选择"所有文件和文件夹"命令，出现一个如图 2-32 所示的窗口。

图 2-32 "搜索结果"对话框

在显示的"搜索结果"窗口中,可以进行如下操作。

- 在"全部或部分文件名"的文本框中,键入想要查找的文件名或文件夹名。如果记不清完整的文件名,可以使用问号"?"通配符或用"*"通配符代替文件名中的任意个字符。

通配符是一个键盘字符。Windows 操作系统规定了两个通配符,即星号"*"和问号"?"。

当用户查找文件或文件夹时,可以使用它来代替一个或多个字符。

例 2-1 用户要查找 D 盘上所有 PowerPoint 演示文稿,文件名可以用下列形式表示:

*.ppt

其中,"*"代替 0 个或多个任意字符,.ppt 表示 PowerPoint 演示文稿的扩展名。

例 2-2 用户要查找 F 盘上以 W 开头 5 个字符的 VC++源程序,文件名可以用下列形式表示:

W????.cpp

其中,"?"代表一个任意字符。文件名中有 4 个"?"代表任意 4 个字符。

例 2-3 用户要查找 D 盘中文件名为 work1~work19,其扩展名为.exe、.obj 和.C 的文件,文件名可以用下列形式表示:

work*.*

- 在"文件中的一个字或词组"文本框中键入待查找文件中存在的部分内容、关键词进行查找。
- 从"在这里寻找"的下拉列表中选择文件所在的驱动器。如要选择文件夹,单击下拉列表中的"浏览…"项,会弹出一个树形结构文件夹窗口,选定后单击"确定"按钮返回搜索窗口。使用此选项,可以缩小查找范围,减少搜索时间。
- 如果要设置更多的搜索选项,可单击"什么时候修改的?"、"大小是?"或"高级选项"右侧的 ,系统会显示一些额外的控制方式,可以对这些控制方式进行设置。
- 单击"搜索"按钮。这时,系统会显示符合搜索条件的文件。同时还显示了每一个文件所保存的位置。

根据所知道的条件选择,这样可以精确地查找。当 Windows 搜索完之后,所有的文件都会在右窗格中显示出来。对于这些文件,可以像在资源管理器中一样进行删除、复制、移动、重命名和查看属性等操作。

2. 利用资源管理器进行查找

在资源管理器中,还可以使用"搜索"、"文件夹"和"历史"窗口进行查找,具体操作是:

- 单击资源管理器上的"文件夹"按钮,左边出现的"文件夹"窗口按层次化的结构显示出所用的文件夹,其中包括本机硬盘中的资源和"网上邻居"中的可用资源,如图 2-29 所示。

在资源管理器窗口的左边的文件夹窗口中,以文件夹树的形式显示计算机中的驱动器、文件夹和网上邻居系统文件夹等,这样用户可清楚地看出文件夹和驱动器之间或各个文件夹之间的层次关系。

- 单击"工具栏"中的"历史"按钮 ,出现"历史记录"窗口则显示用户以前浏览过的本机文件或 Web 页。

"历史记录"中文件或 Web 页的排列方式有很多种,单击"历史记录"窗口的"查看",出现下拉菜单,从菜单中选择合适的查看方式。

- 单击资源管理器窗口"工具栏"中的"搜索"按钮,出现搜索窗口,参见图 2-32。

该"搜索"窗口提供了很强的搜索功能,用户可以根据需要查找本地硬盘中的文件或文件夹、网络中的计算机、用户、Internet 的网站或 Web 页等资源。

2.3.5 对象属性

在 Windows XP 中,文件和文件夹都有各自的属性,属性就是性质和设置,有些属性是可以修改的。根据用户需要可以设置或修改文件或文件夹的属性,了解文件或文件夹的属性,有利于对它的操作。对于初学者来说,通过查看文件或文件夹的属性,可以尽快掌握各种文件的类型和文件的图标以及文件的路径,如可执行文件、文档文件、图形文件、声音文件的图标以及它们的存储位置、所用计算机磁盘驱动器状况等。

1. 磁盘驱动器属性

在"资源管理器"窗口中选定要查看的磁盘驱动器;在"文件"菜单中单击"属性"命令,打开如图 2-33 所示的属性对话框;选定"常规"选项卡,会出现磁盘驱动器的卷标、总容量、已用容量及剩余容量等信息。选定"工具"选项卡,出现磁盘管理的三个工具软件,它们是"检查"、"备份"和"整理"工具,必要时可以使用它们。选定"硬件"选项卡,显示磁盘驱动器的设备列表,包括制造商的名称和设备类型。选定"共享"选项卡,是用来设置是否共享,以便其他用户可以通过网络访问该磁盘。共享可以限制访问的用户数、设置共享的权限。

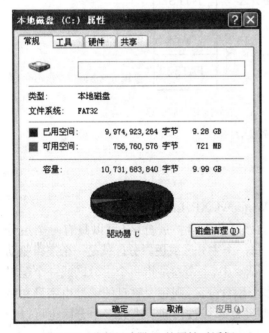

图 2-33 磁盘驱动器 C:的属性对话框

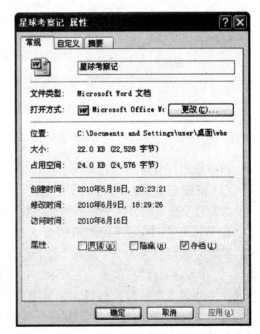

图 2-34 文件的属性对话框

2. 查看并设置文件的属性

查看文件或文件夹属性的具体操作如下:

- 右击文件或文件夹,打开快捷菜单。
- 在快捷菜单中,单击"属性"命令,屏幕出现对话框,如图 2-34 所示。

在对话框的"常规"选项卡中:文件或文件夹的属性信息包括文件或文件夹名称、文件类型、所在的文件夹、大小、创建的日期和时间以及最后一次访问的日期和时间及属性。显示的文件属性有:"只读"、"隐藏"、"存档"三种(注:"系统"属性不显示在这里的)。用户可在属性前的复选框中选择设置文件的属性。具有只读属性的文件可以保护文件不被误删除或修改;具有隐藏属性的文件或文件夹没有设置显示时是不显示的;存档属性一般新建或修改后的文件都具有此属性。

根据文件或文件夹类型的不同,系统也可以显示下面的附加信息。

- "自定义"选项卡中可定义文件或文件夹的名称、类型等。
- "摘要"选项卡中列出了由用户提供的有关该文件的信息,包括标题、主题、类型和作者等。

2.3.6 磁盘操作

1. 磁盘分区

一个新硬盘安装到计算机后,往往要将磁盘划分成几个分区,即把一个磁盘驱动器划分成几个逻辑上独立的驱动器,如图 2-35 所示。磁盘分区被称为卷。磁盘如果不分区,则整个磁盘就是一个卷。

图 2-35 磁盘分区

对磁盘进行分区的目的有两个:
(1) 硬盘容量很大,分区后便于管理。
(2) 利于在不同分区安装不同的系统,如 Windows XP、Linux 等。

在 Windows 中,一个硬盘可以分为磁盘主分区和磁盘扩展分区(可以只有一个主分区),扩展分区可以分为一个或几个逻辑分区。每一个主分区或逻辑分区就是一个逻辑驱动器,它们有各自的盘符,如图 2-3 所示。在 Windows 中,一个卷是指一个主分区或一个逻辑分区。主分区通常被称为 C 盘。如果用户有多个硬盘分区,则每个磁盘的编号由字母和后续的冒号来标定,从而使它可以像一个单独的驱动器那样被访问。当然多个分区也可以是多个物理硬盘。

磁盘分区后还不能直接使用,必须进行格式化。格式化的目的是:
(1) 把磁道划分成一个个扇区,例如,每个扇区大多占 512B。
(2) 安装文件系统,建立根目录。

为了管理磁盘分区,系统提供了两种启动"计算机管理"程序的方法:
(1) 右击桌面上"我的电脑"图标,再选择"管理/磁盘管理"命令。

(2) 选择"开始/设置/控制面板/管理工具/计算机管理/磁盘管理"命令。

在 Windows XP 中,有两种方法可以对卷进行管理:

(1) 在安装 Windows XP 时,可以通过安装程序建立、删除或格式化磁盘主分区或逻辑分区。

(2) 在"计算机管理"窗口中,对磁盘分区进行管理,如图 2-36 所示。从图中可以看到,这个磁盘被分为 2 个驱动器。C 盘对应磁盘主分区,安装的文件系统是 NTFS,D、E 盘属于磁盘扩展分区,使用的是 FAT32 文件系统,G 盘(优盘)使用的是 FAT 文件系统。

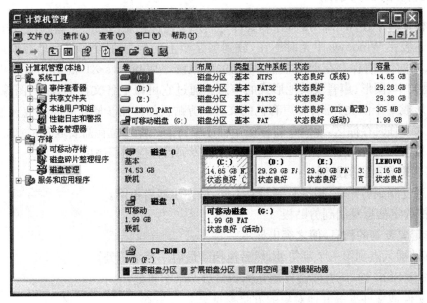

图 2-36 "计算机管理"窗口

从图 2-36 中可以看出,右击某驱动器,通过快捷菜单可以对磁盘进行操作。

在图 2-36 中,右击 G 盘,若在弹出的快捷菜单中选择"格式化"命令,出现"磁盘管理"对话框,提示格式化后磁盘分区上的所有数据都会丢失。单击"是"按钮,出现"格式化 G:"对话框,如图 2-37 所示。在对话框中,可以输入卷标名称,即给要格式化的磁盘命名。通过"文件系统"下拉列表框,Windows XP 可以将磁盘格式化成 FAT、FAT32 和 NTFS 三种文件系统格式。通常,NTFS 文件系统的磁盘性能更强大;单击"分配单位大小"下拉列表框,从中可以选择实际需要的分配单元大小;对话框中还可以选择是否使用快速格式化或启用压缩,启用压缩可以节省磁盘空间,但是会降低磁盘访问速度。参数设置完成后,单击"确定"按钮,系统再次警告:"格式化会清除该卷上的所有数据"。单击"确定"按钮,磁盘就开始格式化了。

注意:

(1) Windows XP 不允许格式化系统分区和引导分区,已经打开的磁盘也不能进行格

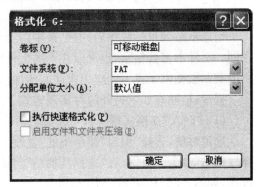

图 2-37 "格式化 G:"对话框

式化。

(2) 格式化操作必然导致指定分区中所有数据的丢失,因此进行格式化操作要格外慎重。

(3) 快速格式化只能删除磁盘上的文件,不能扫描磁盘是否有坏扇区,并非真正意义上的磁盘格式化。

(4) 在"资源管理器"窗口中右击指定的磁盘,同样可以进行格式化操作。

2.3.7 剪贴板及其使用

剪贴板是一个在 Windows 程序和文件之间用于传递信息的临时存储区,它是内存的一部分。剪贴板在 Windows 中无时不在,放到剪贴板上的信息在被其他信息替换或者退出 Windows 之前,一直保存在剪贴板上,直到关闭系统。Windows XP 的剪贴板中保存的信息,可以是文本、图形、声音或其他形式的信息。通过它可以把各文件的正文、图像、声音粘贴在一起形成一个图文并茂、有声有色的文档。剪贴板的使用步骤是先将信息复制或剪切到剪贴板这个临时存储区,然后在目标应用程序中将插入点定位在需要放置信息的位置,再使用应用程序"编辑/粘贴"命令将剪贴板中信息传到目标应用程序中。

1. 将信息复制到剪贴板

把信息复制到剪贴板,根据复制对象不同,操作也略有不同。

(1) 把选定信息复制到剪贴板

• 选定要复制的信息,使之突出显示

🖱 移动插入点到第一个字符处,然后拖拽到最后一个字符处。

⌨ 按住 Shift 键,用方向键移动光标到最后一个字符处。

选定文件或文件夹等其他对象的方法参见第 2.3.3 节。

• 选择应用程序中"编辑/剪切"或"编辑/复制"的命令

(2) 把整个屏幕或某个活动窗口图像复制到剪贴板

⌨ 复制整个屏幕图像:按 Print Screen 键。

⌨ 复制窗口图像:按组合键 Alt+Print Screen。

2. 从剪贴板中粘贴信息

将信息复制到剪贴板后,就可以将剪贴板中信息粘贴到目标程序中,步骤如下:

① 切换到要粘贴信息的文档窗口或应用程序,并把光标定位到要放置信息的位置上。

② 单击"编辑"菜单中的"粘贴"命令或工具栏的"粘贴"按钮。

信息粘贴到目标程序后,剪贴板中内容依旧保持不变,因此可以进行多次粘贴。既可以在同一文件中多处粘贴,也可以在不同文件中粘贴(甚至可以是不同应用程序创建的文件),所以剪贴板提供了在不同应用程序间传递信息的一种方法。

提示:粘贴有如下另外两种实现方式:

(1) "嵌入"交换实现

选定对象,选择"编辑"菜单中的"复制"或"剪切"命令,切换到目的位置,选择"编辑/选择性粘贴"命令。通常,在"选择性粘贴"对话框中的"形式"列表框中,可以进行嵌入的格式选择,如图 2-38 中的"HTML 格式"。

(2) "链接"交换实现

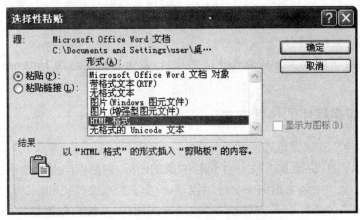

图 2-38 "选择性粘贴"允许用户选择粘贴的格式

选定对象,选择"编辑"菜单中的"复制"或"剪切"命令,切换到目的位置,选择"编辑/粘贴链接"命令。这样,就创建了一个与源文档的链接,并将以默认格式显示源对象。如果希望按指定的格式链接交换,可选择"选择性粘贴"命令,在"选择性粘贴"对话框中,选取指定的格式,然后选中"粘贴链接"单选按钮。

2.3.8 "我的电脑"窗口

Windows XP 和以前的 Windows 版本一样提供了两个管理资源的应用程序,即"我的电脑"和"资源管理器"。但在 Windows XP 中,增强了"我的电脑"和"资源管理器"的功能,统一的操作界面、统一的 Web 风格、统一的操作方法,使用户操作更简便。用户通过这两个应用程序都可以达到管理资源的目的。本地资源包括硬盘、软盘、文件、文件夹、控制面板和打印机等。网络资源包括映射驱动器、网络打印机、共享驱动器和文件夹、Web 页等。

"我的电脑"是 Windows XP 的一个系统文件夹。Windows XP 通过"我的电脑"提供一种快速访问计算机资源的途径。Windows XP 的"我的电脑"窗口与 Windows 以前的版本相比,在工具栏中增加了"文件夹"按钮、"搜索"按钮,在菜单栏中增加了"工具"菜单选项,使用户查看与浏览磁盘信息更方便、快捷。用户可以像在网络上浏览 Web 一样实现对本地资源的管理。具体操作步骤如下:

- 在桌面上,双击"我的电脑"图标,打开"我的电脑"窗口。在窗口中包含计算机上所有磁盘驱动器的图标、控制面板。若用户安装了打印机,还会有打印机的图标。
- 双击任何一个磁盘驱动器的图标,就可以打开这个磁盘的窗口,显示其中包含的文件和文件夹。

双击控制面板图标即可打开控制面板窗口。该窗口包含各种系统设置的工具,可以设置计算机的各种系统设备,改变它们的工作方式。

- 如果要单击"工具栏"中的"文件夹"按钮,将显示两个窗格,左窗格显示树型文件夹,右窗格显示所选文件夹的内容。
- 如果单击硬盘图标,则会显示硬盘的大小、已用的存储空间和可用的存储空间。
- 如果选择了某个文档,则会显示文档类型、修改时间、属性和作者。
- 如果选择了媒体文件,对于图形图像文件,则可以看到其内容;对于声音或视频文件,则可以直接在预览位置播放;对于 HTML 文件,则可以看到缩略图,非常方便。

注意:如果要浏览的文件存储在软盘驱动器或硬盘驱动器的多级文件夹中,应逐级打开文件夹,然后浏览文件夹窗口。

在"我的电脑"的收藏菜单中选择相应的项目,就可以直接启动 Internet Explorer 访问相关的站点。

2.3.9 创建应用程序的快捷方式

1. Windows XP 的快捷方式

Windows XP 的"快捷方式"是一个链接对象的图标,它是指向对象的指针,而不是对象本身。快捷方式文件内包含指向一个应用程序、一个文档或文件夹的指针信息,它以左下角带有一个小黑箭头的图标表示。双击某个快捷方式图标,系统会根据指针的内部链接迅速地启动相应的应用程序或打开对应的文档或文件夹。如图 2-39 所示。

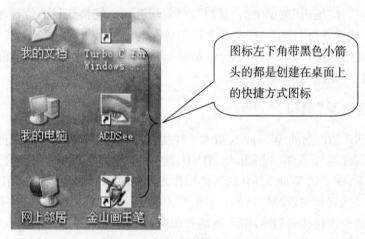

图 2-39　桌面上的快捷方式图标

可以在桌面上或其他文件夹内创建指向应用程序、文档、文件夹、磁盘驱动器、打印机、控制面板等对象的快捷方式图标。Windows XP 中几乎所有可以访问的资源都可通过快捷方式访问。

2. 快捷方式的属性

快捷方式是 Windows 的一个重要概念,它是一个很小的文件,其中存放的是一个实际对象(程序、文件或文件夹)的地址。快捷方式本身实际是链接文件,它的扩展文件名是". LNK"。

在桌面或文件夹窗口中,快捷方式与文件或文件夹的形式类似,也以带有名称的图标的形式存在,图标的左下角一般有一个小箭头作为标志,如图 2-39 所示。对快捷方式进行操作就像对它所代表的对象进行操作一样。快捷方式可以放在桌面上,也可以放在任意文件夹中,"开始"菜单中的很多项目都是快捷方式。使用快捷方式的好处是,可以从多个地方(比如桌面)快速操作对象,而又不用存放对象的多个副本,节省存储空间。

在桌面上用鼠标右键单击某个快捷方式的图标,在弹出的快捷菜单上单击"属性"命令,屏幕将显示"属性"对话框。在"属性"对话框中,有两个选项卡。单击"常规"标签,可以看到这个快捷方式的文件名、文件类型、建立和修改文件的时间、文件的大小等。单击"快捷方式"标签,可以看到文件存放的具体位置等。

3. 通过"向导"来建立快捷方式

① 在桌面或文件夹窗口的空白位置,单击鼠标右键后,弹出一个快捷菜单。

② 选择"新建"命令菜单下的"快捷方式"命令,屏幕显示"创建快捷方式"对话框。

③ 在"请输入项目的位置"文本框中输入一个确实存在的应用程序名或通过"浏览"按钮获得应用程序文件名,如图 2-40 所示(例如,输入一个画图应用程序的文件名:CatClock.exe)。

图 2-40 "创建快捷方式"对话框

图 2-41 "选择程序标题"对话框

④ 单击"下一步"按钮,屏幕显示如图 2-41 所示的对话框。

⑤ 在"选择程序标题"对话框中输入该快捷方式的名称。

⑥ 单击"完成"按钮。

在当前的文件夹窗口或桌面上将出现新建快捷方式的图标。

4. 使用文件菜单创建快捷方式

在"我的电脑"和"资源管理器"中,可以使用"文件"菜单和鼠标右键来创建快捷方式,两种方法基本相似。现在以使用"文件"菜单为例,介绍创建快捷方式的操作步骤。

① 在"资源管理器"窗口中,选定需要建立快捷方式的对象。对象可以是文件、文件夹、程序、打印机、计算机或驱动器等。

② 单击"文件"菜单中的"创建快捷方式"命令,这样就在当前窗口建立了该对象的快捷方式。

③ 拖动快捷方式图标到桌面或任意的文件夹内以便使用。

5. 在桌面上创建快捷方式

在桌面上创建快捷方式最简捷的方法是:

① 打开所需的文件夹窗口。

② 右拖动要创建快捷方式的文件夹或文件图标到桌面,弹出快捷菜单。

③ 单击快捷菜单中的"在当前位置创建快捷方式"命令。

类似上述方法,把要创建快捷方式的对象从一个文件夹窗口右拖动到另一个文件夹窗口之中,单击快捷菜单中的"在当前位置创建快捷方式"命令即可在文件夹内创建快捷方式图标。

2.3.10 使用 USB 存储设备

USB 存储设备(移动硬盘、U 盘、MP3 播放器等),如图 2-42 所示,是近年来流行起来的移动存储设备。因为这些设备体积小、容量大、重量轻、使用方便、可靠性好,再加上价格的大幅下降,越来越受到用户的青睐,已经替代软盘。

图 2-42　USB 存储设备

1. 插入 USB 存储设备

将 USB 存储设备插入到计算机的 USB 接口后,Windows XP 会自动识别该设备,并安装驱动。最终,在"我的电脑"或"资源管理器"中会出现一个新的盘符,如图 2-43 所示。

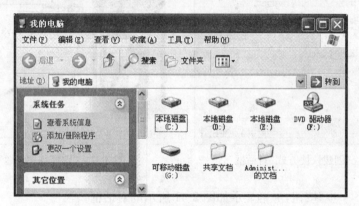

图 2-43　USB 存储设备盘符

2. 文件、文件夹操作

用户可以使用第 2.3.3 节介绍的方法,在 USB 存储设备中,对文件和文件夹进行移动、复制、删除、重命名等各种操作。

3. 拔出 USB 存储设备

USB 存储设备虽然支持"热插拔"(即在开机状态下插入或拔出),但如果用户在写入文件过程中强行拔出 USB 存储设备,可能会造成文件丢失。正确操作如下:

单击任务栏上的移动设备图标,在弹出菜单上继续单击选择要拔出的设备,如图 2-44 所示。当显示"安全删除 USB Mass Storage Device 设备"后,再拔下 USB 存储设备。

图 2-44　拔出 USB 存储设备

2.4　控制面板与系统管理

Windows XP 允许修改计算机和其自身几乎所有部件的外观和行为。显然可以控制和需要控制的部件和功能太多了,这自然导致进行修改时要使用的工具十分庞杂。为了便于使用和管理,所有这些工具统一放在一个称为"控制面板"的系统文件夹内。控制面板是一组重要的系统管理工具,可用来进行系统管理和系统环境设置。

打开控制面板常用的方法有:

(1) 找到"开始"菜单,单击"控制面板"命令。

(2) 在"我的电脑"窗口中,单击"控制面板"图标。

(3) 在"资源管理器"的"文件夹树"窗口中,单击"控制面板"图标。

此时显示的窗口为"分类视图",可以单击"切换到经典视图",经典视图的"控制面板"窗口如图 2-45 所示。用户可以根据自己的愿望对很多系统设置进行调整。包括 Windows 屏幕设置、键盘、鼠标器、日期/时间和硬件等的设置。

图 2-45 "控制面板"窗口

2.4.1 系统和显示

1. 系统

如果在 Windows XP 下详细查看系统软硬件资源,单击"控制面板"窗口中的"系统"图标,显示"系统属性"对话框,如图 2-46 所示(或右单击"我的电脑"图标,在弹出的快捷菜单中单击"属性"命令也可启动该对话框)。

(1) "常规"选项卡:列出电脑安装的 Windows 版本号,注册的用户名、处理器型号和内存大小等。

(2) "计算机名"选项卡:显示了本机在网络中的名称和组域等的设置情况,系统管理员可以修改这些设置。

(3) "硬件"选项卡:单击其中的"设备管理器"按钮,会出现一个窗口,如图 2-47 所示,显示本机所有硬件的配置情况,右键单击所选硬件后,在弹出的快捷菜单中选择"属性",可显示该硬件设备的详细情况，可以对其进行设置，有利于检查和修复硬件故障。

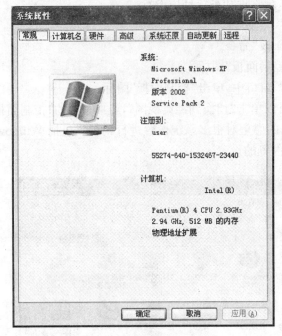

图 2-46　"系统特性"对话框

图 2-47　"设备管理器"窗口

2. 定制显示属性

有许多方法可以使自己的桌面具有个性。例如可以改变背景颜色，在背景上添加图片，改变显示的大小尺寸，美化字体和图标的显示，更改任务栏的显示风格，在"开始"菜单中添加选项等。

主要有两种方法可以访问"显示属性"对话框，从而改变桌面和屏幕。

- 在"控制面板"窗口中，双击"显示"对象图标。
- 右击桌面空白处，然后从快捷菜单中选取"属性"命令。

"显示属性"对话框参见图 2-48 所示。该对话框有五个选项卡，可分别设置不同类别的属性。在这里主要讨论"桌面"和"屏幕保护程序"选项卡。

（1）设置桌面背景

"桌面"选项卡：用来设置桌面的背景图片，只要是 HTML 或位图文档都可以在屏幕上表现出来，如图 2-48 所示。

系统为用户准备了一些背景图片（墙纸），用户可在列表框中选择，也可以通过"浏览"选择指定其他位置的图片在"位置"下拉列表框中有"居中"、"平铺"和"拉伸"三个选项，用于调整背景图片在桌面上的位置。若用户想用纯色作为桌面背景颜色，可在"背景"列表框中选择"无"选项，在"颜色"下拉列表框中选择喜欢的颜色。单击"确定"按钮可以关闭对话框并更改背景，单击"应用"按钮可在更改之前查看更改的效果。

图 2-48 "桌面"选项卡　　　　图 2-49 "屏幕保护程序"选项卡

(2) 设置屏幕保护

在"屏幕保护程序"选项卡里,可以进行屏幕保护和监视器节能特征设置。

由于计算机所用的 CRT(阴极射线管)显示器,是通过电子束发射到涂有荧光粉的屏幕表面而形成图形的。因此,如果长时间照射在某个固定的位置,就可能会损坏此处的荧光涂层,在屏幕上留下一个永久的暗斑。若用户在一段时间内没有使用计算机,屏幕上出现移动位图或图案,这样可以减少屏幕的损耗并保障系统安全。实际上,根据目前监视器的技术,已经不必担心屏幕会因为长时间静止图像而遭到损坏了。但是屏幕保护程序仍然有它的用处,那就是当用户暂时离开计算机时,可以通过屏幕保护程序来保护自己的计算机,让他人无法使用(许多屏幕保护程序可以设置口令)。

设置 Windows XP 的保护程序的操作步骤是:

① 单击"屏幕保护程序"标签,显示设置屏幕保护程序的选项卡,参见图 2-49。

② 从"屏幕保护程序"下拉列表中选取需要的屏幕保护程序。

③ 在"等待"框中单击向上或向下箭头,指定计算机当前屏幕上的内容持续时间,还可选择是否"在恢复时使用密码保护"。若想查看其屏幕效果,可选择"预览"按钮,移动鼠标或按任意键返回 Windows。单击"设置"按钮可以更改所选屏幕保护程序的设置。

④ 当所有的选项设置完毕后,单击"确定"或"应用"按钮,屏幕保护程序设置就会生效。

另外,单击"监视器的电源"部分的"电源"按钮可打开"电源选项属性"对话框,设置何时关闭显示器、何时关闭硬盘等电源管理属性。

默认情况下,Windows 安装程序只安装一组数量有限的屏幕保护程序。可以使用"添加/删除程序"功能添加另外的屏幕保护程序。

2.4.2 键盘和鼠标

键盘和鼠标是当前计算机最常用的两种输入设备。下面我们分别介绍键盘和鼠标的设置。

1. 调整键盘

调整键盘的操作步骤如下：

（1）双击"控制面板"窗口的"键盘"图标，打开"键盘属性"对话框，可以对键盘进行设置。

（2）切换到"速度"选项卡，如图2-50所示。

（3）在该选项卡的"字符重复"选项组中，拖动"重复延迟"滑块，可调整在键盘上按住一个键需要多长时间才开始重复输入该键，拖动"重复率"滑块，可调整输入重复字符的速率；在"光标闪烁频率"选项组中，拖动滑块，可调整光标的闪烁频率。

（4）单击"应用"按钮，即可应用所作的设置。

图2-50 "速度"选项卡

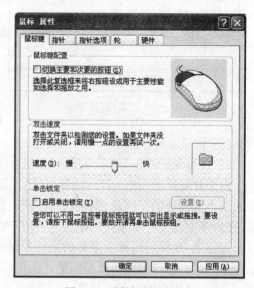
图2-51 "鼠标键"选项卡

2. 调整鼠标

在Windows中，鼠标是一种重要的输入设备，鼠标性能的好坏直接影响到工作效率。控制面板向用户提供了鼠标设置的工具。在"控制面板"窗口双击"鼠标"图标，出现如图2-51所示的"鼠标属性"对话框，在该对话框中可以根据自己的操作习惯对鼠标属性进行设置。

在"鼠标键"选项卡的"鼠标键配置"选项组中，系统默认左边的键为主要键，若选中"切换主要和次要的按钮"复选框，则设置右边的键为主要键。

在"双击速度"选项组中拖动滑块可调节鼠标的双击速度，双击旁边的文件夹可检验设置的速度。

在"单击锁定"选项组中，若选中"启用单击锁定"复选框，则在移动项目时不用一直按着鼠标键就可实现。单击"设置"按钮，在弹出的"单击锁定的设置"对话框中可调整实现单击锁定需要按鼠标键或轨迹球按钮的时间。

2.4.3 添加和删除应用程序

在Windows XP环境下可运行多种应用程序，在使用它们之前一般首先要进行安装，不再使用时,应该从系统中删除,以节约系统资源。现在的应用程序一般规模较大,功能很强,与操作系统的结合日益紧密,许多应用程序往往成为操作系统的一部分。这种情况给安装和删除应用程序带来了复杂性。

安装应用程序可以简单地从光盘中运行安装程序(通常是 SETUP.EXE 或 INSTALL.EXE),但是删除应用程序最好不要直接打开文件夹,然后通过删除其中文件的方式来删除某个应用程序。因为这样一方面不可能删除干净,有些 DLL 文件安装在 Windows 目录中,另一方面很可能会删除某些其他程序也需要的 DLL 文件,导致破坏其他依赖这些 DLL 文件的程序。

在 Windows XP 的控制面板中,有一个添加和删除应用程序的工具。其优点是保持 Windows XP 对更新、删除和安装过程的控制,用此功能添加或删除程序不会因为误操作而造成对系统的破坏。只要在控制面板中,双击"添加或删除程序"图标,即可弹出如图 2-52 所示的窗口。

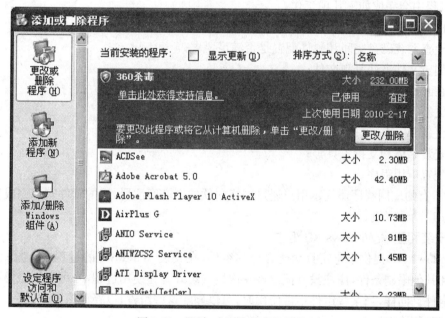

图 2-52 "添加或删除程序"对话框

1. 更改或删除应用程序

如果在"添加或删除程序"窗口中列出要更新或删除的应用程序,表示该应用程序已经注册了,只要选定该程序,然后单击"更改"或"删除"按钮,回答一些提示性的问题,就可更改该应用程序的功能组件或将其完全删除。

如果没有显示出该程序,则应检查该程序所在的文件夹,查看是否有名称为 Remove.exe 或 Uninstall.exe 的卸载程序。

如果仍不能确定如何删除程序,则应查看有关的文档或咨询程序开发商的技术支持服务,询问可以删除的方法。

有的初学者删除应用程序时,是将某个文件夹删掉,结果有时删得不干净或有时将不该删的删掉了,引起系统启动不正常等现象。建议用户使用该方法来删除应用程序或运行应用程序本身的卸载程序来进行删除,以保证删除无误并使系统正常地运行。

2. 安装应用程序

(1)利用"添加或删除程序",安装程序的具体操作步骤是:

① "添加或删除程序"窗口中,选择"添加新程序"按钮。

② 如要从光盘或软盘添加程序,则选择"光盘或软盘"按钮,Windows将自动搜索软盘或CD-ROM上的安装程序。如要从Microsoft添加程序,则按"Windows Update"按钮。安装程序将自动检测各个驱动器,对安装盘进行定位。

(2)安装应用程序的一般过程

Windows应用程序的安装并非简单的文件复制,Windows的应用程序一般都带有自己的安装程序,常见为Setup.exe,用于完成文件的复制和文件夹、程序组的建立等安装的细节问题。一般情况下,典型的安装程序在开始时总是让用户回答一些问题,例如安装的方式(典型、最小、定制)、目标文件夹、产品序列号、用户信息等,然后开始安装。大多数安装程序在安装过程中会完成如下几项工作:

① 检查该应用程序已经存在的版本,以便判断是否进行升级安装;

② 检查系统磁盘空间和硬件配置是否满足要求;

③ 创建文件夹并复制文件;

④ 在开始菜单中添加必要的项目,有的还会在桌面上添加快捷方式;

⑤ 更新Windows XP的系统配置文件;

⑥ 更新Windows XP的注册表文件;

⑦ 安装字体和支持工具等;

⑧ 配置应用程序。

此外,有的应用程序还提示用户通过网络向软件生产商注册,有的软件安装完成后要求用户重新启动计算机。

3. 安装和删除Windows XP组件

Windows XP提供了丰富且功能齐全的组件,在安装Windows的过程中,考虑到用户的需求和其他限制条件,往往没有把组件一次性安装好。在使用过程中,可根据需要再来安装某些组件。同样,当某些组件不再使用时,可以删除这些组件,以释放磁盘空间。

安装和删除Windows XP组件的步骤如下:

① 在"添加或删除程序"窗口中,单击"添加/删除Windows组件"按钮,弹出"Windows组件向导"对话框,其中列出了Windows XP所有组件的列表。

② 在组件列表框中,选定要安装的组件复选框,或者清除要删除的组件复选框。

注意:如果复选框中有"√"并且呈灰色,表示该组件只有部分程序被安装。每个组件包含一个或多个程序,如果要添加或删除一个组件的部分程序,则先选定该组件,然后单击"详细资料",选择或清除要添加或删除的应用程序的复选框,最后按"确定"按钮返回"Windows组件"向导。

③ 选择"下一步"按钮,根据向导完成Windows组件的添加或删除。

如果最初Windows XP是用光盘安装的,计算机将提示用户插入Windows安装盘。这里有一个实用的办法:当起初安装完Windows XP系统时,请将系统的安装程序复制在硬盘上,这样在计算机提示用户插入Windows安装盘时,就指出复制在硬盘上的文件夹,免去了反复使用 Windows 安装盘的麻烦。

2.4.4 添加和删除硬件

1. 关于硬件设备

每台计算机都配置了很多外部设备,它们的性能和操作方式都不一样,操作系统的设备管理就是负责对设备进行有效的管理。

(1) 设备驱动程序

设备驱动程序是操作系统管理和驱动设备的程序,是操作系统的核心之一,必不可少。用户使用设备之前,必须先安装该设备的驱动程序,否则无法使用。设备驱动程序与设备紧密相关,不同类型设备的驱动程序是不同的,不同厂家生产的同一类型设备的驱动程序也是不尽相同的。因此,操作系统提供一套设备驱动程序的标准框架,由硬件厂商根据标准编写设备驱动程序并随同设备一起提交给用户。事实上,在安装操作系统时,系统会自动检测设备并安装相关设备的驱动程序,用户如果需要新的特殊设备,必须安装相应的驱动程序。

(2) 即插即用

所谓即插即用(Plug and Play,PnP),就是指把设备连接到计算机上后无需手动配置就可以立即使用。即插即用技术不仅需要设备的支持,而且需要操作系统的支持。

辨别设备是否是即插即用的方法非常简单:即插即用设备通常使用 USB 口的硬件连接器。1995 年以后生产的大多数设备都是即插即用的。

目前绝大多数操作系统都支持即插即用技术,避免了用户使用设备时烦琐而复杂的手工安装过程和配置过程。

即插即用并不是说不需要安装设备的驱动程序,而是意味着操作系统能自动检测到设备并自动安装驱动程序。

(3) 通用即插即用

为了适应计算网络化、家电信息化的发展趋势,Microsoft 公司于 1999 年推出了最新的即插即用技术,即通用即插即用(Universal Plug and Play,UPnP)。它让计算机自动发现和使用基于网络的硬件设备,实现一种"零配置"和"隐性"的联网过程,自动发现和控制来自各家厂商的各种网络设备,如网络打印机、Internet 网关和消费类电子设备。

PnP 是针对传统的单机设备的一种技术,而 UPnP 是针对网络设备提出的技术。Microsoft 公司称"UPnP 将延伸到家庭中的每一个设备,它会成为个人电脑、应用程序、智能设备集成工作所必需的框架、协议和接口标准。"UPnP 面向的重点是未来社会中的信息家电。

UPnP 基于 IP 协议以获得最广泛的设备支持。它最基于的概念模型是设备模型,设备可以是物理的设备,比如录像机,也可以是逻辑的设备,比如运行于计算机上的软件所模拟的录像机设备。UPnP 提供了强大的设备描述和控制功能。

2. 打印机管理

Windows XP 对打印机管理作了进一步的改进和完善,它具有一个多线程、抢占式假脱机体系结构,并提供了改进的打印性能和平稳的后台打印。

(1) 安装打印机

① 在"控制面板"中双击"打印机和传真"图标,打开如图 2-53 所示的打印机和传真窗口,单击窗口左侧的"添加打印机",启动"添加打印机向导"(还可以通过在"开始"菜单的"打

印机和传真"来打开窗口)。

图 2-53 "打印机和传真"窗口

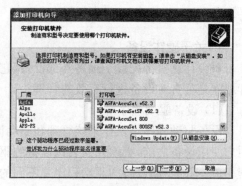

图 2-54 选取打印机型号

② 单击"下一步"按钮,弹出下一个对话框,从中确定连接的打印机用于网络共享还是仅用于本机。然后单击"下一步"。

③ 设置打印机端口:一般选择"LPT1",单击"下一步"。

④ 弹出对话框,在"制造商"列表框中找到并选取打印机的生产厂商,然后在"打印机"列表框中找到并选取打印机的型号,单击"下一步"。如果在列表框中找不到欲安装的打印机型号,单击"从磁盘安装"按钮,然后用打印机自带安装盘装入驱动程序。如果没有自带安装盘,也可在列表框中选择相近的型号。

⑤ 在弹出的对话框中,输入打印机名称及设定默认打印机。默认情况下打印机名称为打印机型号,但也可以重新起一个用户使用的名称。若选取单选框"是",则打印机设为默认打印机(所谓默认打印机,是指除非特别指明,将一直使用这台打印机打印,用于系统内连有几台打印机的情况)。然后单击"下一步"。

⑥ 在弹出的对话框中,用户可以根据提示对打印机是否共享进行设置。用户可以与其他网络用户共享这台打印机。然后,单击"下一步"。

⑦ 将弹出对话框询问用户是否在安装完打印机后打印测试页,默认情况下选择"是"单选按钮,若选择是,只打印一张测试页,以确认打印机安装是否正确。最后单击"完成"按钮。

⑧ 至此,打印机就安装完毕了,用户可以开始打印文档。各种打印机的具体安装步骤并不一样,但是一般的步骤是统一的。

(2) 设置

在"打印机"文件夹窗口,右键单击已安装的打印机图标,然后在弹出的快捷菜单上选取"属性",打开"属性"对话框。打印机型号不同,该"属性"对话框的标签页、参数项目也有所差别。

• "常规"选项卡:在此可输入"注释"文本和"位置"信息,以便共享打印机时,向其他使用打印机的用户通知使用信息。

• "共享"选项卡:用于打印机的共享设置。

• "端口"选项卡:在复选框中有"√"标记的说明当前打印输出在这个端口的打印机进行。另外,用户还可以通过三个按钮来添加、删除和配置所需的端口。

• "高级"选项卡:在其中可以通过单击"新驱动程序"按钮,更新或改变当前驱动程序;

通过设置"分隔页",可以在打印多个文档时,用分隔页来分隔各个文档。
- "安全"选项卡:可以对不同级别的用户设置打印权限。
- "设备设置"选项卡:可以设置打印纸张的大小等参数。

通过以上对话框设置的属性,将影响此后的所有打印作业。如果要对当前打印作业设置新的参数,则可以通过处理文档的应用程序窗口中的"文件"菜单下的"页面设置"、"打印"等选项打开的对话框进行。

(3) 打印作业管理

Windows XP 的打印子系统是一个 32 位的多线程抢占式的假脱机体系,可以支持平稳的后台打印。用户可以把要打印的多个文档连续快速地送到打印机,打印子系统通过作业管理,妥善地安排这些文档的打印。打印作业一旦建立,在任务栏右边会出现一个打印管理器图标,直到所有打印作业全部完成才消失。当移动鼠标指向这一图标时,会立即显示一个文字说明框,指示目前有哪些作业在联机打印。

双击任务栏上该打印管理器图标,可以打开打印作业窗口,如图 2-55 所示。

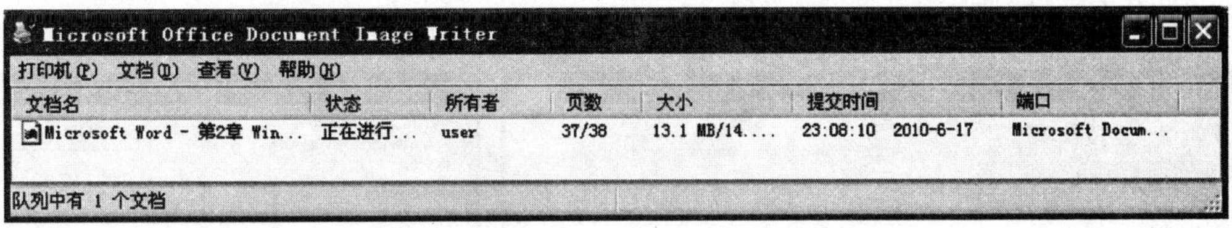

图 2-55 打印作业管理

从这个窗口可以看到各打印作业清单。包括它们的图标、文档名、打印状态、所有者(用户名)、进度、开始时间等详细资料。每个作业占一行,各作业的排列顺序就是打印作业队列顺序,打印机就是按此顺序依次打印的。

在管理窗口中,用户可以暂停或取消各打印作业,也可以在需要的时候继续被暂停的打印作业。

2.4.5 设置多用户使用环境

在实际生活中,多用户使用一台计算机的情况经常出现,而每个用户的个人设置和配置文件等均会有所不同,这时用户可进行多用户使用环境的设置。当不同用户用不同身份登录时,系统就会应用该用户身份的设置,而不会影响到其他用户的设置。

1. 多用户的设置

设置多用户使用环境的具体操作如下:

(1) 选择"开始/设置/控制面板"命令,打开"控制面板"窗口。

(2) 双击"用户帐号"图标,打开"用户帐户"窗口,如图 2-56 所示。

(3) 在该窗口中的"挑选一项任务…"选项组中可选择"更改帐户"、"创建一个新帐户"和"更改用户登录或注销的方式"三种选项之一;或在"或挑一个帐户做更改"选项组中选择"计算机管理员"帐户或"来宾帐户"。

(4) 例如,我们现在要进行用户帐户的更改,可单击"更改帐户",打开"用户帐户"窗口,例如 2-57(a)所示。

图 2-56 "用户帐户"窗口

(5) 在该对话框中选择要更改的帐户,例如选择"计算机管理员"帐户,打开"用户帐户"窗口,如图 2-57(b)所示。

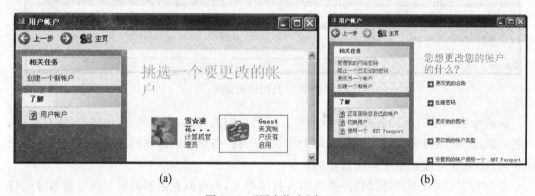

(a)　　　　　　　　　　　　　　　(b)

图 2-57 "用户帐户"窗口

(6) 在该窗口中,用户可选择的项目有:"更该我的名称"、"更改我的密码"、"删除我的密码"、"更改我的图片"、"更改我的帐户类型"和"设置我的帐户使用一个 NET Passport"。接着按提示做即可。

注意:

在 Windows XP 中,有两种帐户:计算机管理员帐户(Administrator)和受限帐户。计算机管理员有权更改自己的和其他用户帐户的有关信息,并且可以删除帐户;受限帐户则只能更改自己的帐户信息。

2. 注销 Windows XP

结束计算机会话的过程即为"注销",注销会结束当前用户的 Windows 会话,但计算机仍然处于打开状态。

Windows XP 注销的操作步骤如下:

(1) 单击"开始"菜单中的"注销"按钮,桌面上会出现一个"注销 Windows"对话框,如图 2-58 所示。

图 2-58 "注销 Windows"对话框

(2) 单击对话框中的"注销"按钮,系统将实行注销;如单击"切换用户"按钮,系统将不关闭当前用户正在运行的程序情况下,切换到另一个用户;单击"取消"按钮,则取消此次操作。选择"注销"或"切换用户",系统都将出现 Windows XP 的登录界面,为其他用户使用该计算机做好准备。

2.4.6 中文输入法的安装与输入

汉字输入是中文用户使用计算机的基本操作。Windows XP 中文版提供了多种汉字输入法,用户可以使用 Windows XP 缺省的输入法 GB 2312-80 的区位、全拼、双拼、智能 ABC、Microsoft 公司拼音、郑码输入法和表形码输入法,也可选用支持汉字扩展内码规范 GBK 的内码、全拼、双拼、郑码和表形码输入法,以及支持繁体的仓颉及注音输入法。另外,还可挂接五笔字型、紫光拼音等其他输入法,熟练掌握中文输入技能,可快速、高效率地使用计算机。

1. 安装中文输入法

虽然 Windows XP 在系统安装时已预装了多种输入法,但是,用户还可以根据自己的需要,任意安装或卸载某种输入法。下面介绍输入法的安装和删除的操作过程。

中文输入法的安装操作步骤如下:

① 双击"控制面板"窗口中的"区域和语言选项"图标,打开该对话框。

② 单击"语言"选项卡,再单击"详细信息"命令按钮,显示"文字服务和输入语言"对话框。

③ 单击"文字服务和输入语言"对话框中的"添加"按钮,显示"添加输入语言"对话框。

④ 单击"添加输入语言"对话框中的"输入语言"下拉列表按钮进行选择,在"键盘布局/输入法"下拉列表中选择要添加的输入法类型。

⑤ 单击"确定"按钮,即可完成中文输入法的安装。

2. 删除某一输入法

删除某一输入法的步骤如下:

① 打开"文字服务和输入语言"对话框。

② 在"文字服务和输入语言"对话框的输入法列表中选择要删除的输入法。

③ 单击"删除"按钮即可完成输入法的删除。

3. 输入法的切换

在 Windows XP 环境下,可以自由选用系统已安装的各种中文输入法,具体操作为:

① 单击任务栏右侧的"语言指示器" 。
② 单击要选用的输入法。

在第一次选择输入法后,也可以随时用 Ctrl+空格键来启动或关闭中文输入法,或用 Ctrl+Shift 键进行汉字输入法之间的切换。

4. 中文输入法的分类

中文输入法数不胜数,但大致可分为三类:

- 拼音输入法:通过输入文字的拼音输入汉字,比如:全拼输入法、智能 ABC、Microsoft 公司拼音等。特点是简单好学,只要会拼音,就可以使用。缺点是汉字中重音字很多,输入拼音后还需要选择具体的汉字,输入速度慢。
- 字型输入法:通过把汉字拆成偏旁部首或笔画来输入,最典型的是五笔字型输入法。这类输入法解决了拼音输入法重字多的问题,输入速度很快,缺点是需要记忆大量字根,难学。
- 拼音字型相结合的输入法:结合了上面两种输入法的特点,同时使用拼音和字型输入汉字,比如:自然码。

5. 智能 ABC 输入法介绍

用户选用了一种中文输入法后,屏幕上会出现一个对应的输入法工具栏。图 2-59(a)是智能 ABC 输入法的工具栏和各按钮的含义。

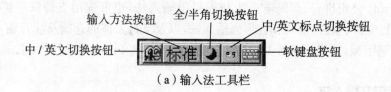

(a) 输入法工具栏

(b) 输入法工具栏按钮的各种情况

图 2-59 "智能 ABC 输入法"工具栏

(1) 中/英文切换按钮

单击中/英文切换按钮,可以在中文输入和英文输入之间切换。当按钮上变为红色 A 时,表示英文输入,否则是中文输入。要输入汉字,键盘应处于小写状态,在大写状态下不能输入汉字,利用 Caps Lock 键可以切换大、小写状态。

此外,单击"任务栏"中的"语言指示器"可实现中/英文输入方式及各种中文输入法的切换;也可按组合键 Ctrl+空格键来进行中/英文输入方式切换。

(2) 输入方式切换按钮

在 Windows XP 内置的某些输入法中,还含有自身携带的其他输入方式。例如:智能 ABC 输入法就包括"标准"和"双打"两种输入方式,单击该按钮可在此两种输入方式之间切换。

标准方式:既可以全拼输入,也可以简拼输入,甚至混拼输入。全拼输入按规范的汉语拼音输入,每输入一个字或词的拼音后可以按空格键。简拼输入就是输入各个音节的第一个字母组成,对于包含 zh、ch、sh 的音节,也可以取前两个字母组成。在混拼输入某些词组时,必须输入引号。例如,"历年"的混拼应为"li'n","单个"的混拼为"dan'g"。通常,有较好拼音基础的人使用全拼输入,对拼音把握不准确的人使用简拼输入。表 2-5 是智能 ABC 输入法标准方式汉字输入的举例。

表 2-5 智能 ABC 输入法标准方式汉字输入举例

汉字	全拼	简拼	混拼
中国	Zhongguo	zhg 或 zg	zhongg 或 zhguo
计算机	Jisuanji	jsj	jsuanji、jisji 或 jisuanj
长城	Changcheng	cc、cch、chc 或 chch	changch、chcheng、ccheng 或 changc

双打方式:这是智能 ABC 为专业录入人员提供的一种快速的输入方式。一个汉字在双打方式下,只需要击键两次——奇次为声母,偶次为韵母。

(3) 全角/半角切换按钮

用鼠标单击该按钮或用 Shift+空格键,进行全角和半角的切换。当按钮上显示一黑圆点时,表示为全角方式;显示一月牙形时,表示为半角方式。在全角方式下,输入的英文字母、数字、标点符号与在半角方式下输入的不同,它们需占一个汉字的宽度(两个字节);而半角方式下输入的英文字母、数字、标点符号占一个字节。

(4) 中文/英文标点符号切换按钮

用鼠标单击该按钮或用 Ctrl+.(圆点),进行中、英文标点符号之间的切换。当按钮上显示出一中文的句号和逗号时,表示用户可以输入中文标点符号。当按钮上显示出一英文的句号和逗号时,表示用户可以输入英文标点符号。图 2-59(b)表示了上述各按钮切换的情况。

在中文标点方式下,键面符与中文标点之间的对应关系如表 2-6 所示。

表 2-6 键面符与中文标点之间的对应关系

键面符	中文标点	键面符	中文标点
.	。句号	(	(左圆括号
,	,逗号	)	)右圆括号
'	''单引号(自动配对)	\	、顿号
"	""双引号(自动配符)	—	——破折号
;	;分号	@	?间隔号
:	:冒号	!	!叹号
<	《〈左书名号	$	¥人民币符
>	》〉右书名号	^	……省略号
?	?问号	&	—连接号

(5) 软键盘按钮

单击此按钮,在屏幕上显示一模拟键盘,也称为软键盘,使用鼠标单击软键盘上的键其效果相当于按硬键盘上相应的键,这样增加用户输入的灵活性。再单击此按钮一下就关闭了软键盘。Windows XP 提供了 13 种软键盘布局(PC 键盘、希腊字母、俄文字母、注音符号、拼音、日文平假名、日文片假名、标点符号、数字序号、数学符号、单位符号、制表符、特殊符号),用鼠标右击此按钮,屏幕会弹出如图 2-60 所示的软键盘菜单,单击所选键盘,就可以改变软键盘的布局。可以使用鼠标单击所需符号;也可以使用键盘敲击相应键位。除"PC 键盘"外,其他软键盘对应键位不再是原键盘上的字符。

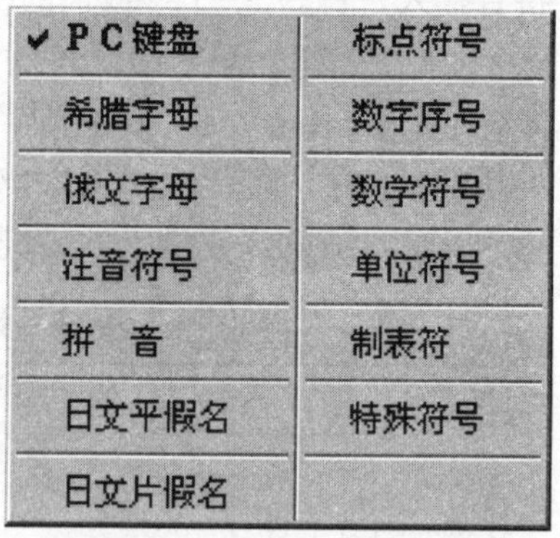

图 2-60 软键盘菜单

右击除"软键盘"按钮外的任意按钮可打开输入法工具栏的快捷菜单。有关输入法的使用方法可从"帮助"信息中得到。

2.4.7 更改日期和时间

在任务栏的右端显示有系统提供的日期和时间,将鼠标指针指向时间栏稍作停顿即会显示系统日期。在 Windows XP 的"控制面板"窗口中,双击"日期和时间"图标(或双击桌面"任务栏"最右边的时间指示器),打开如图 2-61 所示的"日期和时间属性"对话框,其左边是进行日期调整,其中年份的增减按钮可用来确定年份,月份下拉列表框可选定月份,然后在月历上选择某一天,完成日期的调整;其右边是时间的调整,可先用鼠标定位在时间上,再单击增减按钮来调整时间,也可在时间框中输入正确时间。若单击"时区"选项卡,进入"时区"选项页,则可从时区下拉列表框选择时区。

图 2-61 "日期和时间属性"对话框

2.5 其 他

2.5.1 常用附件

Windows XP 的"附件"应用程序是系统附带的一套功能强大的实用工具程序。通常单击"开始"按钮,鼠标指针指向"程序"菜单,再指向"附件",单击相应的程序名就启动了附件中的应用程序。下面简单介绍附件中常用的写字板、记事本、画图、图像处理和计算器。

1. 写字板

Windows XP 的写字板是一种较为有效的文字处理工具,它虽然没有 Word 功能强大,但是已能满足一般用户的字处理需求。对于在计算机中没有安装 Word 软件或者其他字处理软件的用户可以用它进行有效的文字处理工作。

从"附件"中选择"写字板",即启动了"写字板"应用程序,可以看到"写字板"窗口有标题栏、菜单栏、工具栏、格式栏、滚动条等等。从"文件"菜单中选择"退出"或单击窗口右上角上的关闭按钮,均可退出写字板应用程序。若本次在写字板中修改过文件,退出前系统会提示是否要存盘。若本次新建了一个文件,还将提示输入文件名等。

2. 记事本

"记事本"是一个简单的文本编辑器。使用起来非常方便,适于备忘录、便条等。功能虽比不上写字板,但是它运行速度快、占用空间小,显得小巧玲珑,很实用。Windows XP 的"记事本"新增了一项功能,可以选择不同的字体和大小来显示内容。

(1) 创建一个新文件

单击"附件"下的"记事本"选项,打开了一个空白的"无定标题——记事本"文档编辑窗口。

(2) 打开一个文件

双击已有的文本文件(.TXT)或把文本文件拖放到记事本窗口,无论原来记事本窗口是否有文件,都会打开这个文件。

(3) 保存文件

方法一:已保存过的文件,单击"文件"菜单中的"保存"命令。如是一个未存过盘的新文件,回答系统提问的文件名后,若不给扩展名,则系统自动加扩展名.TXT。

方法二:单击"文件"菜单下的"另存为",在"另存为"对话框中输入文件名,单击"保存"按钮即可。此方法实际上相当于复制了一个文件。

在编辑过程中,可以选定文本块,进行剪切、复制、粘贴等操作。

"格式"菜单中的"自动换行"选项,是一个开关命令。选中此项后,在输入文字的过程中按当前窗口的宽度进行自动换行。

3. 画图

Windows XP 的"画图"附件是一种位图程序,有一整套绘制工具和范围比较宽的颜色。单击"附件"下的"画图"选项,就打开了画图应用程序窗口。

在画图窗口,工作空间也称为画布,在此可以绘制图片。画布的左边是工具框,含有一套绘制工具。画布的左下方是颜料盒,有 28 种颜色可以用来选择。左边是选择器,在此可以选择线宽或画笔尖的宽度。要绘制时,先选择一种工具、颜色及线宽,然后就可在画布上开始绘制。绘制很简单,就是定位、单击及拖动的操作。

下面介绍一些使用工具箱时的常用技巧:

- 在使用多数绘图工具时,鼠标左键的功能与鼠标右键的功能恰巧相反。例如,使用"直线"工具时,鼠标左键使用前景色绘制,而鼠标右键则使用背景色绘制。如果鼠标左键为当前绘制按键,则鼠标右键就为取消按键。
- 多数工具(包括"裁剪"工具和"选定"工具)都可以使用鼠标右键来取消当前操作。要取消当前正在绘制的图形,在释放鼠标左键之前单击鼠标右键即可。
- 要撤销更改,可以执行"编辑"菜单中的"撤销"命令,或者直接按 Ctrl+Z 键,最多可以撤销 3 次。
- 多数工具在与 Shift 键同时使用时往往具有特殊的功能。例如,无论是使用"刷子"工具还是"铅笔"工具,在拖拽鼠标的同时按住 Shift 键,就可以画出一条水平线、垂直线或斜线(45°)。

绘图时,"画图"程序使用前景颜色来画线和图形边框,用背景颜色来填充图形。线和边框的宽度取决于所选择的线宽。

使用时,如果不了解工具箱中某种工具的用途,只要将鼠标停留在该工具上,过两秒钟后就会出现工具的名称提示。如果需要更多的帮助,可以从"帮助"菜单中选择"帮助主题"命令,然后寻找所需要的帮助信息。

"画图"程序不仅提供了诸如画线和几何图形的工具,同时还提供了许多用于处理图像的工具。请注意菜单栏上的各种命令,这些命令可以完成下列工作:

- 旋转、扭曲或者拉伸一幅图像的选定部分。例如,可以创建一个倾斜的商标或信首。
- 编辑调色板或将一个已经创建的调色板指定给一幅图像。
- 去掉"工具箱"、"颜料盒"和"状态栏",以便查看整个位图。
- 对选定的图像进行"反色"处理。

4. 计算器

单击"附件"下的"计算器"选项,就会启动计算器程序。

计算器有"标准型"与"科学型"两种类型,单击"查看"菜单中的"标准型"或"科学型"可进行类型选择,见图 2-62。标准型计算器是按输入顺序计算,科学型计算器是按运算规则计算。科学型计算器可进行二进制、八进制、十进制、十六进制间的转换等操作。

一旦在"计算器"上完成了一次运算,就可以将结果复制到剪贴板上,然后在另一应用程序或文档中使用这一结果。

2.5.2 Windows XP 多媒体附件

媒体(Media)就是处理信息的载体。多媒体(Multimedia)就是文字、声音、图表、图形和图像等各

图 2-62 计算器窗口

种信息数字化并综合成一种全新的媒体。

多媒体技术是一门综合性技术,它融半导体技术、电子技术、视频技术、通信技术、软件技术等高科技于一体。因此,多媒体计算机具有计算机、录像机、录音机、音响、游戏机、传真机等性能。应由计算机、DVD驱动器(光驱)、通信与控制端口、声卡(用于播放音频信息数据)和解压缩卡(把经过压缩的视频信息播放出来)、多媒体操作系统及应用软件等构成。

多媒体计算机能处理数字、文字、声音、图像等。多媒体技术的关键特征是具有交互性,通过人机对话进行人工干预控制。如:慢镜头、截取图片等。

Windows XP 是支持多媒体计算机的高性能操作系统,不仅有比较完善的多媒体设备管理功能,而且也提供了许多实用的多媒体程序。

1. 录音机

"录音机"是用于数字录音的多媒体附件。它不仅可以录制、播放声音,还可以对声音进行编辑及特殊效果处理。在录制声音时,需要一个麦克风,大多数声卡都有麦克风插孔,将麦克风插入声卡就可以使用"录音机"了。

启动"录音机"的方法是:选择"开始/程序/附件/娱乐/录音机"命令,即可出现"录音机窗口"。

2. 音量控制

在大多数装有声卡的计算机上,Windows XP"任务栏"右端的提示区中有一个"音量控制"图标。"音量控制"提供了 Windows XP 最好的多媒体特性之一:即时的静音功能。如果要用最快的速度关闭所有的声音,只需单击"任务栏"上的音量控制图标,然后在"音量控制"窗口选择"静音"复选框即可。

音量控制系统的启动方法有两种:

- 双击"任务栏"上的音量控制图标。
- 选择"开始/程序/附件/娱乐/音量控制"命令,就可以打开"音量控制"窗口。

3. Windows Media Player

Windows Media Player 是一通用的播放机,可用于接收以当前最流行格式制作的音频、视频和混合型多媒体文件。Windows Media Player 不仅可以播放本地的多媒体类型文件,而且可以播放来自 Internet 或局域网的流式媒体文件。Windows Media Player 支持表2-7 所列出的文件,即当双击文件图标或通过 Web 页中的链接打开具有这些扩展名之一的文件时,Windows Media Player 将自动启动。

启动"Windows Media Player"的方法是:选择"开始/程序/附件/娱乐/Windows Media Player"命令,即可出现"Windows Media Player"窗口。

表 2-7 Windows Media Player 支持的媒体文件

文 件 格 式	扩 展 名
Microsoft Windows Media Player 格式	.AVI、.ASP、.ASX、.RMI、.WAV、.WMA、.WAX
Moving Pictures Experts Group(MPEG)	.MPG、.MPEG、.MIV、.MP2、.MP3、.MPA、.MPE
Musical Instrument Digital Interface(MIDI)	.MID、.RMI
Apple Quick Time(R),Macintosh(R)AIFF Resource	.QT、.AIF、.AIFC、.AIFF、.MOV
UNIX 格式	.AU、.SND

2.5.3 文件夹的共享

如果要使网络上的计算机使用其他计算机的资源,就必须共享计算机的一些文件和设备。设置共享本机资源时注意不要把重要的或私人的信息共享,假如要共享,也要设置用户权限。最好不要把本机的整个驱动器共享,因为这样当其他用户访问本机时会降低本机的速度。

在 Windows 2000 中,设置文件夹的共享属性非常方便,只需右击该文件夹,在弹出的快捷菜单中选择"属性"命令,在弹出的对话框中切换到"共享"选项卡即可进行设置。但在 Windows XP 下这种方法却行不通了,其实通过一些简单的修改,在 Windows XP 中也能像在 Windows 2000 中那种轻松设置共享文件夹。具体修改方法是:

在资源管理器中,选择"工具/文件夹选项"命令,在弹出的"文件夹选项"对话框中切换到"查看"选项卡,然后取消选中"高级设置"中的"使用简单文件共享(推荐)"复选框,单击"确定"按钮后,再右击任意一文件夹或磁盘分区,在弹出的快捷菜单中选择"共享和安全"命令,就出现了类似 Windows 2000 的"共享"设置界面,这样可以轻松设置该共享文件夹的名称和允许的最大用户访问数量,当然还可以进一步设置"权限"和"缓存",只需单击相应的按钮即可完成,如图 2-63 所示。

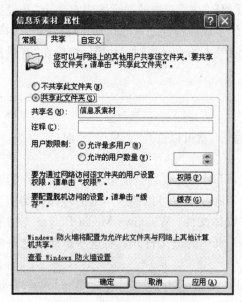

图 2-63 设置文件夹的共享

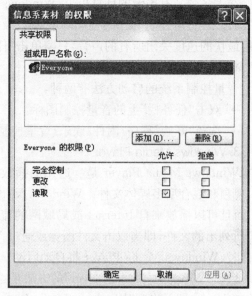

图 2-64 权限设置对话框

- 共享名:设置该驱动器或文件夹在网络共享中的名称。
- 注释:添加共享资源的说明文字。以后在网络中浏览该共享资源时,说明文字会显示出来。
- 用户数限制:可以设置访问的用户为最多用户或在"允许"旁边的框内输入可以最多访问的用户的个数。
- 如果用户要设置权限来控制其他用户访问该文件夹的方式,单击"权限"按钮,出现如图 2-64 所示的对话框,在"组或用户名称"栏可以通过"添加"或"删除"按钮输入访问该文件夹的用户,默认情况下为 Everyone。选中要设置权限的用户,在"权限"栏中设置该用户的访问权限。

• 结束设置后单击"确定"按钮,该资源的图标下方会出现一只手以区分共享资源和非共享资源,如图 2-65 所示。

图 2-65 共享资源标记

2.5.4　了解注册表

注册表是 Windows 操作系统的一个重要组成部分,其中存放了 Windows 操作系统中的各种配置参数、Windows 各个功能模块及安装的各种应用程序等信息。用户可以使用注册表实现自己定制个性化的 Windows,解决 Windows 运行中所出现的一些错误,优化系统性能等。

注册表是 Windows 操作系统、各种硬件设备以及应用程序得以正常运行的核心"数据库"。

1. 注册表概述

注册表的英文名称为 registry,是登记、注册的意思,是用来保存 Windows 配置信息的数据库。几乎所有的软件、硬件以及系统设置问题都和注册表息息相关,Windows 系统通过注册表统一管理系统中的各种软、硬件资源。

Windows 通过注册表所描述的硬件的驱动程序和参数,来装入硬件的驱动程序、决定分配的资源及所分配资源之间是否存在冲突等。比如,在系统启动时,系统从注册表中读取信息,包括设备驱动程序及其加载顺序,设备驱动程序从注册表中获得配置参数,同时系统收集动态的硬件配置信息保存在注册表中等。我们可以通过注册表编辑器对注册表进行查找、编辑、修改及设置等操作。

打开注册表编辑器的操作步骤如下:

（1）选择"开始/运行"命令,打开"运行"对话框。

（2）在文本框中输入"regedit"或"regedit32",单击"确定"按钮,即可打开"注册表编辑器"窗口,如图 2-66 所示。

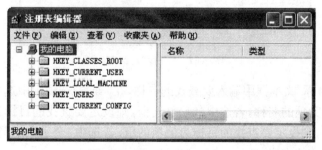

图 2-66　"注册表编辑器"窗口

（3）在该窗口的左边窗格中显示的是注册表项,右边窗格中显示的是某个注册表项的值项,包括名称、类型和数据。其中各注册表项功能说明如下:

• HKEY_CLASSES_ROOT:是 HKEY_LOCAL_MACHINE\SoftWare 的子项。此处存储的信息可以确保在使用 Windows 资源管理器时对文件操作的正确性。

• HKEY_CURRENT_USER:包含当前登录用户的配置信息的根目录。用户文件夹、屏幕颜色和控制面板等设置均存储在此处。该信息被称为用户配置文件。HKEY_CURRENT_USER 是 HKEY_USERS 的子项。

- HKEY_LOCAL_MACHINE：包含该计算机针对于任何用户的配置信息。
- HKEY_USERS：包含计算机上所有用户的配置文件的根目录。
- HKEY_CURRENT_CONFIG：包含本地计算机在系统启动时所用的硬件配置文件信息。

（4）单击左边窗口中的某个注册表项前的加号，即可展开该注册表项，显示其下面的子项。展开后该注册表项前的加号会变成减号，单击该减号可将该注册表项折叠起来。

注意：

在 Windows 系统中有两种注册表编辑器，一个是 Regedit.exe，另一个是 Regedit32.exe。

这两个注册表编辑器并没有实质的区别，在功能上是一致的。本节将以 Regedit.exe 为例来讲解注册表编辑器的使用、编辑及修改。

2. 使用注册表查找功能

查找是注册表使用过程中最经常使用的功能之一。通过查找操作，可以方便、快速地找到需要的注册表项，对其进行各种操作。

查找注册表的操作步骤如下：

（1）打开"注册表编辑器"窗口。

（2）在左边的注册表项窗格中选择一个注册表项作为查找的起点。

（3）选择"编辑/查找"命令，或按快捷键 Ctrl+F 键，打开"查找"对话框，如图 2-67 所示。

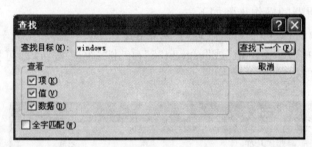

图 2-67 "查找"对话框

（4）在"查找目标"文本框中输入要查找的名称，在"查看"选项组中选中"项"复选框，则设定要查找的目标为项的名称；若选中"值"复选框，则设定要查找的目标为值项的名称；若选中"数据"复选框，则设定要查找的目标为值项的值；若选中"全字匹配"复选框，则只查找和查找目标完全一致的内容。

（5）按 Enter 键或单击"查找下一个"按钮，即可开始进行查找。

（6）查找完毕后，找到的内容将突出显示到可视范围内。

例如，要查找 HKEY_CURRENT_CONFIG 项下的 windows 子项，可执行以下操作步骤：

（1）选中 HKEY_CURRENT_CONFIG 注册表项。

（2）选择"编辑/查找"命令，打开"查找"对话框。

(3) 在"查找目标"文本框中输入"windows"。
(4) 在"查看"选项组中选中"项"复选框,选中"全字匹配"复选框。
(5) 按 Enter 键,或单击"查找下一个"按钮,即可开始进行查找。
(6) 查找结束后,即可看到该子项所在的位置为:HKEY_CURRENT_CONFIG/Software/ Microsoft/Windows,如图 2-68 所示。

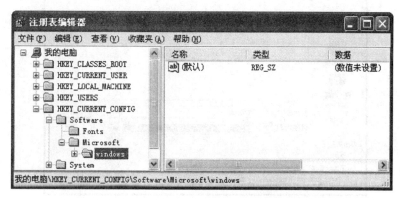

图 2-68 查找到 windows 子项

3. 使用注册表收藏夹

使用注册表收藏夹,可以方便地将一些经常使用到的注册表项添加到收藏夹中,避免反复查找,以节省时间提高工作效率。

将注册表项添加到收藏夹的操作步骤如下:

(1) 选中要添加到收藏夹的注册表项。

(2) 选择"收藏夹/添加到收藏夹"命令,打开"添加到收藏夹"对话框,如图 2-69 所示。

(3) 在该对话框中,可以使用默认的注册表项的名称,也可以给该项起一个名称以区别收藏夹中的其他项。

图 2-69 "添加到收藏夹"对话框

(4) 单击"确定"按钮,即可将该项添加到收藏夹中。

(5) 下次要使用该注册表项时,只需单击"收藏夹"菜单,在其下拉菜单中选择需要的项即可。

4. 导入和导出注册表内容

在 Regedit.exe 注册表编辑器中提供了注册表的导入和导出功能,用户可以将注册表项导出为普通的文本文件,通过普通的编辑软件(如记事本、写字板或 Microsoft Word 等)进行查看和编辑修改,然后将编辑修改后的注册表文件再导入到注册表中,即可达到间接修改注册表的目的。

(1) 将注册表项导出为普通文本文件

① 选中要导出的注册表项。

② 选择"文件/导出"命令,打开"导出注册表文件"对话框,如图 2-70 所示。

③ 在"保存在"下拉列表框中可选择所导出的注册表文件的存放位置,在"文件名"下拉

图 2-70 "导出注册表文件"对话框

列表框中可输入导出的注册表文件的名称,在"导出范围"选项组中,可选中"全部"或"所选分支"单选按钮,确定要导出的是全部注册表文件还是只导出所选的注册表项文件。

④ 单击"保存"按钮,即可导出所选的注册表文件。

(2) 查看导出的注册表文件

① 双击"我的电脑"图标,定位到所导出的注册表文件。

② 右击该注册表文件,在弹出的快捷菜单中选择"编辑"命令,则用默认的记事本程序打开该注册表文件。若不想用记事本程序打开注册表文件,也可以右击该注册表文件,在弹出的快捷菜单中选择"打开方式/选择程序"命令,选择打开注册表文件的程序(例如"写字板"程序)。在打开的注册表文件中,用户可对其进行查看、编辑和修改,如图 2-71 所示。

(3) 将修改后的注册表文件导入到注册表中

将修改后的注册表文件导入到注册表中,才能达到对注册表进行修改的目的。其操作

图 2-71 用写字板程序打开注册表文件

步骤如下：
① 打开注册表编辑器，选择要将注册表文件导入到的注册表项。
② 选择"文件/导入"命令，弹出"导入注册表文件"对话框，如图 2-72 所示。

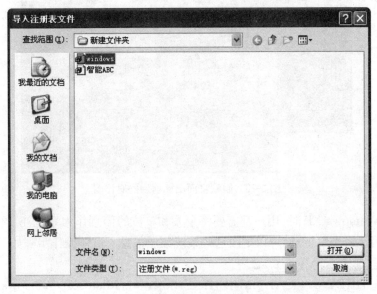

图 2-72 "导入注册表文件"对话框

③ 在该对话框中选择要导入的注册表文件，单击"打开"按钮。
④ 弹出"注册表编辑器"对话框，该对话框中显示了已被成功地导入到注册表的信息，单击"确定"按钮即可。

5. 注册表编辑器应用实例

（1）更改注册表隐藏桌面图标

利用注册表编辑器，可以将桌面上的各种图标隐藏起来，使桌面上只剩下"开始"按钮和任务栏。具体操作步骤如下：

① 打开注册表编辑器。
② 选择 HKEY_CURRENT_USER/Software/Microsoft/Windows/Current Version/Policies/ Explorer 注册表项。
③ 右击 Explorer 注册表项，在弹出的快捷菜单中选择"新建/DWORD 值"命令，新建一个类型为 REG_DWORD 的值项。
④ 将该值项命名为"NoDesktop"。
⑤ 双击该值项，在弹出的"编辑 DWORD 值"对话框的"数值数据"文本框中输入数据"1"，在"基数"选项组中选中"十六进制"单选按钮。
⑥ 设置完毕后，单击"确定"按钮。
⑦ 重新启动计算机即可应用设置。图 2-73 显示了隐藏桌面图标前后的对比图。

若要恢复桌面图标的显示，可在注册表编辑器中找到该 NoDesktop 值项，将其删除，重新启动计算机即可。

（2）使用注册表编辑器更改系统注册信息

图 2-73 隐藏桌面图标前后的对比图

在安装 Windows XP 时,用户都需要将个人和单位的信息作为系统注册信息输入到计算机中。使用注册表编辑器,可以更改这些系统注册信息。具体操作步骤如下:

① 打开注册表编辑器。

② 选择 HKEY_LOCAL_MACHINE/Software/Microsoft/Windows NT/CurrentVersion 注册表项。

③ 在其右边的值项窗格中,双击 RegisteredOwner 值项,打开"编辑字符串"对话框。

④ 在"数值数据"文本框中更改个人的信息,单击"确定"按钮即可。

⑤ 双击 RegisteredOrganization 值项,打开"编辑字符串"对话框。

⑥ 在"数值数据"文本框中更改单位信息,单击"确定"按钮即可。图 2-74 显示了更改系统注册信息前后"系统特性"对话框中"常规"选项卡中注册信息的对比。

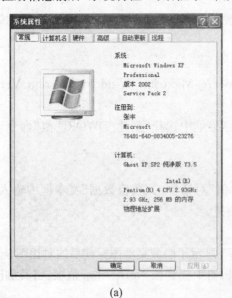

(a)

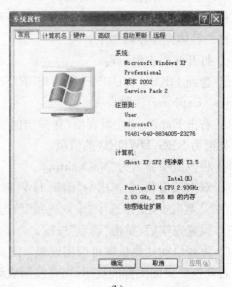

(b)

图 2-74 更改系统注册信息前后的对比图

（3）清除"开始"菜单"运行"对话框中的信息

若用户在"开始"菜单"运行"对话框中启动过程序，那么该程序命令将被保存到注册表中，可以通过单击"运行"文本框右边的小箭头，查看所有输入过的信息。这本是 Microsoft 公司为方便用户使用而设计的，但是有时为了安全起见，用户可以通过修改注册表中的相关值项，删除这些信息。

清除"开始"菜单"运行"对话框中的信息，可执行以下操作步骤：

① 打开注册表编辑器。

② 选择 HKEY_CURRENT_USER/Software/Microsoft/Windows/Current Version/Explorer/ RunMRU 注册表项。

③ 在其右边的值项窗格中显示了所有曾运行过的程序命令，其中每个值项记录了一个程序命令，值项的名称从 a 开始依次排列。在值项 MRUlist 中记录了所运行的程序命令的顺序。

④ 若用户以后都不想在"运行"对话框中显示所运行过的程序信息，可将 RunMRU 注册表项删除。

⑤ 若用户只是想将"运行"对话框中已有的程序信息删除，可将值项窗格中相关的值项删除。

⑥ 设置完毕后，重新启动计算机即可。

（4）通过修改注册表禁止运行某些程序

用户可以通过修改注册表，来禁止运行某些具有危险性或不想让其运行的程序，以达到维护系统安全性的目的。

通过修改注册表禁止运行某些程序，可执行以下操作步骤。

① 打开注册表编辑器。

② 选择 HKEY_CURRENT_USER/Software/Microsoft/Windows/Current Version/Policies/ Explorer 注册表项。

③ 右击 Explorer 注册表项，在弹出的快捷菜单中选择"新建/DWORD 值"命令，新建一个类型为 REG_DWORD 的值项。

④ 将该值项命名为"DisallowRun"。

⑤ 双击该值项，在弹出的"编辑 DWORD 值"对话框的"数值数据"文本框中修改数值为"1"，"基数"选项组中选中"十六进制"单选按钮。

⑥ 右击 Explorer 注册表项，在弹出的快捷菜单中选择"新建项"命令，新建一个 Explorer 注册表项的子项。

⑦ 将该子项命名为"DisallowRun"。

⑧ 右击该子项，在弹出的快捷菜单中选择"新建/字符串值"命令，新建一个类型为 REG_SZ 的值项。

⑨ 将该值项命名为"1"，双击该值项，在弹出的"编辑字符串"对话框的"数值数据"文本框中输入要禁止运行的程序名称。例如要禁止运行记事本程序，可输入"Notepad.exe"。

⑩ 若要禁止多个程序，重复步骤⑧和⑨即可。

设置完毕后，重新启动计算机即可。被禁止的程序，若通过"开始"菜单或资源管理器运行，则会出现如图 2-75 所示的"限制"对话框。

图 2-75　隐藏桌面图标前后的对比图

注意：

值项的类型是不可修改的。被禁止的程序选择"开始/程序/附件/命令提示符"命令，在"命令提示符"对话框中输入程序名称，仍然可以运行。

(5) 修改注册表禁止使用控制面板

通过修改注册表，用户还可以禁止其他用户使用控制面板。具体操作步骤如下：

① 打开注册表编辑器。

② 选择 HKEY_CURRENT_USER/Software/Microsoft/Windows/Current Version/Policies/ Explorer 注册表项。

③ 右击该注册表项，在弹出的快捷菜单中选择"新建/DWORD 值"命令，新建一个类型为 REG_DWORD 的值项。

④ 将该值项命名为"NoControlPanel"，双击该值项，在弹出的"编辑 DWORD 值"对话框的"数值数据"文本框中输入"1"，在"基数"选项组中选中"十六进制"单选按钮。

⑤ 单击"确定"按钮。

⑥ 设置完毕后，重新启动计算机即可。这时在"开始"菜单中的"控制面板"命令将不再显示。

(6) 禁用控制面板中的某些项目

若用户不想将整个控制面板都设置为禁用，通过修改注册表也可以只禁用控制面板中的某些项目。禁用控制面板中的某些项目可执行以下操作步骤：

① 打开注册表编辑器。

② 选择 HKEY_CURRENT_USER/Software/Microsoft/Windows/Current Version/Policies/ Explorer 注册表项。

③ 右击该注册表项，在弹出的快捷菜单中选择"新建/DWORD 值"命令，新建一个类型为 REG_DWORD 的值项。

④ 将该值项命名为"DisallowCpl"，双击该值项，在弹出的"编辑 DWORD 值"对话框的"数值数据"文本框中输入"1"。

⑤ 右击 Explorer 注册表项，在弹出的快捷菜单中选择"新建/项"命令，新建一个 Explorer 注册表项的子项。

⑥ 将该子项命名为"DisallowCpl"，右击该子项，在弹出的快捷菜单中选择"新建/字符值"命令，新建一个类型为 REG_SZ 的值项。

⑦ 将该值项命名为"1"，双击该值项，在弹出的"编辑字符串"对话框的"数值数据"文本框中输入要禁止使用的控制面板项目。例如，输入显示项所对应的文件名"desk.cpl"。

⑧ 设置完毕后，重新启动计算机即可。这时控制面板中将不显示"显示"图标，如图 2-76 所示。

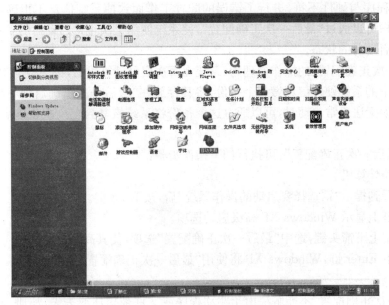

图 2-76　禁止显示"显省"图标

（7）使用注册表隐藏指定的驱动器

利用注册表编辑器用户可以将指定的驱动器图标从"我的电脑"窗口中去除，将其隐藏起来，以达到防止他人访问指定驱动器的目的。

使用注册表隐藏指定的驱动器可执行以下操作步骤：

① 打开注册表编辑器。

② 选择 HKEY_CURRENT_USER/Software/Microsoft/Windows/Current Version/Policies/ Explorer 注册表项。

③ 右击 Explorer 注册表项，在弹出的快捷菜单中选择"新建/DWORD 值"命令，新建一个类型为 REG_DWORD 的值项，命名为"NoDrives"。

④ 双击该值项，在弹出的"编辑 DWORD 值"对话框的"数值数据"文本框中输入数值，在"基数"选项组中选中"十六进制"单选按钮。

注意：

"数值数据"文本框中输入的数值从第 0 位到第 25 位，共 26 个字符位，分别代表驱动器 A 到驱动器 Z。例如第 0 位为 1，表示隐藏驱动器 A；若输入数据 4，则隐藏驱动器 C；若输入数据 8，则隐藏驱动器 D。

⑤ 设置完毕后，重新启动计算机即可应用设置。这时在"我的电脑"窗口中可以看到相应的驱动器将不再显示。

注意：

隐藏后的驱动器，虽然在"我的电脑"、"网上邻居"、"资源管理器"等窗口中都没有显示，但用户仍可以通过在资源管理器的地址栏中输入驱动器号或在"命令提示符"窗口中输入驱动器号，访问该驱动器。

6. 还原注册表信息

"最后一次正确配置"是 Windows 提供的一个从问题中解决某些问题的方法，例如，新添加的驱动程序与硬件不符,进行了错误的配置工作而致使系统信息不正确,无法正常启动。这时用户可以通过"最后一次正确配置",使系统使用上次正常启动时的备份信息,恢复到上次正常启动时的状态。

"最后一次正确配置"的操作原理为:系统在每次启动计算机后,都会自动地将该次启动后的注册表中的系统硬件信息做一个备份,将其存放在"最后一次正确启动"控制集中。当系统出现错误无法正常启动时,可以通过这个备份将系统恢复到上一次正确启动计算机时的状态。

使用"最后一次正确配置",可执行如下操作步骤:
(1) 启动计算机。
(2) 当看到提示"请选择要启动的操作系统"后,按下 F8 键。
(3) 屏幕上显示 Windows XP 高级启动选项。
(4) 使用上下箭头键,选中"最后一次正确配置"选项,使其高亮显示。
(5) 按下 Enter 键,Windows XP 将使用"最后一次正确配置"启动计算机。

注意:
"最后一次正确配置"不能解决由于驱动程序或文件被损坏或丢失、注册表文件损坏或注册表内容错误而导致的问题。

选择"最后一次正确配置"启动计算机时,Windows XP 只是还原注册表项 HKEY_LOCAL_MACHINE /SYSTEM /CurrentControlSet 中的信息。其他任何在注册表中所作的更改均保持不变。

2.5.5 Windows XP 的帮助系统

经过前面的介绍,读者应该已经掌握了 Windows XP 的各项基本操作,但如果需要使用 Windows XP 的一些特殊功能,或者需要使用最新的 Windows XP 怎么办?

一要能够根据前面介绍的内容举一反三,大胆尝试;二是借助 Windows 非常强大的在线帮助系统。充分利用帮助信息可以获取软件的基本信息和学习使用软件的各种功能,熟练使用软件系统的帮助信息也是计算机操作的基本功。

在 Windows XP 下有形式不同的帮助系统,获取帮助信息的方法也不同。

1. 通过"开始"菜单中"帮助和支持"命令获得帮助信息

Windows XP 提供了功能强大的帮助系统,在使用计算机的过程中遇到疑难问题无法解决时,可以在帮助系统中寻找解决问题的方法。在帮助系统中不但有关 Windows XP 操作与应用的详尽说明,而且可以在其中直接完成对系统的操作。不仅如此,基于 Web 的帮助还能使用户通过互联网享受 Microsoft 公司的在线服务。

选择"开始/帮助和支持"命令后,即可打开"帮助和支持中心"窗口,在这个窗口中会为用户提供帮助主题、指南、疑难解答和其他支持服务。帮助系统以 Web 页的风格显示内容,以超链接的形式打开相关的主题,这样可以很方便地找到用户所需要的内容,快速了解 Windows XP 的新增功能及各种常规操作。

在"帮助和支持中心"窗口的最上方是浏览栏,其中的选项方便用户快速地选择自己所需要的内容,如图 2-77 所示。

当想返回到上一级目录时,单击 ◀ 按钮;如果向前移动一页,单击 ▶ 按钮;在这两个按

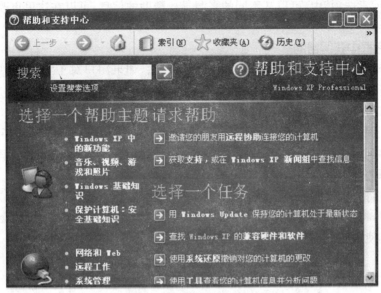

图 2-77 "帮助和支持中心"窗口

钮旁边有黑色向下的箭头,单击箭头会出现曾经访问过的主题,也可以直接从中选取,这样就不用逐步后退了。当单击 按钮时,会回到窗口的主页,单击"收藏夹"按钮能快速查看已保存过的帮助页,而单击"历史"按钮则可以查看曾经在帮助会话中读过的内容。

在窗口的"搜索"文本框中,可以设置搜索选项进行内容的查找。直接在"搜索"文本框中输入要查找内容的关键字,然后单击 按钮,可以快速查找到结果。

在"请求帮助"选项组中可以启用远程协助向别的计算机用户求助,也可以通过 Microsoft 联机帮助支持向在线的计算机专家求助,或从 Windows XP 新闻组中查找信息。

在"选择一个任务"选项组中可利用提供的各选项对自己的计算机系统进行维护。比如可以使用工具查看计算机信息来分析出现的问题。

在"您知道吗"选项内,可以启用新建连接向导,并且查看如何通过互联网服务提供商建立一个网页连接。

也可以使用帮助系统的"索引"功能来进行相关内容的查找。在"帮助和支持中心"窗口的浏览栏上单击"索引"按钮,这时将切换到"索引"页面,在"索引"文本框中输入要查找的关键字,或者直接在其列表中选定所需要的内容,然后单击"显示"按钮,在窗口右侧即会显示该项的详细资料。

如果我们连入了 Internet,则可以通过远程协助获得在线帮助或者与专业支持人员联系。在"帮助和支持中心"窗口的浏览栏上单击"支持"按钮,即可打开"支持"页面,用户可以向自己的朋友求助,或者直接向 Microsoft 公司寻求在线协助支持,还可以和其他的 Windows 用户进行交流。

"帮助和支持中心"窗口是可以自定义的,在窗口的浏览栏上单击"选项"按钮,就可打开"选项"页面,在"更改'帮助和支持中心'选项"中可以自定义帮助系统的窗口,比如是否在浏览栏上显示"收藏夹"和"历史"这两个按钮,帮助显示内容的字体大小以及在浏览栏上是否显示文字选项卡等。

在"设置搜索选项"中,可以从不同的来源寻找帮助的信息,可以在这里更改搜索范围等各种选项。

2. 从对话框中获得帮助

Windows XP 在对话框中提供"这是什么?"帮助。如果用户对于对话框中的元素的作用和语法不清楚,随时可以要求"这是什么?"帮助。

有三种方法启动"这是什么?"帮助。

第一种是用鼠标单击对话框标题栏中右上角的帮助按钮,光标将变为问号形状,将这个光标移到对话框中的项目上,单击鼠标左键,就可以显示对于这个对话框元素的帮助信息。在屏幕的任意位置单击鼠标即可关闭弹出的帮助窗口。

第二种是将光标指向某一个对话框元素,单击鼠标右键,就出现一个显示为"这是什么(W)?"的按钮,将光标移到这个按钮上,如图 2-78 所示。单击左键或右键,就会弹出相应对话框元素及其使用的说明。

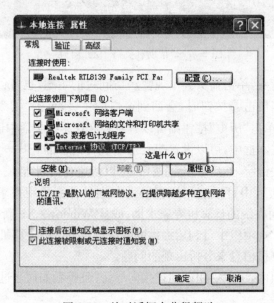

图 2-78 从对话框中获得帮助

第三种是反复按 Tab 键或 Shift+Tab 键,将虚框在各元素之间移动,直到所需位置,然后按 F1 键,就可显示相应的帮助信息。

三种方法的效果是相同的。

所获得的对话框元素的帮助信息是可以打印和复制的。只要在所显示的框内单击右键,在快捷菜单上选择"打印主题"或"复制",可以打印或复制所显示的帮助信息。

用鼠标单击帮助信息文本框之外的任意位置即可关闭弹出的帮助窗口。

如果对话框没有问号按钮,就可单击"帮助",或按"F1"键,也能得到相关的信息。

习 题 2

一、选择题

1. 在 Windows XP 中,窗口的类型有文件夹窗口、应用程序窗口和(　　)。
   A. 我的电脑窗口　　B. 资源管理器窗口　C. 桌面　　　　　D. 文档窗口
2. 在菜单中,前面有"√"标记的项目表示(　　)。
   A. 复选选中　　　　B. 单选选中　　　　C. 有级联菜单　　D. 有对话框
3. 在菜单中,前面有"·"标记的项目表示(　　)。
   A. 复选选中　　　　B. 单选选中　　　　C. 有级联菜单　　D. 有对话框
4. 在菜单中,后面有"▶"标记的命令表示(　　)。
   A. 复选选中　　　　B. 单选选中　　　　C. 有级联菜单　　D. 有对话框
5. 在菜单中,后面有"…"标记的命令表示(　　)。
   A. 复选选中　　　　B. 单选选中　　　　C. 有级联菜单　　D. 有对话框
6. 在当前盘的某个文件夹中存放有文件"第 1 章 计算机基础知识.DOC",现利用"搜索"命令查找该文件,在"搜索"对话框的"名称"文本框应输入(　　)。
   A. 计算机*.DOC　　　　　　　　　B. *计算机*.DOC
   C. 计算机?.DOC　　　　　　　　　D. ?计算机?.DOC
7. 快捷方式确切的含义是(　　)。
   A. 特殊文件夹　　　　　　　　　　B. 特殊磁盘文件
   C. 各类可执行文件　　　　　　　　D. 指向某对象的指针
8. 剪贴板是在(　　)中开辟的一个特殊存储区域。
   A. 硬盘　　　　　　B. 外存　　　　　　C. 内存　　　　　D. 窗口
9. 回收站是(　　)。
   A. 硬盘上的一个文件　　　　　　　B. 内存中的一个特殊存储区域
   C. 软盘上的一个文件夹　　　　　　D. 硬盘上的一个文件夹
10. "控制面板"窗口(　　)。
    A. 是硬盘系统区的一个文件　　　　B. 是硬盘上的一个文件夹
    C. 是内存中的一个存储区域　　　　D. 包含一组系统管理程序

二、思考题

1. 是否可以通过直接切断主机电源的方式关闭计算机,为什么?
2. 举例说明 Windows XP 中常见鼠标操作的种类和功能。
3. 分析绝对路径和相对路径的区别。
4. 什么是剪贴板?剪贴板在复制、移动文件的过程中起什么作用?
5. 说明快捷方式的作用。从图标上如何区别快捷方式和普通文件?

第 3 章　Word 2003 文字处理

Microsoft Office 2003 是 Microsoft 公司推出的 Office 系列软件包中的成员,主要包括:六个基本的应用程序,即 Word、Excel、PowerPoint、Access、FrontPage、Outlook;两个工具程序,即活页夹和照片编辑器。

Word 2003 是字处理程序,也是 Office 2003 中最常用的程序。在 Word 中,用户可以对文字、图形、表格、数学公式、艺术字等对象按所需要的格式进行排版,然后生成包括论文、书信、备忘录、日历、简历在内的多种文档,并且还可以将文档送入打印机进行打印输出,或者制成网页发送到 Internet 上。

本章主要内容安排如下:

1. 文档的基本操作。
2. 文本输入和基本编辑。
3. 文档的排版,介绍视图的概念,字符格式、段落格式设置,样式的创建与使用,分栏操作,页面排版等操作。
4. 表格的制作,介绍了表格的创建、编辑、设置,表格计算,表格与文本的转换等操作。
5. 图文混排,介绍了在文档中插入图片、艺术字、公式、自制图形、对象嵌入与链接等图文混排操作。

3.1　Word 2003 概述

3.1.1　Word 2003 的主要功能

1. 文件管理功能

Word 2003 可以搜索用户需要的特定类型的文件;并对这些文件同时进行编辑、打印、删除等操作;Word 2003 文件格式转换功能可以使 Word 6.0、Word 7.0、Word 97 之间的文档进行格式转换。

2. 编辑功能

Word 2003 可以自动更正错误、自动套用格式、自动检查并指示输入时中英文词语错误和语法错误;具有"即点即输"功能,使用的剪贴板可保存多达 12 个对象;它的查找功能不仅能对字、词进行查找,还可以对样式、某种特定段落进行查找,能实现中文简体和繁体之间的转换,还具有记忆式键入、自动编写文档摘要等编辑功能,使用户可以方便、快捷地进行各种编辑工作。

3. 版面设计功能

因其保留了"所见即所得"功能，因而可完整地显示字体、字号、页眉和页脚、图形、表格、图表和文字，并且可以分栏编辑。

4. 表格处理功能

Word 2003 的表格工具栏提供了方便自如地绘制各种表格、多种拆分和合并表格（单元格）的功能，更可以在表格内嵌套表格，可随时对表格进行调整格式化，自动套用表格格式，方便地进行统计、排序及生成各种图表。

5. 图形处理功能

Word 2003 不仅可以在编辑的文档中插入不同的应用程序所生成的图形文件，还提供了剪辑库的图片，可以方便地插入到文档中；并且还提供了一套新的绘图和图形功能，用于美化文字和图形，使之具有三维效果、阴影效果、填充及水印效果等。

6. 网络功能

Word 2003 还具有很强的网络功能，利用 Word 可直接编写 Web 页面，并可存取为 Html 文件，同时，也可对编辑好的文档用电子邮件的形式直接发送到世界各地而不需启动 Outlook。

3.1.2 启动 Word 2003

Word 2003 的启动有多种方法，常用的有：

1. 常规方法启动。

常规启动 Word 的方法实际上就是在 Windows 下运行一个应用程序。具体步骤如下：

（1）单击"开始"按钮，打开"开始"菜单；

（2）将鼠标指针移动到"所有程序"菜单项，打开"所有程序"级联菜单；

（3）将鼠标指针移动到"所有程序"级联菜单中的 "Microsoft Offices Word 2003"项并单击，即可启动；

2. 通过双击 Windows 桌面上的快捷方式 启动。

3. 双击扩展名为".doc"的文档启动。

3.1.3 退出 Word 2003

结束 Word 操作即退出 Word 应用程序，有以下几种方法：

（1）双击 Word 窗口左上角的"控制菜单"图标，或单击"控制菜单"图标，选择其中"关闭"命令；

（2）单击 Word 窗口右上角的"关闭"按钮；

（3）选择"文件"菜单的"退出"命令。

（4）按快捷键 Alt＋F4

注意：当执行退出 Word 操作时，如有文档输入或修改后尚未保存，那么 Word 将会提示是否保存文档，选择"是"，则保存，选择"否"，将放弃当前的输入或修改，选择"取消"，则继续进行编辑工作。

3.2 Word 2003 的窗口的组成

3.2.1 Word 2003 的窗口的组成

启动 Word 2003 后,屏幕上将出现 Word 2003 应用程序窗口,如图 3-1 所示。它由标题栏、菜单栏、工具栏、标尺、状态栏、滚动条等组成。对窗口中各元素说明如下:

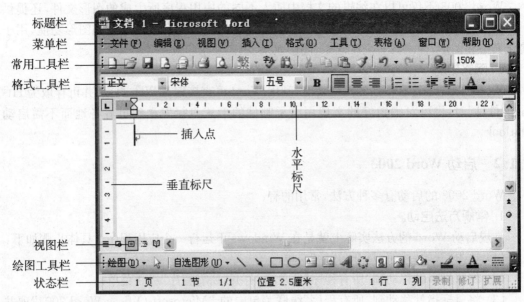

图 3-1　Word 2003 窗口

1. 标题栏

标题栏位于 Word 窗口最上方,标题栏中包含有:

(1)"控制菜单"图标。单击它可下拉出 Word 窗口的控制菜单,完成对 Word 窗口的最大化、最小化、还原、移动、改变大小和关闭等操作。双击它可以退出 Word。

(2)窗口标题。用于显示文档名和应用程序名称——Microsoft Word。

(3)最大化、最小化(或还原)和关闭按钮。实现窗口的最大化、最小化或还原显示,关闭按钮可关闭应用程序。

2. 菜单栏

菜单栏位于标题栏下方,菜单栏是命令菜单的集合。所有命令菜单分为九大类,分别是"文件"、"编辑"、"视图"、"插入"、"格式"、"工具"、"表格"、"窗口"、"帮助",调用菜单命令的方法有三种:鼠标、键盘、快捷键。各元素意义如图 3-2 所示。

3. 工具栏

包含了常用菜单命令的按钮,与菜单相比使用起来更方便。Word 2003 共提供了 30 组工具栏,打开 Word 2003 后一般会显示"常用"和"格式"工具栏。可以用以下方法设置工具栏的显示:

在菜单栏选择"视图"下拉菜单的"工具栏"项或在工具栏上单击鼠标右键,出现如图3-3

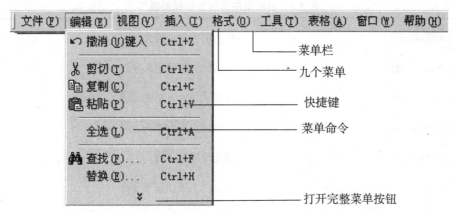

图 3-2　Word 2003 菜单

所示的列表,可从中选择要显示的工具栏。单击左边有对号(√)的则撤销正在显示的该工具栏。

4. 标尺

标尺分为水平标尺和垂直标尺,用于显示文档中各种对象在窗口中的位置以及用来设置制表位、段落、页边距尺寸、左右缩进、首行缩进等。标尺两端的灰色部分表示页边界。

5. 文档编辑区

文档编辑区是指格式工具栏以下和状态栏以上的一个区域。在 Word 窗口的编辑区中可以进行文档录入和编辑或排版等。Word 窗口的工作区中可以打开一个或多个文档,每个文档有一个独立的窗口,在任务栏中有一个相应的文档按钮。

6. 视图按钮

视图就是查看文档的方式。同一个文档可以在不同的视图下查看,虽然文档的显示方式不同,但是文档的内容是不变的。视图有普通视图、Web 版式视图、页面视图、大纲视图、阅读版式视图。对文档的操作需求的不同可选择在不同的视图下浏览。通过单击各视图按钮可以在不同的视图下查看文档。

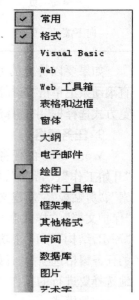

图 3-3　工具栏

7. 状态栏

位于窗口的最下面,用于指示文档的当前状态。如当前编辑页码、总页数、光标所在行行号及列号、位置。位置值是指从页面顶端到光标的距离。状态栏右端的四个呈灰色的方框各表示一种工作方式,双击某个方框可以启动或关闭该工作方式。当启动该工作方式时,该方框中的文字即呈黑色。如插入/改写状态等。

8. 滚动条

滚动条分为水平和垂直滚动条。使用滚动条中的滑块或按钮滚动工作区内的文档。可以实现如表 3-1 的操作:

表 3-1　滚动条中滑块和按钮的操作

向上滚动一行	单击向上滚动箭头
向下滚动一行	单击向下滚动箭头
向上滚动一屏	在滚动块上方单击
向下滚动一屏	在滚动块下方单击
滚动到指定页	拖动滚动块
向左滚动	单击向左滚动箭头
向右滚动	单击向右滚动箭头
向上滚动一页	单击
向下滚动一页	单击

如果要以特定的方式向上或向下滚动浏览,可在垂直滚动条上单击"选择浏览对象"按钮,然后在弹出"浏览方式选择框"中选择浏览方式,如图 3-4 所示。

9. 任务窗格

Word 2003 的任务窗格显示在编辑区的右侧,包括"开始工作"、"帮助"、"搜索结果"、"剪贴画"、"信息检索"、"剪贴板"、"新建文档"、"共享工作区"、"文档更新"、"保护文档"、"样式和格式"、"显示格式"、"邮件合并"、"XML 结构"等 14 个功能选项。Word 2003 运行后,默认的任务窗格选项为"开始工作"。通过任务窗格可以快速地选择要进行的操作,从而摆脱了单一的从菜单栏中进行操作的模式。

图 3-4　浏览方式选择框

在创建文档的过程中,如果因为任务窗格的存在影响了查看文档的整体效果,可以单击任务窗格退出按钮 ✕ 暂关闭任务窗格,需要时可以选择"视图"菜单中的"任务窗格"子菜单来显示任务窗格。

使用任务窗格过程中,单击任务窗格的下拉菜单按钮 ▼,就会出现任务窗格所包含的全部功能选项,如图 3-5所示。单击其中的任何选项后即可进行相应的功能选项。同时,还可以通过单击"返回"按钮 和"向前"按钮 在已经打开的功能选项之间切换,如果单击"起始"按钮 则可以回到"开始工作"功能选项。

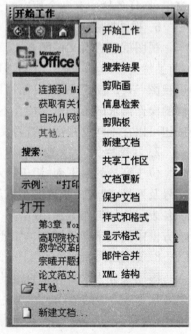

图 3-5　任务窗格

3.2.2 Word 2003 的视图

Word 提供了不同的文档查看方式：普通视图、页面视图、web 版式视图、大纲视图、文档结构图、全屏显示。还可以通过"常用工具栏"右侧的显示比例框或"视图"下拉菜单下的"显示比例"命令控制文档的显示比例，以便查看整个文档。

可以通过"水平滚动条"左侧的视图切换按钮，或"视图"下拉菜单中的命令实现不同查看方式的切换。

1. 普通视图

普通视图是进行文字输入、编辑和格式编排的默认视图。这种视图简化了版面布局以方便用户输入、编辑和设置版面格式。在普通视图下显示文档时可以看到分页符、分节符，但看不到页边距、页眉和页脚等效果，也看不见插入的图片等对象。

2. Web 版式视图

Web 版式视图是专门为浏览、编辑 Web 网页而设计的，它能够模仿 Web 浏览器来显示文档。在此视图下，可以显示文档在浏览器下的显示效果。

3. 页面视图（常用）

在页面视图下文档以页的形式显示，不仅能看到文档的全部内容，还可以看到页边距、页眉、页脚、分栏及注脚等效果。当文档包含图片、表格、图表、文本框时，应该选择在页面视图下处理，以便安排好这些对象的位置，显示"所见即所得"的打印效果。

4. 大纲视图

大纲视图适合于编辑文档的大纲，可以看到文档的结构。使用大纲视图，可以方便地重新调整文档的结构。用户可以在大纲视图中上下移动标题和文本，从而调整它们的顺序。

5. 阅读版式视图

阅读版式视图是 Word 2003 新增的一种视图方式，可以使用该视图方式对文档进行阅读。该视图方式中把整篇文档分屏显示，文档中的文本为了适应屏幕自动折行。在该视图方式中没有页的概念，当然也就不会显示页眉页脚了，在屏幕的顶部显示了文档当前屏数和总屏数。

6. 全屏显示

单击"视图"下拉菜单下的"全屏显示"命令，会隐藏所有的屏幕元素，如标题栏、菜单栏、常用工具栏、格式工具栏、标尺等，大大扩大了编辑区。

单击"全屏显示"工具栏中的"关闭全屏显示"按钮，即可返回原来的视图。

7. 显示比例

默认的显示比例是 100%，不过可以灵活地进行改变。一种是单击工具栏的"显示比例"列表框；另一种是执行"视图"菜单的"显示比例"命令，从对话框中选择合适的比例。

3.3 Word 2003 的帮助功能

Word 2003 提供了联机帮助文档，当实际操作中遇到问题时，使用它可以随时解决在工作中遇到的问题。

单击"帮助"菜单下的"Microsoft Word 帮助"命令,则弹出"帮助"任务窗格,如图 3-6 所示。在"搜索"文本框中输入要查找帮助的主题,例如"Office Word 2003 新特性",单击"开始搜索"按钮,即可搜索帮助主题。Office Word 2003 帮助系统对原来版本的帮助系统作了改进,提高了信息共享的功能,如果你的计算机正与因特网连接,使用帮助时系统首先会到 Microsoft 公司的网站去查询你要查找的有关 Office 信息。然后在"搜索结果"任务窗格中列出和你查找主题有关的信息列表。如果没有连网则系统会到系统自带的脱机帮助文件中去查找主题信息,查到后,也会在"搜索结果"任务窗格中列出和你查找主题有关的信息列表。在搜索结果列表中双击符合自己要求的项目即可得到要查询的结果。

图 3-6　帮助任务窗格

3.4　文档的基本操作

3.4.1　创建新文档

(1) 在刚启动 Word 2003 中文版时,Word 2003 中文版会自动建立一个空文档,并在标题栏上显示"文档 1-Microsoft Word"(见图 3-1)。

(2) 单击"常用工具栏"中的"新建"按钮(见图 3-7),系统会以"空白文档"为模板创建新文档。

图 3-7　新建按钮

(3) 单击"文件"菜单中的"新建"命令,打开如图 3-8 所示的"新建文档"任务窗格,可单击不同的列表项,从而建立不同类型的新文档。

3.4.2　打开已存在的文档

1. 打开一个或多个 Word 文档

打开一个或多个已存在的 Word 文档有下列三种常用的方法:

(1) 单击"常用"工具栏中的"打开"按钮。

(2) 单击"文件"下拉菜单中的"打开"命令。

图 3-8　新建文档窗格

(3) 按快捷键 Ctrl+O。

以上操作后,Word 都会显示一个如图 3-9 所示"打开"对话框。

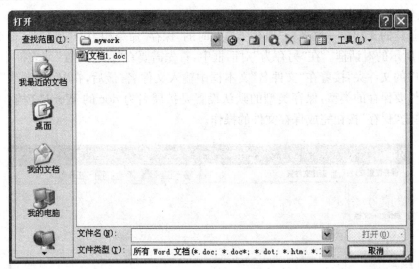

图 3-9 "打开"对话框

2. 打开非 doc 文档

Word 默认打开的文档是以 doc 为扩展名的。如果要打开其他类型的文档,如 txt 格式的文本文件,则需要在"文件类型"列表框中进行选择。

3. 以多种方式打开文档

在 Word 2003 中打开文件时,还可以使用其他多种方式。在选中要打开的文件后,单击"打开"按钮右侧的下拉按钮,则出现一个菜单,其中有几个命令,其功能如下:

- "打开":单击此命令,以普通的方式打开所选文档。
- "以只读方式打开":单击此命令,以只读方式打开所选文档,即打开的文档属性是只读的。用户只能看不能进行修改。
- "以副本方式打开":单击此命令,以副本方式打开所选文档,即打开所选文档的复制品。
- "用浏览器打开":此命令只有当选中 HTML 文档(一种超文本语言,也就是人们常说的网页文档)时才有用,单击它后启动浏览器,如 IE 7.0。

4. 同时打开多个文档

如果在"打开"对话框中的文件列表框中,按下 Shift 键或 Ctrl 键的同时单击文件,则可以选中多个连续或不连续的文件。选中文件后,单击"打开"按钮,可以将选中的文件一一打开。

3.4.3 文档的保存和保护

1. 文档的保存

(1) 保存新建文档

文档输入完毕后,必须进行保存,以便今后的使用。为了永久保存所建立的文档,在退出 Word 前应将它作为磁盘文件保存起来。保存文档的方法有如下几种:

- 单击常用工具栏中的"保存"按钮■。
- 单击"文件"下拉菜单中的"保存"命令。
- 按快捷键 Ctrl+S。

当对新建的文档第一次进行"保存"时,此时的"保存"命令相当于"另存为"命令,会出现如图 3-10 所示的对话框。在"另存为"对话框中,首先需要在"保存位置"列表框中选定一个要保存文件的文件夹,接着在"文件名"文本框中输入文件名,最后,在"保存类型"列表框中选择此文件要保存的类型,保存类型的默认设置是扩展名为 doc 的 Word 文档。完成以上操作后,单击"保存"按钮完成保存文件的操作。

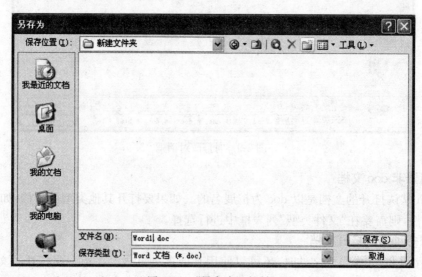

图 3-10 "另存为"对话框

"另存为"对话框中的几个工具按钮的作用:
- ■返回到当前文件夹的上一级;
- ■在当前文件夹中新建文件夹;
- ■选择不同的文件浏览方式和图标排列方式。

(2) 保存已有的文档

对已有的文件打开和修改后,同样可以用上述方法将修改后的文档以原来的文件名保存在原来的文件夹中。此时不再出现"另存为"对话框。

注意:输入或编辑一个大文档时,最好随时做好保存文档的操作,以免计算机的意外故障引起文档内容的丢失。

(3) 用另一文档名保存文档

单击"文件"→"另存为…"命令可以把一个正在编辑的文档以另一个不同的名字保存在同一文件夹下,或保存到另一个文件夹下,而原来的文件内容不会被改变。

(4) 保存多个文档

如果想要一次操作保存多个已编辑修改了的文档,最简便的方法是:按住 Shift 键的同时,单击"文件"菜单项,打开"文件"下拉菜单,这时菜单中的"保存"命令已改变为"全部保存"命令,单击"全部保存"命令就可以实现一次操作保存多个文档。

2. 文档的保护

如果所编辑的文档是一份机密的文件，不希望无关人员查看文档，则可以给文档设置"打开文件时的密码"，使别人在没有密码的情况下无法打开此文档；另外，如果所编辑的文档允许别人查看，但禁止修改，那么可以给这种文档加一个"修改文件时的密码"。对设置了"修改文件时的密码"的文档别人可以在不知道口令的情况下以"只读"方式查看它，但无法修改它。设置密码的方法如下：

① 单击"文件"→"另存为…"命令，打开"另存为"对话框。

② 在"另存为"对话框中，单击"工具"→"安全措施选项…"命令，打开标题为"安全性"的对话框，如图 3-11 所示。

图 3-11 "安全性"对话框

③ 在"打开文件时的密码"和"修改文件时的密码"文本框中可输入打开权限密码或修改权限密码。

④ 单击"确定"按钮，此时会出现一个如图 3-12(a)所示的"确认密码"对话框，要求用户再重复键入所设置的密码。

⑤ 在"确认密码"对话框的文本框中重复键入所设置的密码并单击"确定"按钮。如果密码核对正确，则返回"另存为"对话框，否则出现如图 3-12(b)所示的信息框。此时只能重新设置密码。

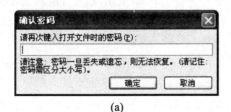
(a)

(b)

图 3-12 "确认密码"对话框及其信息框

当为文档设置了"打开文件时的密码"后，再一次打开它时，首先会出现如图 3-13 所示的对话框，要求用户输入密码以便核对，正确则可打开。否则无法打开该文档。而打开设置了"修改权限密码"的文档时，与其上所述类似，但此时"密码"对话框中会多一个"只读"按钮，供不知道密码的人以只读方式打开它。

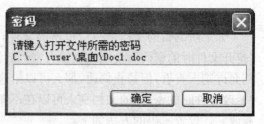

图 3-13 "密码"对话框

如果想要取消已设置的密码，可首先用正确的密码打开该文档，再选择"文件"菜单下的"另存为"命令，在打开的对话框中选择"工具"→"安全措施选项…"命令，打开"安全性"对话框，删除其中设置的密码即可。

3.4.4 关闭文档

在不退出 Word 应用程序窗口的情况下，关闭 Word 文档，可单击文档窗口标题栏的关闭按钮 或选择"文件"菜单中的"关闭"命令。要在不退出程序的情况下关闭所有打开的文档，请按住 Shift 键并单击"文件"菜单中的"全部关闭"命令。对于修改后没有存盘的文档，系统会给出提示信息，如图 3-14 所示。选择"是"，则保存对文档的修改，并关闭 Word 文档；选择"否"，则放弃对文档所作的修改；选择"取消"则放弃本次操作回到应用程序窗口继续对文档进行编辑。

图 3-14 未存盘退出对话框

3.5 文本输入和基本编辑

3.5.1 输入文本

新建一个空白文档后，就可输入文本了。在窗口工作区的左上角有一闪烁着的小竖线，这是光标，它所在的位置称为插入点，我们输入的文字将会从那里出现。当输入文本时，插入点自左向右移动。如果输入了一个错误的字符或汉字，那么可以按 Backspace 键删除该错字，然后继续输入。

注意：按下 Backspace 键可以删除光标前的字符。也可以用 Delete 键删除光标后的字符。

Word 有自动换行的功能，当输入到达每行的末尾时不必按 Enter 键，Word 会自动换行，只有想要另起一个新的段落时才按下 Enter 键。即按 Enter 键表示一个段落的结束，新段落的开始。

1. 光标的移动

输入或编辑文字时要注意光标的位置。可以用鼠标单击来改变光标的位置,还可以用键盘来改变,用键盘操作见表 3-2。

表 3-2 插入点移动快捷键

键盘	光标移动	键盘	光标移动
←	光标左移一个字符	Ctrl+G	打开定位对话框
→	光标右移一个字符	Ctrl+←	光标左移一个字词
↑	光标上移一行	Ctrl+→	光标右移一个字词
↓	光标下移一行	Ctrl+↑	光标上移一段
Home	光标移至行首	Ctrl+↓	光标下移一段
End	光标移至行尾	Ctrl+Home	光标移至文件首
PgUp	光标上移一屏	Ctrl+End	光标移至文件尾
PgDn	光标下移一屏	Ctrl+PgUp	光标移至文件屏顶
Shift+F5	返回上一位置	Ctrl+PgDn	光标移至文件屏底

Word 2003 提供了"即点即输"功能。只需在页面内需要输入文字处双击,光标即可到达新的输入点。

2. 插入或改写

Word 有两种编辑状态:插入或改写(显示在状态栏中),可以通过键盘上的"Insert"键或用鼠标左键双击状态栏右端的"改写"方框进行切换。"插入"状态下,随着新内容的输入,原内容后移;"改写"状态下,随着新内容的输入,光标后面的内容被覆盖。

注意:在已有文本中插入新的内容时,要注意其编辑状态,以免误操作。

3. 输入符号

Word 2003 中除了可以输入中、英文,还可以输入一些符号,比如货币符号¥,摄氏温度℃等等。特殊符号可用下列方法之一输入:

(1)选择"插入"下拉菜单中的"符号"或"特殊符号"命令,打开"符号"对话框,如图 3-15 所示。找到所需的符号,选中后,单击"插入"按钮即可。

(2)使用输入法状态栏的小键盘。

用鼠标右键单击小键盘▦按钮,在弹出的菜单中选择相应的选项,例如要输入"★○●◆☆"等符号选择"特殊符号",输入"⑴⑵①②"等符号选择"数学序号"。输入完后,再单击小键盘即可。

4. 插入日期和时间

在 Word 文档中,可以直接键入日期和时间,也可以使用"插入"下拉菜单中的"日期和时间"命令来插入日期和时间。具体步骤如下:

(1)把插入点移动到要插入日期和时间的位置处。

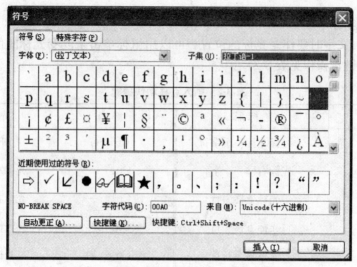

图 3-15 "符号"对话框

(2) 单击"插入"下拉菜单中的"日期和时间"命令,打开如图 3-16 所示的"日期和时间"对话框。

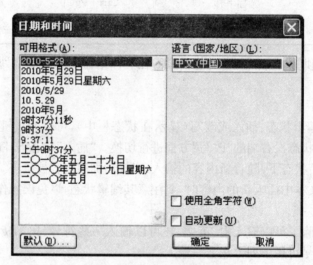

图 3-16 插入日期和时间

(3) 在"语言"下拉列表中选定"中文"或"英文",在"可用格式"列表框中选定所需的格式。如果选定"自动更新"复选框,则所插入的"日期和时间"会自动更新,否则保持原插入的值。单击"确定"按钮,完成插入。

5. 插入脚注和尾注

在编写文章时,常常需要对一些从别的文章中引用的内容、名词等加以注释,这称为脚注或尾注。Word 提供的插入脚注和尾注的功能,可以在指定的文字处插入注释。脚注和尾注都是注释,其唯一的区别是:脚注是放在每一页的底端,而尾注是放在整个文档的结尾处。插入脚注和尾注的操作步骤如下:

(1) 将插入点移到需要插入脚注和尾注的文字之后。

(2) 单击"插入"下拉菜单中的"引用"菜单下的"脚注和尾注"命令,打开如图 3-17 所示的"脚注和尾注"对话框。

(3) 在"位置"区域选择是插入脚注或者尾注,在他们右边的文本框中选择插入脚注或者尾注的位置。

(4) 在"格式"区域的"编号格式"文本框中的下拉列表中选择一种编号的格式;在"起始编号"文本框中选择编号的数值;在"编号方式"文本框中选择编号是连续编号还是每页或每节重新编号;还可以单击"符号"按钮自定义编号标记。

(5) 单击"插入"按钮即查在插入点位置插入注释标记,并且光标自动跳转至注释编辑区,可以在编辑区输入注释内容。

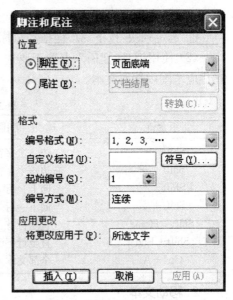

图 3-17 "脚注和尾注"对话框

如果要删除脚注或尾注,则选定正文中的脚注或尾注编号,再按 Delete 键即可删除。

6. 插入另一个文档

利用 Word 插入文件的功能,可以将几个文档连接成一个文档,其具体步骤如下:

(1) 将插入点移到需要插入另一个文档的位置。

(2) 单击"插入"下拉菜单中的"文件"命令,打开"插入文件"对话框。在"插入文件"对话框中,选定要插入文档所在的文件夹和文档名。

(3) 单击"确定"按钮,就可以在插入点指定处插入所需的文档。

3.5.2 文档的编辑操作

在输入文本后,可以对其进行复制、移动、删除等操作,误删除后,还可以进行恢复。

1. 文本的选定

在复制、移动、删除操作之前要先选定要操作的文本,可以用鼠标或键盘来实现选定文本的操作。

(1) 用鼠标选定文本

① 选定一行或一段:将鼠标指针移到某一行左侧的空白栏(即文本选择区)中,光标变成向右倾斜的空心箭头时,单击鼠标选中当前行,双击鼠标选中一段,三击选中全部文本。

② 选定一句或一段:按住 Ctrl 键,将鼠标光标移到所要选句子的任意处单击一下,可选择一句。在段落中双击鼠标左键选中一分句,三击可以选中一个段落。

③ 选定任意大小的文本区:首先将"I"形鼠标指针移到所要选定文本区的开始处,然后拖动鼠标直到所要选定文本区的最后一个文字并松开鼠标左键,这样,鼠标所拖动过的区域被选定。

④ 选定大块文本:首先用鼠标指针单击选定区域的开始处,然后按住 Shift 键,再配合滚动条将文本翻到要选定区域的末尾,再单击选定区域的末尾,则两次单击范围中包括的文

本就被选定。

⑤ 选定列块:按下 Alt 键拖动鼠标,鼠标指针移过的列块被选中。

(2) 使用键盘:把插入点置于要选定的文本之前(或之后),使用表 3-3 给出的组合键,在相应范围内选取文本。

表 3-3 键盘选定文本

组合键	选定范围	组合键	选定范围
Shift+←	左边一个字符	Ctrl+Shift+←	直至字词首
Shift+→	右边一个字符	Ctrl+Shift+→	直至字词尾
Shift+↑	向上一行	Shift+PgUp	向上一屏
Shift+↓	向下一行	Shift+PgDn	向下一屏
Shift+Home	直至行首	Ctrl+Shift+Home	直至文件首
Shift+End	直至行尾	Ctrl+Shift+End	直至文件尾
Ctrl+A	全部文本		

2. 移动文本

在编辑文档的时候,经常需要将某些文本从一个位置移动到另一个位置,以调整文档的结构。移动文本的方法有:

(1) 使用剪贴板移动文本

① 选中需要移动的文本,再选择"编辑"菜单下的"剪切"命令,或者"常用"工具栏中的"剪切"按钮,此时选定的内容暂存在剪贴板上。

② 再把光标移到文本要移动到的新的位置,选择"编辑"菜单的"粘贴"命令,或者"常用"工具栏中的"粘贴"按钮,所选定的文本便移动到指定的新位置上。

注意:使用剪贴板可以在不同的位置多次粘贴相同的内容。

(2) 鼠标拖动移动文本

当选定的文本离要移动到的目标位置较近时,可以用鼠标直接拖动来实现移动。

① 选中需要移动的文本。

② 将鼠标指针放在被选定的文本区内,按下鼠标左键直接拖动到目标区位置并松开左键实现移动;也可以用鼠标右键拖动到目标区,松开鼠标右键然后选择打开的快捷菜单中的"移动到此位置"命令。

(3) 使用快捷菜单移动文本

① 选中需要移动的文本。

② 将鼠标指针移动到所选定的文本区,单击鼠标右键,弹出如图 3-18 所示的快捷菜单。

③ 单击快捷菜单中"剪切"命令。

④ 再把光标移到文本将要移动到的新的位置,右击并在弹出的快捷菜单中选择"粘贴"命令,完成移动操作。

(4) 使用快捷键移动文本

图 3-18 移动或复制文本

① 选中需要移动的文本。
② 按下快捷键 Ctrl+X,以剪切选定的文本。
③ 再把光标移到文本将要移动到的新的位置处,按下快捷键"Ctrl+V"粘贴所剪切的内容,完成移动操作。

3. 复制文本

在编辑文档的时候,经常需要重复输入一些前面已输入过的文本,使用复制操作可以减少键入错误,提高效率。复制文本的方法有:

(1) 使用剪贴板复制文本:
① 选中需要移动的文本,再选择"编辑"菜单下的"复制"命令,或者"常用"工具栏中的"复制"按钮。
② 再把光标移到文本要复制到的新的位置,选择"编辑"菜单的"粘贴"命令,或者"常用"工具栏中的"粘贴"按钮 所选定的文本便复制到指定的新位置上。

(2) 鼠标拖动复制文本:当选定的文本离要复制到的目标位置较近时可以用鼠标直接拖动来实现复制。
① 选中需要复制的文本。
② 将鼠标指针放在被选定的文本区内,先按下 Ctrl 键不松,再按下鼠标左键直接拖动到目标区位置并松开左键实现复制;也可以用鼠标右键拖动到目标区,松开鼠标右键然后选择打开的快捷菜单中的"复制到此位置"命令。

(3) 使用快捷菜单复制文本
操作与移动相似,只是在快捷菜单中选择"复制",其他操作不变。

(4) 使用快捷键复制文本
① 选中需要复制的文本。
② 按下快捷键 Ctrl+C,以复制选定的文本。
③ 再把光标移到文本将要复制到的新的位置处,按下快捷键"Ctrl+V"粘贴所要复制的内容,完成复制操作。

4. 删除文本

① 按 Delete 键,删除插入点右边的一个字符。
② 按 Backspace 键,删除插入点左边的一个字符。
③ 如果要删除几行或一大块文本,则先选择要删除的文本,然后按 Delete 键,或"常用"工具栏上"剪切"按钮。

5. 撤销和恢复

当操作失误时,可以单击工具栏的"撤销"按钮 或选择"编辑"菜单的"撤销"命令,进行恢复。可连续恢复多个操作。与"撤销"相对应,单击工具栏的"恢复"按钮 或选择"编辑"菜单中的"恢复"命令,可以将用户刚刚撤销的操作恢复。

3.5.3 查找与替换操作

利用 Word 的"查找和替换"功能,不但可以在文档中快速地搜索和替换文字,而且可以查找和替换指定格式,诸如段落标记、图形、域之类的特定项。

1. 查找

选择"编辑"下拉菜单中的"查找"命令,打开"查找和替换"对话框,如图 3-19 所示。

图 3-19 "查找"对话框

在"查找内容"文本框中输入所要查找的文本,如"word",单击"查找下一处"按钮开始查找,找到的文本会反相显示,单击此按钮可以继续查找下一个。

如果在查找前选定了部分文本,则首先在该部分文本中查找,搜索完毕后提示"Word 以完成对所选内容的搜索,现在是否搜索文档的其余部分?",单击"是"继续搜索,单击"否"停止搜索。

除查找文本外,还可以查找特定的格式或符号。单击图 3-19 中的"高级"按钮,"查找和替换"对话框扩展为如图 3-20 所示的对话框。

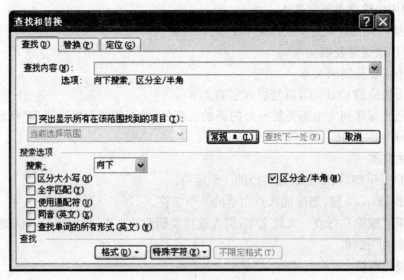

图 3-20 "查找"对话框

(1)"搜索范围"下拉列表框用于指定搜索的范围和方向,包括:
"向下":从插入点向文尾方向查找;
"向上":从插入点向文首方向查找;
"全部":全文搜索。

(2) 选中"区分大小写"复选框,只搜索大小写完全匹配的字符串,如"Am"和"am"不同;否则,忽略大小写。

(3) 选中"全字匹配"复选框,搜索到的字是完整的词,而不是长单词的一部分。例如,查找"learn"不会找到"learning"。

(4) 选中"使用通配符"复选框,可以用通配符查找文本,单击"特殊字符"按钮弹出一个列表,可从其中选择不同的通配符,其中"*"和"?"与在 Windows 中搜索文件时的用法一样。

(5) 选中"同音"复选框,查找读音相同的单词。

(6) 选中"查找单词的各种形式"复选框,查找单词的各种形式,如动词的进行时、过去时和名词的复数形式等。

(7) 单击"格式"按钮,显示查找格式列表,包括"字体"设置(如大小、颜色等)、"段落"设置(如查找指定行距的段落)、"制表位"等,选定查找内容的文本格式。

(8) 单击"特殊字符"按钮,可以选择要查找的特殊字符,如段落标记、制表符等。

(9) 单击"不限定格式"按钮,可以取消对所查文本的格式限制。

2. 替换

替换操作用于在当前文本中搜索指定文本,并用其他文本将其替换。

选择"编辑"下拉菜单中的"替换"命令,或单击"查找和替换"对话框中的"替换"标签,显示如图 3-21 所示对话框。

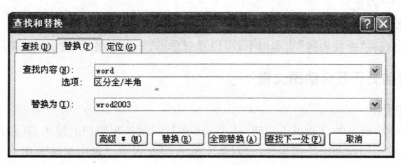

图 3-21 "替换"对话框

替换操作是在查找的基础上进行的,因此"替换"标签和"查找"标签的大部分内容相同。所不同的是,需要在"替换为"文本框内输入替换后的新文本。

单击"查找下一处"按钮,Word 会按指定的搜索方式(范围、大小写、格式等)查找,若不希望对搜索到的文本进行替换,可继续单击该按钮;单击"替换"按钮,可替换已搜索到的文本;单击"全部替换"按钮,则对搜索到的文本全部替换。

3. 高级替换:

例如要将文本中的"多媒体"一词替换为红色、加粗字形的"多媒体"。这部分操作需要用到"替换"对话框中的"高级"按钮。

(1) 首先输入不带格式的文字;

(2) 然后单击"高级"按钮,把光标移到"替换为"后面的文本框,单击"格式"按钮,选择弹出的菜单列表中的"字体…"选项;

(3) 在"查找字体"对话框中设置"红色"、"加粗"(操作方法参见第 3.6 节),单击"确定"按钮返回。"替换"对话框如图 3-22 所示。

与查找一样,如果在替换前选定了部分文本,则首先在该部分文本中查找替换,搜索完

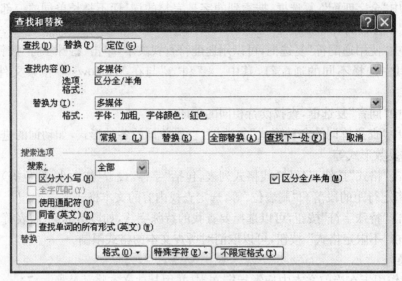

图 3-22　带格式替换

毕后提示"Word 以完成对所选内容的搜索,现在是否搜索文档的其余部分?"单击"是"继续搜索,单击"否"停止。

注意:如果要将文本替换为某种格式的文本时,则所设置的格式应该出现在"替换为"文本框下,如出现在"查找内容"文本框下,可以通过单击"不限定格式"按钮,撤销所做的设置。

3.5.4　自动更正及自动图文集

1. 自动更正

Word 2003 提供的自动更正功能,从 Word 运行时就监视用户的输入,并帮助用户更正一些常见的拼写错误和语法错误等,这对英文输入很有帮助。对中文输入更大的用处是将一些常用的词组或语句定义为自动更正词条,以便在输入时用一个缩写词取代它,从而提高编辑效率。

- 单击"工具"菜单的"自动更正选项…"命令,则弹出"自动更正"对话框,如图 3-23 所示。其中各复选框的含义为:
- 更正前两个字母连续大写:选中后自动将第二个大写字母更正为小写。
- 句首字母大写:选中后自动将句首英文字母改写为大写。
- 英文日期第一个字母大写:选中后自动将英文的星期、月份的第一个字母改为大写。
- 更正意外使用大写锁定键产生的大小写错误:Word 将自动更正因误按"CapsLock"键产生的大小写错误,并关闭"CapsLock"键。
- 键入时自动替换:本项可由用户创建自动更正的词条。

建立自动更正词条的方法如下:

(1) 在"自动更正"对话框中,选择"自动更正"选项卡(如图 3-23)。

(2) 在"替换"框中键入待替换的词条(如 AA),在"替换为"框中键入要替换的词条(如"办公自动化")。

(3) 单击"添加"按钮,该词条就添加到自动更正的列表框中。

图 3-23 "自动更正"对话框

自动更正词条建立好以后，就可以使用它了。方法是将插入点移至目标位置，然后键入词条，如键入"AA"，在按下"空格"键或者标点符号键后，Word 就用"办公自动化"来代替"AA"词条。

自动更正功能还可以将一段带格式的文本创建为词条。具体操作为：首先在文档中选取一段带格式的文本，然后打开"自动更正"对话框，此时被选中的文本出现在"替换为"框内；再选中"带格式文本"单选框；最后在"替换"框中键入缩写词条，单击"添加"按钮。

2. 自动图文集

自动图文集中存储了需要重复使用的文字、图形或它们的组合，例如存储经常使用的邮件地址、标准合同条款等。每一段文字或图形录制为一个自动图文集词条，并指定一个单独的名称。

自动图文集与自动更正功能相似，但自动图文集由用户决定何时插入词条，而自动更正功能则是在输入文本的过程中由 Word 自动插入词条。

（1）创建自动图文集词条。Word 提供了一些预设的自动图文集词条，以方便用户使用。用户也可以创建自己的图文集词条，具体操作为：

① 先选定要作为自动图文集词条的文本或图形。

② 单击"插入"菜单中的"自动图文集"命令，再选择其子菜单"自动图文集…"，在弹出的对话框中选择"自动图文集"选项卡，如图 3-24 所示。

③ Word 为此自动图文集词条提供一个名称，用户也可以键入新名称。

（2）插入自动图文集词条。Word 在创建自动图文集词条时，会自动链接词条与词条中所存文本或图形的段落样式。例如：若当前要创建自动图文集的文本或图形的段落样式为"正文"，则在创建该词条时，系统自动链接"正文"样式。因此，在文档中插入自动图文集词条时，可以从与当前文本样式相关的词条列表中选择。具体操作为：

① 将插入点移至要输入自动图文集词条的位置。

② 打开"插入"菜单中的"自动图文集"命令,再指向与所需自动图文集词条相链接的样式,如"正文"。

③ 单击所需的自动图文集词条名称。

另外,用户也可以用"记忆式键入"插入自动图文集词条。在图 3-24 的对话框中,选择"自动图文集"选项卡,然后选中"显示'记忆式键入'建议"复选框,再单击"确定"按钮,则用户在文档中输入自动图文集名称的前几个字符时,Word 将建议键入完整的自动图文集词条,此时按下"Enter"键或"F3"键则接受该词条;如果要拒绝该自动图文集词条,只需要继续键入即可。

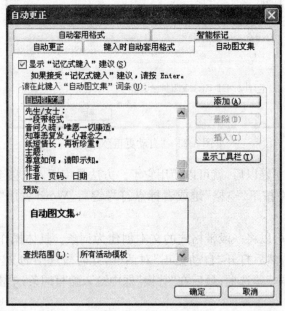

图 3-24 "自动图文集"对话框

3. 拼写与语法检查

Word 提供两种对拼写和语法进行检查的方法。一种是在键入文本时自动检查拼写和语法错误;另一种方法是,当键入文本完毕时,让 Word 搜索文档中的拼写和语法错误。旧版本的 Word 只能检查英语的拼写和语法错误,Word 2003 中文版新增了中文词法和语法检查。

(1) 键入时自动检查拼写和语法错误

① 打开自动检查拼写和语法功能:如果希望 Word 在键入时自动检查拼写和语法错误,就必须打开自动拼写和语法检查功能。

单击"工具"菜单中的"选项"命令,在弹出的"选项"对话框中选择"拼写和语法"选项卡如图 3-25 所示,再选中"键入时检查拼写"复选框和"键入时检查语法"复选框。

打开自动拼写和语法检查功能后,只需在文档中键入文字即开始拼写和语法检查。拼写和语法检查工具使用红色波浪下划线表示可能的拼写错误,用绿色波浪下划线表示可能的语法错误。

② 更正错误:用鼠标右击带有下划波浪线的文字则弹出快捷菜单。在快捷菜单中根据

图 3-25 "拼写与语法"选项卡

需要可选择执行,如单击所需的拼写和语法更正项,则可直接更正错误的单词或语法;也可以单击"拼写…"命令,在弹出的"拼写"对话框中选择执行项,或单击"语法…"命令,在"语法"对话框中选择执行项。当然亦可以在文档中直接修改拼写或语法错误。

（2）集中检查文档中的拼写或语法错误。

在完成文档的全部输入工作之后,可以让 Word 集中检查文档中的拼写和语法错误。

单击"工具"菜单中的"拼写与语法"命令,或者直接单击"常用"工具栏上的"拼写和语法"按钮,当 Word 发现可能的拼写和语法错误时,会自动打开"拼写和语法"对话框,如图 3-26 所示。根据需要可以执行以下操作:

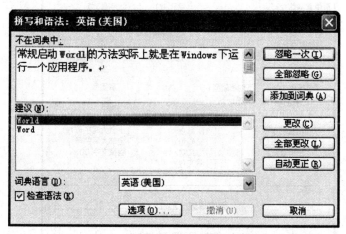

图 3-26 "拼写与语法检查"对话框

① 如果根据 Word 提供的建议更改词条,则单击"建议"列表框下的建议词条,然后单击"更改"按钮。

② 如果不采用建议更改词条,则可以直接在文档中对拼写或语法错误进行编辑,键入

更正内容。

③ 如果该处不需要更改,则单击"忽略一次"按钮。

④ 如果要中断检查,则单击"取消"按钮。

3.6 文档的排版

文档经过编辑、修改成为一篇正确、通顺的文章后,还需进行排版,使之成为一篇图文并茂、赏心悦目的文章。Word 提供了丰富的排版功能,本节主要讲述了字符格式的设置、段落格式的设置、页面设置、分栏和文档的打印等排版技术。

3.6.1 字符格式设置

字符的格式设置包括字体、字号、字形、颜色、字符边框和底纹等。设定字符的格式主要使用两种方法:一种是利用"格式"工具栏,如图 3-27 所示。另一种是利用"格式"菜单中的"字体"命令,打开如图 3-28 所示的对话框设置字符格式。

Word 默认的字体格式:汉字为宋体、五号,西文为 Times News Roman、五号。

图 3-27 "格式工具栏"

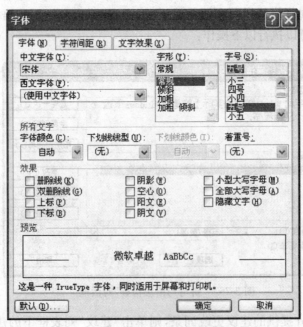

图 3-28 "字体"对话框

注意：在设置字符格式时，必须先把需要设置格式的文本选中，再单击工具栏上相应的按钮或选择"格式"菜单的"字体"命令，在其中进行各种字符格式设置。如果不选中文本，就进行格式设置，则所作的格式设置对光标后新输入的文本有效，直到出现新的格式设置为止。

1. 设置字体、字形、字号、颜色

用"格式"菜单下"字体"命令设置。

① 选中需要设置格式的文本。
② 单击"格式"→"字体"命令，打开如图 3-28 所示的对话框。
③ 单击"字体"选项卡，可以对字体进行设置。
④ 单击"中文字体"列表框的下拉按钮▼，打开中文字体列表并选定所需的中文字体。
⑤ 单击"英文字体"列表框的下拉按钮▼，打开英文字体列表并选定所需的英文字体。
⑥ 在"字形"、"字号"列表框中选定所需的字形和字号。
⑦ 单击"字体颜色"列表框的下拉按钮▼，打开颜色列表并选定所需的颜色。
⑧ 在预览框中查看所设置的字体，确认后单击"确定"按钮。

提示：在所选文本中，如有中文又有英文，则可分别设置中文和英文字体，以避免英文字体按中文字体来设置。

2. 给文本添加下划线、着重号

对文本加下划线或着重号的操作步骤如下：

① 选中需要加下划线或着重号的文本。
② 单击"格式"→"字体"命令，打开字体对话框。
③ 在"字体"选项卡中，单击"下划线"列表框的下拉按钮▼，打开下划线列表并选定所需的下划线。
④ 在"字体"选项卡中，单击"下划线颜色"列表框的下拉按钮▼，打开下划线颜色列表并选定所需的颜色。
⑤ 单击"着重号"列表框的下拉按钮▼，打开着重号列表并选定着重号。
⑥ 在预览框中查看，确认后单击"确定"按钮。

注：在"字体"选项卡中，还有一组如删除线、双删除线、上标、下标、阴影、空心等"效果"复选框，选定某复选框可以使字体格式得到相应的效果，图 3-29 列举了几种设置字体、字形、字号和效果格式后的效果。

五号宋体常规　　*四号隶书倾斜加粗*　　三号华文行楷

Arial Black　　Times News Roman

下划线　　下划波浪线　　着重号　　上标　　下标

删除线　　双删除线　　空心　　阴影　　阳文　　阳文

字符缩放 150%　　字符间距加宽 2 磅

字符底纹　字符加边框　　位置提升 4 磅

图 3-29　字体、字号、字形和效果示例

3. 字符间距设置

单击"字体"对话框中的"字符间距"选项卡,可以设置文档中字符之间的距离,如图 3-30 所示。其中:

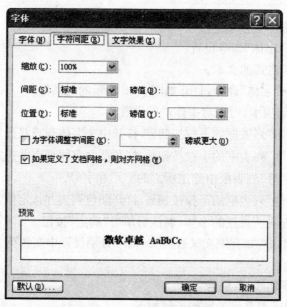

图 3-30 "字符间距"对话框

- "缩放"下拉列表框:用于按文字当前尺寸的百分比横向扩展或压缩文字;
- "间距"下拉列表框:用于加大或缩小字符间的距离;右侧的文本框内可输入间距值。
- "位置"下拉列表框:用于将文字相对于基准点提高或降低指定的磅值。

其设置效果参见图 3-29 相应部分。

4. 给文本添加边框和底纹

给文本添加边框和底纹的操作步骤如下:

① 选中需要加边框和底纹的文本。
② 单击"格式"→"边框和底纹"命令,打开如图 3-31 所示的"边框和底纹"对话框。
③ 在"边框"选项卡中,对"设置"、"线型"、"颜色"、"宽度"等列表中的参数进行设置。
④ 在"应用范围"列表框中应选定为"文字"。
⑤ 在预览框中查看,确认后单击"确定"按钮。

如果要加给文字加"底纹",则单击如图 3-31 所示的"边框和底纹"对话框中的"底纹"选项卡,做以上类似的操作,分别在"填充"、"图案"中设置颜色和式样,在"应用范围"列表框中应选定为"文字",单击"确定"按钮完成操作。

5. 快速复制格式("格式刷"的使用)

对于已设置好的字符格式,若有其他文本采用与此相同的格式,可以用"常用工具栏"内的"格式刷"按钮 快速复制格式。

操作方法:选定一段带有格式的文本,单击"格式刷"按钮,选中需要设置格式的文本,即可将格式复制到新文本上;如果多个地方需要复制格式,双击"格式刷"按钮,逐个选中需要复制格式的文本,复制完成后,再次单击"格式刷"按钮或按键盘上的"Esc"键,即可取消格

图 3-31 "边框和底纹"对话框

式复制状态。另外,"格式刷"按钮 也可快速复制段落格式。

3.6.2 段落格式设置

在 Word 2003 中,当用户键入回车键后,则插入了一个段落标记,即"段标",表示一个段落的结束。一段可以包含多行,也可以只含一行。在一行输入完后,如果后面不是段的结束,则可按组合键"Shift+Enter",结束当前行而产生下一个新行,同时插入一个换行符↓。"段标"不但标记了一个段落,在而且记录了该段落的格式信息。复制段落的格式,只需要复制其段标,删除段标,也就删除了段落格式。段落格式排版主要有段落对齐方式、缩进、行间距、段间距、段落的边框和底纹等。

1. 段落边界

在 Word 2003 窗口中,水平标尺包括有首行缩进、左缩进、悬挂缩进和右缩进三个滑块。它们的位置表示了段落的左、右边界及首行的位置(见图 3-32)。

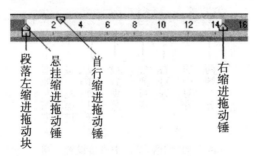

图 3-32 利用"水平标尺"设置段落缩进

2. 段落缩进的设置

Word 中的缩进包括首行缩进、悬挂缩进、左缩进、右缩进四种。

首行缩进是中国人的传统,即段落的第一行缩进,一般为两个字符。悬挂缩进和首行缩进正相反,除了第一行不缩进,其他行都缩进。左右缩进就是所有行都左或右缩进。

设置缩进的方法:

① 利用"水平标尺"设置段落缩进,如图 3-32 所示。拖动相应的标志,可以设置段落的缩进。这么做很方便,但不精确。

② 选择"格式"下拉菜单中的"段落"命令,打开"段落"对话框,如图 3-33 所示。在"特殊格式"下拉列表框中可选择"无缩进"、"首行缩进"或"悬挂缩进"。在"缩进"框的左、右下拉列表框中设置左、右缩进量。

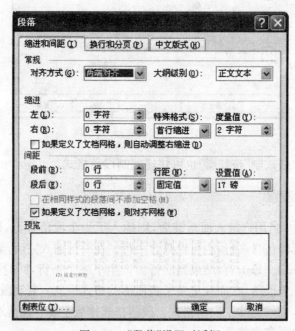

图 3-33 "段落"设置对话框

③ 使用格式工具栏上的(见图 3-34)增加缩进量 按钮或减少缩进量 按钮,来增加或减少段落的左缩进。

图 3-34 "格式"栏中段落设置按钮

3. 设定段间距和行间距

(1) 设定段间距

所谓段间距是指中间的段落和位于其上下的段落间的距离。段间距分为段前距(本段首行与上段末行间的距离)、段后距(本段末行与下段首行间的距离),通过"格式"→"段落"

打开"段落"对话框在"间距"栏中设置。具体步骤如下：

① 选中要改变段间距的段落。

② 单击"格式"→"段落"命令，打开如图 3-33 所示的"段落"对话框。

③ 单击"缩进和间距"选项卡中"间距"组的"段前"和"段后"文本框右端的增减按钮，设定间距，每按一次增加或减少 0.5 行。也可在文本框中直接输入值和单位（如厘米或磅）。

④ 在预览框中查看，确认后单击"确定"按钮。

(2) 设定行间距

所谓行间距就是指段落中的行与行之间的垂直距离。行间距可在"行距"下拉列表框选择，其中最小值、固定值、多倍行距选项需要在右边的"设置值"数字栏内输入或调整数字。最小值、固定值以磅为单位，多倍行距则是基本行距的倍数值。

① 选中要改变行间距的段落。

② 单击"格式"→"段落"命令，打开如图 3-33 所示的"段落"对话框。

③ 单击"缩进和间距"选项卡中"行距"列表框下拉按钮，选择所需要的行距选项。各行距选项的含义如下：

- "单倍行距"选项设置每行的高度为可容纳这行中最大的字体，并上下留有适当的空隙。
- "1.5 倍行距"选项：设置每行的高度为可容纳这行中最大的字体高度的 1.5 倍。
- "2 倍行距"选项：设置每行的高度为可容纳这行中最大的字体高度的 2 倍。
- "最小值"选项：能容纳本行中最大字体或图形的最小行距。
- "固定值"选项：设置成固定的行距。
- "多倍行距"选项：允许行距设置成带小数的倍数，如 0.75 倍等。

④ 在预览框中查看，确认后单击"确定"按钮。

4. 设置段落对齐方式

"对齐方式"下拉列表框用于设置段落在页面中的显示方式。包括：左对齐、右对齐、居中对齐、两端对齐、分散对齐。

(1) 用格式工具栏如图 3-34 所示设置对齐方式：先选中要设置的段落，再点击相应的对齐按钮。

(2) 用"格式"菜单下的"段落"命令设置：选中要设置的段落，然后打开如图 3-33 所示的"段落"对话框，单击"缩进和间距"选项卡中"对齐方式"列表框下拉按钮，选择所需要的对齐方式选项，并单击"确定"按钮完成操作。

注意：在设置段落格式之前要将光标置于需要设置格式的段落，如果要对多个段落同时进行相同的段落格式设置，应先选中这些段落。

5. 给段落加边框和底纹

有时为了使某些重要的段落能突出和醒目，可以给它们加上边框和底纹。给段落加边框和底纹与给文字加边框和底纹的方法相同，唯一要注意的是在打开的"边框和底纹"对话框中的"应用范围"列表框中应选定为"段落"。

6. 项目符号和编号

为文档中的列表添加项目符号或编号，可以使文档条理清晰，更易于阅读和理解。Word 2003 可以快速地在现有文本行中添加项目符号或编号，也可以在键入文本时自动创

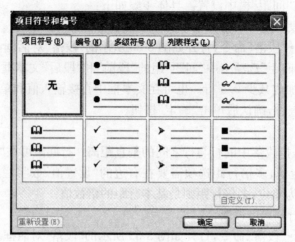

图 3-35 "项目符号和编号"对话框

建项目符号和编号列表。

(1) 输入文本时自动创建项目符号或编号

键入"1."或"*"后,再按空格键或"Tab"键,然后键入任何所需文字,当按下"Enter"键添加下一列表项时,Word 会自动插入下一个项目符号或编号。按两次"Enter"键或"BackSpace"键删除列表中的最后一个项目符号或编号,结束列表输入。

(2) 对已有文本添加项目符号或编号

① 选定要添加段落编号(或)项目符号的各段落。

② 单击"格式"工具栏中的"编号按钮" 按钮(或"项目符号"按钮)完成操作。

③ 或者选择"格式"菜单下的"项目符号和编号"命令,打开如图 3-35 所示的"项目符号和编号"对话框。选择"项目符号"或"编号"选项卡,在其中的七种类型中选择其一,再单击"确定"按钮。

注意:可以单击对话框中的"自定义…"按钮,打开"自定义项目符号列表(或编号列表)…"对话框定义新项目符号或编号。对于"项目符号"可以单击"图片"按钮选择图片文件作为项目符号;对于"编号"可以单击"重新开始编号"或"继续前一列表"单选按钮来改变列表编号的序号。

7. 样式

样式是一组格式信息,专门用于设置文本的字符格式或段落格式。样式分为字符样式和段落样式。字符样式包含执行菜单命令"格式"→"字体"所产生的字符格式信息,字符样式只作用于段落中选定的字符。段落样式既包括字符格式信息,也包括应用菜单命令"格式"→"段落"而产生的段落格式信息以及采用其他方式设置的段落格式信息(如项目符号和编号、边框和底纹等)。段落样式中不包括首字下沉格式。Word 中的样式可方便的对文章不同部分,例如不同级别的标题、说明性文字等,统一设置格式,而且可以方便地进行修改。Word 本身提供了一些样式,如图 3-36 所示。

(1) 应用样式

选中文本,打开"常用工具栏"中的"样式"下拉列表,在列表中直接单击所要用的样式名称即可。其中用一个加粗、带下划线的字母 a 标识的是一个字符样式,用段落标记符号标

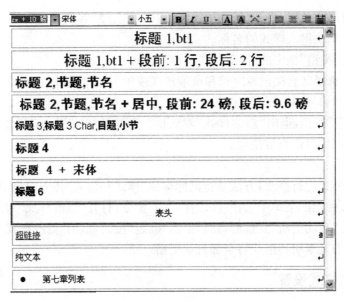

图 3-36　样式

识 ↵ 的是一个段落样式。

(2) 新建样式

• 利用已有的格式文本创建样式

选中格式文本,单击"常用工具栏"中的"样式"下拉列表框文本区,输入新的名字即可。

• 直接新建样式

① 选择"格式"菜单中的"样式和格式"命令,将在窗口的右侧弹出"样式和格式"任务窗格,如图 3-37 所示。

图 3-37　"样式和格式"任务窗格

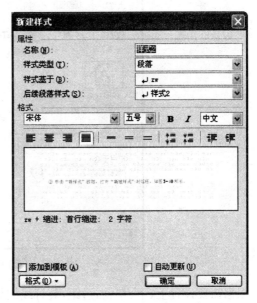

图 3-38　"新建样式"对话框

② 单击"新样式"按钮，打开"新建样式"对话框，如图 3-38 所示。

③ 在"名称"框中键入样式的名称。

④ 选择"样式类型"框中的"段落"或"字符"选项。

⑤ 在"格式"选择区直接设置字符和段落格式或单击窗口底部的"格式"按钮，设置样式的段落、字体、项目符号、制表位等属性。

⑥ 单击"确定"按钮，退出"新建样式"对话框。新建的样式便会自动出现在"样式和格式"任务窗格中，以后可以直接使用。

(3) 修改样式

可以对已有样式进行修改，方法是将鼠标移到"样式和格式"任务窗格中已有的样式上，并右击该样式，在弹出的菜单中选择"修改样式…"命令，打开"修改样式"对话框。重新更改格式设置，并选种"自动更新"复选框，然后单击"确定"按钮，退出"修改样式"对话框，那么所有已应用该样式的文本块其格式将全部自动更新。

3.6.3 页面的格式设置

1. 页面设置

(1) 页边距是页面版心四周边沿到纸张边沿的距离。通常在页边距内编辑文字和图形。也可以将某些内容放置在版心之上(页眉)或版心之下(页脚)。

选择"文件"菜单的"页面设置"命令，打开"页面设置"对话框，如图 3-39 所示，选择"页边距"选项卡。

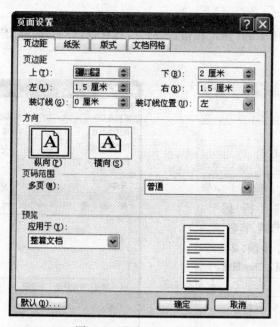

图 3-39 "页边距"对话框

根据需要设置上、下、左、右边距，装订线的位置以及在"方向"中设置打印文档时纸张是横向放置还是纵向放置等。

(2) 纸张大小

纸张大小是指打印文档时纸张的大小,常用的有 A4、B5、16 开、32 开等。

选择"页面设置"对话框的"纸型"选项卡,如图 3-40 所示。在"纸张大小"下拉列表中选择需要的纸型或直接输入纸张的宽度和高度(自定义大小)。还可选择此项设置的应用范围,可以是"整篇文档"或"本节"或"插入点之后"。另外还可以在"版式"选项卡中,设置页眉、页脚到纸张边沿的距离等。

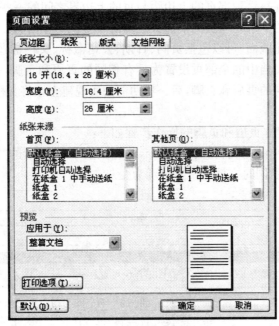

图 3-40 "纸型"对话框

2. 为页面加边框

除了为文字和段落加边框以外,还可以为页面加边框,其操作步骤如下:

(1) 单击"格式"菜单下的"边框和底纹"命令,打开"边框和底纹"对话框,选择"页面底纹"选项卡,如图 3-41 所示。

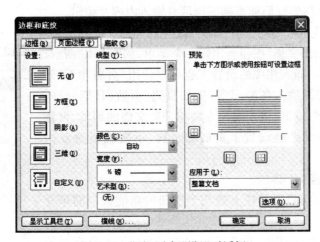

图 3-41 "页面边框"设置对话框

(2) 在对话框中的"设置"处选择页面边框的类型(如果选择"无"则取消页面边框);在"线型"列表框中选择页面边框线的线型;在"宽度"下拉列表框中选择边框线的宽度;在"颜色"下拉列表框中选择边框线的颜色;还可以在"艺术型"下拉列表框中选择一种艺术线型;最后还应在"应用于"下拉列表框中选择此次设置的有效范围。

(3) 单击"确定"按钮关闭对话框。

3. 页眉和页脚

页眉指的是出现在每页顶部页的上边距与页的上边界之间的一些说明性信息。页脚则是出现在每页底部页的下边距与页的下边界之间的一些说明性信息。页眉和页脚通常用于添加说明性文字或美化版面,可以包括页码、日期、公司徽标、文档标题、文件名或作者名等文字或图形。可以将文档中的全部页设置为具有相同的页眉和页脚,也可以使得文档中不同的部分的页具有不同的页眉和页脚,后一项功能的实现建立在将文档分节的基础上,将在第 3.6.4 节中再述。

(1) 为整个文档建立页眉和页脚的操作步骤如下:

① 选择"视图"菜单的"页眉和页脚"命令,打开如图 3-42 所示的"页眉/页脚"编辑窗口和"页眉/页脚"工具栏,同时文档的正文显示为变灰。

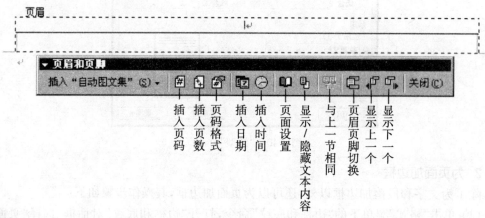

图 3-42 页眉和页脚"编辑窗口"及"工具栏"

② 插入点光标移到页眉或页脚编辑区并输入内容及编辑。

Word 已经内置了常用的页眉和页脚设置,单击"页眉和页脚"工具栏的插入"自动图文集"按钮会出现一个菜单,如图 3-43 所示,选择相应的菜单即可插入相应的设置。也可以使用"页眉和页脚"工具栏上的其他按钮插入各种元素,例如页码、页数、日期、时间等,也可以输入文字,编辑、格式设置方法与普通文档的编辑、设置方法完全相同。如果已经设置了页眉和页脚,下次编辑时双击即可。

(2) "页眉/页脚"工具栏

现在对"页眉/页脚"工具栏上的几个按钮的功能做一简单介绍(对应关系参见图 3-42):

• 在页眉和页脚间切换:单击该按钮可以使得插入点在页眉

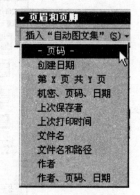

图 3-43 "自动图文集"

或页脚间切换。

• 插入页码：单击该按钮可以在页眉或页脚区的插入点位置插入一个页码域，显示页码。

• 插入页数：单击该按钮可以在页眉或页脚区的插入点位置插入一个页数域，显示页数。

• 页码格式：单击该按钮显示"页码格式"对话框，如图3-44所示，用于选择页码显示的格式。

• 插入日期：单击该按钮可以在页眉或页脚区的插入点位置插入一个日期域，显示当前日期。

• 插入时间：单击该按钮可以在页眉或页脚区的插入点位置插入一个时间域，显示当前时间。

图3-44　"页码格式"对话框

• 插入自动图文集：单击该按钮将出现一个包含若干自动图文集词条的列表，可以从中选择一个词条插入到页眉或页脚区的插入点位置。

• 页面设置：单击该按钮显示"页面设置"对话框的"版式"选项卡，其中包含与页眉/页脚设置相关的两个复选框"奇偶页不同"和"首页不同"，如图3-45所示。选择"奇偶页不同"时，允许为文档中页码为奇数的页的页眉/页脚和页码为偶数的页的页眉/页脚，分别建立并输入不同的内容和设定不同的格式；选择"首页不同"时，文档第一页的页眉/页脚允许设置与其他页具有不同的内容。

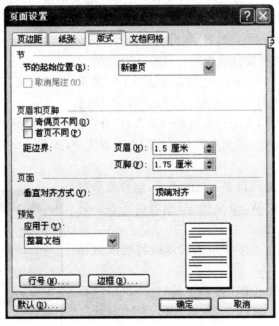

图3-45　"页面设置"对话框的"版式"选项卡

• 显示/隐藏文档正文文字：此按钮如一个开关，单击它时可以显示或隐藏文档正文。

• 与上一节相同：当文档分为若干节时，允许对不同的节设置不同的页眉/页脚。单击按下此按钮，便使得当前正处于编辑状态的节中所有页的页眉/页脚的内容及格式与上一节相同,否则与上一节不相同。
- 显示上一个/显示下一个:当文档中具有不同的几种页眉/页脚时,这两个按钮用于切换显示前一个页眉/页脚或后一个页眉/页脚。
- 关闭:关闭"页眉/页脚"工具栏并退出页眉/页脚编辑状态。

4. 插入页码

除了通过设置页眉和页脚添加页码外,还可以直接插入页码:选择"插入"菜单的"页码"命令,弹出如图 3-46 所示对话框,选择需要的位置和对齐方式,单击"格式"按钮可以设置页码的格式,最后单击"确定"按钮即可完成。

图 3-46 插入页码

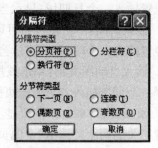
图 3-47 插入分页符

5. 插入分页符

Word 具有自动分页的功能。也就是说,当键入的文本或插入的图形满一页时,Word 会自动分页。当编辑排版后,Word 会根据情况自动调整分页的位置。有时为了将文档的某一部分内容单独形成一页,可以插入分页符进行人工分页。插入分页符的步骤如下:

(1) 将插入点移到将要分成新的一页的开始位置。

(2) 按组合键 Ctrl+Enter。也可以单击"插入"菜单→"分隔符",打开如图 3-47 所示对话框,在其中选定"分页符"单选按钮,并单击"确定"按钮。

注意:在普通视图下,人工分页符是一条带有"分页符"三个字的水平虚线。如果想删除人工分页符,只要把插入点移到人工分页符的水平虚线中,按 Delete 键即可。

6. 首字下沉

在阅读报纸时,会遇到首字下沉的格式,这种效果容易引起读者的注意。在 Word 文档中,也可以实现。具体操作如下:

① 先选择需要设置首字下沉的段落或将插入点移到要设置的段落中。

② 选择"格式"菜单中的"首字下沉"命令,打开"首字下沉"对话框,如图 3-48 所示,选择"下沉"或"悬挂",在"选项"框中设置"首字下沉"文字的"字体","下沉行数"及"距正文的距离"。

③ 单击"确定"按钮,即可使本段实现首字下沉。

图 3-48 "首字下沉"对话框

3.6.4 节格式设置

1. 分节符的插入

在制作一些文档时,可能需要对文档中某一部分的格式做一些特殊处理,使其具有与其他部分不同的外观。例如,将文档中一部分文本分成若干栏显示而其他部分不分栏显示;为一个文档的不同部分设置不同的页眉和页脚等。Word 所提供的实现这一功能的手段便是通过插入若干分节符而将文档分成若干节,对其中的某一节可以设置不同于其他节的一些特殊格式。

每个文档最初是被系统当作一节来看待的。如果在文档中间的某处插入一个分节符,则将该文档分成两节,若再插入一个分节符则将文档分成了三节。Word 的一节指的是两个分节符之间的内容、文档开始到第一个分节符之间的内容及最后一个分节符到文档末尾之间的内容。节的长度可以是任意的,短的可以只有一行,长的则可以是整篇文档。分节符允许插入到一个段落的中间。

插入分节符的操作步骤如下:
(1) 移动插入点到准备插入分节符的位置。
(2) 单击"插入"菜单→"分隔符",显示如图 3-49 所示的"分隔符"对话框。
(3) 在"分节符"下方选择插入分节符的方式,也即设定新插入的分节符下方的文档显示的起始位置。
(4) 单击"确定"按钮。

插入分节符后其下方文档显示的起始位置可以有四种选择:

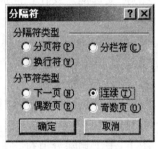

图 3-49 插入分节符

- 下一页 从下一页开始显示。
- 连续 从本页新插入的分节符开始连续显示。
- 偶数页 从下一个偶数页开始显示。
- 奇数页 从下一个奇数页开始显示。

注意:分节符可以由用户采用上述方法手工插入,也可以在做分栏操作时由系统自动插入。分节符的标记只有在"普通视图"显示模式下才能看到。

2. 分节符的删除

当需要取消分节时只要删除分节符即可。删除分节符步骤如下:
(1) 切换到"普通视图"显示模式。
(2) 选定欲删除的分节符。
(3) 按"Delete"键或"Backspace"键删除选定的分节符。

3. 分栏显示

分栏排版是将一个版面上的文字分在几个竖栏中,报刊杂志经常采用。Word 的分栏操作是对一节的内容而言的。

(1) 创建分栏

对文档进行分栏的操作步骤如下:

① 先选中需要分栏的文本,再选择"格式"菜单的"分栏"命令,打开"分栏"对话框,如图 3-50 所示。

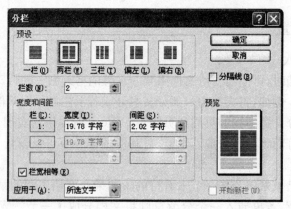

图 3-50 "分栏"对话框

② 设置各种属性
- "栏数":输入或选择预设栏数;
- "栏宽和间距":设置栏的宽度和栏间的距离;要分别设置各栏的宽度,则取消"栏宽相等"复选框。要在栏间加分隔线,选中"分隔线"复选框;
- "应用范围":可从中选择"整篇文档"、"插入点之后"或"所选文字"(如果事先已选中要分栏的文字)等。

③ 单击确定按钮。

(2) 取消分栏

选定已分栏的文本,打开"分栏"对话框,在"预设"栏内选择"一栏",单击"确定"按钮,即可对选定的内容取消分栏。注意:取消分栏并不能删除其产生的分节符,可以切换到普通视图下,手工删除分节符。

3. 节的页眉和页脚设置

Word 允许将某一节中包含的所有页的设置与其他节不同。其设置步骤如下:

(1) 将文档分节。
(2) 将插入点移到欲设置页眉和页脚的节中。
(3) 执行菜单命令"视图"→"页眉和页脚",插入页眉和页脚的内容并设定有关格式。
(4) 单击"页眉和页脚"工具栏中"与上一节相同"按钮使其处于非按下状态,关闭"页眉和页脚"工具栏。

3.6.5 特殊排版格式设置

除了一般的排版格式,Word 还提供了一些特殊的排版格式,很多是中文排版特有的格式。

1. 竖排文字

方法一:单击"常用"工具栏上的"更改文字方向"按钮 。

方法二:单击"格式"菜单下"文字方向"命令或在文档的任意位置单击右键,选择快捷菜单中的"文字方向"命令,打开"文字方向"对话框,如图 3-51 所示,

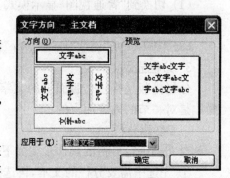

图 3-51 "文字方向"对话框

选择文字的方向，在"应用于"组合框中可以选择其应用的范围，可以作用于"整篇文档"或"所选文字"，也可作用于"所选节"，最后单击"确定"按钮完成。

2. 拼音指南

选中文档中要设置拼音的文字，例如"计算机"，选择"格式"菜单中"中文版式"子菜单中的"拼音指南"命令，打开"拼音指南"对话框，如图 3-52 所示，可以查看所选文字的拼音；选择好"对齐方式"、"字体"、"字号"后，单击"确定"按钮，可在选中文字上方添加拼音。

图 3-52 "拼音指南"对话框

3. 带圈字符

选择"格式"菜单中"中文版式"子菜单的"带圈字符"命令，打开"带圈字符"对话框，如图 3-53 所示。选择好圈的样式、形状，在"文字"框中输入要带圈的字符或汉字（最多两个半角字符或一个汉字），也可在下面的列表框中选择，然后单击"确定"，可在插入点处插入带圈字符。如果先选定了一个汉字或字符，可对选定的文本加圈。

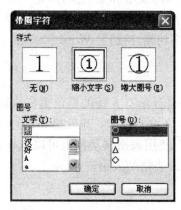 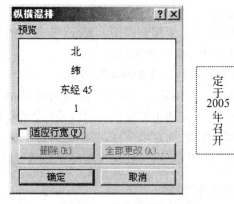

图 3-53 "带圈字符"对话框　　图 3-54 "纵横混排"对话框

4. 纵横混排

如果在横排文本中有几个要竖排的文字，或在竖排文本中有几个要横排的文字，可以使用此功能。方法是：在文档中选中要变化排版方向的文字，选择"格式"菜单的"中文版式"子菜单中的"纵横混排"命令，打开"纵横混排"对话框，如图 3-54 所示，单击"确定"按钮。如果选择的字数较多,需要清除"适应行宽"复选框。

5. 合并字符

合并字符是指将选定的多个字或字符组合为一个字符。

选择要合并的字符(最多为6个汉字),选择"格式"菜单中"中文版式"子菜单的"合并字符"命令,打开"合并字符"对话框(如图3-55所示),单击"确定"按钮。

 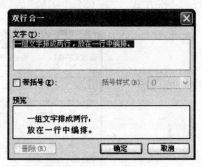

图3-55 "合并字符"对话框　　　　图3-56 "双行合一"对话框

6. 双行合一

在 Word 2003 中可以直接把一组文字排成两行,放在一行中编排。

先选中要排成两行的语句,选择"格式"菜单中"中文版式"子菜单的"双行合一"命令,打开"双行合一"对话框,如图3-56所示,单击"确定"按钮。

3.7 表格的制作

表格由不同行列的单元格组成,可以在单元格中填写文字和插入图片,是一种简明、概要的表达方式。其结构严谨,效果直观,往往一张表格可以代替许多说明文字。因此,在文档编辑过程中,常常要用到表格。Word 有很强的表格功能,特别是 Word 2003 的表格功能比以前版本的 Word 有很大提高。

Word 中的典型表格如图3-57所示。

表格中每个方格称为单元格。默认情况下,表格将显示0.5磅的黑色单实线边框。如果删除边框,在单元格边界处仍然可以看到虚框,虚框不会被打印。单元格和行的结束标记是不可打印的字符,与虚框一样,只能在屏幕上显示。使用表格移动控点可以选择表格、移动表格到页面的其他位置,使用表格尺寸控点可以更改表格的大小。

3.7.1 表格的创建

在一个文档中创建表格可以采用多种方法,使用工具栏按钮方便快捷,使用插入表格对话框可附带设置某些表格属性,手工绘制可灵活方便地添加、删除表格线,适合对表格的修改。表格中可以再嵌入表格,也可以插入图片。

课程 / 成绩 / 姓名	高等数学	英语	计算机	邓小平理论	平均分
王顺利	80	70	60	87	74.3
许华	88	76	98	67	82.3
王平	90	87	86	76	84.8
李立	67	87	79	90	80.8
张建国	88	87	76	70	80.3

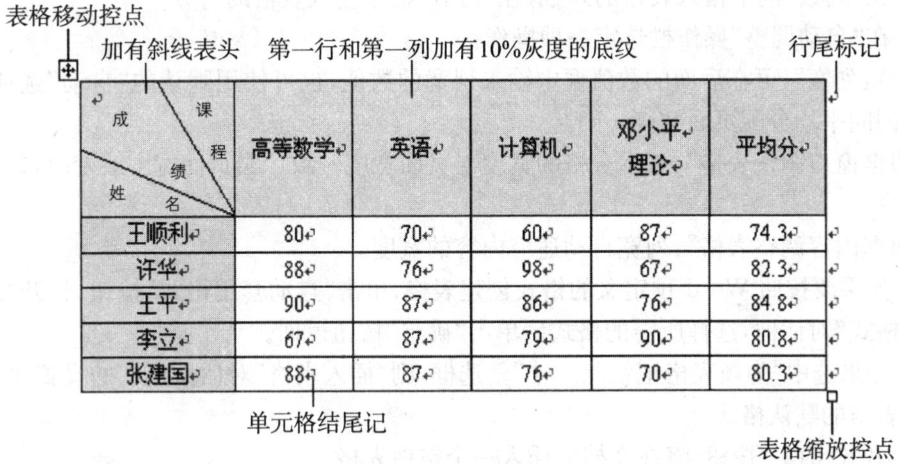

图 3-57　表格组成

1. 使用工具栏按钮

① 将光标放在要创建表格的位置。

② 单击“常用”工具栏的“插入表格”按钮，这时会出现一个网格。

③ 按下鼠标左键向右拖动指针选定所需行数，向下拖动指针选定所需列数，如图 3-58 所示。

④ 松开鼠标左键，Word 将在当前插入点处插入一个表格。

图 3-58　插入表格

2. 使用对话框

如果要在创建表格的同时指定表格的列宽和套用表格格式，可以使用“插入表格”对话框。方法如下：

① 将光标放在要创建表格的位置。

② 选择“表格”菜单中“插入”子菜单的“表格”命令，弹出“插入表格”对话框，如图 3-59 所示。

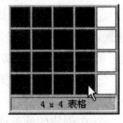

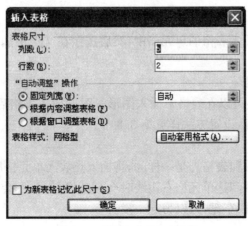

图 3-59　“插入表格”对话框

③ 在"列数"框中输入表格的列数,在"行数"框中输入表格的行数。

④ 在"自动调整"操作栏选定一种操作:

"固定列宽":可在后面的数值框中输入列宽的数值,也可使用默认的"自动"选项,这时将在各列间平均分配页面宽度。

"根据窗口调整表格":表示表格的宽度与页面宽度一致。当页面宽度改变时,表格宽度随之改变。

"根据内容调整表格":列宽自动适应内容的宽度。

⑤ 如果要按照 Word 预定义的格式创建表格,单击"自动套用格式"按钮,打开"表格自动套用格式"对话框,选择所需的格式后单击"确定"按钮返回。

⑥ 如果选中"为新表格记忆此尺寸"复选框,则"插入表格"对话框现在的设置将成为以后新建表格的默认格式。

⑦ 单击"确定"按钮,将在文档中插入一个空白表格。

3. 手工绘制表格

前面两种方法创建的表格都是规则的表格,但有时用户需要创建不规则表格,甚至要画斜线,Word 2003 也提供了这个功能。

① 单击"常用"工具栏中的"表格和边框"按钮,显示如图 3-60 所示的"表格和边框"工具栏。单击"绘制表格"按钮,指针变为笔形。

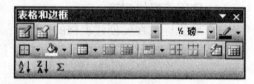

图 3-60 "表格和边框"工具栏

② 将笔形指针移到文本区中,从要创建的表格的一角拖动至其对角,可以确定表格的外围边框。

③ 在创建的外框或已有表格中,可以利用笔形指针绘制横线,竖线,斜线,绘制表格的单元格。

④ 如果要擦除框线,单击"表格和边框"工具栏的"擦除"按钮,鼠标指针变成橡皮擦形,将鼠标指针在要擦除的框线上拖动,就可将其删除。在 Word 2003 中,可以一次删除多个线条。

4. 嵌套表格

所谓嵌套表格,就是在表格的一个单元格内插入其他表格。

将插入点移动到要插入表格的单元格中,然后按照在文档中插入表格的方法即可在该单元格中插入表格。

5. 在表格中插入图形

在 Word 2003 中,还可以在表格中插入图形。图形插入表格后,可以像插入到文本中的图形一样进行格式设置,设置方法详见第 3.8 节。

6. 文本输入

在表格中文档的输入和表格外是一样的,将插入点放入单元格后,就可以输入文本或插入其他对象。当输入文本到达单元格右边线时会自动换行,并且会自动加大行高以容纳更多的内容;输入过程中按回车键,可以另起一段。

3.7.2 表格转换

1. 将现有文本转换成表格

如果想用表格的形式来表示一段规整的文字,可直接将文字转换为表格。方法如下:

① 在文本中添加分隔符来说明文本要拆分成的行和列的位置。例如,用制表符来分列,用段落标记表示行的结束。

② 选定要转换的文本。

③ 选择"表格"菜单中"转换"子菜单的"文字转换成表格"命令,出现"将文字转换成表格"对话框,如图 3-61 所示。

④ 在"文字分隔位置"区中选定已定义的分隔符号,如果没有选用的符号,可在"其他字符"框中输入。Word 自动检测文字中的分隔符,计算列数。

⑤ 选定其他的选项,其他各选项的意义同前。

⑥ 单击"确定"按钮,就将文本转换为表格。

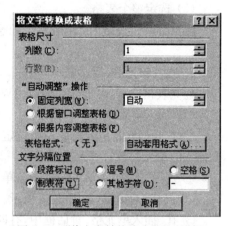

图 3-61 "将文字转换成表格"对话框

2. 将表格转换成文本

Word 不仅可以将文字转换为表格,也可以将表格转换成文字,可以指定逗号、制表符、段落标记或其他字符作为转换后分隔文本的字符。方法如下:

① 选定要转换成文本的表格,可以是表格的一部分,也可以是整个表格。

② 选择"表格"菜单中"转换"子菜单的"表格转换为文字"命令,出现"将表格转换成文字"对话框,如图 3-62 所示。

③ 在"文字分隔符"区选定替代列边框的分隔符。Word 规定用段落标记分隔各行。

④ 单击"确定"按钮,就将表格转换为文字。

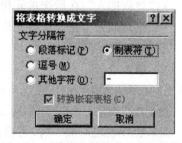

图 3-62 "将表格转换成文字"对话框

3.7.3 表格编辑

1. 选定单元格、行、列、整个表格

在对表格进行删除、添加颜色或其他属性设置之前,应先选定要操作的部分,选定部分会变成加强显示。

(1) 选中单元格

把鼠标移到单元格的左下角,指针变为右向黑色箭头➔,单击鼠标左键则选中该单元格。

(2) 选中行

表格中选中行的方法和文档中选中行的方法一样,把鼠标移到一行的左面(即文本选择区),指针变为右向白色箭头,单击鼠标左键,选中一行;按下鼠标左键拖动,选中多行。

(3) 选中列

鼠标指向一列的顶部，指针变为向下的黑色箭头↓，单击鼠标左键即可选中该列；按下鼠标左键左右拖动，可选中多列。

（4）选中多个连续的单元格

按住鼠标左键拖动，经过的单元格、行、列、直至整个表格都可以被选中。

（5）选定整个表格

当鼠标移过表格时，表格左上角会出现"表格移动控点"田，单击该控点可选定整个表格；

2. 插入单元格、行、列

建立表格之后，可能需要修改。Word 2003 可以在表格中插入单元格、行或列。

（1）插入单元格

① 在要插入新单元格的位置选定一个或多个单元格（与要插入的单元格数目一致）。

② 选择"表格"菜单"插入"子菜单中"单元格"命令，出现"插入单元格"对话框，如图 3-63 所示。

③ 在"插入单元格"对话框中，有四个选项：

• "活动单元格右移"：在所选单元格左边插入新单元格。

• "活动单元格下移"：在所选单元格上方插入新单元格。

• "整行插入"：在所选单元格上方插入新行。

• "整列插入"：在所选单元格左侧插入新列。

④ 单击"确定"按钮返回。

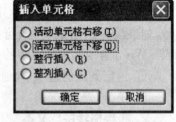

图 3-63 "插入单元格"对话框

（2）插入行

① 在要插入新行的位置选定一行或多行，所选的行数与要插入的行数一致。

② 选择"表格"菜单"插入"子菜单中的"行（在上方）"或"行（在下方）"命令。

如果想在表尾添加一行，可将插入点移到表格最后一行的最后一个单元格中，然后按 Tab 键。

（3）插入列

① 在要插入新列的位置选定一列或多列，所选的列数与要插入的列数一致。

② 选择"表格"菜单"插入"子菜单中的"列（在左侧）"或"列（在右侧）"命令。

3. 删除单元格、行、列、表格

和插入相对应，可以删除表格中的单元格、行或列。

（1）删除单元格

① 选定要删除的一个或多个单元格。

② 选择"表格"菜单"删除"子菜单中的"单元格"命令，出现"删除单元格"对话框，如图 3-64 所示。

③ 在"删除单元格"对话框中，有四个选项：

• "右侧单元格左移"：删除选定单元格，其右侧的单元格左移填补被删除的区域。

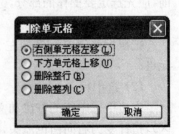

图 3-64 "删除单元格"对话框

- "下方单元格上移":删除选定单元格,其下方的单元格上移填补被删除的区域。
- "删除整行":选择该选项,删除所选单元格所在的整行。
- "删除整列":删除所选单元格所在的整列。

④ 单击"确定"按钮返回。

(2) 删除行或列

① 选定要删除的一行(或列)或多行(或列)。

② 选择右键快捷菜单中的"删除行(或列)"

(3) 删除表格

将光标放在表格中的任意单元格,选择"表格"菜单"删除"子菜单中的"表格"命令;或选中表格,然后选择右键快捷菜单的"剪切"命令。

提示:选定表格后,若按"Delete"键,只会清除表格中的内容,不会删除表格。

4. 单元格的合并与拆分

可以把一行或多行中的两个或多个单元格合并成一个单元格,也可以将单元格拆分成几部分。

(1) 合并单元格

① 选定要合并的单元格,如图 3-65(a)所示。

② 选择右键快捷菜单中的"合并单元格"命令或单击"表格和边框"工具栏的"合并单元格"按钮,就可清除所选定单元格之间的分隔线,使其成为一个大单元格,如图 3-65(b)所示。

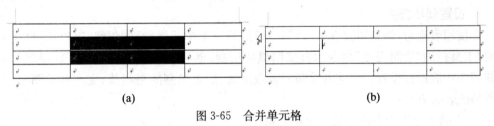

图 3-65 合并单元格

(2) 拆分单元格

要将单元格拆成几部分,可按如下步骤进行:

① 选定要拆分的一个或多个单元格,如图 3-66(a) 所示。

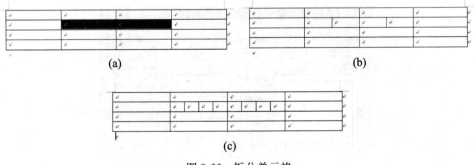

图 3-66 拆分单元格

② 选择"表格"菜单的"拆分单元格"命令,出现如图 3-67 所示的"拆分单元格"对话框。(如果选中一个单元格,可选择右键快捷菜单中的"拆分单元格"命令。)

③ 在"列数"文本框中输入要拆分的列数,在"行数"文本框中输入要拆分的行数。

④ 如果选中"拆分前合并单元格",则整个选定的区域被分成输入的列数和行数,如图 3-66(b) 所示;否则所选中的每个单元格被分成输入的列数和行数,拆分后的单元格如图 3-66(c) 所示。

5. 表格的拆分和合并

(1) 表格的拆分

① 插入点移到拆分后要作为新表格的第一行。

② 选择"表格"菜单中的"拆分表格"命令,即可将表格一分为二。

把插入点放在第一行的单元格中,选择"表格"菜单中的"拆分表格"命令,可在表格前方插入一个空行。

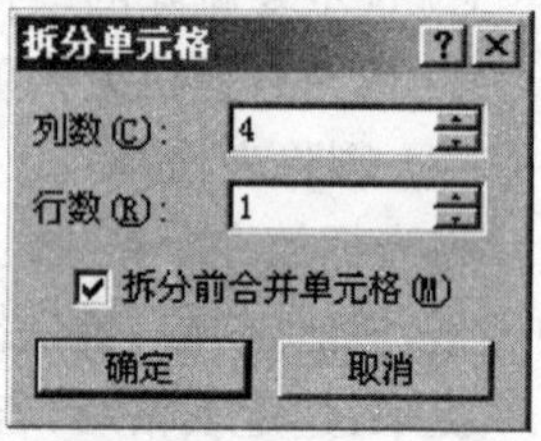

图 3-67 "拆分单元格"对话框

(2) 表格的合并

把两个表格间的段落标记删除,就可以将表格进行合并。

6. 缩放表格

单击表格,表格的右下角会出现一个表格缩放控点如图 3-59 所示,将鼠标指针指向该控点,鼠标指针变为斜向的双向箭头,按住鼠标左键拖动,在拖动过程中,出现一个虚框表示改变后表格的大小,拖动到合适位置释放鼠标左键就可改变表格大小。

7. 设置斜线表头

在使用表格时,经常需要在表头(第一行的第一个单元格)绘制斜线,可以选择"表格与边框"工具栏的"绘制表格"命令后直接用鼠标绘制,也可以使用 Word 2003 新提供的制作斜线表头功能进行设置。但前者绘制的是表格线,后者绘制的是斜线、文本框等图形对象,设置斜线表头方法:

① 将插入点置于表格的第一个单元格中。

② 选择"表格"菜单中的"绘制斜线表头"命令,出现"插入斜线表头"对话框,如图 3-68 所示。

③ 在"表头样式"列表框中选中需要的表头样式,下面的预览框中会显示相应的效果。

④ 在"字体大小"列表框中选择表头字体的大小。

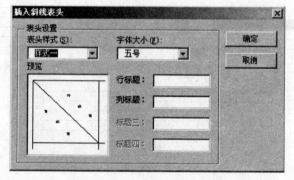

图 3-68 "插入斜线表头"对话框

⑤ 在"行标题"、"列标题"等文本框中输入表头的文字。
⑥ 单击"确定"按钮。

3.7.4 表格的属性设置

1. 设置行高、列宽

（1）使用鼠标拖动

① 鼠标指针移到要调整行高、列宽的表格边框线上，使鼠标指针变成 ÷ 或 ╫ 形状。

② 按住鼠标左键，出现一条虚线表示改变后的表格线，拖动鼠标，可改变列宽、行高。

（2）使用"表格属性"对话框

要设定精确的列宽、行高值，需要使用"表格属性"对话框：

① 选定需调整宽度的列或行，如果只调整一行或一列，插入点置于该行或该列中即可。

② 选择"表格"菜单中的"表格属性"命令，弹出"表格属性"对话框，选择"行"或"列"选项卡，如图3-69所示。

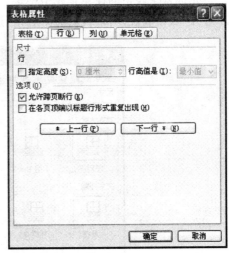

图3-69 "表格属性"对话框的"行"、"列"选项卡

③ 选中"指定宽度"或"指定高度"复选框，在后面的文本框中键入指定值。单击"前一列"或"上一行"等按钮可逐行、逐列设置。

在"行高值是"列表框中，有两个选项，"最小值"表示行的高度是适应内容的最小值，单元格的内容超过最小值时，自动增加行高；"固定值"选项表示行的高度是固定值，即使单元格的内容超过了设置的行高，也不进行调整。

④ 单击"确定"按钮。

（3）自动调整行高列宽

一个表格经过多次修改后，可能使表格的各列宽度不等，影响美观。Word提供了自动调整表格功能：

① 平均分布各行、各列

• 选定要调整的几个相邻的单元格；

• 选择"表格"菜单"自动调整"子菜单中的"平均分布各列"或"平均分布各行"命令，即可实现选定区域的行高或列宽相等；如果不选中区域，仅将光标置于表格的任意单元格中，可实现整个表格的调整。

② 按照单元格的内容自动调整宽度
- 将光标置于表格的任意单元格中；
- 选择"表格"菜单"自动调整"子菜单中的"根据内容调整表格"命令，可实现按实际内容宽度调整表格各列宽度。

③ 根据窗口调整单元格宽度
- 将光标置于表格的任意单元格中；
- 选择"表格"菜单"自动调整"子菜单中的"根据窗口调整表格"命令，可使表格宽度与页面版心等宽。

2. 设置表格的对齐和环绕方式

表格宽度较小时，有时不希望它占用整行，这时可将它调整到页面的左边或右边，并让文字环绕它。设置的方法是：

① 将光标置于表格的任意单元格中。
② 打开"表格属性"对话框，选择"表格"选项卡，如图 3-70 所示。

图 3-70 "表格"选项卡

③ 在"对齐方式"区中，选择一种对齐方式；在"文字环绕"区中，选择一种"文字环绕"方式。选择"左对齐"、"无"、"环绕"等，在"左缩进"文本框中还可以精确设置表格与页左边界的距离。

④ 单击"选项"按钮，打开"表格选项"对话框，如图3-71所示，可设置单元格的间距和边距。

3. 单元格中文本的垂直对齐方式

如果要改变表格单元格中文本的垂直位置（对齐方式），可按如下步骤进行：

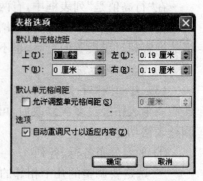

图 3-71 表格选项

① 选定要改变文字方向的表格单元格，如果是一个单元格，只需将插入点置于该单元格内。

② 打开"表格属性"对话框，选择"单元格"选项卡，如图 3-72 所示。

图 3-72 "单元格"选项卡

③ "垂直对齐方式"框中，选中"顶端对齐"、"居中"或"底端对齐"选项。

④ 单击"确定"按钮。

4. 设置表格的边框和底纹

制作一个新表时，Word 2003 默认用 0.5 磅单实线的表格的边框。可以为表格设置各种不同类型的边框和底纹，使表格更美观。

(1) 设置边框

① 选中需要设置边框的单元格，选择右键快捷菜单的"边框和底纹"命令，显示"边框和底纹"对话框，选择"边框"选项卡，如图 3-73 所示。

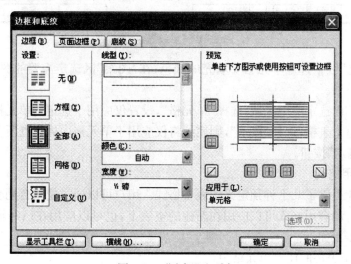

图 3-73 "边框"选项卡

② 在"设置"区内选中所需要的边框形式,在预览区内将显示表格边框线的效果。也可以单击预览区周围的按钮来增加或减少表格的边框线。

要改变线型,在"线型"列表框中选择表格边框线的类型。

如果要改变线的宽度,从"宽度"列表框中选择一个宽度值。

在"颜色"列表框中可以选择边框线的颜色。

在"应用于"列表框中选择"表格"。

③ 单击"确定"按钮。

其实在很多情况下,我们是直接使用"表格和边框"工具栏中的"绘制表格"按钮,设置好要求的粗细,然后用笔把需要设置的表格线再画一遍。

(2) 设置底纹

可以对表格的单元格添加不同的颜色和图案来美化表格,方法如下:

① 选定要设置底纹的单元格。

② 打开"边框和底纹"对话框,选中"底纹"标签,如图 3-74 所示。

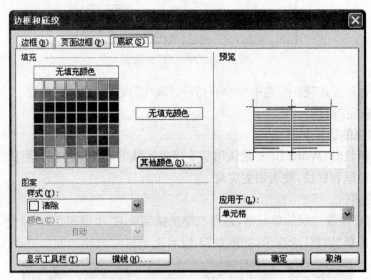

图 3-74 "底纹"选项卡

③ 在"填充"区中选定单元格要填充的颜色;在"图案"区选定需要的图案,右边预览区将显示底纹的效果。

在"应用于"内选定应用区域:选择"单元格",设置仅应用于选定的单元格;选择"表格",设置将应用于整个表格;选择"段落",则底纹将仅应用于单元格内插入点所在的段落。

④ 单击"确定"按钮。

5. 自动套用格式

Word 2003 提供了几十种预定义的表格格式。用户可以通过使用自动套用格式来设定表格的格式。自动套用格式可以应用在新建的空表上,也可以应用在已经输入数据的表格上。具体操作步骤如下:

① 光标置于表格的任意单元格中;

② 选择"表格"菜单的"表格自动套用格式"命令,出现"表格自动套用格式"对话框,如

图 3-75 所示；

③ 在"表格样式"列表框中，列出了所有 Word 2003 预定义的表格样式名。选择所要应用的样式，在下面的预览区内，将显示相应的格式。

④ 在"将特殊格式应用于"区内决定将特殊格式应用于哪些区域。例如，需要对标题和末行进行强调，就可选中"标题行"和"末行"。

⑤ 单击"确定"按钮。

如果要清除表格的自动套用格式，将插入点置于要清除自动套用格式的表格内；打开"表格自动套用格式"对话框。从"表格样式"列表框中选择"无"选项，单击"确定"按钮。

6. 重复标题行

如果一个表格行数很多，可能横跨多页，需要在后继各页重复表格标题。可按如下步骤进行设置：

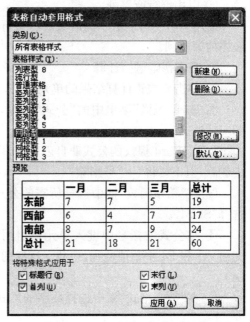

图 3-75 "自动套用格式"对话框

① 选定要作为表格标题的一行或多行文字，选定内容必须包括表格的第一行。

② 选择"表格"菜单中的"标题行重复"命令。

这样，Word 就能够自动在新的一页上重复表格标题。

3.7.5 表格的计算功能

在平常应用中，经常要对表格的数据进行计算，如求和、求平均值等。Word 具有一些基本的计算功能。这些功能是通过"域"处理功能实现的，我们只需利用它即可方便地对表格中的数据进行各种运算。

1. 表格中单元格的引用

① 引用单元格

在表格中进行计算时，可以用 A1、A2、B1、B2 这样的形式引用表格中的单元格。其中的字母代表列，数字代表行。"D2"表示第二行第四列上的单元格；"B2,C3,C4"表示 B2、C3、C4 三个单元格；"B3:C4"表示 B3、C3、B4、C4 四个单元格，如图 3-76 所示。

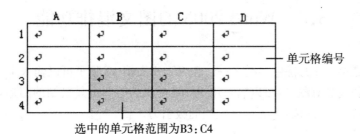

图 3-76 单元格标示

② 引用整行或整列

使用只有字母或数字的区域表示整行和整列,例如,1:1 表示表格的第一行;b:b 表示表格的第 b 列。

2. 在表格中进行计算

① 单击要放置计算结果的单元格。

② 选择"表格"菜单中的"公式"命令,显示如图 3-77 所示对话框。

如果 Word 提议的公式非自己所需,可将其从"公式"框中删除,但不要将"="号删除。

③ 在"粘贴函数"框中选择所需的公式。例如,要求和,选择"SUM"。

④ 在公式的括号中键入单元格引用。例如,要计算单元格 A1 和 B4 中数值的和,应建立这样的公式:=SUM(a1,b4)。

图 3-77 "公式"对话框

⑤ 在"数字格式"框中选择数字的格式。例如,要以带小数点的百分比显示数据,选择"0.00%"。

提示:Word 是以域的形式将结果插入选定单元格的。如果所引用的单元格发生了更改,请选定该域,然后按 F9 键,即可更新计算结果。

常用的函数有以下四个:

SUM——求和

MAX——求最大值

MIN——求最小值

AVERAGE——求平均值

常用的参数有:

ABOVE——插入点上方各数值单元格

LEFT——插入点左侧各数值单元格。

例如,SUM(ABOVE):求插入点以上各数值和;

AVERAGE(B2:B6):求 B2 到 B6 五个单元格的平均值;

SUM(B2,C3,D4) 求 B2、C3、D4 三个单元格的和。

3.8 Word 2003 的图文混排功能

图文混排是 Word 的特色功能之一。在 Word 文档中,除了可以输入文字外,还可以插入图片、图表、公式等对象,也可以插入用 Word 提供的绘图工具绘制的图形,以使 Word 文档更加多姿多彩,生动活泼,大大增强文档的吸引力。

3.8.1 插入图片

这里"图片"是指 Word 2003 内置的剪贴画和外部图片文件。

1. 插入剪贴画

Microsoft Office 在"剪辑库"中预置了大量的剪贴画,这些专业设计的图片可以帮助用户轻松地增强文档的效果。在"剪辑库"中可以找到从风景背景到地图,从建筑物到人物的各种图像。在文档中插入剪贴画的方法如下:

① 将光标置于要插入剪贴画的位置;

② 选择"插入"菜单"图片"子菜单中的"剪贴画"命令,显示"剪贴画"任务窗格,如图 3-78 所示的窗口。

图 3-78 "剪贴画"窗口

图 3-79 插入剪贴画菜单

③ 在"剪贴画"任务窗格中单击"管理剪贴"打开"剪贴管理器"对话框,如图 3-79 所示。

④ 在"剪贴管理器"中,在左窗格中选择一个剪贴画类别,然后单击右窗格中的剪贴画为选定。

⑤ 执行"编辑"菜单下的"复制"命令,或窗口中工具栏复制按钮,或单击选定的图片右端的下拉按钮,选择"复制"命令,再到 Word 文档中定位光标,然后执行"粘贴"命令。完成以上操作后,所选定的剪贴画就插入到文档中了。

2. 插入图片文件

实际上我们在 Word 中用的图片大部分都是来自外部文件,在 Word 中可直接插入的文件类型有:增强型图元文件(.emf)、静态压缩格式文件(.jpg)、便携式网络图形文件(.png)、Windows 位图文件(.bmp、.rle、.dib)、GIF 文件(.gif)以及 Windows 图元文件(.wmf)等。若插入其他类型的图形,则需要安装图形过滤器。

插入来自文件的图片的操作步骤如下:

① 将光标置于要插入图片的位置。

② 选择"插入"菜单的"图片"子菜单中的"来自文件"命令,弹出如图 3-80 所示的对话框。

③ 在"查找范围"下拉列表中选择文件所在位置,在列表框中选定要打开的文件。

④ 单击"插入"按钮后面的箭头,可以在弹出的菜单中选择是插入文件、链接文件、插入

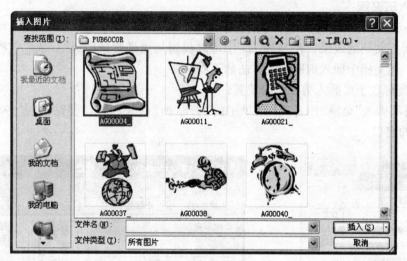

图 3-80 "插入图片"对话框

和链接文件。如果是插入文件,直接单击"插入"按钮即可。

在 Word 2003 中,插入的对象分为嵌入和链接两种形式,它们是利用 OLE(Object Linking and Embedding)技术实现的。从对象存储的角度来看,嵌入对象是将对象的一个副本插入到文档中,对原对象文件的修改不会影响插入的对象;链接对象是将对象的一个文件地址插入到文档中,而不是对象文件本身,文档中显示的是对象文件的内容,不难想象,对象文件发生变化,Word 文档中显示的内容会跟着变化,当然这样可以节省存储空间。

默认情况下,Word 在文档中嵌入图片。通过链接图片,可以减小文件大小。在"插入图片"对话框中("插入"菜单"图片"子菜单"来自文件"命令),单击图片,单击"插入"按钮右边的箭头,然后单击"链接文件"。尽管不能编辑该图片,但是可在文档中看到它,并在打印文档时打印它。

3.8.2 设置图片格式

当单击选定图片后,图片周围出现 8 个黑色(或空心)小方块,并打开"图片"工具栏。

鼠标指向图片双击左键;右键单击图片,选择右键快捷菜单的"设置图片格式"命令;选中图片并选择"格式"菜单下的"图片"命令,都将弹出"设置图片格式"对话框。该对话框有多个选项卡,可分别对图片的多个属性进行设置。

1. 设置颜色和线条

"颜色和线条"选项卡如图 3-81 所示,用来设置图片的填充色、线条的颜色、线型粗细。对外部图片来说,只有具有透明色背景的图片才能设置填充色;其他类型的只能设置图片的边框线条及其颜色。

2. 设置图片大小

"大小"选项卡如图 3-82 所示,用来设置图片的大小(实际大小或百分比)。选中"锁定纵横比",改变图片的高,宽度属性会随之变化;反之亦然,它能保证图片的高宽比例不发生变化。单击"重新设置"按钮,可以恢复图片的原始尺寸。

图片的大小还可以通过拖动图片四周的 8 个句柄来调整。

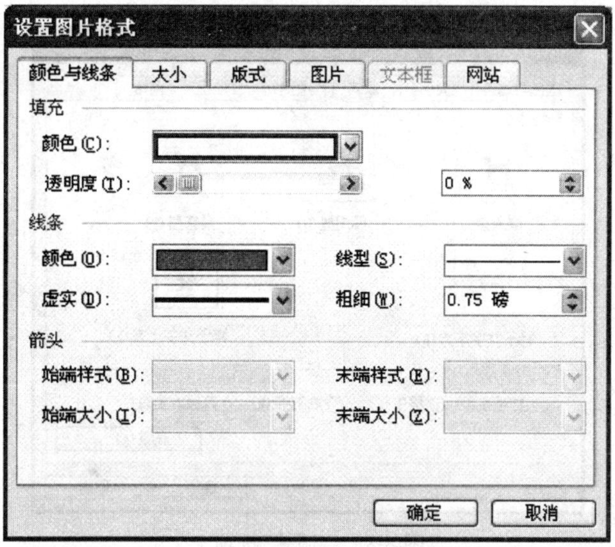

图 3-81 "颜色和线条"选项卡

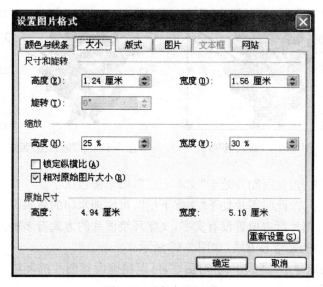

图 3-82 "大小"选项卡

3. 设置图片版式

"版式"选项卡用来设置图片的环绕方式,如图 3-83 所示。

Word 将文档分为三层:文本层、文本上层、文本下层。文本层,即我们通常的工作层,同一位置只能有一个文字或对象,利用文本上层、文本下层可以实现图片和文本的层叠。

按照文档的层次,图片的环绕方式及版式有四种选择:

(1) 嵌入型:此时图片处于"文本层",插入的剪贴画或图片默认的版式为"嵌入型",选中这种版式的图片时其 8 个控制柄是实心方块,如图 3-84 所示。它既不能随意移动位置,也不能在其周围环绕文字,是作为一个字符出现在文档中,用户可以像处理普通文字那样处理此图片。可以重新设置图片的版式,使图片的周围可以环绕文字,例如"四周型",如图 3-84 所示。

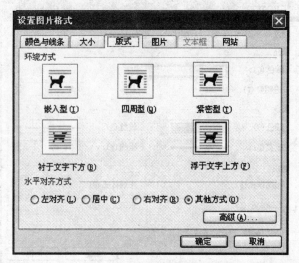

图 3-83 "版式"选项卡

图 3-84 "嵌入型"版式   图 3-85 非"嵌入型"版式

（2）浮于文字上方：此时图片处于"文本上层"，图形覆盖文字。

（3）衬于文字下方：此时图片处于"文字下层"，可实现水印的效果。

（4）环绕方式：图片所占位置没有文字，文字环绕图片的方式有多种。选中环绕方式的图片时，其8个控制柄是空心方块，如图 3-85 所示。

单击"高级"按钮显示"高级版式"对话框，可以精确设置图片的环绕方式以及图片与正文之间的距离。其中：

① "图片位置"选项卡如图 3-86 所示，设置图片的水平位置和垂直位置。如果要设定对象随文字移动，选中"对象随文字移动"复选框。但如果垂直对齐方式选中的是"绝对位置"，且度量依据是"页面"，则"对象随文字移动"复选框不能被选中。

② "文字环绕"选项卡如图 3-87 所示，设置文字环绕方式以及图片上、下、左、右各边与文字之间的距离。

4．设置图片颜色属性和剪裁

"图片"选项卡如图 3-88 所示。

在"裁剪"选项组中，对图片从上、下、左、右四个方向输入准确的数值，可以对插入文档中的图片进行裁剪，以便隐藏图片中不想显示的部分；

"颜色"可以对彩色图片进行灰度、黑白、水印等形式的转换。

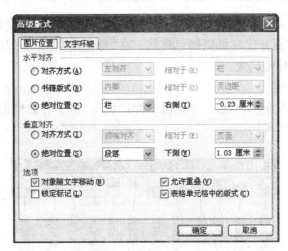

图 3-86 "图片位置"设置

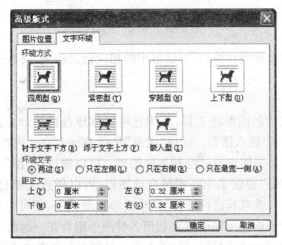

图 3-87 "文字环绕"设置

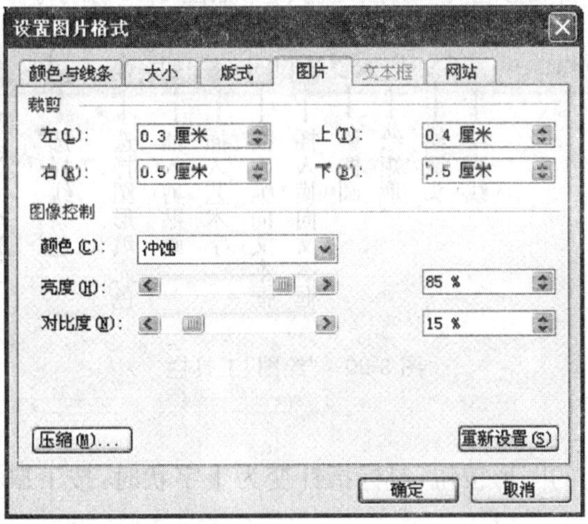

图 3-88 "图片"选项卡

拖动"亮度"滑动块或者在其后的"百分比"框中键入数值,可以设置图片亮度。百分比值越高,则颜色越亮;百分比越低则颜色越暗。在"对比度"栏作类似的操作可以设置对比度,百分比值越高,对比度越大。

5. 使用图片工具栏

"图片"工具栏如图 3-89 所示。如果没有弹出该工具栏,右键单击工具栏,在弹出的快捷菜单中选择"图片"即可。

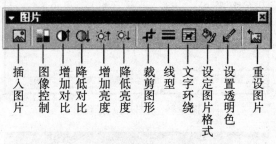

图 3-89 "图片"工具栏

各按钮的含义与"设置图片格式"对话框中的相应设置相同,只不过操作更简单。

3.8.3 绘制图形

Word 提供了一套绘制图形的工具,利用它可以创建各种图形。只有在页面视图方式下才可以在 Word 文档中插入图形。这里"图形"是指 Word 2003 内置的自选图形。

实际工作中,经常需要用户自己绘制各种图形。可以通过"绘图"工具栏绘制所需的图形。同时,Word 还为用户提供了 100 多种自选图形,可以任意改变自选图形的形状,也可以重新调整图形的大小,或对其进行旋转、翻转或添加颜色等,还可与其他图形组合成更复杂的图形。Word 剪辑库中的剪贴画就是利用各种图形组合在一起而形成的。

单击"常用"工具栏中的"绘图"按钮,或者在工具栏的位置单击右键,在弹出的快捷菜单中选择"绘图"菜单项,都可以显示"绘图"工具栏,如图 3-90 所示。

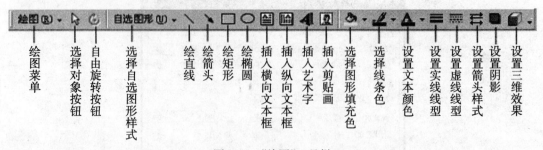

图 3-90 "绘图"工具栏

1. 绘制图形

单击绘图工具栏上的图形按钮,鼠标指针变为十字状时,按下鼠标左键在文本区拖动,即可绘出所需图形。

绘制矩形时,按住"Shift"键不放可绘制正方形;绘制椭圆时,按住"Shift"键不放可绘制正圆;绘制直线时,按住"Shift"键不放,可画出角度是 15°倍数的直线。

Word 中的自选图形以下拉菜单的方式放在绘图工具栏上，如图 3-91 所示。鼠标移到按钮上时有自选图形的名字，如图 3-92 所示。

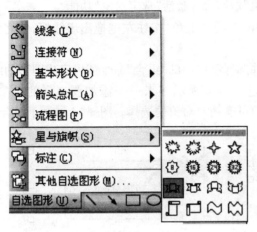

图 3-91 自选图形

图 3-92 自选图形名字

2. 在自制图形上添加文字

Word 提供在封闭的图形中添加文字的功能。这对绘制示意图是非常有用的。具体操作是鼠标右键单击图形对象，选择快捷菜单中的"添加文字"命令，系统自动添加文本框，在文本框内可输入文字，并可像普通文本一样进行文字格式设置。

3. 设置图形的颜色、线条、三维效果

先选种要设置的图形对象，再利用绘图工具栏中的"填充色"、"线条颜色"、"字体颜色"、"线型"、"阴影"和"三维效果"等按钮，可以在封闭图形中填充颜色，给图形的线条设置线型和颜色，给图形对象添加阴影或产生立体效果，如阴影■、三维效果■等。

4. 图形的叠放次序

当两个或多个图形对象重叠在一起时，最近绘制的那一个总是覆盖其他的图形。利用绘图工具中的"绘图"按钮可以调整各图形之间的叠放关系。具体步骤如下：

① 选定要确定叠放关系的图形对象。

② 单击绘图工具栏中的"绘图"按钮，打开如图 3-93 所示的下拉菜单。

③ 把指针移到菜单中的"叠放次序"命令，拉出下一级菜单。

④ 单击下一级菜单中的相应命令（图 3-93 中为"下移一层"命令）

5. 多个图形的组合

当用许多简单的图形构成一个复杂的图形后，实际上每一个简单图形还是一个独立的对象，这对移动整个图形来说将变得非常困难。有可能操作不当而破坏刚刚

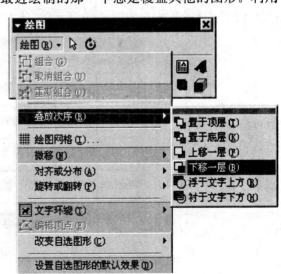

图 3-93 图形的叠放层次

构成的图形。为此，Word 提供了多个图形组合的功能。利用组合功能可以将许多简单的图形组合成一个整体的图形对象，以便图形的移动和旋转。多个图形的组合步骤如下：

① 单击"绘图"工具栏中的"选定对象"按钮 ，激活"选定对象"功能。

② 将鼠标指针移动到所有要组合的图形的左上角，按住左键拖出虚线框，使之包含所有要组合的简单图形。

③ 单击"绘图"按钮，打开下拉菜单并选择菜单中的"组合"命令就可完成图形的组合。

另外，也可按下 Shift 键的同时，通过单击鼠标左键来一一添加要选择的对象；按下 Shift 键的同时，再一次单击已选择的对象可撤销对对象的选择。图 3-94 展示了组合示例。

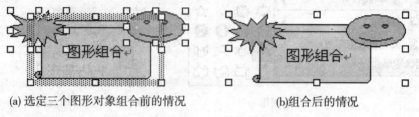

(a)选定三个图形对象组合前的情况　　　　　(b)组合后的情况

图 3-94　图形组合示例

组合后的所有图形成为一个整体的图形对象，可整体移动或旋转或改变大小等。这一组合图形也可通过"绘图"按钮的下拉菜单中的"取消组合"命令来取消组合。

3.8.4　插入艺术字

1. 添加艺术字

Word 内置了一些艺术字的效果，可作为图片插入到文档中。插入艺术字的操作步骤如下：

① 把光标移到要插入艺术字的位置。

② 单击"绘图"工具栏中的"插入艺术字"按钮或单击"插入"菜单下的"图片"命令，选择其下的"艺术字"，出现如图 3-95 所示的"艺术字"库对话框。

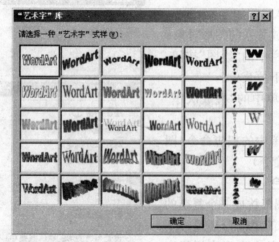

图 3-95　"艺术字"库对话框

③ 在"艺术字"库对话框中选择一种艺术字样式后单击"确定"按钮,出现如图3-96所示的编辑"艺术字"文字对话框。

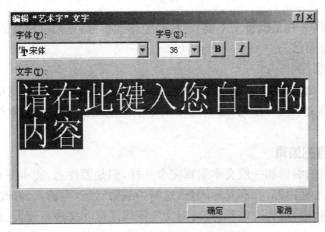

图3-96 编辑"艺术字"文字对话框

④ 在"文字"文本框中输入艺术字的文字,可以输入多行。
⑤ 选择文字的字体和字号,设置好文字的粗体和斜体。
⑥ 单击"确定"按钮,即可插入一组艺术字。

2. 编辑艺术字

刚插入艺术字或选中艺术字后,会自动显示一个"艺术字"的工具栏如图3-97所示,利用工具栏可以对艺术字进行编辑。例如重新输入新的艺术字或者修改原有的艺术字、重新选择新的艺术字式样、对艺术字进一步变形、设置艺术字的高度、字符间距、多行艺术字的排列方式,还可以设定其文字的环绕方式、自由旋转、三维效果或阴影等。其中:

图3-97 艺术字工具栏

- 选择"插入艺术字"按钮 可插入艺术字。
- 选择"编辑文字"按钮可更改艺术字内容。
- 选择"艺术字库"按钮 可选择艺术字式样。
- 选择"艺术字形状"按钮 可设置选定的艺术字形状。
- 选择"设置艺术字格式"按钮 可设置艺术字的大小、位置、填充颜色及环绕方式等格式。
- 选择"文字环绕"按钮 可设置艺术字的环绕方式。
- 选择"艺术字竖排文字"按钮 可更改艺术字文字的方向。
- 选择"艺术字字母高度相同"按钮 、"艺术字对齐方式"按钮 及"艺术字字符间距"按钮 可格式化指定的艺术字。

3.8.5 文本框

文本框是一个独立的对象,框中的文字和图片可随文本框移动,它与给文字加边框是不同的概念。可以像处理图形对象一样来处理文本框，比如可以与别的图形组合叠放，可以设置三维效果、阴影、边框类型和颜色、填充颜色和背景等，因此利用文本框可以对文档进行灵活的版面设置。

文本框有两种，一种是横排文本框，一种是竖排文本框，它们没有什么本质上的区别，只是文本方向不一样而已。

1. 插入文本框

选择"插入"下拉菜单"文本框"子菜单的"横排"（或"竖排"）命令，或单击绘图工具栏的"文本框"（或"竖排文本框"）按钮，然后按住鼠标左键拖动鼠标绘制文本框。与画自选图形的方法一样。

2. 文本框内容的编辑

文本框中文档的编辑和一般文本编辑完全一样，但是要注意，文本框有"编辑"和"选定"两种状态：单击文本框内部，会有光标闪烁，这时为编辑状态，可输入、修改、复制、移动、删除文本；单击文本框边框，成为选定状态，可对文本框像图形一样进行放大、缩小、复制、移动等操作。

3. 文本框属性设置

右键单击文本框，选择快捷菜单的"设置文本框格式"命令，弹出"设置文本框格式"对话框，与"设置图形格式"对话框基本相同，设置方法也基本相同，但这时"设置文本框格式"对话框中"文本框"选项卡是有效的。利用"文本框"选项卡（见图 3-98）可以设置文本框的内部边距，即内部文字距文本框边沿的距离。

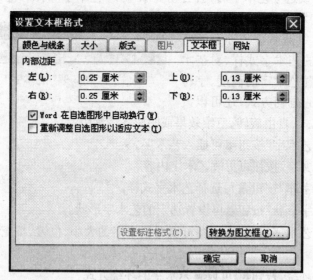

图 3-98 "文本框"选项卡

4. 文本框的链接

文本框的链接就是把两个以上的文本框链接在一起。如果链接的文字在上一个文本框中排满，则在下一个文本框中接着排下去。

（1）创建链接

创建文本框链接的方法如下：

① 创建一个以上的文本框。
② 选中第一个文本框,其中内容可以空,也可以非空。
③ 单击"文本框"工具栏中的"创建文本框链接"按钮 。
④ 此时鼠标变成 形状,把鼠标移到另一空文本框上面单击鼠标左键即可创建链接,注意目标文本框必须是空的
⑤ 如果要继续创建链接,可以继续以上操作。
⑥ 按 Esc 键即可结束链接的创建。
提示:横排文本框与竖排文本框之间不能创建链接。

可以看到,链接后的两个文本框中,第一个文本框排不下的文字,会自动放到第二个文本框中去。可以单击"文本框"工具栏中的"下一个文本框"按钮 或者"前一个文本框"按钮 在链接的前后文本框间相互切换。

(2) 断开链接

每个文本框仅有一个前向和后向链接。可断开任意两个文本框之间的链接。

要断开两个文本框的链接,选择上一个文本框,单击"文本框"工具栏中的"断开向前链接"按钮即可。断开后的文本框,排在下一个文本框中的文字将移到上一个文本框中。

3.8.6 插入公式和图表等对象

Word 2003 中除了插入以上所述的图片、图形、艺术字、文本框外,还可以插入很多非文字的对象,如公式、图表等。

插入对象的方法:

选择"插入"菜单的"对象"命令,显示如图 3-99 所示的"对象"对话框;选择相应的对象,单击按钮。

下面介绍几种常用对象的插入方法。

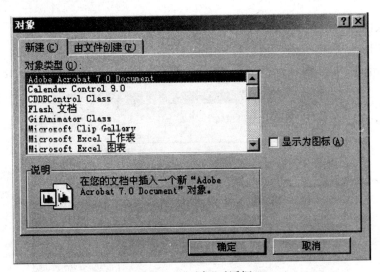

图 3-99 "对象"对话框

1. 插入公式

在图 3-99 所示的"对象"对话框中的"对象类型"中选择"Microsoft 公式 3.0"选项，单击"确定"按钮，出现"公式"工具栏，并切换到方程式编辑窗口，在插入点位置出现一个公式编辑框，如图 3-100 所示。在"公式"工具栏上单击需要的公式模板或框架，就可以输入需要的公式符号；在公式中添加字符或汉字的方法与普通文本编辑一样；公式输入完毕，单击公式编辑框外任意位置，退出公式编辑状态；双击公式可再次进入公式编辑状态。

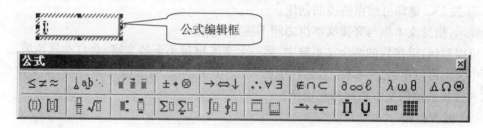

图 3-100 公式编辑器和"公式"工具栏

2. 插入 Excel 工作表

Excel 工作表具有 Word 表格所不及的很多优点，可以在 Word 文档中插入 Excel 工作表，以充分利用 Excel 的功能。

（1）插入空工作表

① 在"对象"对话框中的"对象类型"中选择"Microsoft Excel 工作表"。

② 单击"确定"按钮，出现一个编辑框，菜单栏和工具栏变为 Excel 窗口的样式，进入 Excel 工作表编辑状态，在此编辑框中可以像在 Excel 中一样进行操作。拖动对象的句柄，可放大或缩小显示区域。

③ 操作完毕，单击编辑框外任意位置，退出表格编辑状态；双击表格可再次进入表格编辑状态。

（2）插入已有工作表

① 选择"插入"菜单中的"对象"命令。

② 在弹出的"对象"对话框中选择"由文件创建"选项卡，如图 3-101 所示。

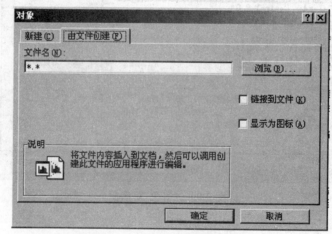

图 3-101 "由文件创建"选项卡

③ 单击"浏览"按钮,在"浏览"对话框中选择相应的 Excel 文件。单击"插入"按钮,返回到"对象"对话框。

④ 单击"确定"按钮,文档中会自动显示带有数据的单元格,可以在 Word 中对该 Excel 工作表进行修改编辑。

3. PowerPoint 文稿

把 PowerPoint 文稿作为对象插入有两种情况,一是插入空的 PowerPoint 文稿,二是插入现有的 PowerPoint 文稿。插入现有的 PowerPoint 文稿的方法与插入现有的 Excel 文稿一样。插入空的 PowerPoint 文稿的方法是在图 3-99 的对象类型中选择"PowerPoint 演示文稿",然后就可以像在 PowerPoint 中一样操作该演示文稿。

3.8.7 多对象的操作

在 Word 中的非文字对象包括图片、图形、文本框和公式等,多个对象之间可以进行对齐、组合等操作。

1. 对象的选择

进行对象的对齐、组合前,应先选中对象。

选定一个对象:当鼠标移过对象时,指针会变为十字箭头状,单击鼠标左键即可选定对象。

选中多个对象有两种方法:

• 按住"Shift"键不放,依次单击各个对象(提示:嵌入型的图片要转换为其他环绕方式才能与其他对象同时选中);

• 单击"绘图"工具栏上的选择图形按钮" ",鼠标变为箭头状,在需要选定的对象上拖动鼠标可选择一个或多个对象。当对象处于文字下方时,只能用此方法选定。

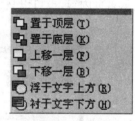

图 3-102 设置叠放次序

2. 对象的层次调整

当对象间有重叠时,有时需要调整对象的覆盖顺序。方法是:右键单击对象,选择快捷菜单中"叠放次序"子菜单的相应命令(如图 3-102 所示)。

3. 对象的对齐

多个对象在选中后可以进行"对齐"操作。

操作方法:

① 选中多个对象。

② 选择"绘图"工具栏的"绘图"下拉菜单"对齐或分布"子菜单中的相应命令,如图 3-103 所示,可以设置对象间水平和垂直的对齐方式。

4. 对象的组合

多个对象在选中后可以进行组合操作,组合后,就可以当作一个对象来使用了。

操作方法:

① 选中多个对象。

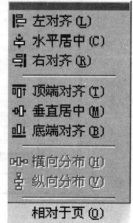

图 3-103 设置对齐方式

② 选择右键快捷菜单中"组合"子菜单的"取消组合"命令。

5. 对象的分解

组合的对象，如果需要分别编辑，则需要把组合取消。

操作方法：

右键单击已经组合的对象，选择右键快捷菜单中"组合"子菜单的"取消组合"命令。

3.9 文档的打印

3.9.1 打印预览

Word 的打印预览功能使得用户在屏幕上便可以看到实际的打印效果，而不一定非要打印出来。通过预览文件的打印效果，用户可以决定是正式打印还是对文档的版面格式再做调整。

1. 进入打印预览方式

进入打印预览显示方式的操作步骤为：

（1）单击"常用"工具栏上"打印预览"按钮 ，或者执行菜单命令"文件"→打印预览。

（2）系统进入打印预览显示方式，如图 3-104 所示。在打印预览方式下的窗口中可以显示多页内容，也可以只显示一页内容，由"打印预览"工具栏上的按钮来设定。

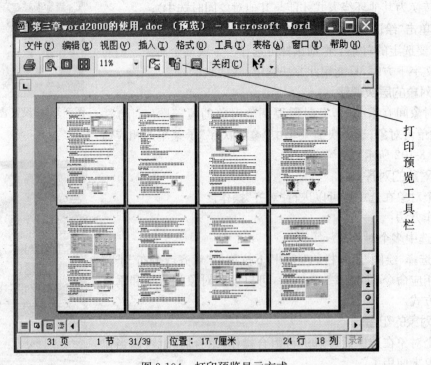

图 3-104　打印预览显示方式

2. 使用打印预览工具栏

进入打印预览显示方式后的窗口中只有打印预览工具栏，以下对该工具栏上的按钮从左到右简要介绍其功能：

- 打印：将正处于预览显示的文件送打印机打印。
- 放大镜：放大显示当前页的内容。
- 单页：使预览窗口中只显示一页内容。
- 多页显示：使预览窗口中显示多页内容。单击此按钮后会出现一个网格，在网格中按下鼠标左键并拖移鼠标，选择多页显示的页数和排列方式。
- 显示比例：指定页面内容的显示比例。
- 缩至整页：缩小正文字体使得页面压缩显示。
- 全屏显示：进入全屏显示方式，只显示文档内容而隐藏窗口的其他组成部分。

3.9.2 打印机的选择与设置

1. 打印机的选择

如果需要将文件由打印机打印输出，首先必须在安装操作系统时或者之后安装所用打印机的打印驱动程序。一台电脑允许安装多种型号的打印机，这种情况下需要选择其中一种型号的打印机为默认打印机。

执行菜单命令"文件"→"打印"，出现如图 3-105 所示的"打印"对话框。在其中的"名称"下拉列表中选择一种打印机作为默认打印机。

2. 打印机的设置

打印机设置的项目包括范围、打印份数、纸张规格、打印方向、进纸方式、打印分辨率、打印品质等。这些项目的设定都在如图 3-105 的"打印"对话框中完成。除前两项外，要设置其他的属性，须单击"打印"对话框中的"属性"按钮显示选定打印机的"属性"对话框，在其中设置纸张规格、打印方向等属性。

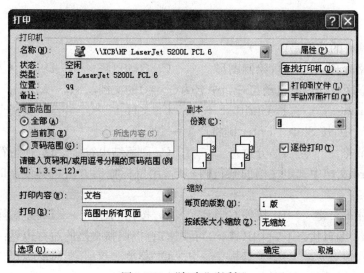

图 3-105 "打印"对话框

在打印对话框的右下角还有一个名称为"打印"的下拉列表框,用于有选择地打印文档中的一些页,共有三种选项:范围中所有页面、奇数页、偶数页。

3.9.3 文档的打印

通过"打印预览"查看满意后,就可以打印了。打印前,最好先保存文档,以免意外丢失。Word 提供了许多灵活的打印功能。可以打印一份或多份文档,也可以打印文档的某一页或几页。

1. 打印一份文档

打印一份当前文档的操作最简单。只要单击"常用"工具栏中的"打印"按钮即可。

2. 打印多份文档副本

如果要打印多份文档副本,那么应单击"文件"菜单中的"打印"命令或按快捷键 Ctrl+P,打开"打印"对话框,如图 3-105 所示。

在对话框的副本选项组的"份数"列表框中填入需要的份数,如果选中"逐份打印"复选框,那么就一份一份打印出来,否则全部打印完第一页再打印第二页,如此下去,直到打印完文档所有的页。

单击"确定"按钮就可开始执行打印命令。

3. 打印一页或几页

如果在"页面范围"选项组中,选定单选框"当前页",那么只打印当前插入点所在的一页;如果选定单选框"页码范围",并在其右边的文本框中填入页码,那么可以打印指定的页面。

如果要打印"奇数页"或"偶数页",可单击图 3-105 中"打印"列表框,在其中选择"奇数页"或"偶数页",从而只打印文档的"奇数页"或"偶数页"页面。

习 题 3

一、选择题

1. Word 具有的功能是(　　)。
   A. 表格处理　　B. 绘制图形　　C. 自动更正　　D. 以上三项都是
2. Word 程序启动后就自动打开一个名为(　　)的文档。
   A. Noname　　B. Untitled　　C. 文件 1　　D. 文档 1
3. 在 word 中,按 Shift+Enter 键将产生一个(　　)
   A. 分节符　　B. 分页符　　C. 段落结束符　　D. 换行符
4. 在 Word 文档中选定文档的某行内容后,用鼠标拖动方法将其复制时,配合的键是(　　)。
   A. 按住 Esc 键　　B. 按住 Ctrl 键　　C. 按住 Allt　　D. 不做操作
5. 在 Word 编辑状态下,利用(　　)可快速、直接调整文档的左右边界:
   A. 格式栏　　B. 工具栏　　C. 菜单　　D. 标尺
6. 要重复上一步进行过的格式化操作,可选择(　　)。
   A. "撤销"按钮　　　　　　　　B. "恢复"按钮

C. "编辑"\"复制"命令　　　　　　D. "编辑"\"重复"命令

7. Word 的查找和替换功能很强,不属于其功能的是(　　)。
   A. 能够查找和替换带格式或样式的文本
   B. 能够查找图形对象
   C. 能够用通配符进行快速、复杂的查找和替换
   D. 能够查找和替换文本中的格式

8. 下列视图方式能显示出页眉和页脚的是(　　)。
   A. 普通　　　　B. 页面　　　　C. 大纲　　　　D. Web 版式

9. 插入点位于某段落的某个字符前时,从"格式"工具栏的"样式"框中选择了某种样式,这种样式将对(　　)起作用。
   A. 该字符　　　B. 当前行　　　C. 当前段落　　　D. 所有段落

10. Word 编辑状态下,"格式刷"可以复制(　　)。
    A. 段落的格式和内容　　　　　B. 段落和文字的格式和内容
    C. 文字的格式和内容　　　　　D. 段落和文字的格式

二、思考题

(1) Word 2003 中有几种视图,有什么区别?
(2) 如何为文档设置密码?
(3) 格式刷和样式有什么区别?如何使用格式刷多次复制字符的格式?
(4) 段落排版中,有几种缩进方式?
(6) 如何给文档分节、分页?
(7) 如何给奇、偶页设置不同的页眉和页脚?
(8) 页眉和页脚如何进行设置?
(9) 如何用手工方式创建项目符号和编号?
(10) 如何将文档中的最后一段分栏?
(11) 绘制斜线表头有几种方法?
(12) 表格如何拆分和合并?
(13) 如何在表格的最末一行增加一行?如何在表格的最右增加一列?
(14) 浮动式图片与嵌入式图片有何区别?两者之间如何相互转换?
(15) 如何把网页中的图片插入到 Word 文档中?
(16) 在文本框的边框和文本框中的右键快捷菜单有什么区别?
(17) 图片在 Word 中的版式有几种?有什么区别?
(18) 打印 Word 文档时,如何只打印一部分?
(19) 如何在 Word 中插入 Excel 图表?
(20) 如何在 Word 中输入数学物理公式?

第 4 章　Excel 2003 电子表格

Excel 2003 是 Microsoft 公司 Office 2003 套装办公软件中的一员。是一个集快速制表、图表处理、数据共享和发布等功能于一身的集成化软件,并具有强大的数据库管理、丰富的函数及数据分析等功能,被广泛应用于财务、行政、金融、统计、审计、管理等使用各种"表格"数据的领域。

本章将详细介绍 Excel 2003 的基本概念、基本功能和使用方法。通过本章的学习,应掌握:

1. Excel 的基本概念、启动和退出、工作簿的创建、编辑和保存;
2. 工作表的建立及格式设置;
3. 数据录入及公式与函数的应用;
4. 工作表的新建、改名、移动、复制、删除等管理操作;
5. Excel 数据安全设置:工作表和工作簿的隐藏、工作表和工作簿的保护;
6. 工作表的页面设置、打印预览和打印操作;
7. 工作表中数据清单的排序、筛选、分类汇总、创建数据透视表等数据库管理操作;
8. Excel 图表的建立、修改和格式设置;
9. Excel 的 Internet 功能:将 Excel 数据发布在 Web 页上的方法。

4.1　Excel 2003 概述

4.1.1　Excel 2003 的基本功能

Excel 2003 常用的基本功能有以下几个方面:

1. 表格制作

Excel 以电子表格的形式供用户输入、编辑数据,并提供了丰富的格式化命令,方便用户进行数字显示格式、文本对齐、字体格式、数据颜色、边框底纹等美化表格的格式化操作。

2. 运算功能

Excel 提供财务、日期与时间、数学与三角、统计、查找引用、数据库、文本、逻辑、信息等 9 类函数,利用这些函数可以完成各种复杂的计算。

3. 数据库管理功能

Excel 和 Access、Visual FoxPro 等专门的数据库管理系统软件一样,也具备数据的排序、筛选、分类汇总、数据透视表等数据库管理操作。

4. 图表功能

Excel 提供了强大的图表功能,使用图表,可以将一组或多组数据取值的特点、数据间的关系、数据的分类以及数据发展趋势等非常直观、生动地形象化展示出来,满足用户的日常工作需要。

5. 数据共享与发布

利用 Excel 的数据共享功能,可以实现多个用户共享同一个工作簿,进行协作;Excel 工作表可以保存为 Web 页发布在网络上,用户不需在计算机上安装 Excel 软件,通过浏览器就可以访问 Excel 中的数据。

4.1.2 Excel 2003 的启动与退出

1. Excel 2003 的启动

Excel 启动方法与 Word 2003 等 Windows 应用程序一样。常用以下几种方法:

(1) 打开"开始"菜单,选择"程序"级联菜单中的"Microsoft Excel"命令;

(2) 双击扩展名为.xls 的 Excel 文档;

(3) 双击桌面上的快捷方式"Microsoft Excel"启动。

2. Excel 2003 的退出

同样,Excel 的退出与 Word 2003 类似。常用以下几种方法:

(1) 单击"标题栏"右端的"关闭"按钮 ;

(2) 选择"文件"下拉菜单中的"退出"菜单项;

(3) 按组合键"Alt+F4"。

(4) 单击标题栏左边的 图标,选择其中的"关闭"选项,或直接双击标题栏的 图标;

如果在退出前有任何修改没有存盘,退出时系统会给出存盘提示,用户根据需要选择"是"(存盘后退出);"否"(不存盘退出);"取消"(不作任何操作,重新返回编辑窗口)。

4.1.3 Excel 2003 窗口的组成

Excel 2003 窗口由标题栏、菜单栏、工具栏、编辑栏、工作簿窗口、状态栏、任务窗格等组成,如图 4-1 所示。

1. 标题栏

显示程序名和当前工作簿文件名,并提供窗口的还原、移动、最小化、最大化、关闭等操作。

2. 菜单栏

一共有九组下拉菜单,包含了几乎所有的 Excel 2003 命令。

3. 工具栏

工具栏由许多工具按钮组成,每个按钮分别代表不同的常见操作命令,便于用户快捷完成某些常用的操作。这些按钮按功能分组,共有"常用"、"格式"、"Visual Basic"、"Web"、"窗体"、"绘图"、"剪贴板"、"控件工具箱"、"审阅"、"数据透视表"、"图表"、"图片"、"退出设计模式"、"外部数据"、"艺术字"、"符号栏"等 16 组工具栏,系统默认只显示"常用"、"格式"。这两组最常用的工具栏,其他的工具栏系统会根据当前操作的状态自动显示。在"视图"下拉菜单的"工具栏"中有 16 种工具栏,单击在某项,其名称前出现"√"则表示显示该工具栏;

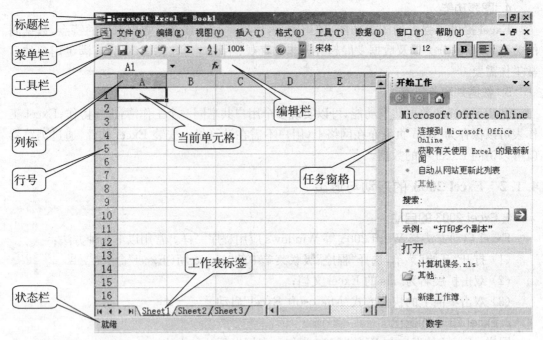

图 4-1 Excel 2003 窗口

再单击,"√"消失则表示隐藏。在显示的工具栏上右击也会出现"工具栏"子菜单。

另外,可以单击工具栏右边的"其他按钮" ,显示暂时被隐藏的其他按钮。Excel 2003 工具栏也是可浮动的,将鼠标指针移到工具栏的左边,在其变成十字双箭头形时将工具栏拖放至其他地方就可以显示全部按钮。

4. 编辑栏

编辑栏在工具栏的下方。其中左边是名称框,显示活动单元格地址,也可以直接在里面输入单元格地址,定位该单元格;右边为编辑框,用来输入、编辑和显示活动单元格的数据和公式;中间三个按钮分别是:取消按钮(×)、确认按钮(√)、插入函数按钮(fx)。平时只显示插入函数按钮(fx),在输入和编辑过程中才会显示取消按钮(×)、确认按钮(√),用于对当前操作做取消或确认。

5. 状态栏

窗口的最下方是状态栏,显示当前命令执行过程中的有关提示信息及一些系统信息。

(1) 显示当前工作状态:输入数据时显示"输入",完成后显示"就绪";

(2) 显示键盘模式:"大写"表示英文输入是否处于大写状态、"数字"表示是否可以用小键盘输入数字;

(3) 自动计算功能:最长的文本框用于显示选择区自动计算的求和结果,如果未显示状态栏,请单击"视图"菜单中的"状态栏"命令。自动计算也可执行其他类型的计算。右键单击状态栏时,就会显示一个快捷菜单,你可以选择"平均值"、"计数"、"计数值"、"最大值"、"最小值"、"求和"等六种统计方式中的一种。如果单击"计数值",自动计算将统计含有数值的单元格的个数。如果单击"平均值",自动计算将统计选择区的平均值。而每次重新启动 Excel 时,自动计算将重置为"求和"。

注意：自动计算的结果不会保存，只供临时试算。

6. 工作簿窗口

工作簿窗口位于编辑栏和状态栏之间，由工作表区、行号、列标、滚动条、工作表标签组成。

（1）工作表区、行号、列标

画有网格线的区域称为工作表区，由行和列交叉形成一个个独立的单元格，是当前工作表的输入和编辑区域。每一行有一行号，位于工作表区的左侧，用 1 至 65536 表示，每一列有一个列标，位于工作表区的顶端，从 A 到 IV。共有 256 列。当选择单元格时，行号和列标会高亮显示。

（2）滚动条

（3）工作表标签

工作簿窗口底部的工作表标签上显示工作表的名称，当前显示在屏幕上的工作表称为活动工作表或当前工作表，图 4-1 中"Sheet 1"为活动工作表，用白底黑字显示。单击工作表标签可在工作表间进行切换。如果工作表太多，在工作表标签中没有显示出来，则可通过单击标签左边的四个箭头形滚动按钮 来选择。

7. 任务窗格

任务窗格可在恰当的时间提供所需的工具，例如，新建文档、寻求帮助或插入剪贴画时，任务窗格会自动打开，完成相应的任务。

（1）"开始工作"任务窗格

打开 Excel 2003，默认显示"开始工作"任务窗格，可连接到 Microsoft Office Online 获取最新新闻、打开最近编辑过的 Excel 文档或其他 Excel 文档、切换到"新建工作簿"任务。

（2）选择其他任务

单击"其他任务窗格"列表（任务窗格顶部的任务窗格名称），在打开的下拉列表中单击所需的任务。

单击"向前"或"返回"按钮，可在使用过的任务窗格中向前或向后切换。

（3）打开、关闭任务窗格

若要关闭任务窗格，请单击"关闭"按钮。若要重新打开任务窗格，单击"视图"菜单中的"任务窗格"菜单项。按快捷键 Ctrl＋F1 可打开或关闭任务窗格。

4.1.4 Excel 2003 的基本概念

1. 工作簿与工作表

Excel 2003 中存储、处理数据的文件称为工作簿，文件的扩展名是".xls"，系统将新建工作簿自动命名为 Book 1、Book 2 …每个工作簿可以包含多张工作表，最多可以包含 255 张工作表，因此可在一个文件中管理多种类型的相关信息。新建的工作簿，默认有三张工作表，分别为 Sheet1、Sheet2、Sheet3。

在 Excel 2003 工作簿窗口内由水平方向的行和垂直方向的列构成的表格称为工作表，又称电子表格，用来存储、处理数据。每张工作表包括 65536 行和 256 列。

使用工作表可以显示和分析数据，可以同时在多张工作表上输入并编辑数据，并且可以对不同工作表的数据进行汇总计算。在创建图表之后，既可以将其置于源数据所在的工作表上,也可以放置在单独的图表工作表上。

2. 单元格与区域

每个行列交叉形成的小格称为单元格,它是基本的数据输入、编辑单位。每个单元格由行号(1、2、3、4、…)和列标(从 A 到 Z,再从 AA 到 IV)确定,称为单元格地址,例如:"B2"就表示"B"列、第"2"行的单元格。正在用于输入或编辑数据的单元格称为活动单元格或当前单元格,同时在名称框中会显示该单元格地址。活动单元格由粗边框包围,在右下角有个小方块,称为填充柄。

要区分不同工作表的单元格,在其单元格地址前面加上工作表的名称。例如,"Sheet1!B2"表示"Sheet1"工作表的"B2"单元格。注意,工作表和单元格之间必须用"!"号分隔。

所谓区域,是指多个相邻或不相邻的单元格组成的单元格范围,单元格地址间用以下几个符号来组合表示区域:

(1) 冒号(:)

区域运算符,表示矩形区域。例如:B2:C3 表示一个矩形区域,包括 B2、B3、C2、C3 四个单元格。

(2) 逗号(,)

联合运算符,用于在表示多个不连续矩形区域时分隔。例如 B5:C15,D5:E15 包括两个矩形区域的所有单元格。

4.1.5 Excel 2003 帮助功能简介

Excel2003 在"帮助"菜单中为用户提供了多种帮助功能。

1. Office 助手

单击"帮助"菜单上的"显示 Office 助手"菜单项,即可显示"Office 助手",用户可以利用它来获取帮助。

键入问题:如果有关 Excel 2003 的问题,可以单击"Office 助手",在弹出的对话框中输入关键字,再单击"搜索"按钮,根据提示选择帮助信息。

自动取得帮助:即使没有提出问题,"Office 助手"也会自动为正运行的任务提供"帮助"主题。例如,在设置工作表要进行打印时,"助手"会为你提供"帮助"主题以帮助用户准备要打印工作表的操作。

2. Microsoft Excel 帮助

单击"帮助"菜单上的"Microsoft Excel 帮助"菜单项,会打开"帮助"任务窗格。单击"目录"超链接,打开目录导航,从中可以选择帮助信息。如果要查找特定单词或词组,可在文本框中输入,再单击右边的"开始搜索"按钮。

3. 网上 Office

通过单击"帮助"菜单上的"Microsoft Office Online"菜单项,可以在任意 Office 程序中直接链接到"Office Update Web 站点"和其他 Microsoft Web 站点上。例如,可以在 Excel 中访问技术资源并下载免费的产品增强工具。

4. 显示屏幕提示

要查看有关对话框选项的屏幕提示,单击对话框中的"问号"按钮 ?,然后单击选项。

4.2 Excel 2003 基本操作

4.2.1 工作簿的建立、保存、打开

1. 建立新工作簿

启动 Excel 后，系统会自动建立一个"Book 1.xls"的空工作簿。除此之外，还可以用以下几种方法建立新工作簿：

① 单击"常用"工具栏中的"新建"按钮，或按组合键"Ctrl+N"；

② 选择"文件"下拉菜单的"新建"菜单项，或单击"开始工作"任务窗格中的"新建工作簿…"链接，切换到"新建工作簿"任务窗格，如图 4-2 所示，单击"空白工作簿"链接，将新建一个工作簿。

单击"本机上的模板…"链接打开"模板"对话框，如图 4-3 所示。单击"常用"标签中的"工作簿"选项，单击"确定"按钮，可建立新工作簿；单击"电子方案表格"标签，选择所需的电子表格模板，可以快速建立具有特定内容的工作簿。

图 4-2 "新建工作簿"任务窗格

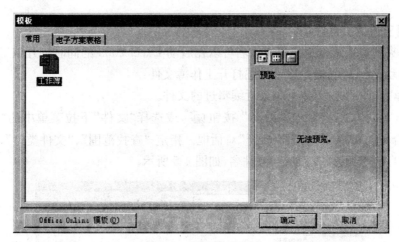

图 4-3 "模板"对话框

对于新建的工作簿，系统都会自动命名。

2. 保存工作簿

输入工作簿中的数据，只是临时保留在内存中，必须进行存盘操作，执行以下命令可以进行存盘操作：

(1) 保存

可单击"常用"工具栏中的"保存"按钮，或选择"文件"下拉菜单中的"保存"菜单项，或按组合键"Ctrl+S"。如果当前文档是已保存过的旧文件，将在磁盘中的原位置，以原文

件名保存,存盘后可继续编辑;如果是没有保存过的新文件,系统将打开"另存为"对话框,由用户选择"保存位置"(某个磁盘中的某个文件夹),输入文件名(.xls可不输,系统会自动添加),单击"保存"按钮,则当前文档保存在指定的位置中,如图4-4所示。

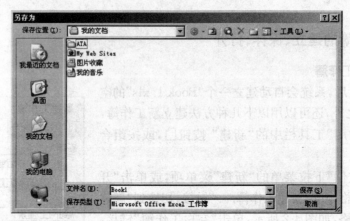

图4-4 "另存为"对话框

(2) 另存为

如果编辑的旧文件需要更换保存位置或文件名,可选择"文件"下拉菜单中的"另存为"菜单项,打开如图4-4所示的"另存为"对话框,可调整"保存位置"或输入新"文件名",单击"保存"按钮,则当前文件重新保存。另存后的文件变成当前的编辑文件。原文件仍然存在,内容不变。

3. 打开工作簿文件

在文件夹窗口中双击工作簿文件名可以在启动Excel 2003的同时打开该工作簿文件。还可以在启动Excel后,通过以下方法打开工作簿文件:

① 选择"文件"下拉菜单下方最近编辑过的文件。

② 单击"常用"工具栏中的"打开"按钮 ,或选择"文件"下拉菜单中的"打开"菜单项,或按组合键"Ctrl+O",打开"打开"对话框。指定"查找范围"、"文件类型"、"文件名",然后单击"打开"按钮;或直接双击文件名,如图4-5所示。

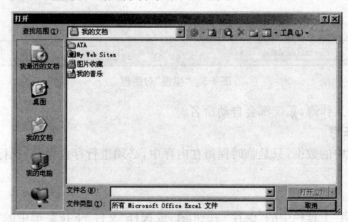

图4-5 "打开"对话框

4.2.2 数据的输入

在 Excel 2003 的单元格中,可以输入常数和公式两种类型的数据。输入数据时,先单击目标单元格,使之成为活动单元格,然后输入数据。

1. 输入文本

Excel 2003 文本指字符串数据,包括文字、数字串、符号、空格或其组合等字符。默认情况下,文本在单元格中靠左对齐。输入完毕后按 Enter 回车键(或右光标键"→"),输入内容保存在当前单元格中,同时当前单元格下移(或右移),可继续输入其他数据;也可以单击编辑栏中的"√"按钮,确认刚才的输入。

如果输入的数据不正确,可以按 Esc 键,或单击编辑栏中的"×"按钮,取消刚才的输入。

(1) 数字文本的输入

对于像电话号码、邮政编码这样无须计算的纯数字串,将数字当作文本输入(即数字串),应先键入一个单引号(')再输入数字;或是先输入等号,再在数字前后加入双引号。例如输入数字串:'051087139018,该数字串左对齐显示。

注意:单引号和双引号都用西文标点符号。

也可以先直接输入这些数字,以后再将单元格格式的"常规"格式设置为"文本",后面会讲到如何设置单元格格式。

(2) 长文本的输入

如果输入的文本超过单元格的宽度,系统根据其右侧单元格是否为空将有两种不同的处理方式:

① 若右侧单元格为空,则长文本将一直延伸右侧单元格,将右侧单元格临时占用;

② 若右侧单元格有内容,则长文本超出单元格宽度的字符将隐藏,可以用以下几种方法解决:

- 调整单元格的宽度,直到字符完整显示;具体操作见第 4.4.5 节。
- 单元格宽度不变,让长文本在单元格中分成多行显示(换行显示)。

单击"格式"菜单上的"单元格"菜单项,选择"对齐"选项卡中的"自动换行"复选框可自动换行;

也可以按 Alt+Enter 键将文本强制性换行。

2. 输入数值

Excel 2003 数值是指用来计算的数据,只能是下列字符:0~9 数字字符和小数点、正负号"+"和"-"、半角括号"("和")"、逗号","和"/ $ % E e"符号。数值输入后默认靠右对齐。

数值默认采用"常规"格式,数字长度为 11 位,其中包括小数点和类似"E"和"+"这样的字符,当数据长度超过 11 位时,自动转换成科学计数法(指数格式)。如输入"12345678912345",则显示为"1.23457E+13"。

输入负数:在数字前加"-"号,也可以将数字放置在圆括号中输入。如(100)表示 -100

输入真分数:先输入 0(零)和半角空格,再输入分数。如 0 1/2。注意,如果直接输入 1/2,系统将认为输入的是日期:1月2日。

输入带分数:先输入整数和半角空格,再输入分数。如 1 1/2

注意：如果单元格内显示为一串"♯"号，此时只需将单元格宽度加大即可恢复正常显示。

3. 输入日期和时间

默认情况下，时间和日期在单元格中靠右对齐。

日期可以用年－月－日、年/月/日、？年？月？日等格式输入；如 2008－4－1、2008/4/1、2008 年 4 月 1 日。

默认情况下，Excel 2003 以 24 小时制显示时间，可以用时：分：秒格式输入；若用 12 小时制，可以用时：分：秒 AM 或时：分：秒 PM 格式输入。如 20：30、8：30 PM、20 时 30 分、下午 8 时 30 分。

要输入当前系统日期，可同时按下 Ctrl＋；(分号)键；要输入当前系统时间，可同时按下 Ctrl＋Shift＋；键。

日期和时间也可一并输入，只要日期和时间两者之间隔一个半角空格即可。

注意：当数据宽度超过单元格的宽度时，单元格内显示一串"♯"号，此时只需将单元格宽度加大即可恢复正常显示。

4. 输入批注

批注是对单元格的注释说明，批注平时隐藏，加批注的单元格的右上角会有一个红色三角标志，当鼠标移至该单元格上时，批注就会在单元格右侧显示出来。

输入批注的方法如下：

① 选择需加批注的单元格。

② 在"插入"菜单中单击"批注"菜单项，或右击鼠标，在弹出的快捷菜单中选择"插入批注"菜单项。在批注框中输入批注文本。

5. 智能填充功能

在数据输入过程中，可能需要在一些连续的单元格中输入相同数据或具有某种规律的数据，可以使用 Excel 提供的智能填充功能快速输入。填充实际上就是一种智能复制，系统会根据原数据的类型决定填充的结果，同时填充的单元格数据将替换被填充单元格中原有的数据或公式，格式也同时被复制。

（1）使用填充柄自动填充

选定单元格或区域的右下角的小黑块称为填充柄。将鼠标指向填充柄时，鼠标的形状变为黑的细"＋"字。拖动填充柄可以实现填充。

请选定包含需要复制数据的单元格；用鼠标拖动填充柄经过需要填充数据的单元格；然后释放鼠标左键。

① 对于一个单元格的文本或数值数据，填充的结果和原数据一样，就是数据复制；

② 对于一个单元格的日期数据，每拖一个单元格日期会增加一天。如 B1 中输入日期"2008－4－1"，将 B1 的填充柄向下拖动 2 次，B2、B3 单元格中自动输入"2008－4－2"、"2008－4－3"；

③ 对于一个单元格的时间数据，每拖一个单元格时间会增加一小时。如 C1 中输入时间"8：30：30"，将 C1 的填充柄向下拖动 2 次，C2、C3 单元格中自动输入"9：30：30"、"10：30：30"；

④ 对于一个单元格的已定义序列的数据，系统会按序列循环填充。如 D1 中输入"星期日"，将 D1 的填充柄向下拖动至 D9，则 D1～D9 依次填充为"星期日"、"星期一"、"星期二"、"星期三"、"星期四"、"星期五"、"星期六"、"星期日"、"星期一"。

要想了解 Excel 有多少种序列,可参见如图 4-7 所示的"自定义序列"对话框,Excel 已定义了除"一等奖、二等奖、三等奖、四等奖"外的 11 种序列。其中"一等奖、二等奖、三等奖、四等奖"序列是下面要讲的用户自定义的序列。

⑤ 对于两个含有趋势初始值的单元格区域,系统会根据其差值按等差序列填充。如在 E1、E2 中输入 5、10,将这两个单元格区域的填充柄向下拖动至 E6,则 E1~E6 依次填充为 5、10、15、20、25、30。因为 5、10 的差值为 5,所以后面的数据都等于前面的数据+5。

如果要填充的是等比序列,则换成右键拖放,在弹出的右键快捷菜单中选择"等比序列"菜单项。

注意:如果要强制复制填充,可以按住 Ctrl 键时拖动填充柄填充。

(2) 使用"序列"对话框完成填充

如果填充规律复杂,可选择含有初始值的单元格区域列或行,在"编辑"下拉菜单的"填充"菜单项中单击"序列"命令,弹出"序列"对话框,如图 4-6 所示,在对话框中可以选择填充类型和步长值等。

例如,在 F1~F8 中要输入等比序列 2、4、8、16、32、64、128、256,操作步骤为:

① 在 F1 单元格中输入初始值 2。

② 选择要填充的单元格 F1~F8(鼠标自 F1 拖至 F8)。

③ 单击"编辑"菜单中的"填充"菜单项中的"序列"命令。

④ 打开如图 4-6 所示的"序列"对话框,选择类型:等比序列、输入步长值:2。

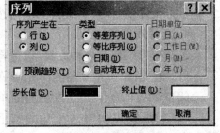

⑤ 单击"确定"按钮。

图 4-6 序列对话框

(3) 自定义序列

用户也可以自定义序列,用于填充、排序等操作。下面我们以序列"一等奖、二等奖、三等奖、四等奖"为例说明添加自定义序列的方法:

① 单击"工具"菜单中的"选项"菜单项,在弹出的"选项"对话框中选择"自定义序列"选项卡,如图 4-7 所示。

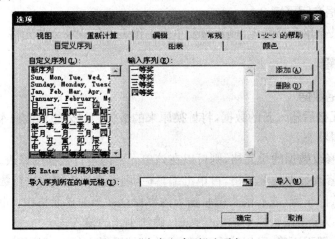

图 4-7 "自定义序列"选项卡

② 在"自定义序列"列表框中选择"新序列"。
③ 在"输入序列"文本框中按顺序键入新建序列的各个条目"一等奖"、"二等奖"、"三等奖"、"四等奖",每个条目占一行,按"Enter"键换行。
④ 单击"添加"按钮,新建的序列会出现在"自定义序列"列表框中。
⑤ 单击"确定"按钮结束。

4.2.3 选择单元格和区域

1. 选择单元格

用户可以用键盘上的方向键选择活动单元格或直接用鼠标单击单元格使之成为活动单元格。还可以单击编辑栏中的"名称框",输入要移至的单元格地址,回车,该单元格成为活动单元格。

2. 选择行(或列)

单击行号(或列标)可以选择整行(或整列)。再沿行号或列标拖动鼠标可以选择相邻的多行或多列。

3. 选择整个工作表

单击工作表行号"1"上方的空白按钮,可以选择整个工作表。

4. 选择矩形区域

选择矩形区域有3种方法(以选择A1:D8为例):

(1) 拖曳:单击左上角的单元格A1,按住鼠标左键拖曳至右下角D8。

(2) Shift+单击:单击左上角的单元格A1,按住Shift键单击右下角D8。

(3) 扩展模式:单击左上角的单元格A1,按"F8"键进入扩展模式(状态栏显示"扩展");单击右下角D8,再按"F8"键退出扩展模式(状态栏中的"扩展"消失)。

5. 选择不连续区域

按下Ctrl键再选择,可以在已选区域中追加选择区域,构成不连续的选择区域。

6. 定位单元格

Excel 2003提供了"定位"单元格的功能。单击"编辑"菜单中的"定位"菜单项,在出现的"定位"对话框的"引用位置"栏输入要选择的单元格的地址。

7. 取消单元格选定区域

如果要取消某个单元格选定区域,只要单击工作表中任意一个单元格。

4.2.4 数据编辑

1. 编辑单元格数据

如果选择单元格后输入新的数据,将替换原来的数据。如果想修改原来的数据,可以用如下方法进入编辑状态:

① 双击需要修改数据的单元格,则可以在该单元格内进行数据的修改。
② 单击需要修改数据的单元格,再单击编辑栏,则可在编辑栏内进行数据的修改。

修改完毕后按回车键(或右箭头键),输入内容保存在当前单元格中,同时当前单元格下移(或右移);也可以单击编辑栏中的"√"按钮,确认刚才的输入。

如果输入的数据不正确,可以按Esc键,或单击编辑栏中的"×"按钮,取消刚才的输入。

注意:如果编辑结果已确认,可以单击"常用"工具栏中的"撤销"按钮撤销刚才的操作。

2. 数据的移动

数据的移动,就是将工作表中的数据连同单元格格式一起从一个单元格或区域移动到另一个单元格或区域中。数据移动的距离较远时,适合使用菜单命令;数据移动的距离较近时,用鼠标拖放移动较为高效直观。

(1) 使用菜单命令移动

① 选择待移动数据所在的单元格或区域。

② 执行"编辑"菜单中的"剪切"菜单项,或者单击"常用"工具栏上的"剪切"按钮。

③ 选择要移动到的目标区单元格或目标区域的左上角单元格。

④ 执行"编辑"菜单中的"粘贴"菜单项,或者单击"常用"工具栏中的"粘贴"按钮。此时,数据原来所在的单元格变成空白单元格,目标区单元格中的原有数据被移动来的数据覆盖。

如果希望将包含数据的单元格移动到目标区域中现有单元格的左边或上面,则上述第④步执行"插入"菜单中的"剪切单元格"菜单项,弹出的"插入粘贴"对话框,选择"活动单元格右移"或"活动单元格下移",单击"确定"按钮即可。

(2) 使用鼠标拖放移动

① 选择待移动数据的单元格或区域。

② 将鼠标指针指向选中区域的边框上,使其变为带双向箭头的指针。

③ 沿着到目标区的方向拖移鼠标,鼠标指针上出现一个虚线框。

④ 当框到达目标区后,松开鼠标左键。

如果希望将数据移动插入到目标区,则在拖放过程中一直按住 Shift 键,把鼠标指针上出现的大"I"插入符号移到合适的位置后松开鼠标左键,再松开 Shift 键。

3. 复制数据

复制数据的方法与移动数据的方法基本相同。

(1) 使用菜单命令复制:只要将"剪切"换成"复制"。

(2) 使用鼠标拖放复制:在鼠标拖放时按住 Ctrl 键。

4. 数据的清除

如果仅仅要删除单元格内的数据,则可选定单元格后,按下 Del 键;若还要清除单元格中所含格式、批注等,可选择"编辑"菜单中的"清除"菜单项中的相应命令。

5. 查找与替换

操作方法与 Word 中的查找与替换相同。可以搜索要查看和编辑的特定文字或数字,并自动替换查找到的内容。还可以选择包含相同数据类型(如公式)的所有单元格,或者也可以选择内容与活动单元格内容不匹配的单元格。

6. Office 2003 剪贴板工具

Office 2003 提供了独立于 Windows 剪贴板的"剪贴板"工具,放在任务窗格中,如图 4-8 所示,复制或剪切的内容会显示在其中,最多可收集 24 个项目。

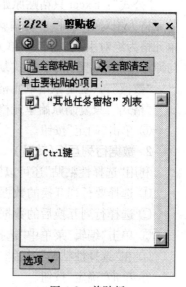

图 4-8 剪贴板

(1) 在任务窗格中显示"剪贴板"

单击"编辑"菜单中的"Office 剪贴板"菜单项,或按 Ctrl+C 键两次,或在任务窗格的"其他任务窗格"列表中选择"剪贴板"。

(2) 粘贴"剪贴板"中的项目

先选择好目标单元格,再单击"剪贴板"中的某个项目,就可将之复制到单元格中。

(3) 清空"剪贴板"中的项目

若要清空某个项目,将鼠标指针移到该项目上,单击出现的下拉列表箭头,再单击"删除"。

若要清空所有项目,请单击"全部清空"按钮。

4.2.5 选择性粘贴

前面我们介绍的"粘贴"都只是粘贴数据或公式,Excel 还提供了一种有选择地将特定内容复制到单元格中的方法:"选择性粘贴"。例如,只复制单元格的格式或只复制公式的结果而不是公式本身等。

1. 操作方法

① 选定要复制的单元格或单元格区域。

② 单击"复制"按钮。

③ 选定目标单元格或单元格区域左上角的单元格。

④ 选择"编辑"菜单中的"选择性粘贴"菜单项,弹出"选择性粘贴"对话框,如图 4-9 所示。

⑤ 从中选择粘贴的方式:

"全部":将原始单元格的公式、数值、格式、批注等全部粘贴到目标位置;如果原始单元格中是公式,则 Excel 将自动调整公式中的相对地址。

"公式":Excel 只粘贴原始单元格的公式。如果公式中单元格为相对引用,将自动调整公式的引用;如果公式中单元格为绝对引用,则目标单元格的公式中的绝对地址将

图 4-9 选择性粘贴

与原始单元格完全相同(公式复制的具体知识将在第 4.3.2 节中详细介绍公式的复制)。

"数值":只复制原始单元格的数值,如果原始单元格是公式,仅复制公式的值。

"格式":只复制原始单元格的格式。

⑥ 单击"确定"按钮。

2. 数据行列互换(转置)

利用"选择性粘贴"还可以实现数据行列互换。操作方法如下:

① 选择要行列互换的数据区域,单击"复制"按钮。

② 选择行列互换后的数据放置区域的第一个单元格(区域的左上角)。

③ 单击"编辑"菜单中"选择性粘贴"命令,弹出"选择性粘贴"对话框。

④ 在"选择性粘贴"对话框中选中"转置"复选框。

⑤ 单击"确定"按钮。

4.2.6 单元格或行、列的插入与删除

1. 插入单元格或行、列

（1）插入单元格

① 选定要插入单元格的位置。

② 选择"插入"菜单中的"单元格"菜单项。

③ 在弹出的"插入"对话框中选择当前单元格的移动方向：向右或向下。

④ 单击"确定"按钮。

（2）插入行或列

① 右击要插入行（或列）所在的行号（或列标）。

② 在右键快捷菜单中选择"插入"菜单项，就可插入一空行（或一空列）。

如果选择多行（或多列），将同时插入多个空行（或多个空列）。

2. 删除单元格或行、列

选中要删除的单元格或行、列，执行"编辑"菜单中的"删除"菜单项。

注意：删除单元格与前面学过的清除数据是有区别的。将单元格删除后，单元格中的全部内容，包括数据、格式、批注等，连同单元格本身都将被删除。删除就像用剪刀，而清除好像是用橡皮。

3. 撤销与恢复

对误操作可以用工具栏的"撤销"按钮撤销刚才的操作，也可以用工具栏的"恢复"按钮再恢复被撤销的操作。利用工具栏的"撤销"、"恢复"按钮旁的下拉箭头，最多可以对最近的16次操作进行"撤销"或"恢复"。但并不是所有的操作都可以"撤销"、"恢复"，例如删除工作表后就不能使用"撤销"功能恢复被删除的工作表。

4.3 数据的计算——公式与函数

如果 Excel 工作表只用于操作前面所讲的数据常量，那与 Word 中的表格就没什么两样，而实际工作中常要进行各种计算（如求和、平均值等），并将计算的结果反映在表中。Excel 提供了多种统计计算功能，用户可以用数值、函数与数学运算符的组合构造计算公式，系统将根据公式自动计算。所以公式是电子表格的核心和灵魂。

4.3.1 公式的构成

公式是由算术运算符、比较运算符、文本运算符和数字、文本、引用的单元格及括号组成的计算式。

1. 运算符

（1）算术运算符：+（加）、-（减）、*（乘）、/（除）、%（百分号）、∧（乘方）。

（2）比较运算符：=（等号）、>（大于）、<（小于）、>=（大于等于）、<=（小于等于）、<>（不等于）。比较运算的结果是逻辑值 True(成立)或 False(不成立)。

（3）文本运算符：&（用于两个字符串的连接）。例如："计算机"&"网络技术"，结果

为“计算机网络技术”。

2. **单元格引用。**

若公式中要用到其他单元格中的数据，不是直接把数据输入公式中，则可采用单元格引用的方式。单元格引用是指在公式中用工作表上的单元格地址来指明公式中所使用的数据的位置。通过引用，可以在公式中使用工作表不同部分的数据，或者在多个公式中使用同一部分的数据，可以引用同一工作簿不同工作表的单元格。单元格引用的优点是，当引用的某个单元格中的数据改了，则公式会自动更新计算结果。

3. **公式的输入**

我们以实例说明公式的输入方法。

例如，要计算如图 4-10 所示“2000 年 5 月职工工资表”的实发工资，实发工资＝基本工资＋职务工资＋奖金－扣除。操作方法如下：

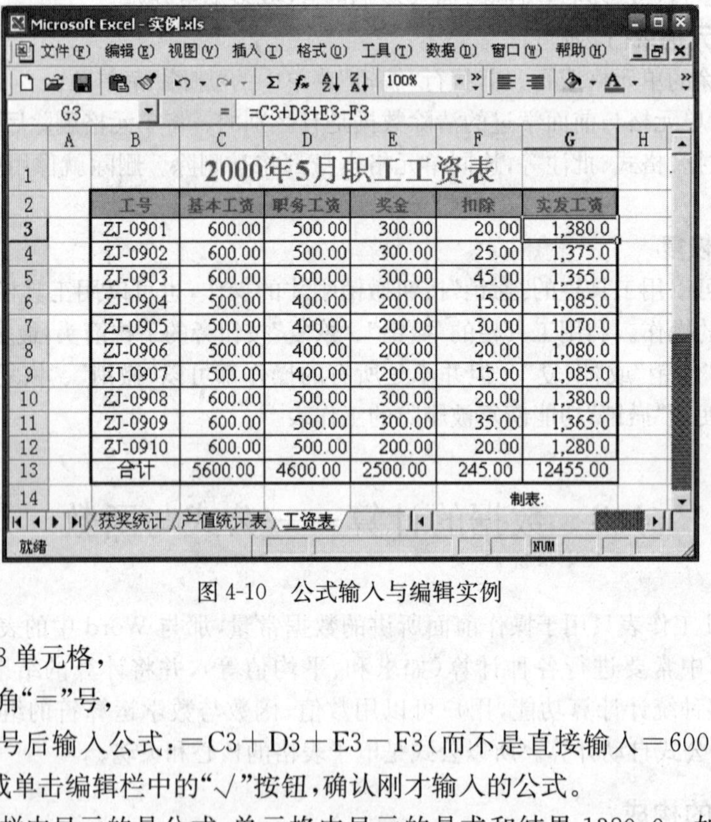

工号	基本工资	职务工资	奖金	扣除	实发工资
ZJ-0901	600.00	500.00	300.00	20.00	1,380.0
ZJ-0902	600.00	500.00	300.00	25.00	1,375.0
ZJ-0903	600.00	500.00	300.00	45.00	1,355.0
ZJ-0904	500.00	400.00	200.00	15.00	1,085.0
ZJ-0905	500.00	400.00	200.00	30.00	1,070.0
ZJ-0906	500.00	400.00	200.00	20.00	1,080.0
ZJ-0907	500.00	400.00	200.00	15.00	1,085.0
ZJ-0908	600.00	500.00	300.00	20.00	1,380.0
ZJ-0909	600.00	500.00	300.00	35.00	1,365.0
ZJ-0910	600.00	500.00	200.00	20.00	1,280.0
合计	5600.00	4600.00	2500.00	245.00	12455.00

图 4-10　公式输入与编辑实例

① 选择 G3 单元格，

② 输入半角“＝”号，

③ 在“＝”号后输入公式：＝C3＋D3＋E3－F3（而不是直接输入＝600＋500＋300－20），按回车键或单击编辑栏中的“√”按钮，确认刚才输入的公式。

此时，编辑栏中显示的是公式，单元格中显示的是求和结果 1380.0。如果将 C3 中的 600 改为 700，G3 中的结果会自动更新为 1480.0 。

输入中可以直接用键盘输入，也可以用键盘＋鼠标配合输入，如刚才的公式可以这样输入：输入半角“＝”号，单击 C3 单元格；输入“＋”，单击 D3；输入“＋”，单击 E3；输入“－”，再单击 F3。

4. **公式的修改**

单击公式所在的单元格，然后在编辑栏中修改公式。

注意：如果要使工作表上的所有公式在显示公式与显示公式结果之间切换，按 Ctrl＋`

键(位于键盘左侧,与"~"为同一键)。

Excel 2003 允许使用多层小括号,计算顺序由里而外。

4.3.2 公式的复制

单元格引用时,Excel 2003 可使用三种地址:相对地址、绝对地址、混合地址。含有单元格引用的公式实际上表现的是单元格之间的关系,复制公式只是将这个关系复制下来。不同的地址在公式复制时地址的变化也不同。

1. 相对地址

相对地址指的是一个相对的位置,用列标和行号(如 B4)表示。在公式中使用相对地址时,当将公式复制到其他单元格后,复制后产生的新公式和引用的单元格地址间的相对位置关系,将和原公式所在地址和公式中原引用的单元格地址间的相对位置关系保持不变。

例如,我们继续用如图 4-10 所示的表格求其他职工的"实发工资"。已经求出了 G3 单元格,G3=C3+D3+E3-F3,下面的公式用不着一一输入,将 G3 中的公式用填充柄拖下去就行了(如果公式不相邻,就用"复制"、"粘贴"),结果是 G4=C4+D4+E4-F4,G5=C5+D5+E5-F5……,即仍利用当前单元格左边的四个单元格计算。

2. 绝对地址

绝对地址指的是一个固定的位置,用列标和行号前加货币符号 $ 表示(如 $B$4)。

在公式中使用绝对地址时,当将公式复制到其他单元格后,复制后产生的新公式中引用的地址不变。例如,C1=A1+$B$1 表示 C1 中的公式复制到 C2 中时 C2=A2+$B$1,即公式中 B1 单元格内容不变。

3. 混合地址

介于相对地址和绝对地址之间,还有一种地址叫混合地址,即行可变列不变,或行不变列可变,如 B$4、$B4。

4. 地址切换

公式中不同类型的地址可在行号或列标前直接添加或删除货币符号 $ 来切换。还可以在编辑栏的公式中单击单元格地址,再按"F4"键在这几种不同类型的地址间循环切换:相对地址→绝对地址→混合地址,如 B4→$B$4→B$4→$B4。

4.3.3 函数的使用

函数是一些预先编好的程序,它们使用一些称为参数的特定数值按特定的顺序或结构进行计算。Excel 2003 为用户提供了财务、日期与时间、数学与三角、统计、查找引用、数据库、文本、逻辑、信息等 9 类函数,利用这些函数方便用户完成各种复杂的计算。要正确使用一个函数应掌握三个基本要素:①函数名及函数的基本功能;②函数的参数个数及数据类型;③函数运算结果的数据类型。

例如 SUM(number1,number2,…)函数是对单元格区域进行求和运算的函数。SUM 函数的参数是一个求和区域,如果是多个不连续的区域,可以用多个参数,参数之间用","(半角逗号)分隔,参数必须放在括号内。SUM 函数的参数是数值型数据,运算结果是一个数值。

1. 函数的输入

为了方便，Excel 提供了多种输入函数的方法，方法如下：

（1）直接输入

函数的输入可以用键盘直接输入，常用于将函数插入到公式中。

（2）使用"插入函数"对话框

① 选择要输入公式的单元格。

② 选择"插入"菜单的"函数"菜单项，或单击编辑栏中的插入函数按钮（f_x），弹出"插入函数"对话框，如图 4-11 所示。

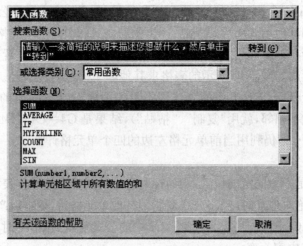

图 4-11 插入函数对话框

③ 在选择类别下拉列表中选择函数类型，在选择函数框中选择好函数，单击"确定"按钮，弹出"函数参数"对话框，如图 4-12 所示。

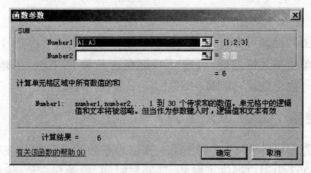

图 4-12 函数参数对话框

④ 在 Number 1、Number 2 文本框中输入参数。输入参数时用户可以在文本框内直接输入，也可以单击文本框右侧的折叠按钮，"函数参数"对话框下面换成如图 4-13 所示的折叠对话框，然后用鼠标选择数据区域，选择完后，再单击折叠按钮返回。

图 4-13 折叠对话框

如果需要计算的数据单元格为一个连续的矩形区域，只需 Number 1 中的参数即可。如果需要计算的数据单元格为多个不连续的单元格或单元格区域，可以按住 Ctrl 键选择多个区域，也可以将每一个连续的单元格区域作为一个参数，输入到 Number 2 等文本框中。输入多个参数时，系统会自动弹出 Number 3 等文本框，最多可达 30 个。

⑤ 单击“确定”按钮结束。

(3) 自动求和工具

由于求和在数据计算中应用最多，所以 Excel 专门提供了一个求和的工具：自动求和工具。例如，求图 4-14“成绩单”中每位学生的总分。

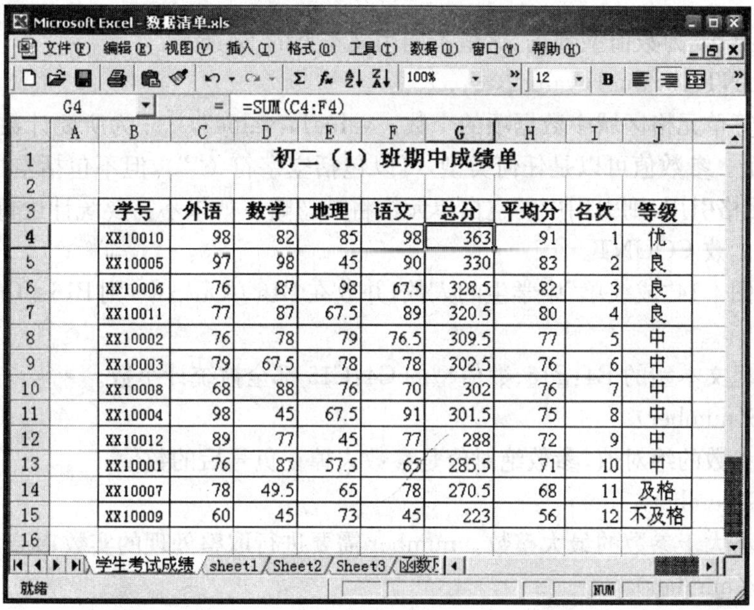

	A	B	C	D	E	F	G	H	I	J
1		初二（1）班期中成绩单								
2										
3		学号	外语	数学	地理	语文	总分	平均分	名次	等级
4		XX10010	98	82	85	98	363	91	1	优
5		XX10005	97	98	45	90	330	83	2	良
6		XX10006	76	87	98	67.5	328.5	82	3	良
7		XX10011	77	87	67.5	89	320.5	80	4	良
8		XX10002	76	78	79	76.5	309.5	77	5	中
9		XX10003	79	67.5	78	78	302.5	76	6	中
10		XX10008	68	88	76	70	302	76	7	中
11		XX10004	98	45	67.5	91	301.5	75	8	中
12		XX10012	89	77	45	77	288	72	9	中
13		XX10001	76	87	57.5	65	285.5	71	10	中
14		XX10007	78	49.5	65	78	270.5	68	11	及格
15		XX10009	60	45	73	45	223	56	12	不及格
16										

图 4-14 成绩单

① 单击 G4 单元格。

② 单击“常用”工具栏的“自动求和”按钮 Σ ▾，在编辑栏中出现：=SUM(C4:F4)，同时出现一个虚线框围着 C4:F4 区域，该区域是系统自动判断的求和范围；如果不对，可以用鼠标选择新的数据区域。

③ 按回车键或单击编辑栏中的“√”按钮，确认输入的公式。

Excel 2003 将常用的求平均值、计数、最大值和最小值四个函数也放在了自动求和工具中，单击按钮 Σ ▾ 的下拉箭头可以选择。

2. 常用函数

(1) AVERAGE(number1, number2, ...)

功能：求各参数的平均值。number1, number2, ... 为要计算平均值的 1～30 个参数。

例如，求图 4-14“成绩单”中学生的平均分，则 H4 单元格=AVERAGE(C4:F4)

(2) MAX(number1, number2, ...)

功能：求各参数中的最大值。number1, number2, ... 为需要找出最大数值的 1～30 个参数。

例如,求图 4-14"成绩单"中数学成绩的最高分,则 D16 单元格=MAX(D4:D15)。

(3) MIN(number1,number2,...)

功能:求各参数中的最小值。number1,number2,... 为需要找出最小数值的 1~30 个参数。

(4) COUNT(value1,value2,...)

功能:计算单元格区域中数值项的个数。value1,value2,... 是包含或引用各种类型数据的参数(1~30 个),但只有数字类型的数据才被计数。

例如,求图 4-14"成绩单"中学生的人数,放在 C16 单元格中。则 C16=COUNT(C4:C15)

注意:C4:C15 为数值型数据,这里不能用文本型的 B4:B15。

(5) COUNTA(value1,value2,...)

功能:计算单元格区域中数据项的个数。value1,value2,... 为所要计数的值,参数个数为 1~30 个。参数值可以是任何类型,可以包括空字符(""),但不包括空白单元格。如果参数是单元格引用,则引用中的空白单元格将被忽略。如果不需要统计逻辑值、文字或错误值,应使用函数 COUNT。

例如,求图 4-14"成绩单"中学生的人数,并放在 B16 单元格中,则 B16=COUNTA(B4:B15)

注意:这里文本型的 B4:B15、数值型的 C4:C15 都全被统计个数。

(6) ABS(number)

功能:求参数的绝对值,参数绝对值是参数去掉正负号后的数值。

(7) INT(number)

功能:求不大于参数的最大整数。number 需要进行取整处理的实数。

(8) EXP(number)

功能:求底数 e 的幂。number 为底数 e 的指数,如果要计算以其他常数为底的幂,可以用指数操作符(^)。如 6^5 表示 6 的 5 次幂。

(9) SIN(number)

功能:求给定角度的正弦值。number 为需要求正弦的角度,以弧度表示。如果参数的单位是度,则可以乘以 PI()/180 将其转换为弧度。

(10) SUMIF(range,criteria,sum_range)

功能:根据指定条件对若干单元格求和。

range:用于条件判断的单元格区域。

criteria:确定哪些单元格将被相加求和的条件,其形式可以为数字、表达式或文本。例如,条件可以表示为 32、"32"、">32"、"apples"。

sum_range:需要求和的实际单元格。只有当 range 中的相应单元格满足条件时,才对 sum_range 中的单元格求和。如果省略 sum_range,则直接对 range 中的单元格求和。

假设 A1:A4 的内容分别为:100、200、300、400,B1:B4 的内容为与 A1:A4 值相对应的税金:70、140、210、280,SUMIF(A1:A4,">160",B1:B4),结果为 630。

例如,求图 4-14"成绩单"中"外语"成绩大于 90 分的和,放在 C17 单元格中。

则 C17=SUMIF(C4:C15,">90") 结果为 293

这里 sum_range 省略,所以直接求 C4:C15 中大于 90 的参数值的和,其中 C4、C5、C11 三个单元格的值分别为 98、97、98 都大于 90,故和为 293。

(11) IF(logical_test,value_if_true,value_if_false)

功能:根据逻辑测试的真假值返回不同的结果。

logical_test:表示计算结果为 TRUE 或 FALSE 的逻辑表达式。例如,A10=100 就是一个逻辑表达式,如果单元格 A10 中的值等于 100,表达式即为 TRUE,否则为 FALSE。本参数可使用任何比较运算符。

value_if_true:logical_test 为 TRUE 时返回的值。如果 logical_test 为 True 而 value_if_true 为空,则本参数返回 0(零)。如果要显示 True,则应使用逻辑值 True。

value_if_false:logical_test 为 False 时返回的值。如果 logical_test 为 False 且忽略了 value_if_false(即 value_if_true 后没有逗号和 value_if_false),则会返回逻辑值 False。如果 logical_test 为 False 且 value_if_false 为空(即 value_if_true 后有逗号并紧跟着右括号),则本参数返回 0。

value_if_true、Value_if_false 也可以是其他公式,如果是 IF 函数,则形成嵌套。函数 IF 可以嵌套 7 层。

例如,图 4-14"成绩单"中 H4 单元格是学生的平均成绩,将其转换成"优、良、中、及格、不及格"五级制成绩放入 J4 单元格中,则 J4=IF(H4>=90,"优",IF(H4>=80,"良",IF(H4>=70,"中",IF(H4>=60,"及格","不及格"))))。

(12) RANK(number,ref,order)

功能:返回一个数值在一组数值中的排位,如成绩的名次。

number:为需要找到排位的数值。

ref:为包含一组数值的单元格区域。Ref 中的非数值型参数将被忽略。

order:为一数字,指明排位的方式。order 为 0 或省略,按降序排列进行排位,即数值最大的排名为 1;order 不为零,按升序排列进行排位,即数值最小的排名为 1。

例如:在图 4-14"成绩单"中根据每个学生的总分,求出他们的名次,放在 I4:I15 中。

单元格 I4 中的公式为=RANK(G4,$G$4:$G$15)

order 省略,按降序(由高到低)排列,Ref 为 $G$4:$G$15。用绝对地址便于用填充柄拖拉求出 I5 到 I15 的名次。

4.3.4 关于错误信息

在单元格中输入或编辑公式后,如果公式不能正确计算出结果,Excel 将显示一个错误值。例如,在需要数字的公式中使用了文本、删除了被公式引用的单元格,或者使用了其宽度不足以显示结果的单元格时,将产生错误值。错误值可能不是由公式本身引起的。例如,如果公式产生 #N/A 或 #VALUE! 错误,则说明公式所引用的单元格可能含有错误。可以通过使用审核工具来找到向其他公式提供了错误值的单元格。下面我们将常见的几种错误信息及出错的原因列出。

1. #####!

如果单元格所含的数字、日期或时间数据比单元格宽度宽或者单元格的日期时间公式产生了一个负值,就会产生 ##### 错误。解决方法:增加列宽:可以通过拖动列标之间的边界来修改列宽。

应用不同的数字格式：在某些情况下，可以通过更改单元格的数字格式以使数字适合单元格的宽度。例如，可以减少小数点后的小数位数。

2. #VALUE!

当使用错误的参数或运算对象类型时，或者当公式自动更正功能不能更正公式时，将产生错误值 #VALUE!。解决方法：确认公式或函数所需的运算符或参数正确，并且公式引用的单元格中包含有效的数值。例如，如果单元格 A5 包含一个数字，单元格 A6 包含文本"Not available"，则公式 =A5+A6 将返回错误 #VALUE!。可以用 SUM 函数来将这两个值相加（SUM 函数忽略文本）：=SUM(A5:A6)，结果为 A5 单元格的值。

3. #DIV/O!

当公式被 0 除时，会产生错误值 #DIV/O!。解决方法：修改单元格引用，或者在用作除的单元格中输入不为零的值，或者排除除数的引用的单元格不能是空白单元格（Excel 将空白单元格解释为零值）。

4. #N/A

当在函数或公式中没有可用数值时，将产生错误值 #N/A。如果工作表中某些单元格暂时没有数值，应在这些单元格中输入"#N/A"，则公式在引用这些单元格时，将不进行数值计算，而是返回 #N/A。

5. #NAME?

在公式中使用 Excel 不能识别的文本时将产生错误值 #NAME?。根据下面的原因可针对性解决：

（1）使用了不存在的名称。确认使用的名称确实存在。在"插入"菜单中指向"名称"，再单击"定义"命令。如果所需名称没有被列出，使用"定义"命令添加相应的名称。

（2）名称的拼写错误。修改拼写错误。如果要在公式中插入正确的名称，可以在编辑栏中选定名称：指向"插入"菜单中的"名称"，再单击"粘贴"命令。在"粘贴名称"对话框中，单击需要使用的名称，再单击"确定"按钮。

（3）在公式中使用标志。单击"工具"菜单上的"选项"，然后单击"重新计算"选项卡，在"工作簿选项"下，选中"接受公式标志"复选框。

（4）函数名的拼写错误。修改拼写错误。使用公式选项板将正确的函数名称插入到公式中。如果工作表函数是加载宏程序的一部分，相应的加载宏程序必须已经被调入。

（5）在公式中输入文本时没有使用双引号。Excel 将其解释为名称，而不会理会你准备将其用作文本的初衷。将公式中的文本括在双引号中。

（6）在区域引用中缺少冒号。确认公式中使用的所有区域引用都使用了冒号(:)。

6. #REF!

当单元格引用无效时将产生错误值 #REF! 常见的原因是删除了由其他公式引用的单元格或将移动单元格粘贴到由其他公式引用的单元格中。解决方法：更改公式或者在删除或粘贴单元格之后立即单击"撤销"按钮以恢复工作表中的单元格。

7. #NUM!

当公式或函数中某个数字有问题时将产生错误值 #NUM!。根据下面的原因可针对性解决：

(1) 在需要数字参数的函数中使用了不能接受的参数。确认函数中使用的参数类型正确。

(2) 使用了迭代计算的工作表函数,例如 IRR 或 RATE,并且函数不能产生有效的结果。为工作表函数试用不同的初始值。

(3) 由公式产生的数字太大或太小,Excel 不能表示。修改公式,使其结果在 $-1*10^{307}$ 和 $1*10^{307}$ 之间。

8. #NULL!

当试图为两个并不相交的区域指定交叉点时将产生错误值 #NULL!。

如果要引用两个不相交的区域,请使用联合运算符(,)逗号。例如公式要对两个区域求和,请确认在引用这两个区域时使用了逗号(SUM(A1:A10,C1:C10))。如果没有使用逗号,Excel 将试图对同时属于两个区域的单元格求和,但是由于 A1:A10 和 C1:C10 并不相交,它们没有共同的单元格。检查在区域引用中的键入错误。

4.4 Excel 2003 工作表格式化

为了表格美观或数据处理的需要,用户常要修饰工作表,Excel 2003 提供了丰富的格式化方式,方便用户进行数字显示格式、文本对齐、字体格式、数据颜色、边框底纹等美化表格的格式化操作。这些工作可以通过"单元格格式"对话框实现,部分功能也可通过"格式"工具栏上的按钮实现。

4.4.1 设置数字格式

对于新的工作表,其单元格的默认数据格式是"常规"型,可以接受任意类型的数据,并自动判断数据的类型并格式化。所以,有时用户可能遇到这样的问题,如输入分数"1/2",但显示的却是日期"1月2日"。

设置单元格数字格式,一要设置数字类型,二要设置数字的显示格式。方法如下:

① 选中要设置的单元格或单元格区域。

② 在右键快捷菜单中选择"设置单元格格式"(或 选择"格式"菜单中"单元格"菜单项),弹出"单元格格式"对话框,如图 4-15 所示。

③ 在"单元格格式"对话框中选择"数字"选项卡。

④ 在"分类"列表框中选择相应的类别,在"类型"列表框中选择显示格式。

数字格式分常规、数值、货币、会计专用、日期、时间、百分比、分数、科学记数、文本、特殊、自定义等 12 类。用户可以有选择地用某类格式。例如,使用"数值"可以设置小数位数、是否有千位分隔符、负数的表示法等;"百分比"可以将单元格中数值 * 100 再加上百分号%,并设置小数位数;"文本"可以将数字串强制设置为文本格式。

4.4.2 设置数据对齐方式

在"单元格格式"对话框中的"对齐"选项卡进行设置,如图 4-16 所示。

"水平对齐"方式有:常规、靠左(缩进)、居中、靠右、填充、两端对齐、跨列居中和分散

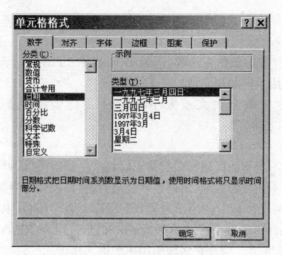

图 4-15 单元格格式对话框

对齐。

"垂直对齐"方式有:靠上、居中、靠下、两端对齐、分散对齐。还可在方向设置区中设置单元格内容的旋转方向。

在"格式"工具栏中,Excel 2003 提供了 4 个对齐按钮:左对齐、居中、右对齐、合并及居中,分别对应于四种水平对齐方式:靠左、居中、靠右、合并及居中。

1. 标题居中

可以水平选择几个单元格,然后单击"格式"工具栏中的"合并及居中"按钮 ▦ ,将这几个单元格合并,同时将内容水平居中;也可以将选择的几个单元格用水平对齐中的"跨列居中"将标题居中,不同之处在于,"跨列居中"不合并单元格,只是临时用一下别处的单元格。

2. 换行显示

当单元格中的内容超出单元格的宽度,可以调整单元格的宽度来显示超出的部分,但有时对单元格的宽度不想调整,可以选中如图 4-16"对齐"选项卡中"文本控制"栏的"自动换行"复选框,将之分几行显示。

4.4.3 设置字体

可以利用"格式"工具栏进行设置,也可以利用"单元格格式"对话框进行设置。字体格式的设置和 Word 2003 中的"字体"格式类似,可以设置字体、字形、字号、下划线、颜色等格式及删除线、上标、下标等特殊效果,这里就不再详述。

4.4.4 设置边框及图案

1. 网格线

Excel 的工作表是由网格线构成的电子表格,若不希望显示网格线,可以用下面的方

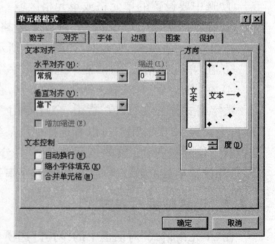

图 4-16 "单元格格式"对话框"对齐"选项卡

法让它消失：

单击"工具"菜单的"选项"菜单项,在出现的"选项"对话框中单击"视图"选项卡,在"窗口选项"栏中单击"网格线"复选框,将"√"去掉。

2. 边框

如果认为原先的网格线不如意,可以用"单元格格式"对话框"边框"选项卡来设置边框。

① 先选择要加边框的单元格或单元格区域。

② 单击"格式"菜单的"单元格"菜单项,在出现的"单元格格式"对话框中单击"边框"选项卡。

③ 选择"线条样式"和"颜色"。

④ 单击"预置"栏中的"外边框"按钮给所选区加上外边框；"内部"按钮给所选区加上内部边框；"无"按钮取消所选区的边框。

在"边框"栏中可以给所选区的上、中、下、左、中、右加上或去掉边框线,还可以加上或去掉斜线。

3. 图案

单元格还可以增加底纹图案和颜色来美化表格。方法如下：

① 选择要设置背景色的单元格。

② 单击"格式"菜单的"单元格"菜单项,在出现的"单元格格式"对话框中单击"图案"标签。

③ 如要设置图案的背景色,可单击"单元格底纹颜色"中的某一颜色。

④ 单击"图案"框旁的下拉箭头,然后单击所需的图案样式和颜色。

如果不选择图案颜色,则图案将为黑色。

4. 工作表背景

如果要把图像作为背景添加到整个工作表中,犹如 Windows 中的墙纸一样,可以按照以下步骤进行：

① 单击要添加背景图案的工作表。

② 选择"格式"菜单的"工作表"菜单项中的"背景"命令。

③ 选择背景的图像文件。

④ 单击"插入"按钮。

所选图像将作为背景平铺在工作表中。

对包含数据的单元格可以使用"单元格格式"的"图案"选项卡中的纯色背景来加以区分。"单元格格式"中的图案背景优先级高于工作表背景。

4.4.5 调整行高与列宽

调整行高与列宽可以使用鼠标或通过菜单命令完成。

1. 用鼠标调整

将鼠标指针移至要调整宽度的单元格的列标右边界处,指针变成双向箭头时拖动至合适位置松开。双击列标右边的边界可以将选中列调整为最适合列宽(列中能显示最宽内容的单元格的宽度)。

2. 通过菜单命令调整

单击"格式"菜单中的"列"菜单项,选择"列宽"命令,在"列宽"对话框中输入列宽值,可精确调整所选列的列宽;

选择"标准列宽"命令,在"标准列宽"对话框中输入值,则凡是未调整过列宽的列均以该值作为列宽值;

选择"最合适的列宽"命令,则可将当前单元格所在列或所选多列的宽度调整为最适合列宽。

调整行高的方法与调整列宽相同。

4.4.6 自动套用格式

Excel 已为用户准备了几套现成的表格格式,方便用户格式化工作表。方法是:
① 选取要套用格式的单元格区域。
② 单击"格式"菜单中的"自动套用格式"菜单项,出现"自动套用格式"对话框。
③ 单击一种合适的格式。
④ 单击"确定"按钮。

如果用户只希望应用自动套用格式中部分格式设置,则可以在单击示例图案后按下"自动套用格式"对话框中的"选项"按钮,在对话框下方会出"应用格式种类"设置区,可对其中的六个复选框进行选择后再单击"确定"按钮。

4.4.7 应用条件格式

在 Excel 中,可以根据单元格中的数值是否超出指定范围或在限定范围之内动态地为单元格套用不同的字体、图案和边框格式。

1. 设置条件格式

例如,将如图 4-14 所示的"初二(1)班期中成绩单"所有学生外语、数学、地理、语文四门课程中小于 60 的数据设置为"红色"。操作步骤如下:
① 选定要设置条件格式的单元格区域 C4:F15。
② 单击"格式"菜单中的"条件格式"菜单项,弹出"条件格式"对话框,其左侧列表框的默认值"单元格数值"不变(也可以单击下拉箭头选择"公式")。

单击中间列表框下拉箭头,选择"小于"(也可以是"介于"、"未介于"、"等于"、"不等于"、"小于"、"大于或等于"、"小于或等于"等选项)。

在右侧输入框中输入比较的数值或单元格,这里输入"60",如图 4-17 所示。

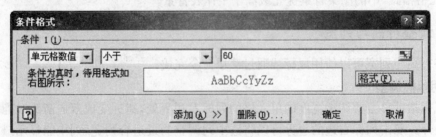

图 4-17 "条件格式"对话框

③ 单击"格式"按钮,在弹出的"单元格格式"对话框中可以分别设置"字体"、"图案"、"边框"格式,方法和前述的"单元格格式"一样。这里选择"字体"选项卡,设置颜色为"红色"。单击"确定"按钮,返回"条件格式"对话框。

④ 单击"条件格式"对话框中的"确定"按钮。

以后如果这个区域中的数据小于 60,则会自动设置为"红色"字体。

2. 更改条件格式

① 选择含有要更改条件格式的单元格。

② 单击"格式"菜单中的"条件格式"菜单项。

③ 在弹出的如图 4-17 所示的"条件格式"对话框中更改格式,如果要在"单元格格式"对话框中重新选择格式,请单击"清除"。

3. 添加条件格式

条件格式中可以有三个条件,可以如下添加条件格式:

① 选择含有要添加条件格式的单元格。

② 单击"格式"菜单中的"条件格式"菜单项。

③ 在图 4-17"条件格式"对话框中单击"添加"。

4. 删除条件格式

① 选择含有要删除条件格式的单元格。

② 单击"格式"菜单中的"条件格式"菜单项。

③ 在图 4-17 的"条件格式"对话框中单击"删除"。

④ 在"删除条件格式"对话框中选中要删除条件的复选框。

注意:要删除选定单元格的所有条件和其他的单元格格式,可将鼠标指针指到"编辑"菜单中的"清除"菜单项上,然后单击"格式"命令。

4.4.8 复制格式和应用样式

1. 复制格式

若工作表中的某些单元格格式与原有的单元格格式一样,可以把原单元格的格式复制到其他单元格上,大大提高工作效率。操作步骤如下:

① 选择源单元格;

② 单击"格式"工具栏上的"格式刷"按钮 ,鼠标指针右边增加一个刷子符号;

③ 用刷子去单击目标单元格(单元格区域用鼠标拖曳),鼠标指针恢复原样,结束格式复制。

如果要刷多个不连续的目标单元格,则双击"格式刷"按钮 ;然后用刷子去刷目标单元格;再次单击"格式刷"按钮 ,鼠标指针恢复原样,结束格式复制。

2. 设置和应用样式

所谓样式,是指成组定义并保存的格式设置,包括数字格式、对齐方式、字体、边框、图案等。定义好的样式可以应用到目标单元格。对单元格应用样式,可以保证单元格具有一致的格式。Excel 提供了多种样式,用户可以使用这些样式将数字的格式设置为货币、百分比或以逗号为千位分隔符的格式,用户可以创建自己的样式。

(1) 创建样式

① 单击"格式"菜单中的"样式"菜单项。
② 弹出"样式"对话框,在"样式名"文本框中键入新样式的名称。
③ 单击"修改"按钮,弹出"单元格格式"对话框。
④ 在"单元格格式"对话框中的任一选项卡中,设置所需格式,然后单击"确定"按钮返回"样式"对话框。
⑤ 在"样式"对话框中清除不需要的格式类型的复选框。
⑥ 单击"确定"按钮。

(2) 修改样式

修改样式与创建样式差不多,只是第②步变为选择要修改的样式名就可以了。并且,样式修改后,应用过该样式的单元格会自动更新格式。

(3) 应用和删除样式

应用样式:选定要应用某样式的单元格或区域,单击"格式"菜单中的"样式"菜单项,在"样式"对话框中单击"样式名"框旁的下拉箭头,选择一个样式,单击"确定"按钮。

除"常规"样式外,其他样式均可删除。

4.5 Excel 2003 工作表与工作簿管理

4.5.1 工作表的选择与更名

1. 工作表的选择

工作表的选择是指将一个或多个工作表设为活动工作表。选择一个工作表的操作很简单,只要单击该工作表的标签即可。

选择一组连续的工作表,先单击第一个工作表的标签,按住 Shift 键,再单击组中最后一个工作表的标签;

选择一组不连续的工作表,先单击一个工作表的标签,按住 Ctrl 键,再单击组中其他工作表的标签;

如果要选择工作簿中的所有工作表,可以右击某个工作表的标签,在弹出的快捷菜单中选择"选定全部工作表"菜单项即可。

选择一组工作表后,Excel 标题栏的工作簿文件名后会出现"[工作组]",表示用户选择了一组工作表。这时,用户对工作表的所有操作,如数据输入、移动、复制、删除等都将作用于组中的所有工作表,相当于用复写纸写字。

如果用户想取消选定的工作表组,可以单击某个未被选中的工作表的标签,或右击组中某个工作表的标签,在弹出的快捷菜单中选择"取消成组工作表"菜单项即可。

2. 工作表的更名

对工作表重命名或改名,可以双击该工作表的标签,或右击该工作表的标签,在弹出的快捷菜单中选择"重命名"菜单项,工作表标签会反相显示,这时输入新的工作表名字,然后按下回车键或用鼠标在此标签外单击即可完成。

4.5.2 工作表的新建与删除

Excel 2003 新建工作簿中默认提供了 3 个工作表，用户还可以插入更多的工作表以满足需要。每个工作簿最多包含 255 个工作表。

如果要新建工作表，可以用"插入"菜单的"工作表"菜单项，在当前工作表之前插入一个新工作表。

用户也可以右击某个工作表的标签，在弹出的快捷菜单中选择"插入"菜单项，在弹出的"新建"对话框的"常用"选项卡中选择"工作表"，单击"确定"按钮，在当前工作表之前新建一个工作表。

要删除工作表，可以右击工作表标签，在弹出的快捷菜单中选择"删除"菜单项。删除工作表为永久删除，删除后不可恢复，所以系统弹出确认对话框，单击确认对话框上的"确认"按钮，即可将选定的工作表删除。

4.5.3 工作表的复制与移动

Excel 2003 允许工作表在同一个工作簿中或不同的工作簿间移动或复制。

1. 鼠标拖放

鼠标拖放适用于在同一个工作簿中移动或复制工作表。

选择要被移动或复制的工作表，用鼠标左键拖动标签，鼠标指针上会出现一个纸样的图标，标签上方会出现一个黑色倒三角形符号"▼"，表示工作表移到的位置，拖动图标使黑色倒三角形到合适的位置时，释放鼠标左键，即可实现工作表的移动。

若在松开鼠标之前，按下"Ctrl"键，此时鼠标指针纸样的图标上多了一个"＋"号，表示进行复制操作。复制的新工作表名称为原工作表名称后加一个带括号的数字，表示是原工作表的第几个"复制品"。

2. 使用菜单命令

适用于在不同的工作簿间移动或复制工作表。

选择要被移动或复制的工作表，选择"编辑"菜单中或右键快捷菜单中的"移动或复制工作表"菜单项，打开"移动或复制工作表"对话框，如图 4-18 所示。

在"工作簿"下拉列表中选择目标工作簿；不选则在当前工作簿中移动或复制。

在"下列选定工作表之前"列表中选择工作表的位置。

选中"建立副本"复选框则进行复制；否则进行移动。

注意：目标工作簿必须预先打开。

4.5.4 工作表窗口的调整

工作表中数据量很大时，观察相距较远的两块数据会很不方便，通过对工作表窗口的有效调整，会使用户工作得更便捷，这不会影响工作表内的数据。

1. 缩放显示比例

在"常用"工具栏的"显示比例"下拉列表框中单击所

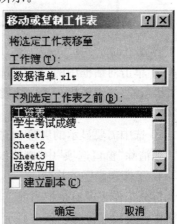

图 4-18 移动或复制工作表对话框

需的显示比例,默认为"100%",可直接键入从 10 到 400 之间的数字。

如果要将选定区域扩大至充满整个窗口进行显示,单击"显示比例"下拉列表框中的"选定区域"项。

注意:更改显示比例不会影响打印效果。只有更改了"页面设置"对话框中"页面"选项卡上的缩放比例,否则工作表仍将按照 100% 的比例进行打印。

2. 全屏显示

单击"视图"菜单中的"全屏显示"菜单项,可以隐藏部分窗口元素(如工具栏、状态栏),从而在屏幕上显示更多的数据。

注意:要恢复工具栏和其他隐藏的窗口元素,请单击"全屏显示"工具栏上的"关闭全屏显示"。如果隐藏了"全屏显示"工具栏,则可以通过再单击"视图"菜单中的"全屏显示"菜单项来还原隐藏的窗口元素。

3. 显示或隐藏指定的窗口元素

① 请单击"工具"菜单中的"选项"菜单项,弹出"选项"对话框,如图 4-19 所示。

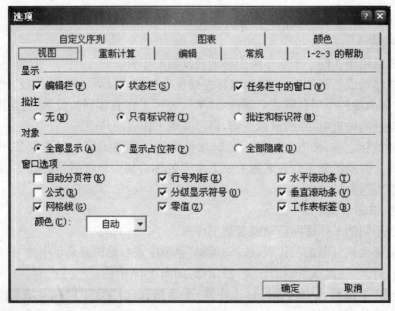

图 4-19 "选项"对话框

② 单击对话框中的"视图"选项卡,在"显示"、"窗口选项"栏中包含了窗口的主要元素,如"状态栏"、"编辑栏"、"行号列标"、"水平滚动条"、"垂直滚动条"、"网格线"、"工作表标签"等。

③ 选中需要显示的屏幕项对应的复选框;清除要隐藏的屏幕项对应的复选框。

如清除"窗口选项"中"网格线"复选框的复选标记"√",将隐藏工作表的网格线。

4. 工作表窗口的拆分

拆分工作表窗口是把当前工作表窗口拆分为 2 或 4 个窗格,每个窗格相对独立,在每个窗格中都可以通过滚动条来显示工作表的每个部分,从而可以同时显示一张大工作表的多个区域。

拆分工作表窗口操作：首先光标定位于某个单元格，单击"窗口"菜单的"拆分"菜单项，可把工作表拆分成4个窗格；如果先选择了某行或某列，则工作表会被拆分为上、下或左、右两个窗格。若要取消拆分，则可单击"窗口"菜单的"撤销拆分窗口"菜单。

还可以将鼠标指针指向垂直滚动条顶端或水平滚动条右侧的拆分框（如图4-20所示），当鼠标指针变为带双向箭头的拆分指针后，将拆分框向下或向左拖动，会出现分割条，将其拖至所需的位置可以将窗口拆分成水平或垂直的两个窗格。将窗口中的分割

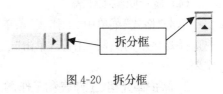

图4-20 拆分框

条拖至窗口的边上（或双击分割条）可以取消拆分，一分为二的两个窗格还原成一个窗口。

5. 工作表的冻结

大工作表的行、列标题在滚动窗口时经常要保持固定，以便随时知道浏览和编辑的是什么数据，可利用Excel提供的冻结功能来实现。

如果要在窗口顶部生成水平冻结窗格，应选定要冻结行的下边一行；如果要在窗口左侧生成垂直冻结窗格，应选定要冻结列的右一列；如果要顶部和左侧同时生成冻结窗格，应单击冻结点处的单元格。然后单击"窗口"菜单的"冻结窗格"菜单项。此时滚动窗口数据，冻结窗格中的数据固定不动。

若要取消冻结，则可单击"窗口"菜单的"撤销窗口冻结"菜单项。

6. 同时显示多张工作表、工作簿

① 打开需要同时显示的工作簿。

如果要同时显示当前工作簿中的多张工作表，单击"窗口"菜单中的"新建窗口"菜单项。新建的窗口标题栏中工作簿文件名后增加序号"：2"，原来的增加序号"：1"。切换至新的窗口，单击需要显示的工作表。对其他需要同时显示的工作表重复以上操作。

② 请单击"窗口"菜单中的"重排窗口"菜单项，弹出"重排窗口"对话框。

③ 在对话框的"排列方式"选项框中选择所需的选项：平铺、水平并排、垂直并排、层叠。

如果只是要同时显示当前工作簿中的工作表，请选中"当前活动工作簿的窗口"复选框。

注意：如果要将工作簿窗口还原成整屏显示，单击工作簿窗口右上角的"最大化"按钮即可。

4.5.5 保护数据

Excel为数据的安全提供了有效的措施，从低级的隐藏到高级的密码设置。

1. 隐藏行、列和工作表

（1）行或列的隐藏

选定需要隐藏的行或列；单击"格式"菜单中"行"或"列"菜单项中的"隐藏"命令，或单击右键快捷菜单中的"隐藏"命令。

（2）显示隐藏的行或列

选定隐藏行（或列）的上方和下方两行（或左侧和右侧两列）；单击"格式"菜单中"行"（或"列"）菜单项中的"取消隐藏"命令，或单击右键快捷菜单中的"取消隐藏"命令。

注意：如果隐藏了工作表的首行或首列，在"编辑栏"的"名称框"中键入"A1"，选择"格式"菜单中的"行"或"列"菜单项中的"取消隐藏"命令。

(3) 隐藏工作表

选定需要隐藏的工作表；单击"格式"菜单中"工作表"菜单项中的"隐藏"命令。该工作表将在标签栏中隐藏。

(4) 显示隐藏工作表

单击"格式"菜单中"工作表"菜单项中的"取消隐藏"命令；在弹出的"取消隐藏"对话框中选择要显示的隐藏工作表；单击"确定"按钮。该工作表将在标签栏中显示，并成为当前工作表。

2. 保护单元格、工作表和工作簿

(1) 保护单元格和工作表

对工作表中数据的保护是通过保护单元格和工作表来实现的。

事实上，在默认情况下 Excel 已对工作表的全部单元格设置了"锁定"保护，防止他人对单元格进行删除、修改、移动等操作；还可以通过"单元格格式"对话框中的"保护"选项卡设置"隐藏"保护，将单元格内的公式隐藏起来（只显示公式的计算结果）。

但是，"锁定"和"隐藏"都必须在工作表保护的操作下才能生效。保护工作表的方法如下：

① 单击"工具"菜单的"保护"菜单项，选择其中的"保护工作表"命令，弹出"保护工作表"对话框；

② 选择在保护状态下可操作的类型，默认只可以进行单元格的选择操作；

③ 输入"取消工作保护时使用的密码"，重新输入密码（输入2次一样的密码；也可以不输，不设密码）；

如果想要部分单元格可以更改，可在工作表保护前将这些单元格格式中的"锁定"保护取消；

对于受保护的图表对象，不能改变图表项，如数据系列、坐标轴和图例等，但图表仍可以继续随数据源的变化进行更新。

(2) 撤销工作表的保护

切换到需要撤销保护的工作表；单击"工具"菜单的"保护"菜单项，选择其中的"撤销工作表保护"命令。

如果需要输入密码，请键入工作表的保护密码。

注意：密码是区分大小写的，因此，一定要严格按照当初创建的格式输入密码，包括其中的字母大小写格式。

(3) 保护工作簿

单击"工具"菜单的"保护"菜单项，选择其中的"保护工作簿"命令。在弹出的"保护工作簿"对话框中输入密码、重新输入密码（输入2次一样的密码，也可以不输）；选择要保护的类型：结构、窗口。

选择"结构"，可以禁止工作表的插入、删除、移动、隐藏、改名；

选择"窗口"，可以保护工作表的窗口不被移动、缩放、隐藏或关闭。

(4) 撤销工作簿的保护

单击"工具"菜单的"保护"菜单项，选择其中的"撤销工作簿保护"命令。如果需要输入密码，请键入在保护工作簿时设置的密码。

(5) 保护工作簿文件

这是最高级别的保护措施,可以防止他人非法修改、访问工作簿。操作方法如下:

单击"文件"菜单的"另存为"菜单项,在弹出的"另存为"对话框的右上角单击"工具"下拉列表中的"常规选项"命令,弹出"保存选项"对话框,如图 4-21 所示。

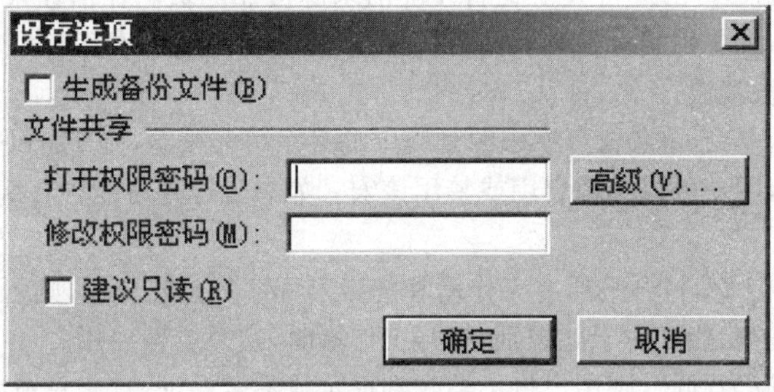

图 4-21 保存选项

输入"打开权限密码",可以防止没有密码的用户非法访问;输入"修改权限密码",可以防止没有密码的用户非法修改。

在"重新输入密码"编辑框中重新键入相同的密码,以便确认。

单击"确定"按钮。退到"另存为"对话框,再单击"保存"按钮。

4.5.6 工作簿的病毒防护

1. 宏及宏病毒

如果经常在 Microsoft Excel 中重复某项任务,那么可以用宏自动执行该任务。宏是存储在 Visual Basic 模块中的一系列命令和函数,当需要执行该项任务时可随时运行宏。录制宏时,Excel 会存储在执行一系列命令时的每个步骤的信息。然后即可运行宏使其重复执行或"回放"这些命令。所以宏为用户提供了一种自动完成频繁执行任务的功能,但同时也给用户带来了安全问题。

宏病毒是一种存储于工作簿宏或加载宏中的计算机病毒。如果打开受感染的工作簿或执行了会触发宏病毒的操作,则病毒将会激活,并传送到计算机中,然后存储在"Personal.xls",隐藏工作簿或其他无法检测的位置中。从此以后,所保存的每个工作簿都会自动被病毒"感染"。如果其他计算机打开了受感染的工作簿,病毒也会传送到该计算机上。

2. 数字签名

Microsoft Office 利用 Microsoft Authenticode 技术使得开发者可以通过使用数字证书对宏工程进行数字签名。宏的数字签名就像信封上的印,可用来确保宏来源于给其签名的开发者且未被更改。如果打开的工作簿或装载的加载宏程序中包含已进行数字签名的宏,则数字签名会像证书一样显示在计算机上。证书给出了宏的来源以及有关来源一致性和完整性的附加信息。数字签名不一定保证了宏的安全,用户必须自己确定是否信任已进行过数字签名的宏。例如,可以信任由熟人或信誉较好的公司进行过数字签名的宏。如果不很信任某个包含已进行数字签名的加载项或工作簿,那么在启用宏之前,请认真检查证书,或者出于安全考虑,可禁用该宏。

3. 宏病毒的防护措施

Excel 提供了四种级别的安全机制来减少宏病毒的感染机会，三种安全级如下所示：

- "非常高"：只允许运行安装在受信任位置的宏，所有其他签名和未签名的宏都将被禁用。
- "高"：只能运行已进行数字签名并确信来源可靠的宏。在信任某个来源之前，请先确保该来源可靠，且要用病毒检测软件进行检查，然后再为这些宏签名。未签名的宏在工作簿打开时会自动被禁用。
- "中"：如果宏不是来自可靠来源列表中的某个可靠来源，则 Excel 会显示警告信息。在打开工作簿时，用户可以选择启用或禁用该宏。如果工作簿可能含有病毒，则应该选择禁用宏。
- "低"：如果确信打开的所有工作簿和加载宏程序都是安全的，则可选择此安全级，它可关闭宏病毒保护功能。对于此级别，打开工作簿时，宏总会被启用。

如果安全级设为"低"，则用户将不会收到提示或签名验证，且宏总被启用。"高"或"中"的安全级在不同条件下的宏病毒防护功能不同，具体如下：

① 未签名的宏

"高"：打开工作簿，并自动禁用宏。

"中"：提示用户启用或禁用宏。

② 来自可靠来源的签名宏：有效签名

"高"和"中"：打开工作簿，并自动启用宏。

③ 来自未知作者的签名宏：有效签名

"高"：将显示有关证书信息的对话框。只有在用户选择了信任作者和证书颁发机构后，才启用宏。网络管理员可以锁定可靠来源列表，以防止用户向列表中添加新的开发者并启用宏。

"中"：将显示有关证书信息的对话框并提示用户启用或禁用宏。用户可以选择信任开发者和证书颁发机构。

④ 来自任意作者的签名宏：无效签名，可能包含病毒

"高"和"中"：警告用户可能有病毒，并自动禁用宏。

⑤ 来自任意作者的签名宏：无效签名，因为没有公共密钥或使用了不兼容的加密方法

"高"：警告用户签名无效并自动禁用宏。

"中"：警告用户签名无效并提示用户启用或禁用宏。

⑥ 来自任意作者的签名宏：证书过期签名作废

"高"：警告用户签名已过期或作废并自动禁用宏。

"中"：警告用户签名已过期或作废并提示用户启用或禁用宏。

4. 设置安全级

选择"工具"菜单上"宏"子菜单中的"安全性"菜单项，打开"安全性"对话框，在"安全级"选项卡上的"非常高"、"高"、"中"、"低"四个安全级中选择设置，如图 4-22 所示。

如果认为可以信任某个特定来源的宏，则可以在打开该工作簿或装载含有加载宏程序时，将该宏的开发者添加到可靠来源列表中。

对于所有的安全级，如果安装了用于 Microsoft Office 2003 的反病毒软件，且工作簿中

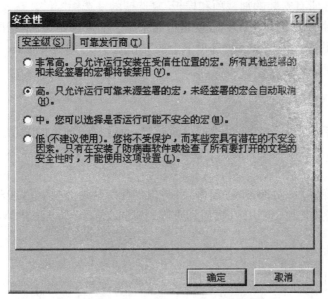

图 4-22 安全性对话框——"安全级"选项卡

还包含宏,则在打开工作簿之前,将对已知病毒进行检查。所以 Excel 提供的安全机制只能被动的防护宏病毒,不能检测盘中文件是否感染病毒和清除病毒,要获得这种保护机制,用户只有安装专业的反病毒软件。

5. 对以前安装的加载宏程序提出警告

如果要打开的加载宏程序是在安装 Excel 2003 之前就已安装的,则该文件中的宏会自动启用。可用下述方法对其提出警告:

① 单击"安全性"对话框中的"可靠发行商"选项卡,如图 4-23 所示。

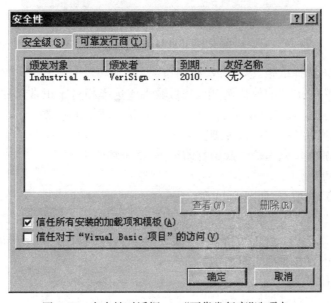

图 4-23 安全性对话框——"可靠发行商"选项卡

② 清除"信任所有安装的加载项和模板"复选框的复选标"√"。

注意：Excel 并不认为 Excel 模板就是可靠来源。如果选中了"信任所有安装的加载项和模板"复选框，并选择了"安全级"选项卡上的"高"或"中"，则打开 Excel 提供的模板时，将显示病毒警告消息。

4.5.7 打印工作表

工作表建好后，如果要打印，可进行页面设置，通过打印预览的"所见即所得"功能查看实际的打印效果，满意了再正式打印。这样既提高了效率，又节约了成本。

1. 页面设置

选择"文件"菜单的"页面设置"菜单项，弹出"页面设置"对话框，在对话框中可以设置纸张大小、打印缩放比例、页边距、页眉和页脚、打印标题，操作方法和 Word 大致相同。如图 4-24 所示。

(1) 设置页面

单击对话框中的"页面"选项卡，如图 4-24 所示。

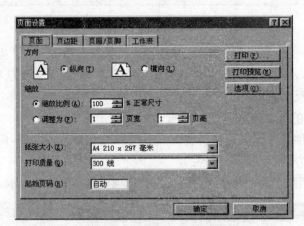

图 4-24 "页面设置"对话框

在"方向"栏内选择纸张"纵向"或"横向"；

在"缩放"栏内，选中"缩放比例"单选钮，输入或选择相对于正常尺寸的缩放比例；也可选中"调整为"单选钮，设置新的页宽、页高为正常页宽、页高的倍数。

在"纸张大小"下拉列表中选择纸张大小；

在"起始页码"文本框内输入起始打印页码，系统默认为1。

(2) 设置页边距

单击"页边距"选项卡，如图 4-25 所示。

设置页面的"上"、"下"、"左"、"右"、"页眉"、"页脚"距页面边界的距离，以厘米为单位。

在"居中"方式栏内，选中"水平居中"复选框，打印内容在页面水平居中；选中"垂直居中"复选框，打印内容在页面垂直居中。

(3) 设置页眉、页脚

单击"页面设置"对话框内的"页眉/页脚"选项卡，如图 4-26 所示。

在"页眉"、"页脚"下拉列表中选择系统已定义的页眉、页脚形式；

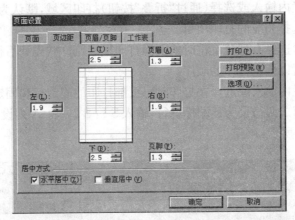

图 4-25 "页边距"选项卡

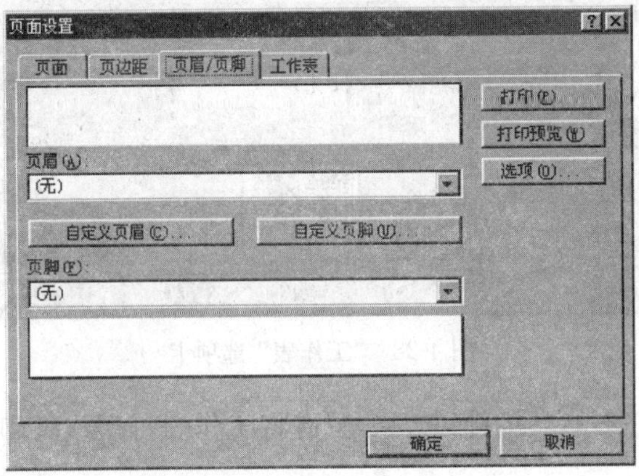

图 4-26 "页眉/页脚"选项卡

用户也可以自定义页眉、页脚。单击"自定义页眉"按钮,打开"页眉"对话框,在"左"、"中"、"右"文本框中可以输入显示在页眉相应位置上的文本,如图 4-27 所示。

"自定义页脚"与"自定义页眉"类似。

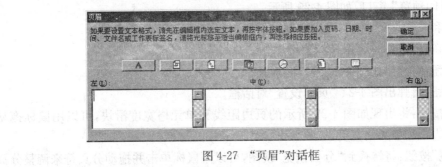

图 4-27 "页眉"对话框

(4) 工作表的打印设置

工作表的打印设置包括打印区域、打印标题、打印质量、打印次序等项目的设置。

打开"页面设置"对话框,单击"工作表"标签,如图 4-28 所示。

在"打印区域"栏内输入或选择(通过"折叠"按钮)打印区域,默认为整个工作表。

在"打印"栏内选择相应的打印项目。

"打印顺序"栏内选择有列分页符时的页面打印顺序,选中"先列后行"或"先行后列",从右侧的示例图片中可以预览打印的顺序。

在"打印标题"栏内输入或选择在打印时每页都打印的固定行和固定列。

例如,将第一、第二两行设为顶端标题行,输入＄1:＄2,;将 A 列设为左端标题列,输入＄A:＄A,如图 4-28 所示。

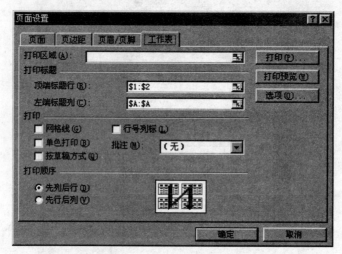

图 4-28 "工作表"选项卡

设置打印标题后并不能直接看到效果,只有将工作表打印或打印预览后才能看到打印标题。

"页面设置"对话框中四个标签中的项目全部设置完成后,单击"确定"按钮,完成设置。也可以单击"打印预览"按钮,观看打印效果,或单击"打印"按钮打印输出。

2. 打印预览

"打印预览"功能可以模拟显示实际的打印效果。选择"文件"菜单中的"打印预览"菜单项,将弹出"打印预览"窗口,如图 4-29 所示。

"上一页"和"下一页"按钮:可以实现翻页显示。

"缩放"按钮:可以调整数据显示大小。

"打印"按钮:将弹出如图 4-30 "打印"对话框。

"设置"按钮:将弹出图 4-24 "页面设置"对话框。

"页边距"按钮:将出现如图 4-29 所示的页边距线和单元格宽度滑块,可以用鼠标拖动它们来调整页边距和单元格宽度。

"分页预览"按钮:将转换到"分页预览"视图,可以用鼠标单击并拖动分页符来调整分页符的位置;要退出该视图,选择"视图"菜单中的"普通"菜单项,转换到工件表编辑状态。

"关闭"按钮:关闭打印预览窗口。

3. 打印工作表

当对编排的效果感到满意时,就可以打印该工作表了。利用"常用"工具栏中的打印按

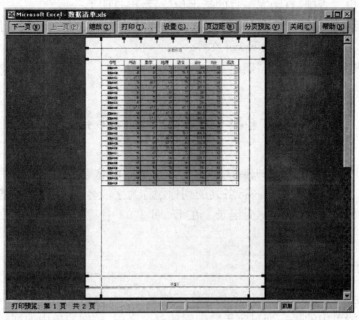

图 4-29 "打印预览"窗口

钮,可以直接打印当前整个工作表的全部页面。

选择"文件"菜单中的"打印"菜单项,弹出"打印"对话框,可以打印当前工作表、整个工作簿或工作表中的选定区域,如图 4-30 所示。

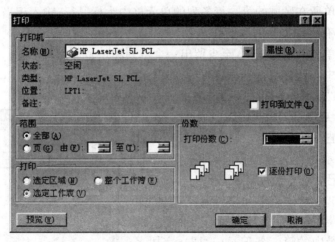

图 4-30 "打印"对话框

① "打印机"栏:在"名称"下拉列表中选择打印机。

② "打印"栏:选中"选定区域"单选钮,打印工作表的选择区域;选中"整个工作簿"单选钮,打印工作簿中的所有工作表;选中"选定工作表"单选钮,可以打印选中的工作表。

③ "范围"栏:选中"全部"单选按钮,打印选定的全部内容;选中"页"单选按钮,可以在右面的文本框内输入或选择需要打印的起始页号。

④ "份数"栏:输入或选择打印份。在打印多份时,选中"逐份打印"复选框,则输出一份

后,再打印下一份。否则,打印完一页的指定份数后,再打印下一页。

⑤ "输入到文件"复选框,选中此复选框,表示要产生打印文件,此文件可以在没有安装 Excel 程序的计算机上打印输出 Excel 文件。

所有参数设置完成后,单击"确定"按钮,开始打印。

4.6 Excel 2003 数据库管理

Excel 2003 可以实现数据的排序、检索、筛选、分类汇总等功能。数据库是由若干行和若干列组成的二维表格,表中第一行各列的列标题称为字段名,字段名下的各列数据称为字段的值,每一行构成一个整体,称为记录。在 Excel 2003 中,数据库是通过数据清单的形式来处理的。

4.6.1 数据清单

数据清单是包含相关数据的一系列工作表数据行。数据清单中的行对应于数据库中的一条记录,数据清单中的每一列对应于数据库的每个字段,数据清单中的列标题是库中的字段名称。

1. 建立数据清单

在工作表上输入数据时若能按照如下原则,则自动建立数据清单:

- 每张工作表中仅有一个数据清单。
- 在数据清单所在区域的第一行各列的单元格中为标题行,输入相当于字段名的列标题,该列的各行具有相同类型的数据项。
- 在数据清单与其他数据间,至少留出一个空列和一个空行。
- 数据清单中不包含空行、空列和合并的单元格

例如,图 4-14"成绩单"中的 B3:J15 就是一个数据清单。

2. 使用"记录单"编辑数据清单

数据记录单是一种对话框,利用它可以很方便地一次输入或显示一行完整的信息,即一条记录。也可以利用数据记录单查找和删除记录。

单击数据清单中的任意单元格;选择"数据"菜单中的"记录单"菜单项,弹出"记录单"对话框,此时显示十二条记录中的第一条记录(1/12),字段名垂直显示在左侧,其右边显示该记录的各字段值,公式只显示结果,不能修改,如"总分"等,如图 4-31 所示。

(1) 移动记录

按下 Enter 键、向下箭头键、或单击"下一条"按钮移到下一条记录;按下向上键、或单击"上一条"按钮移到上一条记录;拖动滚动滑块可移到其他记录。

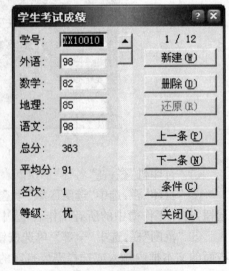

图 4-31 记录单对话框

移动记录会使修改记录操作生效。

"关闭"按钮：关闭记录单，同时使添加记录、修改记录操作生效。

"还原"按钮：在移动记录或关闭记录单前，单击该按钮可撤销添加记录和修改记录操作。

(2) 修改记录

① 在"记录单"对话框中找到需要修改的记录，修改记录。

按 Tab 键移到下一字段，按 Shift+Tab 组合键移到上一字段，或用鼠标单击选择。

② 完成数据修改后，按下 Enter 键更新记录并移到下一条记录。

③ 完成记录修改后，单击"关闭"按钮关闭记录单。

注意：
- 如果修改了含有公式的记录，要更新记录（移动记录或关闭记录单）后，公式才重计算。
- 如果要撤销所做的修改，要在更新记录前单击"还原"按钮，如果已更新，可关闭记录单，直接在工作表中用"撤销"功能还原。

(3) 添加记录

① 单击"记录单"对话框中的"新建"按钮；在最后插入一条空记录，键入新记录的信息；

② 完成数据键入后，按下 Enter 键添加记录，可继续添加新记录；

③ 完成记录添加后，单击"关闭"按钮关闭记录单。

(4) 删除记录

在"记录单"对话框中找到要删除的记录，单击"删除"按钮。

注意：使用记录单删除记录后不能恢复。

(5) 查找记录

移动记录的方法适用于数据少的数据清单，如果要查找数据量多的数据清单，可以单击"记录单"对话框中"条件"按钮，转换到条件查找状态，"条件"按钮变成"记录单"按钮。

设置查找条件来查找。如：在"数学"字段输入">80"，表示查找数学成绩大于 80 分的学生记录。单击"下一条"或"上一条"按钮可查找与指定条件相匹配的其他记录。

如果要在找到符合指定条件的记录前就退出查找并返回记录单，请单击"记录单"按钮。

4.6.2 数据排序

排序是根据数据清单中某个字段的值来排列各行记录的顺序，这个字段称为"关键字"。排序分升序（由小到大）和降序（由大到小）两种，下面为数据升序排列的规则：

- 数字从最小的负数到最大的正数。
- 字母从 A 到 Z。
- 日期和时间从最早到最近。
- 逻辑值中，False 排在 True 之前。
- 中文数据根据其拼音字母的顺序排列。
- 空格排在最后。

1. 单字段排序

单字段排序就是根据一个字段（一个关键字）进行的排序。使用"常用"工具栏上的"升序"按钮、"降序"按钮；或使用"数据"菜单中的"排序"菜单项。

例如,要将图 4-14"成绩单"中的数据清单按"总分"由高到低(降序)排列:在"总分"列中单击任一单元格(不要选择"总分"一列),再单击"常用"工具栏上的"降序"按钮。

2. 多字段排序

当根据一个字段排序时,会碰到有几行这一字段列中的数据相同的情况,这时可以根据第二个字段排序;如果第二个字段列中的数据又有相同的,则再根据第三个字段排,这就是多字段(多关键字)排序。

例如,将图 4-14"成绩单"中的数据清单按"总分"由高到低(降序)排列,对总分相同的按"数学"由高到低排列,若"总分"和"数学"两项都相同,再按"外语"由高到低排列。

① 选择图 4-14"成绩单"中的数据清单 B3:J15,或单击该区域中的任一单元格。

② 使用"数据"菜单中的"排序"菜单项,打开"排序"对话框,依次选择主要关键字、次要关键字、第三关键字及"递减"(降序)排序方式,如图 4-32 所示。

③ 单击"确定"按钮。

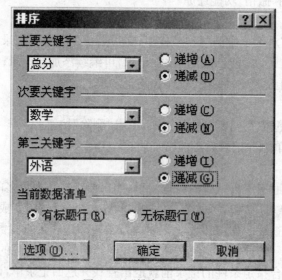

图 4-32 "排序"对话框

3. 按行排序

Excel 默认按列排序,也可按行排序,即根据指定行排列各列的顺序。在"排序"对话框中,单击"选项"按钮,在出现的"排序选项"对话框的"方向"栏中选择"按行排序"即可。

4. 按自定义序列排序

用户除了可以按照默认的次序排序外,还可以依据自行定义的次序排序,特别是中文数据。由于中文数据默认是根据其拼音字母的顺序来排序的,这可能和它的中文含义不一致,需要自定义其排序次序。例如,将图 4-14"成绩单"中的数据清单按"等级"排列。如果用默认的"降序",将按"中→优→良→及格→不及格"的顺序排,因为"中"的拼音首字母是 Z,最大,所以排在第一的位置。在这种情况下只能用"自定义序列"的方法来重定义它们的排列次序,方法见第 4.2.2 节,然后用自定义序列来排序。

① 单击"工具"菜单中的"选项"菜单项,建立一个新的序列:不及格→及格→中→良→优。

② 单击数据清单中的任意单元格。

③ 单击“数据”菜单中的“排序”菜单项，弹出“排序”对话框。

④ 在“主要关键字”下拉列表中选择要进行排序的字段名：“等级”，“递减”排序。

⑤ 单击“选项”按钮，弹出“排序选项”对话框。

⑥ 在“自定义排序次序”下拉列表中选择刚才自定义的序列。

⑦ 单击“确定”按钮返回“排序”对话框，再单击“确定”按钮。

4.6.3 数据筛选

数据筛选是将不满足条件的记录暂时隐藏起来，只显示符合条件的记录。Excel 提供了“自动筛选”和“高级筛选”两种筛选方式。下面以如图 4-33 所示的“成绩报告单”中的数据清单为例说明。

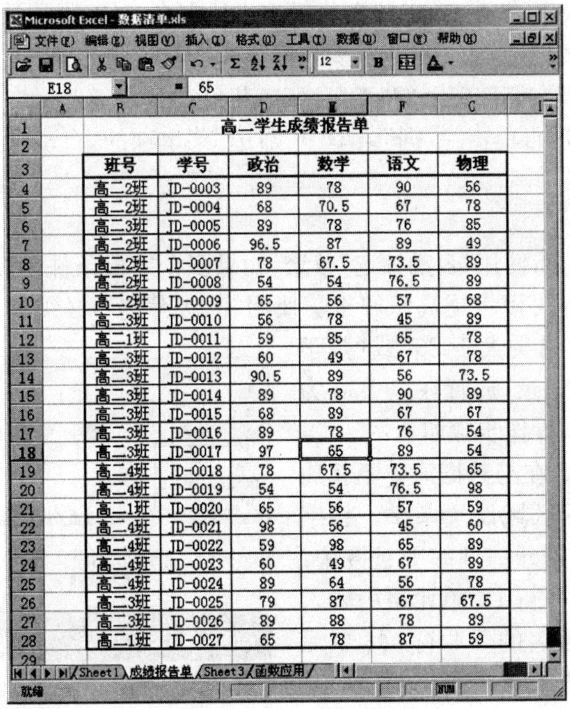

高二学生成绩报告单

班号	学号	政治	数学	语文	物理
高二2班	JD-0003	89	78	90	56
高二2班	JD-0004	68	70.5	67	78
高二3班	JD-0005	89	78	76	85
高二2班	JD-0006	96.5	87	89	49
高二2班	JD-0007	78	67.5	73.5	89
高二2班	JD-0008	54	54	76.5	89
高二2班	JD-0009	65	56	57	68
高二3班	JD-0010	56	78	45	89
高二1班	JD-0011	59	85	65	78
高二3班	JD-0012	60	49	67	78
高二3班	JD-0013	90.5	89	56	73.5
高二3班	JD-0014	89	78	90	89
高二3班	JD-0015	68	89	67	67
高二3班	JD-0016	89	78	76	54
高二3班	JD-0017	97	65	89	54
高二4班	JD-0018	78	67.5	73.5	65
高二4班	JD-0019	54	54	76.5	98
高二1班	JD-0020	65	56	57	59
高二4班	JD-0021	98	56	45	60
高二4班	JD-0022	59	98	65	89
高二4班	JD-0023	60	49	67	89
高二4班	JD-0024	89	64	56	78
高二3班	JD-0025	79	87	67	67.5
高二3班	JD-0026	89	88	78	89
高二1班	JD-0027	65	78	87	59

图 4-33 成绩报告单

1. 自动筛选

自动筛选适用于单个字段条件或多个“与”的关系的字段条件的筛选。操作方法如下：

① 选择数据清单中的任一单元格。

② 单击“数据”菜单中“筛选”菜单项的“自动筛选”命令，在数据清单的每个字段右侧都会出现下拉箭头“▼”。

③ 单击其中任一个筛选下拉箭头，列出该字段的几个选项：

前 10 个：弹出“自动筛选前 10 个”对话框，可以选择最大(默认)或最小的 1～10 条记录，默认为 10。

自定义：弹出“自定义自动筛选方式”对话框，可以对同一字段设置 1～2 个条件，两个条件间可以是"与"或"或"的关系,如图 4-34 所示,设置了两个条件,可以筛选出"政治"成绩大于等于 80 并且小于等于 90 的学生记录。

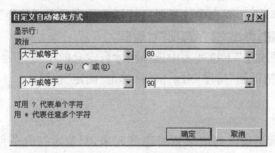

图 4-34 自定义自动筛选

该字段的值:列出了该字段的所有值,可以单击某个值筛选出等于该值的所有记录。如单击"班号"下拉箭头中的"高二(2)班",将筛选出所有高二(2)班的学生记录。

全部:显示所有的记录,用于筛选后要恢复显示所有记录。

筛选过的字段,其右侧按钮上的"▼"会变成蓝色;

④ 退出自动筛选:再单击"数据"菜单中"筛选"菜单项的"自动筛选"命令即可,同时取消筛选。

2. 高级筛选

如果筛选条件很多,使用"自动筛选"较繁;如果多个字段条件是"或"的关系时,则不能使用"自动筛选",这时可以考虑高级筛选。使用"高级筛选",必须预先建立条件区域。例如,筛选出考试成绩"语文大于 80"或"数学大于 80"的全部学生记录,放置在以 B30 为左上角开始的区域中,操作步骤如下:

① 建立条件区域,在与数据清单不相连(隔开一行或一列)的区域设置条件。将字段名(列标题)复制到隔开一列的 I3:N3 中,在"数学"字段名的下一行 L4 单元格中输入">80",在"语文"字段名的下两行 M5 单元格中输入">80",如图 4-35 所示。

注意:条件区的字段名必须与数据清单中的对应字段名完全一样,例如大小写、空格个数等要完全相同,一般用复制的方法填写;

同一行的多个条件为逻辑与,不同行的多个条件为逻辑或。

② 单击数据清单中任一单元格。

③ 单击"数据"菜单中"筛选"菜单项的"高级筛选"命令。弹出"高级筛选"对话框(这里已经设置好了各选择项),如图 4-36

图 4-35 建立条件区域

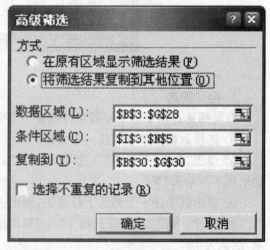

图 4-36 "高级筛选"对话框

所示。

④ 选择"数据区域"。一般不用选择,系统已选择好了,如果不对,可单击"数据区域"文本框右侧的折叠按钮重新选择,完了单击折叠按钮返回"高级筛选"对话框。

⑤ 选择"条件区域"。单击"条件区域"文本框右侧的折叠按钮,选择条件区域 I3:N5,单击折叠按钮返回"高级筛选"对话框。

⑥ 在"方式"栏内选择放置筛选结果的方式,默认为"在原有区域显示筛选结果"。这里要将筛选结果放置 B30 为左上角开始的区域中,所以选择 "将筛选结果复制到其他位置"单选钮,在"复制到"文本框中输入目的地的左上角单元格地址 B30,或单击"复制到"文本框右侧的折叠按钮,选择 B30 单元格,单击折叠按钮返回"高级筛选"对话框。

若选中"选择不重复的记录"复选框,则筛选结果中不会存在完全相同的记录。

⑦ 单击"确定"按钮。从 B30 单元格开始显示筛选出的 11 条满足条件的记录。

4.6.4 分类汇总

分类汇总是数据统计中的常用方法。根据数据清单中已排序的字段分类,并求出各类数据的统计值,如求和、计数、平均值、最大值、最小值等等。

1. 创建分类汇总

例如,统计出图 4-33"成绩报告单"中各班四门课程的平均分,操作步骤如下:

① 以分类字段"班号"为关键字对数据清单进行排序(将班级归类)。单击数据清单中的任一单元格。

② 单击"数据"菜单中的"分类汇总"菜单项,出现"分类汇总"对话框,如图 4-37 所示。

③ "分类汇总"对话框的设置

分类字段:选择已排序归类的字段"班号"。

汇总方式:单击右侧下拉箭头"▼",选择汇总方式"平均值"。

汇总项:选择要参加汇总的字段"政治"、"数学"、"语文"、"物理"。

"替换当前分类汇总"复选框:默认选中,将替换原先的汇总,只显示最新的汇总结果,否则汇总结果将叠加在原先的汇总结果上。

图 4-37 "分类汇总"对话框

"每组数据分页":选中,在每类数据后插入分页符,这里选了将会每个班打印一页。

"汇总结果显示在数据下方"复选框:选中后,分类汇总结果和总汇总结果显示在明细数据的下方,否则显示在上方。

④ 单击"确定"按钮。"分类汇总"结果如图 4-38 所示。每类数据(班级)下均有汇总数据(平均分),最后是所有班级的总平均分。

2. 删除分类汇总结果

如果进行分类汇总操作之后,用户需要恢复工作表的原始数据,则可在选定工作表后单击"数据"菜单中"分类汇总"菜单项,在"分类汇总"对话框中,单击"全部删除"按钮即可。

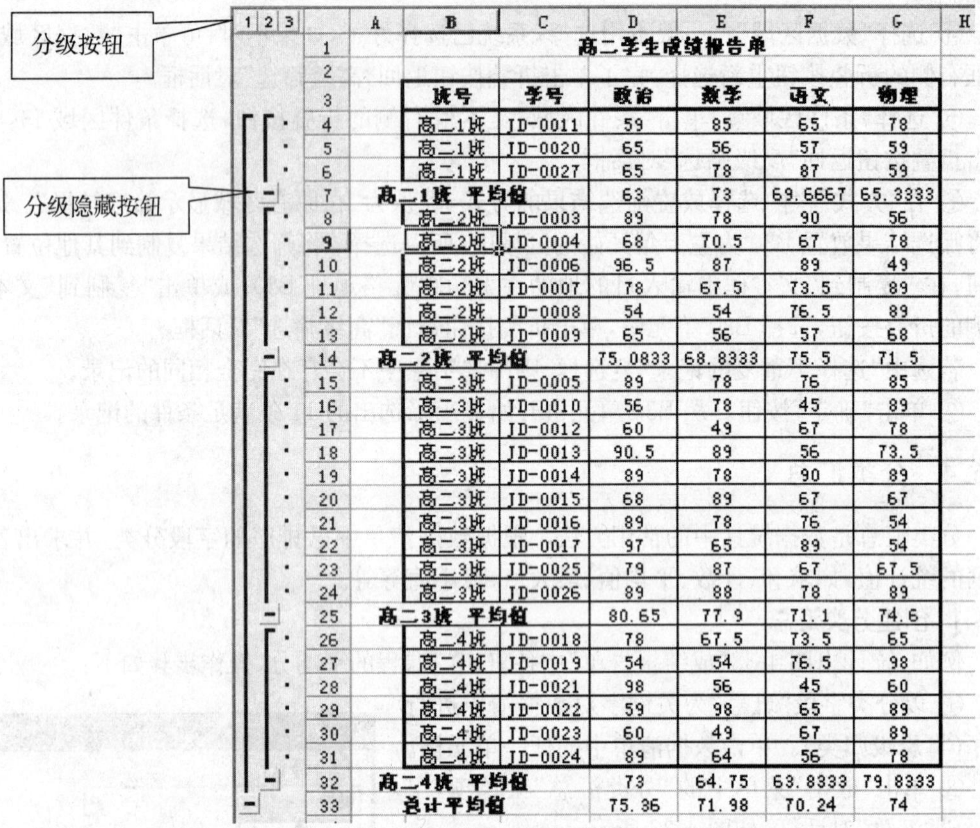

分级按钮 →

分级隐藏按钮 →

图 4-38 "分类汇总"结果

3. 分级显示

对于分类汇总的结果可以分级显示。这样你只要单击一下鼠标就可以隐藏或显示各种级别的细节数据。分级显示使你可以快速地显示那些仅提供了工作表中各节汇总和标题信息的行,或显示与汇总行相邻接的明细数据的区域。

分级显示可以具有至多八个级别的细节数据,其中每个内部级别为外部级别提供细节数据。在如图 4-38 所示的"分类汇总"结果中,包含所有行的总计行"总计平均值"属于级别 1,包含四个班"平均值"的行属于级别 2,各个班级的成绩数据行则属于级别 3。

如果要仅显示某个级别中的行,你可以单击工作表第 1 行上面级别对应的各个数字分级按钮 1、2、3。例如单击 2,将显示级别 1、2 的汇总结果行,隐藏级别 3 的成绩数据行,如图 4-39 所示。

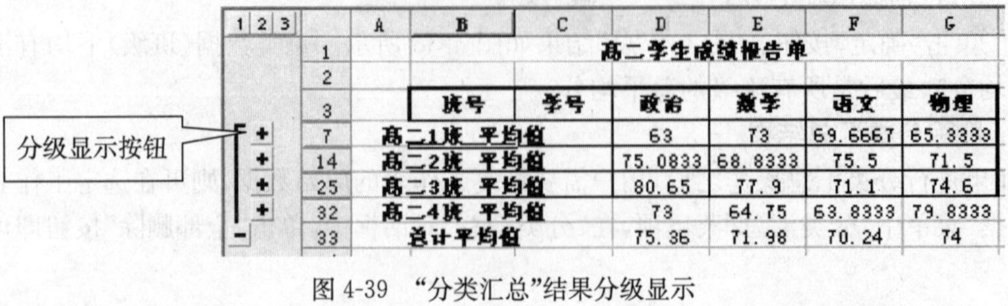

分级显示按钮 →

图 4-39 "分类汇总"结果分级显示

这时,虽然各个班级的成绩数据行是隐藏的,但可以单击他们左边的分级显示按钮＋来显示他们。例如,单击"高二1班 平均值"左边的＋号,高二1班的成绩数据将显示出来。此时＋号变为－号;再单击"高二1班 平均值"左边的－号,高二1班的成绩数据将隐藏起来。

4.6.5 创建数据透视表

数据透视表是用于快速汇总大量数据的交互式表格。用户可以旋转其行或列以查看对源数据的不同汇总,还可以通过显示不同的页来筛选数据,或者也可以显示所关心区域的明细数据。

1. 创建数据透视表

利用如图4-40所示"数据源"中的数据,统计出不同班级、不同性别学生五门课程的平均分,以"班号"为行字段,以"性别"为列字段,课程放置的顺序为语文、数学、外语、化学、物理,结果放置在新工作表"统计结果表"中。操作步骤如下:

	A	B	C	D	E	F	G	H
1	班号	学号	性别	语文	数学	外语	化学	物理
2	初三(1)班	083001	男	98	85	88	75	80
3	初三(1)班	083002	男	65	78	68	87	59
4	初三(1)班	083003	女	60	49	85	67	78
5	初三(1)班	083004	女	92	89	78	56	75
6	初三(1)班	083005	男	89	78	87	90	89
7	初三(2)班	083006	男	89	78	87	90	56
8	初三(2)班	083007	男	96	87	89	89	49
9	初三(2)班	083008	男	78	68	67	75	89
10	初三(2)班	083009	女	68	70	58	67	78
11	初三(2)班	083010	女	65	56	68	57	68

图4-40 数据源

① 单击图4-40数据清单中的任意单元格。

② 单击"数据"菜单中的"数据透视表和数据透视图"菜单项,出现"数据透视表和数据透视图向导－3步骤之1"对话框,选择默认值,如图4-41所示。

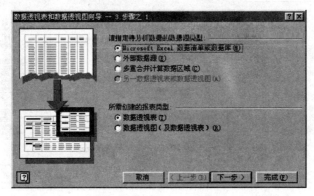

图4-41 "数据透视表向导－3步骤之1"对话框

③ 单击"下一步",出现"数据透视表和数据透视图向导－3步骤之2"对话框,此时系统已自动选好数据源区域,就是数据清单区域,如图4-42所示。

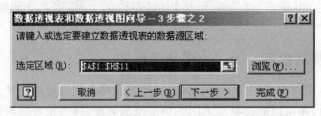

图4-42 "数据透视表向导－3步骤之2"对话框

④ 选定数据源区域后,单击"下一步",出现"数据透视表和数据透视图向导－3步骤之3"对话框,在此选定数据透视表的显示位置。这里根据要求选择"新建工作表",如图4-43所示。

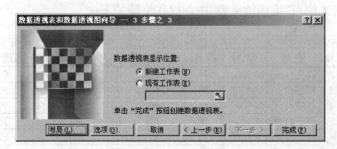

图4-43 "数据透视表向导－3步骤之3"对话框

⑤ 单击"布局"按钮,弹出"数据透视表和数据透视图向导——布局"对话框,将字段拖至透视表的相应区域。这里将右边的字段"班号"拖至行区域,将"性别"拖至列区域,再依次将"语文"、"数学"、"外语"、"化学"、"物理"拖至中间数据区域,默认汇总的方式是求和,显示的是"求和项:语文"等,如图4-44所示

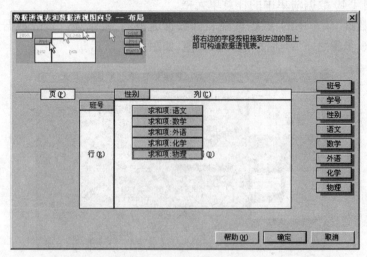

图4-44 "数据透视表和数据透视图向导——布局"对话框

⑥ 若要修改数据区域中的汇总方式，可双击字段，弹出“数据透视表字段”对话框，在“汇总方式”栏中选择汇总方式，这里选择“平均值”，如图 4-45 所示；单击“数字”按钮可以在弹出的“单元格格式”对话框中设置汇总结果的数字格式。

⑦ 透视表布局设置完成后，单击“确定”，返回“数据透视表向导－3 步骤之 3”对话框中，单击“完成”，结束“数据透视表向导”操作，在新建的工作表中创建如图 4-46 所示的“数据透视表结果”。

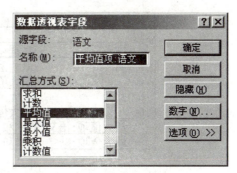

图 4-45　“数据透视表字段”对话框

	A	B	C	D	E
1			性别		
2	班号	数据	男	女	总计
3	初三(1)班	平均值项:语文	84	76	81
4		平均值项:数学	80	69	76
5		平均值项:外语	81	82	81
6		平均值项:化学	84	62	75
7		平均值项:物理	76	77	76
8	初三(2)班	平均值项:语文	88	67	79
9		平均值项:数学	78	63	72
10		平均值项:外语	81	63	74
11		平均值项:化学	85	62	76
12		平均值项:物理	65	73	68
13	平均值项:语文 的求和		86	71	80
14	平均值项:数学 的求和		79	66	74
15	平均值项:外语 的求和		81	72	78
16	平均值项:化学 的求和		84	62	75
17	平均值项:物理 的求和		70	75	72

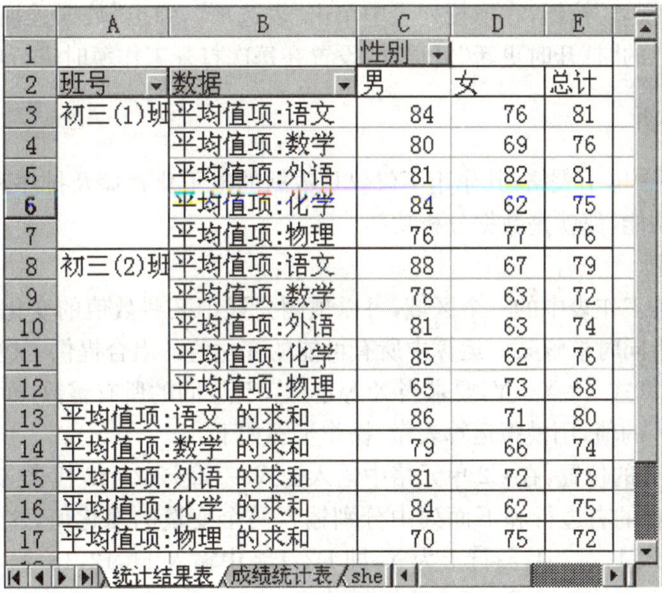

图 4-46　数据透视表结果

2. 改变数据透视表布局

创建完成一个数据透视表后，也许所建的数据透视布局不是你所期盼的，这时需改变数据透视布局。例如，将上面的数据透视表改为统计出不同班级、不同性别学生两门课程的最高分，以“性别”为行字段，以“班号”为列字段，课程放置的顺序为语文、数学，结果放置在原数据透视表上。操作步骤如下：

① 在数据透视表上右击，选择右键快捷菜单中的“数据透视表向导”菜单项，出现“数据透视表和数据透视图向导—3 步骤之 3”对话框。

② 单击“布局”按钮，弹出“数据透视表和数据透视图向导—布局”对话框，拖动行区域的“性别”到列区域，拖动列区域的“班级”到行区域，将 “外语”、“化学”、“物理” 拖出数据区域，双击“语文”、“数学”将汇总方式改为“最大值”，然后单击“确定”按钮。修改结果如图 4-47 所示。

3. 刷新数据透视表

手动刷新：单击数据透视表或数据透视图报表，单击“数据透视表”工具栏中的“刷新数据” 按钮 ！。

	A	B	C	D	E
1			班号		
2	性别	数据	初三(1)班	初三(2)班	总计
3	男	最大值项:语文	98	96	98
4		最大值项:数学	85	87	87
5	女	最大值项:语文	92	68	92
6		最大值项:数学	89	70	89
7	最大值项:语文 的求和		98	96	98
8	最大值项:数学 的求和		89	87	89

图 4-47 数据透视表修改结果

自动刷新：可以让 Excel 在每次打开工作簿时刷新数据透视表。单击"数据透视表"工具栏上的"数据透视表"按钮，在下拉列表中单击"表选项"，弹出"数据透视表选项"对话框。选中"数据选项"栏的"打开时更新"复选框，设置在每次打开工作簿时进行更新。

4.6.6 数据分析

Excel 作为一个电子表格，其作用不仅仅是数据的电子化存储及排序和检索，它还有另外一项很重要的功能，那就是数据分析功能。

1. 模拟运算表

模拟运算表是工作表中的一个区域，可以预测公式中某些数值的变化对计算结果的影响。模拟运算表为同时求解某一运算中所有可能的变化值的组合提供了捷径。

例如，简单的算式 $Z=X+Y$，要求当 X 等于从 1 到 5 间的所有整数，而 Y 为 10 到 15 间所有整数时所有 Z 的值，用模拟运算表做，操作步骤如下：

① 排好公式 Z 的位置，在 C2 单元格中输入公式＝A2+B2，A2 代表 X、B2 代表 Y；

② 在公式所在的右边行和下面列中分别输入两个变量的变化值，这里我们在列上为 X，即 C3:C7 中输入 1,2,3,4,5；行上为 Y，即 D2:H2 中输入 11,12,13,14,15。

③ 选中这个矩形的区域 C2:H7，选择"数据"菜单中的"模拟运算表"菜单项，打开"模拟运算表"对话框，将"输入引用行的单元格"选择为公式中 X 的数值所在单元格 A2，"输入引用列的单元格"选择为公式中 Y 的数值所在的单元格 B2。如图 4-48 所示。

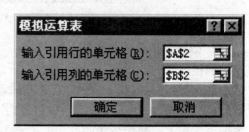

图 4-48 "模拟运算表"对话框

④ 单击"确定"按钮，就可以看到运算的结果了，如图 4-49 所示。

	A	B	C	D	E	F	G	H
1	X	Y	Z					
2	10	10	20	11	12	13	14	15
3			1	12	13	14	15	16
4			2	13	14	15	16	17
5			3	14	15	16	17	18
6			4	15	16	17	18	19
7			5	16	17	18	19	20

图 4-49 "模拟运算表"结果

如果 X、Y 或公式发生了改变，只要修改公式"模拟运算表"单元格中的相应数据或公式就可以了。

2. 单变量求解

如果已知一个公式的预期结果而要确定此公式结果的未知输入值时，就可使用"单变量求解"功能，也就是求一元方程式的解。当进行单变量求解时，Excel 会不断改变特定单元格中的值，直到依赖于此单元格的公式返回所需的结果为止。

例如，算式 Y=2X-1，我们要求 Y=50 时 X 的值，使用单变量求解功能的操作步骤如下：

① 建立公式 B2=2*A2-1，如图 4-50 所示；

② 选择"工具"菜单中的"单变量求解"菜单项，打开"单变量求解"对话框。

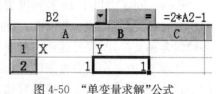

图 4-50 "单变量求解"公式

③ 在"单变量求解"对话框中选择"目标单元格"为公式所在的单元格 B2；在"目标值"输入框中输入期望的值 50；"可变单元格"定位为 X 的数值所在单元格的 A2；如图 4-51 所示。

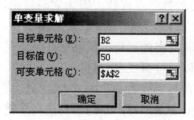

图 4-51 单变量求解对话框

④ 单击"确定"按钮，在 A2 单元格中可以看到计算的结果 25.5，如图 4-52 所示；

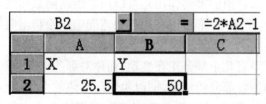

图 4-52 "单变量求解"结果

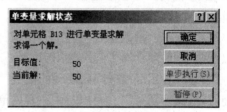

图 4-53 单变量求解状态

同时窗口中出现了"单变量求解状态"对话框，如图 4-53 所示，此时单击"确定"按钮接受计算的结果；单击"取消"按钮可以撤销计算的结果。

4.7 Excel 2003 图表功能

Excel 2003 提供了强大的图表功能，用户可将工作表中的数据用图表的形式表现出来。图表具有较好的视觉效果，可方便用户查看数据的差异、预测趋势。例如，你不必分析工作表中的多个数据列就可以立即看出各个季度销售额的升降，或很方便地对实际销售额与销售计划进行比较。当工作表中的数据变化时,图表也自动更新。

4.7.1 图表类型及元素

Excel 2003 可以建立两种方式的图表,一种是"嵌入式图表",即图表与原始数据在同一个工作表中,作为工作表的一部分保存;一种是"图表工作表",独立于原始数据的工作表。

1. 图表类型

Excel 2003 提供了 14 种标准类型的图表:柱形图、条形图、折线图、饼图、XY 散点图、面积图、圆环图、雷达图、曲面图、气泡图、股价图、锥形图、圆柱图和菱形图。每一种都具有多种组合和变换,图表的选择主要同数据的形式有关;其次才考虑感觉效果和美观性。

柱形图:由一系列垂直条组成,通常用来比较一段时间中两个或多个项目的相对尺寸。例如:不同产品季度或年销售量对比、在几个项目中不同部门的经费分配情况、每年各类资料的数目等。柱形图是应用较广的图表类型,很多人用图表都是从它开始的。

条形图:由一系列水平条组成。使得对于时间轴上的某一点,两个或多个项目的相对尺寸具有可比性。比如:它可以比较每个季度、三种产品中任意一种的销售数量。条形图中的每一条在工作表上是一个单独的数据点或数。因为它与柱形图的行和列刚好是调过来了,所以有时可以互换使用。

折线图:被用来显示一段时间内的趋势。如数据在一段时间内是呈增长趋势的,另一段时间内处于下降趋势,我们可以通过折线图,对将来作出预测。

饼图:用于对比几个数据在其形成的总和中所占百分比值。整个饼代表总和,每一个数用一个楔形或薄片代表。例如:表示不同产品的销售量占总销售量的百分比,各单位的经费占总经费的比例等。如果想用到多个系列的数据时,可以用圆环图。

XY 散点图:展示成对的数和它们所代表的趋势之间的关系。每一数对一个数被绘制在 X 轴上,而另一个被绘制在 Y 轴上。过两点作轴垂线,相交处在图表上有一个标记。当大量的这种数对被绘制后,出现一个图形。散点图的重要作用是可以用来绘制函数曲线,从简单的三角函数、指数函数、到更复杂的混合型函数,都可以利用它快速准确地绘制出曲线,所以在教学、科学计算中会经常用到。

面积图:显示一段时间内变动的幅值。当有几个部分正在变动,而你对那些部分总和感兴趣时,他们特别有用。面积图使你看见单独各部分的变动,同时也看到总体的变化。

雷达图:显示数据如何按中心点或其他数据变动。每个类别的坐标值从中心点辐射。来源于同一序列的数据同线条相连。你可以采用雷达图来绘制几个内部关联的序列,很容易地做出可视的对比。比如:你有三台具有五个相同部件的机器,在雷达图上就可以绘制出每一台机器上每一部件的磨损量。

股价图:是具有三个数据序列的折线图,被用来显示一段给定时间内一种股标的最高价、最低价和收盘价。通过在最高、最低数据点之间画线形成垂直线条,而轴上的小刻度代表收盘价。股价图多用于金融、商贸等行业,用来描述商品价格、货币兑换率和温度、压力测量等,当然对股价进行描述是最拿手的了。

还有其他一些类型的图表,比如圆柱图、圆锥图、棱锥图是由条形图和柱形图变化而来的,没有突出的特点,而且用得相对较少,这里就不一一赘述。这里要说明的是:以上只是图表的一般应用情况,有时一组数据,可以用多种图表来表现,那时就要根据具体情况加以选择。

除了上述的标准类型外，Excel 还提供了 20 种的自定义类型，有各种组合形式供用户选择。

2. 图表元素

各类图表的元素基本相同，如图 4-54 所示，主要元素有：

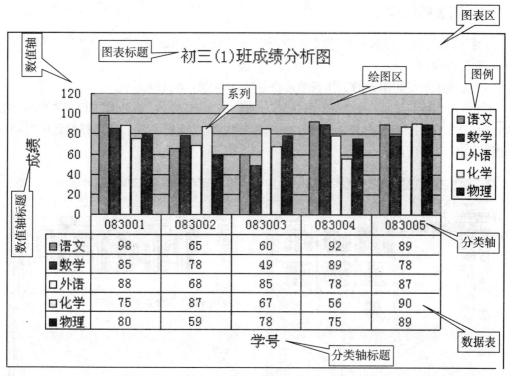

图 4-54　图表元素

图表区：整个图表和它的全部元素。

绘图区：在二维图表中，以坐标轴为界并包含全部数据系列的区域。在三维图表中，此区域以坐标轴为界并包含数据系列、分类名称、刻度线和坐标轴标题。

图表标题：说明性的文本，分为图表标题、数值轴标题、分类轴标题。

数据系列：绘制在图表中的一组相关数据，取自工作表的一行或一列。图表中的每一数据系列都具有特定的颜色或图案，并在图表的图例中进行了描述。在一张图表中可以绘制一个或多个数据系列，但是饼图中只能有一个数据系列。数据系列可以产生在"行"，也可以产生在"列"。

数据标记：图表中的柱形、条形、面积、扇区或其他类似符号，每个数据标记都代表工作表中的一个数据，具有相同图案的数据标记代表一个数据系列。

数据标志：用于提供附加信息，可以表示数值、数据系列名称、百分比等。

坐标轴：位于绘图区边缘的直线，为图表提供计量和比较的参考模型。对于多数图表，分成数值轴（Y 轴），它是根据图表的数据来创建坐标值，坐标值的范围覆盖了数据的范围；分类轴（X 轴），它用工作表数据中的行或列标题作为分类轴名称。

网格线:为图表添加的线条,它使得观察和估计图表中的数据变得更为方便。网格线从坐标轴刻度线延伸并贯穿整个绘图区。

图例:图例是一个方框,用于标识图表中数据系列或分类所指定的图案或颜色。

数据表:在图表的分类轴下面用网格显示的每个数据系列的值。不是所有的图表类型都能显示。

4.7.2 图表的创建

我们以例说明。将图 4-40"数据源"中初三(1)班学生的成绩绘制一个如图 4-54 所示的图表,操作步骤如下:

① 选择用于创建图表的工作表单元格区域:B1:B6,D1:H6。

② 单击"常用"工具栏的"图表向导"按钮，或单击"插入"菜单的"图表"菜单项,启动"图表向导"。弹出"图表向导 4-步骤之 1-图表类型"对话框。我们就选择默认的"簇状柱形图",如图 4-55 所示。

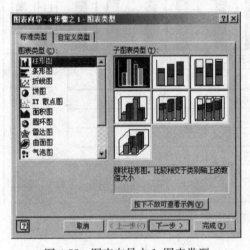
图 4-55 图表向导之 1:图表类型

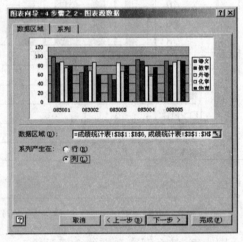
图 4-56 图表向导之 2:图表源数据

③ 单击"下一步"按钮,弹出"图表向导 4-步骤之 2-图表源数据"对话框。选择"数据区域"选项卡,由于第一步中我们已选择好了数据区域,在"数据区域"栏中已经有了用于绘制图表的单元格地址。如果选择系列产生在"行",Excel 会将用户选定的数据区域的第一行作为图表的 X 轴的刻度单位;如果选择系列产生在"列",则 Excel 会将用户选定的数据区域的第一列作为图表 X 轴的刻度单位(第一行、第一列的数据应为文本数据),我们选择系列产生在"列",如图 4-56 所示。

若选择"系列"选项卡,可以增加或删除数据系列;指定每个系列所在数据单元格;修改系列名称、分类轴标志,我们用默认的第一行、第一列的数据。单击"下一步"按钮。

④ 弹出"图表向导 4-步骤之 3-图表选项"对话框。共有标题、坐标轴、网格线、图例、数据标志、数据表等 6 个选项卡,如图 4-57 所示。

"标题"选项卡。在"图表标题"、"分类(X)轴"、"数值(Y)轴"标题文本框中输入"初三(1)班成绩分析图"、"学号"、"成绩"。

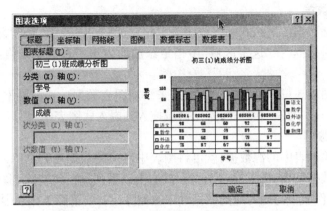

图 4-57　图表向导之 3:图表选项

"坐标轴"选项卡。用于设置是否要显示分类(X)轴、数值(Y)轴,我们选择默认设置。

"网格线"选项卡。用于设置是否要显示分类(X)轴、数值(Y)轴的主、次要网格线,我们选择默认设置。

"图例"选项卡。图例、及图例显示的位置,我们选择默认设置。

"数据标志"选项卡。用于设置要显示什么样的数据标志,我们选择默认设置"无"。

"数据表"选项卡。用于设置要显示的数据表,我们选择"显示数据表"。然后单击"下一步"按钮。

⑤ 弹出"图表向导 4-步骤之 4-图表位置"对话框。指定创建的图表放置的位置。"作为新工作表插入"就是前面说的独立的图表工作表;"作为其中的对象插入"就是嵌入式图表,选择要插入图表的工作表,我们就在当前工作表中插入,如图 4-58 所示。

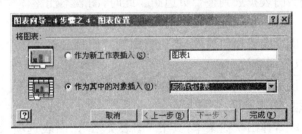

图 4-58　图表向导之 4:图表位置

⑥ 单击"完成"按钮。

在使用"图表向导"的四个步骤中,每一步中均有"完成"按钮,用户可以单击它直接完成图表的创建。在后三步中,还有"上一步"按钮,用户可以单击它返回上一步对话框进行修改。

4.7.3　图表数据的调整

由于图表是用工作表数据创建的,因此工作表中数据的变化会带来图表的自动变化,也可以通过图表源数据的调整来改变图表。右键单击"图表区",弹出快捷菜单,选择"数据源"菜单项,弹出"图表向导 4-步骤之 2-图表源数据"对话框,重新选择数据区域,即可添加或删除图表数据。也可以用下述的方法实现。

1. 添加图表数据

首先选定添加数据的嵌入式图表或图表工作表，单击"图表"菜单的"添加数据"菜单项，弹出"添加数据"对话框，在"选定区域"中指定添加的数据所在的单元格区域，单击"确定"按钮。

对于嵌入式图表还可以通过拖动的方式来添加图表数据。选定要添加数据的单元格，这些单元格在工作表中必须相连；将选定区域拖入到嵌入式图表中。

2. 删除图表数据

用户如果删除图表中的源数据，就可将图表中对应的数据系列删除。如果直接在图表中单击选定某个数据系列，按下"Delete"键，或右击该系列，选择"清除"命令，图表中该系列就会被删除，但工作表中与之对应的数据并未被删除。若要清除工作表中的数据，则需在工作表相应单元格中做清除操作。

4.7.4 图表的修改

用户不仅可以调整图表数据，还可以改变图表的类型、大小和格式。

1. 调整图表的大小和位置

对于嵌入式图表，选中图表后图表区四周将出现八个控制点，当鼠标指向八个控点时鼠标指针变为双向箭头，拖动鼠标即可改变图表区大小；用鼠标拖动图表区可以实现移动。

图表区内的有些对象也可以用同样的方法移动和改变大小，比如标题、图例。

对于图表工作表，位置不能调整，但大小可以使用"页面设置"对话框来来调整。选中图表，选择"文件"下拉菜单中"页面设置"菜单项，打开"页面设置"对话框，选择"图表"选项卡。它有三种页面设置状态：

"使用整个页面"：图表扩展到整个页边距。此时，图表不能整体缩放，但是其中的各个元素可以分别缩放。

"调整"：图表只能纵向或横向缩放（不包括图例），而且必然有一个方向扩展到页边距。其中的各个对象可以分别缩放。

"自定义"：在此设置下，图表的缩放操作和嵌入式工作表相同。

2. 修改图表类型、图表选项、位置

右键单击"图表区"，弹出快捷菜单，其中"图表类型"、"图表选项"、"位置"菜单项分别对应图表向导中的步骤1、步骤3、步骤4，这里不再详述。

3. 设置标题等说明文字

双击文字对象（最好将鼠标指针移到对象上，确认出现的提示信息正确才双击），在弹出的对应格式对话框中进行相关的格式设置，如字体、图案等。

4. 图表中添加文字

除了标题等图表默认的文字外，用户还可以在图表中添加自己的文字，方法如下：

① 单击需要为其添加文字的图表。

② 在"绘图"工具栏上，单击"文本框"按钮。如果"绘图"工具栏没显示，可右击工具栏上任意位置，在弹出的工具栏列表中选择"绘图"。

③ 在图表上需要放置文字的位置绘制文本框（从左上角拖到右下角绘制的矩形框）。

④ 在文本框中键入所需的文字，键入的文字可以在文本框中自动换行。

⑤ 当键入完毕之后,按 Esc 键或在文本框外单击。

5. 设置坐标轴

双击要设置的坐标轴线,弹出"坐标轴"对话框,在图案、刻度、字体、数字、对齐等选项卡中,分别可以设置坐标轴的有无、数值轴的最小刻度和刻度间隔、坐标轴上文字的字体字号、坐标轴上数据的数据类型和坐标轴的文字对齐方式。

6. 设置数据系列格式

右键单击要编辑的系列,选择快捷菜单中"数据系列格式"菜单项,弹出"数据系列格式"对话框,可以设置图案、坐标轴、误差线 Y、数据标志、系列次序等。如要将图 4-54 图表中数据系列"语文"和"数学"的次序交换,在"系列次序"选项卡中的"系列次序"框中选择"语文",单击"下移"按钮,再单击"确定"按钮即可。

7. 在图表中添加趋势线

趋势线用图形的方式显示了数据的预测趋势并可用于预测分析,也称回归分析。利用回归分析,可以在图表中扩展趋势线,根据实际数据预测未来数据。

(1) 支持趋势线的图表类型

可以向非堆积型二维面积图、条形图、柱形图、折线图、股价图、气泡图和 XY 散点图的数据系列中添加趋势线;但不能向三维图表、堆积型图表、雷达图、饼图或圆环图的数据系列中添加趋势线。如果更改了图表或数据系列而使之不再支持相关的趋势线,例如将图表类型更改为三维图表或者更改了数据透视图报表或相关联的数据透视表报表,则原有的趋势线将丢失。

(2) 趋势线的类型

线性趋势线:适用于简单线性数据集的最佳拟合直线,通常表示事物以稳定的速度增长或减少。

对数趋势线:如果数据的增加或减小速度很快,但又迅速趋近于平稳,那么对数趋势线是最佳的拟合曲线。对数趋势线可以使用正值和负值。

多项式趋势线:数据波动较大时适用的曲线。

乘幂趋势线:一种适用于以特定速度增加的数据集的曲线。

指数趋势线:一种适合于速度增减越来越快的数据值的曲线。

移动平均趋势线:平滑处理了数据中的微小波动,从而更清晰地显示了图案和趋势。

(3) 添加趋势线的操作步骤

① 右击要添加趋势线的系列,在快捷菜单中选择"添加趋势线"菜单项,弹出"添加趋势线"对话框。如图 4-59 所示。

② 在"类型"选项卡的"选择数据系列"列表框中列出了当前图表中所有支

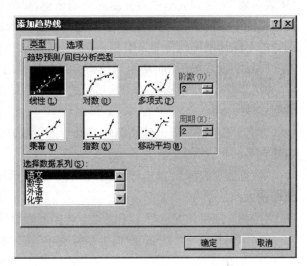

图 4-59 "添加趋势线"对话框

持趋势线的数据系列。如果要为另一数据系列添加趋势线,在列表框中单击其名称。

③ 在"类型"选项卡中选择趋势线的类型,如果选择了"多项式",在"阶数"框中键入自变量的最高乘幂;如果选择了"移动平均",在"周期"框中键入用于计算移动平均的周期数目。

④ 如果对默认的趋势线不满意,可以在"选项"选项卡中自定义趋势线的计算方程。

⑤ 单击"确定"按钮。

(4) 删除趋势线

单击所要删除的趋势线,按 Delete 键即可。

8. 图表的删除

选中嵌入式图表,按 Delete 键即可删除嵌入式图表。图表工作表的删除与前述的工作表删除方法一样。

4.7.5 图表工具栏的使用

前面介绍设置或调整图表的各种格式都是使用的右键菜单、"图表"菜单,Excel 为了方便对图表进行操作,专门设置了一个"图表"工具栏,几乎所有的操作都可以通过"图表"工具栏来实现。

在插入图表时这个工具栏通常会自动弹出,如果这个工具栏没有出现或关闭了,用右键单击工具栏上的任意位置,在弹出的快捷菜单中单击"图表"菜单项,就可以打开"图表"工具栏了,如图 4-60 所示。工具栏的使用方法如下:

图 4-60 图表工具栏

"图表对象"下拉列表框:当我们单击图表中的某个元素时,在"图表"工具栏最左边的"图表对象"下拉列表框中会显示对应的名称,提醒用户选择的是什么;也可以单击这个下拉列表框的下拉箭头,从这里选择想要进行设置的图表对象,这对一些不太容易从图表中直接选择的对象如网格线等非常有用。

"格式"设置按钮:单击该按钮会打开选择的元素的格式设置对话框。

"图表类型"按钮:单击该按钮边上的下拉箭头,选择要的图表类型可以改变图表的类型。

"图例"按钮:单击该按钮使其处于凹下状态时,图表中就会显示图例,再单击这个按钮使它不凹下,图例又消失了。

"数据表"按钮:单击该按钮,图表中会显示图表所引用的数据表,再单击,就可以把数据表去掉。

"按行"按钮和"按列"按钮:转换图表数据系列的排列方式。

"向下斜排文字"按钮和"向上斜排文字"按钮:使文字成斜 45°显示。

4.8 Excel 2003 的网络应用

4.8.1 使用超链接

超链接表现为彩色的带下划线的文本或图像,当鼠标指针移到超链接上时会变成小手形状,单击超链接可跳转到链接的对象。在 Excel 中,创建的超链接的单元格文字将以蓝色显示,并带下划线,使用超链接可以从一个工作簿快速跳转到其他工作簿或文件中,甚至可以跳转到 Internet 中。

1. 超链接的创建

① 选定要创建超链接的单元格或图形。
② 单击"插入"菜单中的"超链接"菜单项,弹出"插入超链接"对话框。
③ 在对话框中的左侧,提供了 4 种不同用途的链接方式按钮:"原有文件或 Web 页"、"本文档中的位置"、"新建文档"、"电子邮件地址"。选择其中之一。

在"请键入文件名称或 Web 页名称"栏中输入选定单元格要链接到的文件路径及名称或 Web 页的地址。

如果要更改设置了超链接的单元格中的文本,可在"要显示的文字"框中键入新的文本;如果希望鼠标停留在该单元格时显示指定提示,可单击"屏幕提示"按钮,在弹出的"设置超链接屏幕提示"对话框中输入所要指定的文本,然后单击"确定"按钮返回到"插入超链接"对话框。单击"确定"按钮。

2. 超链接的编辑与取消

右击要更改的超链接,选择"超链接"菜单项的"编辑超链接"命令,打开"编辑超链接"对话框,可对超链接进行编辑。

要取消超链接,可在打开的"编辑超链接"对话框中单击"取消链接"按钮,或右击该超链接,选择"取消超链接"菜单项。

4.8.2 共享工作簿

如果你希望多个用户可以同时在单个工作簿上进行工作,那么你可以共享该工作簿。工作簿共享后,就允许多个用户同时改变该工作簿的值、格式和其他元素。

例如,班主任的你可能有这样一个工作簿,它包含多名教师的课程成绩。你希望任课教师能在最近几天输入他们的成绩,以便将本学期的班级情况汇总给教务处。为了及时完成此项工作,就可以让多个人同时在该工作簿上进行操作。

1. 共享工作簿的功能限制

在你共享某个工作簿后,你就不能使用 Excel 的某些功能。你可以事先计划并在共享工作簿前做好各种改动,这样可以避开这些限制;否则当你要做改动时,就需要暂时取消共享该工作簿。在共享工作簿中,下列操作不能完成:

- 单元格

合并单元格;

成块插入或删除单元格,但可以插入或删除整个行和列。
- 工作表、对话框和菜单

删除工作表;

更改对话框或菜单。
- 条件格式和有效数据

定义或使用条件格式;

设置或更改数据有效性的限制和消息。
- 对象、图表、图形和超链接

插入或更改图表、图形、对象或超链接;

使用绘图工具。
- 密码

设置密码来保护单独的工作表或整个工作簿。但在工作簿共享之前使用的保护措施,在工作簿共享之后依然有效;

更改或删除密码。但在工作簿共享之前设置的密码,在工作簿共享之后依然有效。
- 分组显示、分组和分类汇总

创建组或分级显示数据;

插入自动分类汇总。
- 数据表和数据透视表

创建数据表;

创建数据透视表或更改已有数据透视表的版式。

2. 创建共享工作簿

① 打开要共享的工作簿

② 在"工具"菜单中单击"共享工作簿"菜单项,然后单击"编辑"选项卡,如图 4-61 所示。

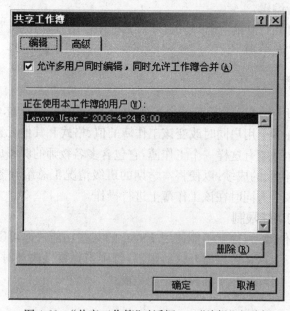

图 4-61 "共享工作簿"对话框——"编辑"选项卡

③ 选择"允许多用户同时编辑,同时允许工作簿合并"复选框,然后单击"确定"按钮。
④ 出现提示时,保存工作簿。
⑤ 将共享工作簿上传到其他用户可以访问的网络上,使用共享网络文件夹即可。

注意:如果要将共享工作簿复制到一个网络资源上,请确保该工作簿与其他工作簿或文档的任何链接都保持完整。可以使用"编辑"菜单中的"链接"菜单项对链接定义进行修正。

这一步骤同时也启用了冲突日志,使用它可以查看对共享工作簿的更改信息,以及在有冲突时修改的取舍情况。如果保留了,在共享工作簿被更改后,你还可以将共享工作簿的不同备份合并在一起。

能够访问保存有共享工作簿的网络资源的所有用户,都可以访问共享工作簿。如果希望防止对共享工作簿的某些访问,可以通过保护共享工作簿和冲突日志来实现。

3. 编辑共享工作簿

(1) 前往保存共享工作簿的网络位置,并打开该工作簿。

(2) 设置用户名,以标识你在共享工作簿中所做的工作:在"工具"菜单上,单击"选项",单击"常规"选项卡,再在"用户名"框中键入用户名。

(3) 像平常一样输入并编辑,注意前面提到的共享工作簿的功能限制。

(4) 进行用于个人的任何筛选和打印设置。默认情况下每个用户的设置都被单独保存。

如果希望由原作者所进行的筛选或打印设置在你打开工作簿时都能使用,可选择"共享工作簿"对话框的"高级"选项卡,在"在个人视图中包括"栏中,清除"打印设置"或"筛选设置"复选框,如图 4-62 所示。

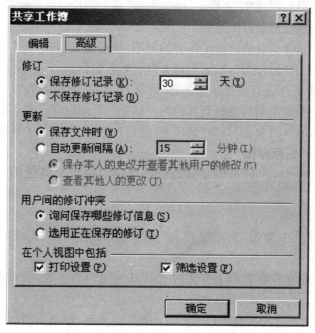

图 4-62 "共享工作簿"对话框——"高级"选项卡

(5) 若要保存你的更改,并查看上次保存后其他用户所保存的更改,请单击"保存"。

(6) 解决冲突

当两个用户试图保存影响同一单元格的修订时,Excel 为其中一个用户显示"解决冲突"对话框。在"解决冲突"对话框中,可看到有关每一次修订以及其他用户所造成的修订冲突的信息。

若要保留自己的修订或其他人的修订并转到下一个修订冲突上,请单击"接受本用户"或"接受其他用户"。

若要保留自己的所有剩余修订或所有其他用户的修订,请单击"全部接受本用户"或"全部接受其他用户"。

若要使自己的修订覆盖所有其他用户的修订,而且不再看到"解决冲突"对话框,请关闭此功能。可选择"共享工作簿"对话框的"高级"选项卡,单击"选用正在保存的修订",单击"保存"按钮。

若要查看自己或其他人如何解决以前的冲突,可在冲突日志工作表(冲突日志工作表:是单独的一张工作表,列出了共享工作簿中被追踪的修订,包括修订者的名字、修订的时间和修订的位置、被删除或替换的数据以及共享冲突的解决方式。)中查看这些信息。操作方法如下:

① 在"工具"菜单上,指向"修订"菜单项,再单击其中的"突出显示修订"命令。

② 在弹出的对话框"时间"下拉列表框中,选择"全部"。

③ 清除"修订人"和"位置"复选框。

④ 选中"在新工作表上显示修订"复选框,再单击"确定"。

⑤ 在"冲突日志工作表"上,滚动到右边以查看"操作类型"和"操作失败"列。保留的修订冲突在"操作类型"列有"成功"字样。"操作失败"列中的行号用于标识记录有未保存的修订冲突信息的行,包括任何删除的数据。

提示:若要保存包含所有修订的工作簿的副本,请单击"解决冲突"对话框中的"取消",再单击"文件"菜单上的"另存为",然后为该文件键入新名称。

注意:若要查看另外还有谁打开工作簿,请单击"工具"菜单中的"共享工作簿",再单击"编辑"选项卡;如果希望定期自动更新其他用户的更改并加以保存或不保存,请单击"工具"菜单中的"共享工作簿",再单击"高级"选项卡,然后在"更新"下,单击所需的选项。

4. 共享工作簿的更新频率

共享工作簿的每一位用户可以独立地设置选项以决定从其他用户那里接受更改的频率。

① 打开共享工作簿。

② 在"工具"菜单中单击"共享工作簿"菜单项,然后单击"高级"选项卡,如图 4-60 所示。

③ 如果需要在每次保存共享工作簿时查看其他用户的更改,请单击"更新"标题下的"保存文件时"按钮。

如果需要周期性地查看其他用户的更改,请单击"更新"标题下的"自动更新间隔"按钮,在"分钟"框中键入希望更新的时间间隔,然后单击"查看其他人的更改"单选按钮。单击"保存本人的更改并查看其他用户的更改"单选按钮,可以在每次更新时保存共享工作簿,这样其他用户也能看到自己所作的更改。

④ 保存共享工作簿。

5. 从共享工作簿中删除某位用户

用户关闭共享工作簿后，Excel 将断开其与共享工作簿的连接。利用此方法可以从共享工作簿中删除那些表面上与共享工作簿相连接，但实际上并不在该工作簿中工作的用户，或者是网络联系已中断的用户。

① 打开共享工作簿。

② 在"工具"菜单中单击"共享工作簿"菜单项，然后单击"编辑"选项卡，如图 4-61 所示

③ 在"正在使用本工作簿的用户"框中，单击希望中断联系的用户名称，然后单击"删除"按钮。

如果某个用户不再需要在共享工作簿中工作，可以通过删除用户个人视面设置的方法来减少工作簿文件的大小。方法是单击"视图"菜单上的"视面管理器"菜单项，然后在"视面"框中单击此用户的视面并单击"删除"按钮。

注意：一旦从共享工作簿中删除某个当前正在工作的用户，该用户未保存的工作内容将会去失。

6. 撤销工作簿的共享状态

如果不再需要其他人对共享工作簿进行更改，可以撤销工作簿的共享状态，将自己作为唯一用户打开并操作该工作簿。一旦撤销了工作簿的共享状态，将中断所有其他用户与共享工作簿的联系、关闭冲突日志，并清除已存储的冲突日志，此后就不能再察看冲突日志，或是将共享工作簿的此备份与其他备份合并。

① 打开共享工作簿。

② 在"工具"菜单中单击"共享工作簿"菜单项，然后单击"编辑"选项卡。如图 4-59 所示

③ 确认自己是在"正在使用本工作簿的用户"框中的唯一用户，如果还有其他用户，他们都将丢失未保存的工作内容。

④ 清除"允许多用户同时编辑，同时允许工作簿合并"复选框，然后单击"确定"按钮。

⑤ 当提示到对其他用户的影响时，单击"是"按钮。

注意：为了确保其他用户不会丢失工作进度，应在撤销工作簿共享之前确认所有其他用户都已得到通知，这样，他们就能事先保存并关闭共享工作簿。

4.8.3 创建与发布 Web 页

用户通过 Excel 2003 可以用工作簿创建 Web 页格式文件（扩展名为 .htm 的网页文件），还可以在 Excel 2003 中直接利用 Internet 发布功能将 Excel 数据发布到 Internet 上供人浏览。

1. 创建非交互 Web 页

如果希望用户可以查看 Web 页上的 Excel 数据但不能与数据进行交互，则可以按非交互方式保存或发布 Excel 数据，这类似于发布数据的一张"快照"，是静态网页。

在将数据保存或发布为 Web 页之前，请将工作簿保存为 .xls 文件，这样，以后如果要对 Web 页进行更改，则可以修改此保存的 .xls 文件。

① 选择"文件"菜单中的"另存为 Web 页"菜单项。

② 弹出"另存为"对话框,如图 4-63 所示。默认将整个工作簿中的所有数据放置到 Web 页上,数据的显示与在 Excel 中一样,包括每个工作表的标签,通过单击此标签,用户可在工作表之间进行切换。如果只要当前工作表,单击"选择工作表",请确保清除"添加交互对象"复选框。单击"更改标题"按钮可以为 Web 页添加网页标题。

③ 指定保存位置,输入文件名。

④ 单击"保存"按钮。

图 4-63 "另存为 Web 页"对话框

2. 发布交互式 Web 页

交互式的 Web 页用浏览器打开时,可以对页面进行修改、编辑、计算等交互性操作,所以发布它要求较高,必须要有:

- Microsoft Office 2003 标准版、专业版或企业版。
- Microsoft Office Web 组件。
- Microsoft Internet Explorer 4.0.1 或更高版本。
- 连接企业内部网或连接 Internet。

还需要了解下列内容:

- 如果是发布到 Internet,则需要了解服务提供商所使用的协议,如 FTP 或 HTTP。
- 如果是发布到企业内部网,则需要了解放置文件的 Web 服务器的 URL。
- 用于放置文件的服务器上的 Web 文件夹名称。

发布交互式 Web 页的操作步骤如下:

① 选择要发布为交互式 Web 页的工作表。

② 单击"文件"菜单的"另存为 web 页"菜单项,然后在"另存为"对话框中单击"发布"按钮,如图 4-64 所示。

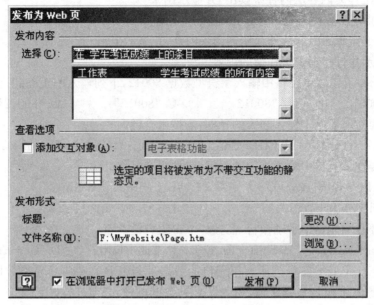

图 4-64 "发布为 Web 页"对话框

③ 在"发布内容"设置区的"选择"框中选择要发布的工作表或项。如图 4-64 选择了"在 学生考试成绩 上的条目",并在下面列表框中自动设置"工作表　学生考试成绩的所有内容"。

这里"学生考试成绩"是工作表名。

④ 在"查看选项"设置区选中"添加交互对象"复选框,并单击工作表所需功能的类型。

- 电子表格功能。一般的工作表都选择该功能,用户可以执行如下操作:输入数据、设置数据的格式、计算数据、分析数据、排序和筛选。
- 数据透视表功能。如果用户选择的工作表为数据透视表,则选择该功能。

⑤ "在发布形式"设置区,用户可以单击"更改"按钮为发布 Web 页的内容前添加标题。

⑥ 如果发布完 Web 页后要立即在浏览器查看该 Web 页,则选中"在浏览器中打开已发布 Web 页"复选框。

⑦ 单击"发布"按钮,Excel 2003 将当前工作表发布为交互式 Web 页。

习　题　4

一、选择题

1. Excel 工作表最多有(　　)列
  A. 255　　　　B. 256　　　　C. 65536　　　　D. 128
2. Excel 中处理并存储工作数据的文件叫(　　)。
  A. 工作簿　　　B. 工作表　　　C. 单元格　　　D. 活动单元格
3. Excel 工作簿文件的扩展名是(　　)。
  A. .txt　　　　B. .doc　　　　C. .bmp　　　　D. .xls
4. 打开 Excel 工作簿一般是指(　　)。

A. 把工作簿内容从内存中读出,并显示出来
B. 为指定工作簿开设一个新的、空的文档窗口
C. 把工作簿的内容从外存储器读入内存,并显示出来
D. 显示并打印指定工作簿的内容

5. 在 Excel 工作表单元格中输入字符型数据 80012,下列输入中正确的是(   )。
   A. ' 80012　　　B. "80012　　　C. "80012"　　　D. '80012'
6. 如果要在单元格中输入当天的日期,需按组合键(   )。
   A. Ctrl+;(分号)　B. Ctrl+Enter　C. Ctrl+:(冒号)　D. Ctrl+Tab
7. 如果要在单元格中输入当前的时间,需按组合键(   )。
   A. Ctrl+Shift+;(分号)　　　　B. Ctrl+Shift+Enter
   C. Ctrl+Shift+,(逗号)　　　　D. Ctrl+Shift+Tab
8. 如果要在单元格中手动换行,需按(   )组合键。
   A. Ctrl+Enter　B. Shift+Enter　C. Tab+Enter　D. Alt+Enter
9. 某个 Excel 工作表 C 列所有单元格的数据是利用 B 列相应单元格数据通过公式计算得到的,在删除工作表 B 列之前,为确保 C 列数据正确,必须进行(   )。
   A. C 列数据复制操作　　　　B. C 列数据粘贴操作
   C. C 列数据替换操作　　　　D. C 列数据选择性粘贴操作
10. 在 Excel 工作表单元格中输入公式=A3*100-B4,则该单元格的值(   )。
    A. 为单元格 A3 的值乘以 100 再减去单元格 B4 的值,该单元格的值不再变化
    B. 为单元格 A3 的值乘以 100 再减去单元格 B4 的值,该单元格的值将随着单元格 A3 和 B4 值的变化而变化
    C. 为单元格 A3 的值乘以 100 再减去单元格 B4 的值,其中 A3、B4 分别代表某个变量的值
    D. 为空,因为该公式非法

二、思考题
1. 什么是相对地址、绝对地址?
2. 当单元格中的内容显示为"＃＃＃＃＃"时,应该如何解决?
3. 如何对矩形区域进行行列互换?
4. 合并居中和跨列居中有何区别?
5. 应用条件格式设置的格式与普通方法设置的格式有何区别?
6. 工作表窗口的拆分和冻结有何区别?
7. 如何将单元格保护为不能被编辑修改、单元格内的公式隐藏起来?
8. 如何将标题行或列设置成在每页上都能打印?
9. 如何显示所有的隐藏行和隐藏列?
10. 在排序中主要关键字、次要关键字和第三关键字作用上有何区别?
11. 如果要按"优、良、中、及格、不及格"的顺序排序,该如何操作?
12. 什么情况下只能使用高级筛选?
13. 高级筛选中条件区域的输入应注意哪几点?
14. 分类汇总前必须先完成什么操作?

15. 数据透视表与分类汇总有何区别?
16. 创建图表时"系列在行"与"系列在列"有何区别?
17. 如何调整数值轴的刻度?
18. 如何添加、删除系列数据?
19. 如何调整系列的次序?
20. 交互式 Web 页与非交互式 Web 页有何区别?

第 5 章　PowerPoint 2003 演示文稿

PowerPoint 2003 是 Microsoft 公司 Office 2003 套装办公软件中的一员。是专门编制演示文稿的优秀工具软件,其制作的演示文稿是一种电子文稿,核心是一套可以在计算机上演示的幻灯片。相对于其他的 Office 组件来说,PowerPoint 最大的特点就是可以集文字、声音、图形、图像以及视频剪辑等多媒体于一体,创造出具有简单动画功能的演示文稿。它主要用于学术交流、产品展示、工作汇报和情况介绍等各种场合的幻灯片制作。

本章将详细介绍使用 PowerPoint 2003 制作演示文稿的方法。通过本章的学习,应掌握:

1. 演示文稿的建立、保存和打开;
2. 幻灯片的编辑;
3. 幻灯片的移动和复制、插入和删除;
4. 格式化幻灯片、设置幻灯片外观;
5. 创建动画效果,建立超链接;
6. 设置演示文稿的放映;
7. 为演示文稿加入多媒体功能;
8. 演示文稿的打包与发布。

5.1　PowerPoint 2003 的基本操作

5.1.1　PowerPoint 2003 的启动与退出

1. PowerPoint 2003 的启动

PowerPoint 启动方法与 Word 2003 等 Windows 应用程序一样。常用以下几种方法:

(1) 利用"开始"菜单启动 PowerPoint

打开"开始"菜单,选择"所有程序"级联菜单中的"Microsoft PowerPoint"命令,即可启动 PowerPoint。

(2) 利用快捷图标启动 PowerPoint

双击桌面上的快捷图标 ,即可启动 PowerPoint。如果桌面上没有快捷图标,可通过在"开始"菜单,"所有程序"级联菜单中的 Microsoft Office PowerPoint 2003 命令中单击鼠标右键,在弹出的快捷菜单中选择"发送到""桌面快捷方式"命令,在桌面上创建快捷方式图标。

(3) 双击扩展名为.ppt 的 PowerPoint 文档启动 PowerPoint;

2. PowerPoint 2003 的退出

同样，PowerPoint 的退出与 Word 2003 类似。常用以下几种方法：

(1) 单击"标题栏"右端的"关闭"按钮 ✕；
(2) 选择"文件"下拉菜单中的"退出"命令；
(3) 按组合键"Alt+F4"；
(4) 单击标题栏左边的 图标，选其中"关闭"选项，或直接双击标题栏的 图标。

如果你还没存过盘，退出时系统会给出存盘提示，用户根据需要选择"是"(存盘后退出)；"否"(不存盘退出)；"取消"(不作任何操作，重新返回编辑窗口)。

5.1.2　PowerPoint 2003 的工作界面

启动 PowerPoint 2003 应用程序后，即可打开其主窗口，如图 5-1 所示。从图中可以看出，PowerPoint 2003 的工作界面主要包括：标题栏、菜单栏、工具栏、幻灯片窗格、大纲/幻灯片浏览窗格、备注窗格、任务窗格、视图切换按钮、滚动条以及状态栏等。

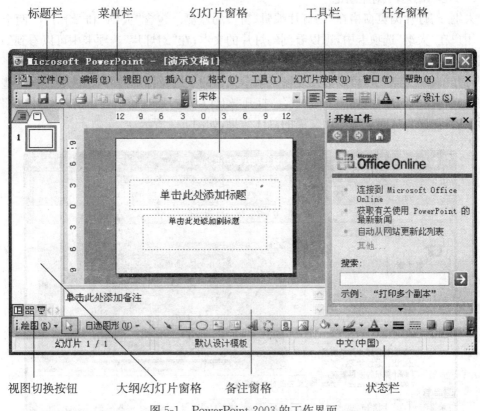

图 5-1　PowerPoint 2003 的工作界面

1. 标题栏

标题栏位于演示文稿窗口的顶部。显示程序名和当前演示文稿文件名，默认情况下为"演示文稿1"。标题栏的最右端有 3 个控制按钮，分别为"最小化"按钮 、"最大化"按钮 、"关闭"按钮 ✕，单击其按钮可以完成相应的操作。

2. 菜单栏

包含了几乎所有的 PowerPoint 2003 命令。在标题栏的下面紧接着就是菜单栏，它主要包括九个一级菜单，分别为"文件"、"编辑"、"视图"、"插入"、"格式"、"工具"、"幻灯片放映"、"窗口"和"帮助"，单击每个菜单都会弹出其下拉菜单，PowerPoint 2003 中的大部分操作都可在这里进行。

3. 工具栏

单击工具栏中的按钮可以快速执行一些常用的命令，它比下拉菜单更快捷。在默认情况下，PowerPoint 2003 显示"常用"、"格式"和"绘图"三个工具栏。但它们并非全部显示出来，用户可以单击工具栏上的"工具栏选项"按钮来打开一个下拉列表，从中选择所需的按钮，当使用这些按钮之后，它会自动显示在工具栏上面。

4. 幻灯片窗格

幻灯片窗格是 PowerPoint 2003 的重要组成部分，它在窗口中占大部空间，主要用于显示当前幻灯片，用户可以在该窗格中对幻灯片进行任意编辑。

5. 大纲/幻灯片浏览窗格

大纲/幻灯片浏览窗格在"幻灯片编辑"窗口的左侧。包含"大纲"和"幻灯片"两个选项卡。用户在"大纲"选项卡中，可以看到幻灯片的文本；在"幻灯片"选项卡中可以看到幻灯片的缩略图。

打开"大纲"选项卡，可以方便地输入演示文稿的主题及详细内容，系统会根据这些主题自动生成相应的幻灯片，如图 5-2 所示。打开"幻灯片"选项卡，可以将所有幻灯片以缩略图的形式进行排列，从而呈现演示文稿的总体效果，如图 5-3 所示。

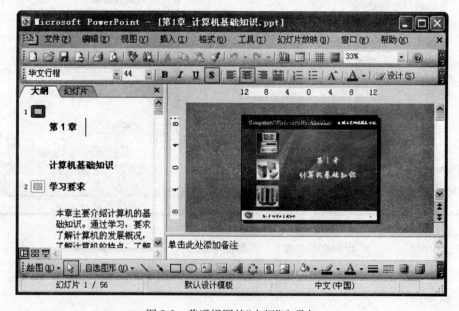

图 5-2　普通视图的"大纲"选项卡

6. 备注窗格

备注窗格位于"幻灯片窗格"的下方。有"单击此处添加备注"的提示字样，演讲者可以在此处输入演讲时的提示信息，便于在演讲时进行查看，并且这些备注可以打印为备注页。

图 5-3 普通视图的"幻灯片"选项卡

7. 任务窗格

任务窗格位于 PowerPoint 2003 窗口的右侧。在这些窗格中集成了制作演示文稿时最常用的功能,每个窗格都能完成一项或多项任务。

8. 视图切换按钮

在水平滚动条的左侧,提供了三个视图方式切换按钮,分别为普通视图、幻灯片浏览视图和幻灯片放映视图。可以直接单击某个按钮,进入相应的视图状态中。

9. 状态栏

PowerPoint 2003 的最底端是状态栏,主要用于显示当前命令或操作的有关信息,显示演示文稿中的幻灯片数和使用的设计模板等。

5.1.3 幻灯片的视图方式

所谓视图,通俗地说就是指 PowerPoint 显示演示文稿的方式。在 PowerPoint 2003 中,能够以不同的视图方式显示演示文稿内容,使得演示文稿更易于浏览、便于修改等。在 PowerPoint 2003 中视图包括"普通视图"、"幻灯片浏览视图"和"幻灯片放映视图"三种,用户在使用时,可以根据自己的实际需要,选择其中的一种视图方式作为自己在 PowerPoint 2003 中的默认视图。

1. 普通视图

普通视图是用来编辑幻灯片的视图版式。单击窗口左下角的"普通视图"按钮,即可切换到普通视图,如图 5-2 和图 5-3 所示,普通视图主要采用三框式画面显示方式。用户可以直接在其中进行输入、编辑和格式化文字等操作。在左边的大纲窗格中进行大纲的设计,诸如复制、移动、删除这些操作可以在其中完成;在右下角的窗口进行备注文字的编辑,备注文字可以在放映过程中为讲演者提供信息,但这些信息并不出现在屏幕上,如果需要,可以打印备注;右边的主要部分用来进行幻灯片的设计,幻灯片的编辑操作在其中完成。

2. 幻灯片浏览视图

在幻灯片浏览视图中,可以看到演示文稿中的所有幻灯片,这些幻灯片以缩略图的方式显示,单击窗口左下角的"幻灯片浏览视图"按钮 ,即可切换到幻灯片浏览视图,所有幻灯片依次排列在 PowerPoint 窗口中,如图 5-4 所示。在这种视图方式下,可以方便地对幻灯片进行添加、移动、删除以及选择动画切换方式等操作。

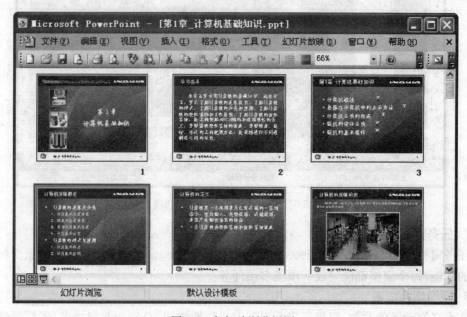

图 5-4　幻灯片浏览视图

3. 幻灯片放映视图

幻灯片放映视图是在计算机上播放幻灯片时的最佳屏幕表现。尤其是在演示文稿制作完毕后,都应该在计算机上放映该演示文稿,观看其播放效果。单击窗口左下角的"从当前幻灯片开始放映按钮"按钮 即可打开幻灯片放映视图,这时就开始放映幻灯片。此时幻灯片占据整个屏幕,按"Esc"键即可退出幻灯片放映状态。

5.1.4　PowerPoint 2003 帮助功能简介

PowerPoint 2003 在"帮助"菜单中为用户提供了多种帮助功能,能够帮助用户解决在使用过程中遇到的各种问题。

1. 帮助任务窗格

使用 PowerPoint 2003 的帮助任务窗格可以快速查找在操作过程中遇到的问题,操作步骤如下:

(1) 单击"帮助"菜单中的"Microsoft PowerPoint 帮助"命令,或者按 F1,打开 PowerPoint 帮助 任务窗格。

(2) 在"搜索"文本框中输入要查找的内容,如"设置段落格式",如图 5-5 所示。

(3) 输入完成后单击"开始搜索这"按钮 ,或者直接回车键,即可在任务窗格的下方显示需查找的内容,用户可以单击其超链接来查看详细内容,如图 5-6 所示。

图 5-5 "PowerPoint 帮助"任务窗格

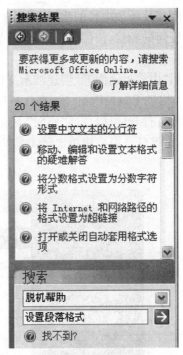
图 5-6 单击超链接

2. Office 助手

(1) 显示 Office 助手:Office 助手是一个卡通人物形象,通过单击"帮助"菜单上的"显示 Office 助手"命令,即可显示 Office 助手,用户可以利用它来获取帮助。

(2) 键入问题:如果有关 PowerPoint 2003 的问题,可以单击 Office 助手"孙悟空",在弹出的对话框中输入关键字,再单击"搜索"按钮,根据提示选择帮助信息,如图 5-7 所示。

3. 通过 Internet 获得帮助

通过单击"帮助"菜单上中的"Microsoft Office Online"命令,不仅可以寻找到很多免费的资料,得到最新产品信息,还可以阅读到常见问题,并获得联机帮助。

图 5-7 Office 助手

5.2 演示文稿的基本操作

5.2.1 建立演示文稿

1. 利用"内容提示向导"建立演示文稿

使用内容提示向导,可以根据演示文稿的主题和内容自动生成一系列的幻灯片,并提出对这些幻灯片添加内容的建议,只需要根据提示添加相应的内容即可,如果对演示文稿的制作没有任何的经验,使用"内容提示向导"创建一个简单的演示文稿,从中可以得到很好的启示和制作思路。

使用"内容提示向导"创建演示文稿的具体操作步骤如下:

(1)启动 PowerPoint 后,在任务窗格的下拉菜单中选择"新建演示文稿"命令(如果任务窗格没有打开,可以选择"视图"下拉菜单中的"任务窗格"命令),打开"新建演示文稿"任务窗格,在该任务窗格中单击 根据内容提示向导 超链接,则弹出"内容提示向导"对话框,如图 5-8 所示。

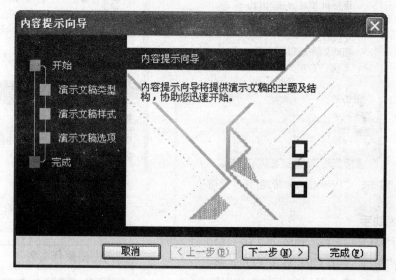

图 5-8 "内容提示向导"对话框

(2)在该对话框的左侧列出了"内容提示向导"创建演示文稿的整个流程,该流程分为 5 步进行;右侧是内容提示向导的选项页面,包括各种不同类型的演示文稿。在该向导中的每一步,系统都有默认选择,只要单击"完成"按钮,系统将以默认设置来创建演示文稿。

(3)如果单击"下一步"按钮,则弹出如图 5-9 所示的对话框。该对话框中为用户提供了 7 种类别的演示文稿,单击其中的任何一个类别按钮,右侧的列表框中就会出现该类别的子类别演示文稿。单击"添加(D)"按钮将这些模板添加到相应的模板中去。

(4)从中选择一种合适的演示文稿类型,本例中选择"通用",单击"下一步"按钮,弹出如图 5-10 所示的对话框。选择输出类型后,单击下一步,然后在每一步输入必要的信息后,最后单击"完成"按钮,即可创建一份特定主题的演示文稿。

用户可以在其中添加自己的文本或图片以改变示例演示文稿。一张幻灯片修改完成后,可以使用滚动条移动到其他幻灯片中,继续对示范文本中不满意的地方进行修改或替换。

2. 利用"设计模板"建立演示文稿

"设计模板"是由预先设计好的带有背景图案、文本格式和提示文字的若干张幻灯片组成的,用户只要根据提示输入实际内容即可创建演示文稿。利用设计模板建立演示文稿的

步骤如下:

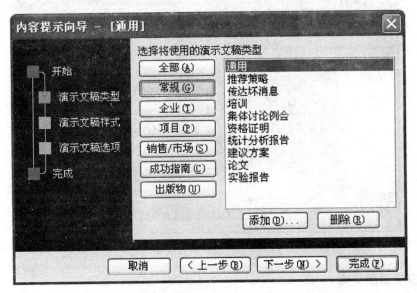

图 5-9 几种常用的演示文稿类型

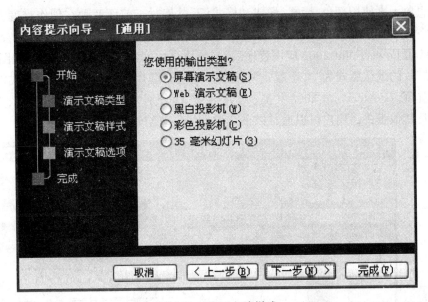

图 5-10 演示文稿样式

(1) 启动 PowerPoint 2003,在任务窗格的下拉菜单中选择"幻灯片设计"命令,打开"幻灯片设计"任务窗格,其中提供了几十种设计模板,用户可以根据自己的演示主题进行选择。

(2) 在"应用设计模板"列表框中单击需要的设计模板,即可将此模板应用于演示文稿中,如图 5-11 所示。

注意:将鼠标放在设计模板旁边,此时会出现一个下拉箭头,单击此下拉箭头,在弹出的下列表框中选择"应用于所有幻灯片"选项,可将此模板应用于所有幻灯片中;如果选择"应用于选定幻灯片"选项,只能将模板应用于当前幻灯片。

图 5-11　应用设计模板

3. 建立空演示文稿

利用创建空白演示文稿的方法,可以创建具有独特风格的幻灯片,因为用户可以充分发挥自己的想象力来使用颜色、版式、样式和格式,不过相对于前面两种在创作难度上稍有增加。建立空演示文稿有以下几种方法:

(1) 启动 PowerPoint 2003 应用程序后,系统将自动创建一个空演示文稿,如图 5-12 所示。此幻灯片的默认版式为"文字版式"类别的"标题幻灯片",这种幻灯片的版式常用作演示文稿的首页。PowerPoint 2003 共提供了 4 种版式,分别为文字版式、内容版式、文字和内容版式以及其他版式。用户可以通过以下几种方法更改幻灯片的版式:

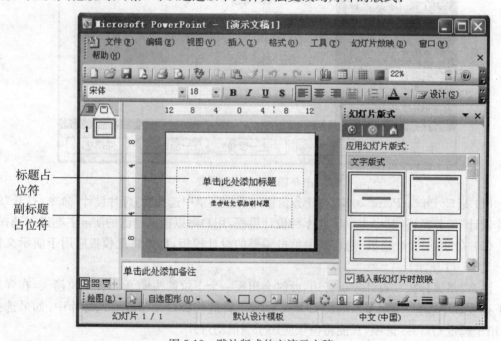

图 5-12　默认版式的空演示文稿

① 选择"格式"下拉菜单中的"幻灯片版式"命令,在任务窗格中的版式区单击需要的版式即可。

② 在需要更改版式的幻灯片上右击鼠标,在弹出的快捷菜单中""幻灯片版式"命令。

(2) 单击常用工具栏上的"新建"按钮也可以创建一张空白的的幻灯片;

(3) 选择"文件"菜单下中的"新建"命令,在任务窗格中单击"空演示文稿"。

5.2.2 保存与打开演示文稿

在编辑好演示文稿后,可以将演示文稿保存到指定的地方,以备后用。

1. 保存新建的演示文稿

保存新建的演示文稿,其具体操作方法如下:

(1) 单击"常用"工具栏中的"保存"按钮■,或选择"文件"下拉菜单中的"保存"命令,或按组合键"Ctrl+S",将打开如图 5-13 所示的"另存为"对话框;

(2) 选择"保存位置"(某个磁盘中的某个文件夹),输入文件名(.ppt 可不输入,系统会自动加上),单击"保存"按钮,把当前文档保存在指定的位置中。

2. 保存已有的演示文稿

对于曾经保存过的演示文稿,再次进行修改之后,可以以原文件名保存,也可以以不同的文件名进行保存。如果以原文件名保存,直接单击"常用"工具栏中的"保存"按钮■,或选择"文件"下拉菜单中的"保存"命令,或按组合键"Ctrl+S",此时不弹出"另存为"对话框,系统直接覆盖原有的文件进行保存。若现在编辑的旧文件需要更换保存位置或文件名,可选择"文件"下拉菜单中的"另存为"命令,打开如图 5-13 所示的"另存为"对话框,重新调整"保存位置"或输入新"文件名",单击"保存"按钮,把当前文件重新保存,并将另存后的文件作为当前的编辑文件。这样原文件仍然存在,内容不变。

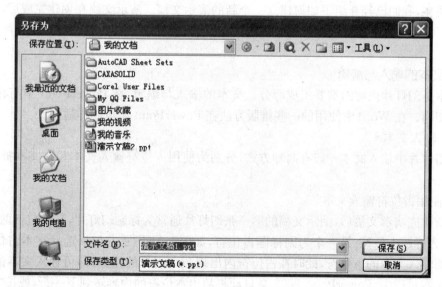

图 5-13 "另存为"对话框

3. 打开演示文稿

在文件夹窗口中双击演示文稿文件名可以在启动 PowerPoint 2003 的同时打开该演示

文稿文件。还可以在启动 PowerPoint 后，通过以下方法打开演示文稿：

（1）选择【文件】下拉菜单下方最近编辑过的文件；

（2）单击"常用"工具栏中的"打开"按钮，或选择"文件"下拉菜单中的"打开"菜单项，或按组合键"Ctrl+O"，都会打开如图 5-14 所示的"打开"对话框。指定打开的"查找范围"、"文件类型"、"文件名"，然后单击"打开"按钮，或直接双击文件名。

图 5-14　"打开"对话框

5.2.3　幻灯片的编辑

到现在，我们已经介绍了如何建立一个新的演示文稿。演示文稿在创建完成后，往往还需要进行编辑工作。例如向幻灯片中插入文本、插入图片、表格、图表、声音、视频等多媒体对象。

1. 文本的输入与编辑

文本是幻灯片内容的重要组成部分。文本的输入与编辑，在 PowerPoint 中与在 Word 中基本相同。在 Word 中使用的一些排版方法在 PowerPoint 中也同样适用。

（1）输入文本

在幻灯片中输入文本一般有两种方式，分别为使用占位符输入文本和在文本框中输入文本。

① 使用占位符输入文本

在新建完演示文稿后，演示文稿的第一张幻灯片通常为标题幻灯片，其中包括两个占位符：一个为标题占位符；另一个为副标题占位符，如图 5-11 所示。如果选择文本占位符，只需单击要输入文本的占位符，此时在占位符内出现一个闪烁的光标，即可输入文本的内容，在输入文本过程中，PowerPoint 2003 会自动将超出占位符的内容转到下一行，或按"Enter"键开始新的文本行。

② 在文本框中输入文本

当需要在幻灯片中的其他位置添加文本时，可以利用文本框来添加，其具体操作步骤如下：
- 选择"插入"下拉菜单下"文本框"命令，选择"横排"或"竖排"，或者单击"绘图"工具栏中的 ▣ 或 ▣ 按钮。
- 按住鼠标左键在需要的位置绘制文本框即可在其中输入文字。
- 在文本框中输入文本之后，单击文本框外的任何地方即可。

占位符（文本框）的大小和位置是可以改变的。

① 改变占位符的大小

单击占位符，文本框的虚框及8个尺寸柄出现，将鼠标指针移到任一尺寸柄上，待鼠标指针变成双向箭头时，按下鼠标左键并沿着虚框增大或减小的方向拖动，即可改占位符的大小。

② 移动占位符位置

单击占位符，则显示文本框的虚框并出现8个尺寸柄，将鼠标指针移至虚框上，待鼠标指针变成四向箭头时，按下鼠标左键并拖动，即可移动占位符的位置。

（2）编辑文本

要设置文本框中部分文字或者部分段落的格式则要先选中文字再进行操作。

① 设置文字格式

利用"格式"工具栏中的按钮可以改变文字的格式，如字体、字号、加粗、倾斜、下划线、字体颜色等。也可以在"格式"菜单中选择"字体"命令，在"字体"对话框中进行设置。

② 设置段落的对齐格式

如果需要设置段落的对齐方式，按以下步骤操作：
- 选择文本框或文本框中的某段文字；
- 选择"格式"下拉菜单下的"对齐方式"命令，则弹出如图5-15所示的下拉菜单，选择相应的对齐方式即可。

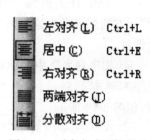

③ 设置段落缩进

段落缩进是指段落与文本区域内部边界的距离。在PowerPoint 2003中提供了三种缩进的方式：首行缩进、悬挂缩进和

图5-15 对齐方式下拉菜单

左缩进。设置段落缩进主要使用标尺来进行。首先选中要设置缩进的文本，如果标尺尚未显示，可单击"视图"菜单上的"标尺"命令。设置段落缩进时，拖动标尺上相应的缩进标记即可，如图5-16所示。

图5-16 段落缩进标记

④ 设置行距或段落间距

设置段落的行距或段前段后间距的方法是：
- 选定段落或在段落中任意位置单击。

- 单击"格式"菜单中的"行距"命令,则弹出"行距"对话框,如图5-17所示。
- 在"行距"、框中输入所需的数值,然后选择"行"或"磅",最后单击"确定"按钮。

⑤ 设置项目符号

在默认情况下,单击"格式"工具栏中的"项目符号"按钮插入一个圆点作为项目符号,也可以用"格式"菜单中的"项目符号"命令设置其他类型的项目符号。其操作方法与Word中的设置类似。

2. 图片的插入与编辑

图形图像是演示文稿中不可缺少的元素,较文字更能给观众留下深刻的形象印象。和Word一样,在PowerPoint中,仍然可以使用剪贴画、自选图形、来自文件的图片、艺术字等多种图形图像对象。

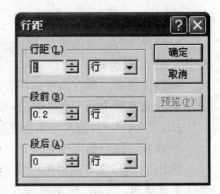

图 5-17 "行距"对话框

(1) 插入剪贴画

① 打开需要插入剪贴画的幻灯片。

② 选择"插入菜单"中"图片"子菜单,单击"剪贴画"命令,打开"剪贴画"任务窗格如图5-18所示。

③ 单击"任务窗格"中的"搜索"按钮,在"结果类型"下方的列表框中选择需要插入的剪贴画,选中该图片即可。

④ 如果列表框中的剪贴画不能满足要求时,单击 管理剪辑... 超链接,打开"Microsoft 剪辑管理"对话框,如图5-19所示。

⑤ 在"Office 收藏集"中选择需要的剪贴画,右击鼠标,从弹出的快捷菜单中选择"复制"命令,返回到幻灯片窗格中,在需要插入剪贴画的位置右击鼠标,从弹出的快捷菜单中选择"粘贴"命令。

⑥ 在幻灯片中插入剪贴画的效果如图5-20所示。

如果幻灯片的版式为"内容版式"如图5-21所示,或者为"文字和内容版式",可单击 按钮,即可打开"选择图片"对话框,在要插入的图片上双击鼠标,即可将剪贴画插入到幻灯片中。

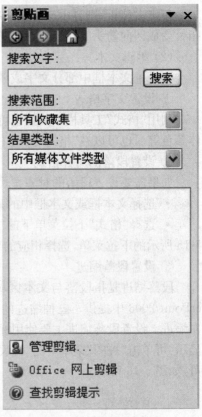

图 5-18 剪贴画任任务窗格

调整图片的大小及位置的操作与文本框类似。先单击图片,则图片周围出现8个尺寸柄,将鼠标移到图片任何一个尺寸柄上并拖动即可改变其大小;将鼠标移到图片任一位置处,单击并拖动到新位置后松开鼠标即可移动图片。还可以右击图片,在弹出的快捷菜单中选择"设置图片格式"命令,在"设置图片格式"对话框中,精确设置图片对象的大小、位置、填充色等等,如图5-22所示。

第 5 章 PowerPoint 2003 演示文稿

图 5-19 "剪辑管理器"对话框

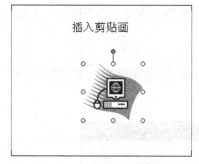

图 5-20 插入剪贴画效果

图 5-21 内容版式的幻灯片

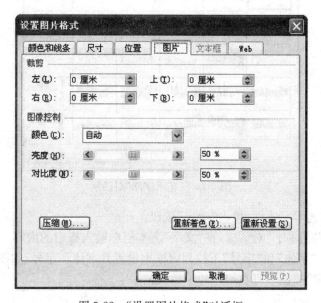

图 5-22 "设置图片格式"对话框

(2) 插入来自文件的图片

其操作步骤与插入剪贴画的操作步骤类似：

首先打开演示文稿，选择需要插入图片的幻灯片；单击"插入"菜单的"图片"命令，选择其子菜单中的"来自文件..."，则打开"插入图片"对话框，找到欲插入的图形文件，双击该文件即可。

(3) 插入自选图形

单击"插入"菜单中的"图片"命令，选择其子菜单中的"自选图形"，弹出"自选图形"工具栏，如图5-23所示。选择所需的自选图片，按住鼠标左键拖动到合适大小。在自选图形上右击鼠标，从弹出的快捷菜单中选择"添加文本"命令，可在该图形上添加文本。

图5-23 "自选图形"工具栏

3. 艺术字的插入与编辑

在幻灯片中还可以将文本设置成艺术字效果，可以对文字添加阴影、填充色、大小和颜色以突出显示这些文字。具体操作步骤如下：

(1) 打开要插入艺术字的幻灯片。

(2) 单击"插入"菜单的"图片"命令，选择其子菜单"艺术字"，打开"艺术字库"对话框，如图5-24所示。

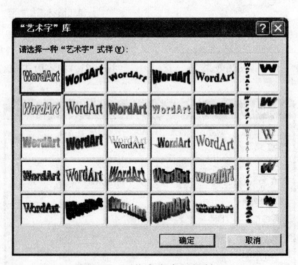

图5-24 "艺术字库"对话框

(3) 选择所需艺术字式样，单击"确定"按钮。

(4) 弹出"编辑艺术字"对话框，在"文字"文本框中输入指定的内容。例如输入"艺术字的插入与编辑"，在"字体"和"字号"下拉列表框中设置其字体和字号，如图5-25所示。

(5) 单击"确定"按钮即可在幻灯片中插入艺术字。

插入艺术字后，可以利用"艺术字"工具栏对其进行编辑，方法与Word中的相同。

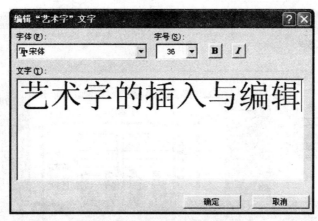

图 5-25 "编辑艺术字文字"对话框

4. 表格的插入与编辑

和 Word 一样，PowerPoint 2003 也有自己的表格制作功能，使用方法与 Word 基本相同，其具体操作步骤如下：

（1）打开要插入表格的幻灯片。

（2）选择"插入"菜单的"表格"命令，弹出"插入表格"对话框，如图 5-26 所示。在"列数"和"行数"数值框中分别输入表格的列数和行数。

（3）单击"确定"按钮，即可在幻灯片中插入表格。

如果幻灯片版式是"表格"，那么幻灯片中会有一个表格的占位符，双击它就可以在向导的提示下添加一个表格。

表格修改的方法和 Word 相似，此处不再重述。

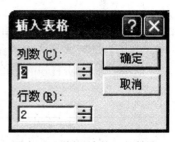

图 5-26 "插入表格"对话框

5. 图表的插入与编辑

PowerPoint 使用的图表是嵌入的 Excel 图表对象。在幻灯片中插入图表的具体操作步骤如下：

（1）打开要插入图表的幻灯片。

（2）选择"插入"菜单的"图表"命令，弹出"数据表"对话框，并在幻灯片中出现一个缺省的图表，如图 5-27 所示。

（3）在"数据表"中输入所需数据；同时 PowerPoint 2003 的菜单栏上会出现"图表"菜单项，可以利用它对图表的类型、标题、格式等进行设置。

（4）所有的设置完成后，单击图表外的任意区域，即可返回到 PowerPoint 2003 幻灯片窗口。

双击图表可以对图表进行重新编辑，操作方法在 Excel 部分已经做过具体介绍，这里不再重述。

6. 组织结构图的插入与编辑

在演示文稿中经常会用到组织结构图。例如想介绍公司的组织结构、人事构成等，用组织结构图就可以简明扼要地表明该公司各部门的结构层次。一般插入组织结构图有两种方法：利用自动版式和命令插入组织结构图。

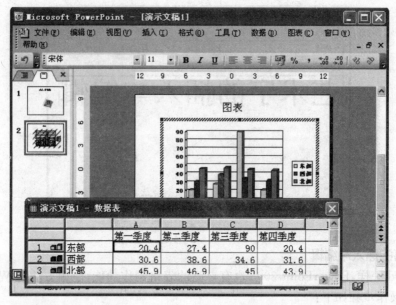

图 5-27 待修改的"数据表"对话框

(1) 利用自动版式插入组织结构图

利用自动版式插入组织结构图,其具体操作步骤如下:

① 启动 PowerPoint 2003 应用程序,创建一个包含组织结构图的幻灯片,如图 5-28 所示。

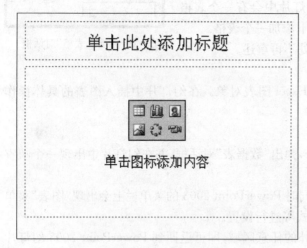
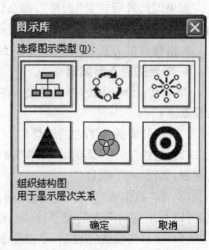

图 5-28 包含组织结构图的幻灯片　　　　图 5-29 "图示库"对话框

② 在包含组织结构图的占位符中,单击"插入结构图或其他图示"按钮,弹出"图示库"对话框,如图 5-29 所示。

③ 在"选择图示类型"列表框中选择一种结构类型,单击"确定"按钮,在幻灯片中插入组织结构图的效果如图 5-30 所示。

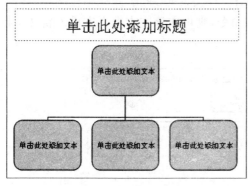
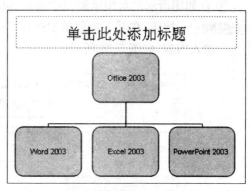

图 5-30　插入组织结构图效果　　　　图 5-31　输入文本

④ 单击"单击此处添加文本"框,在其中输入文本,如图 5-31 所示。

(2) 通过命令插入组织结构图。

用户也可以通过命令在幻灯片中插入组织结构图,具体操作步骤如下:

① 打开要插入组织结构图的幻灯片。

② 单击"插入"菜单的"图示"命令,弹出"图示库"对话框,在"选择图示类型"列表框中选择一种结构图类型,单击"确定"按钮插入组织结构图。

(3) 编辑组织结构图

有时需要对一些简单的组织图添加文本框,使其满足用户的需要。添加组织结构图的具体操作步骤如下:

① 打开一个简单的组织结构图,如图 5-32 所示。

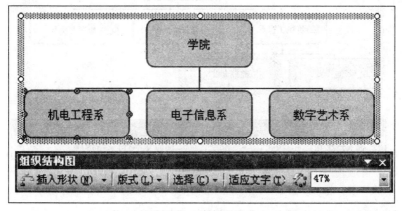

图 5-32　组织结构图

② 打开"组织结构图"工具栏,如图 5-33 所示。

图 5-33　"组织结构图"工具栏

③ 在如图所示的组织结构图中选中"机电工程系"文本框,单击"组织结构图"工具栏中的 按钮,在其下拉菜单中选择"下属"命令,则可在该文本框下方插入新文本框。在其中输入内容,如图 5-34 所示。

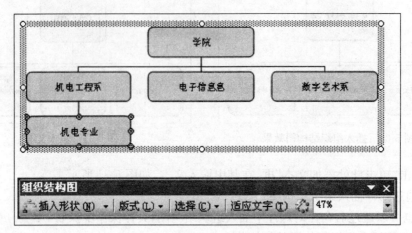

图 5-34　添加下属文本框及内容

④ 选中新添加的文本框,单击"组织结构图"工具栏中 按钮,在其下拉菜单中选择"同事"命令,则可在该文本框的旁边新添加文本框。在其中输入内容,效果如图 5-35 所示。

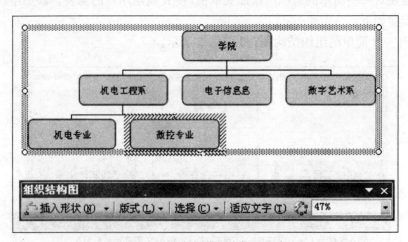

图 5-35　添加同事文本框及内容

⑤ 以同样的方法可以在其他文本框的下方添加新文本框。

组织结构图制作完成之后,如果需要调整组织结构图的大小及位置,可按以下步骤进行操作:

① 如果要调整单个文本框的大小。选中该文本框,单击鼠标右键,从弹出的快捷菜单中选择"版式"子菜单中的"自动版式"命令,文本框的周围将出现 8 个控制点,拖动他们即可改变大小。

② 如果要调整整个组织结构图的大小,可以选中整个组织结构图,将鼠标放在虚线框的边缘或角点处,当鼠标指针变成双向箭头时,拖动鼠标即可调整其大小。

③ 如果要移动整个组织结构图时，将鼠标放在虚线框的边缘处，当鼠标指针变成四向箭头时，拖动鼠标即可。

如果要更改组织结构图的类型，可以按以下步骤操作：

① 打开需更改组织结构图类型的幻灯片。

② 单击"组织结构图"工具栏中的"自动套用格式"按钮，弹出"组织结构图样式库"对话框，如图 5-36 所示。

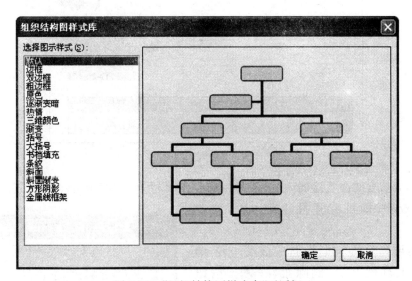

图 5-36　"组织结构图样式库"对话框

③ 在"选择图示样式"列表框选择需要的样式，在其右侧的文本框中可以预览其效果，单击"确定"按钮即可。

7. 插入批注

批注是指对幻灯片的用途、内容等进行说明的文字。在幻灯片中增加批注有助于演示文稿的编辑和管理。

如果要为幻灯片添加批注，可以按照以下操作步骤进行：

（1）打开要添加批注的幻灯片。

（2）单击"插入"菜单下的"批注"命令，此时出现批注文本框，其缺省位置为幻灯片视图的左上角，同时弹出"审阅"工具栏，如图 5-37 所示。单击"审阅"工具栏中的"插入批注按钮"也可以添加批注。

图 5-37　"审阅"工具栏

（3）在文本框中输入要添加的内容，例如输入"PowerPoint 2003 简介"，如图 5-38 所示。输入完批注内容后，用鼠标单击幻灯片的其他位置，此时批注会缩小为一个图标，可以通过拖动小图标移动批注的位置；单击此图标，可以显示批注内容。

图 5-38　增加批注的幻灯片

（4）如果想要修改批注的内容，单击"审阅"工具栏上的"编辑批注"按钮，或者在批注图标上双击，即可打开批注文本框，修改内容。

（5）若要删除某个批注，选中该批注后，单击"审阅"工具栏上的"删除批注"按钮即可。

（6）如果有多个批注，可以单击"审阅"工具栏上的"前一项"按钮和"后一项"按钮进行切换。

8. 将演示文稿发送到 Word 中

Word 是功能强大的编辑软件，用户可以将幻灯片讲义传送到 Word 中进行编辑，以求得最佳的效果。具体操作如下：

（1）单击"文件"菜单的"发送"，选择其子菜单的"Microsoft Office Word"命令，弹出"发送到 Microsoft office word"对话框，如图 5-39 所示。

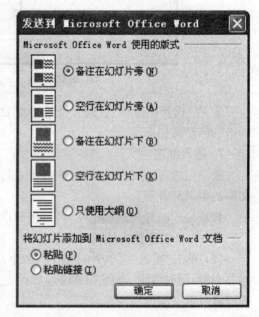

图 5-39　"发送到 Microsoft office word"对话框

（2）选择使用的版式，单击"确定"按钮。

5.2.4　为演示文稿加入多媒体功能

在幻灯片中除了可以加入在第 5.2.3 节中所介绍的各种对象外，还可以适当地插入多媒体效果，如播放音乐、声音及影片等，使得幻灯片更加生动有趣。

1. 在幻灯片放映时插入声音

用户可以从计算机、网络或 Microsoft 剪辑管理器的文件中添加音乐和声音，也可以录制自己的声音并添加到演示文稿中，或者使用 CD 中的音乐。

在幻灯片中插入音乐或声音后，会显示一个声音图标，可以为它设置幻灯片显示时自动开始播放、单击鼠标开始播放、带有时间延迟的自动播放 3 种方式。

默认情况下，如果插入的声音文件大于 100 KB，PowerPoint 2003 会自动将声音链接到用户的文件中，而并非嵌入文件。用户可以任意更改此默认值。如果演示文稿链接文件后，要在其他计算机上播放此演示文稿，就必须同时复制该演示文稿及其所链接的文件。

（1）在幻灯片中插入剪辑库中的声音

在幻灯片中插入剪辑声音，具体操作步骤如下：

① 打开需插入声音的幻灯片。

② 单击"插入"菜单的"影片和声音"命令，在其子菜单中选择"剪辑库中的声音"命令，打开 剪贴画 任务窗格，在"结果类型"下方的列表框中出现了一些声音剪辑。

③ 选择要插入的剪辑，单击其下三角按钮，从弹出的快捷菜单中选择"插入"命令，或者在该剪辑上双击鼠标。

④ 弹出如图 5-40 所示的提示框，如果要在幻灯片中自动播放声音，单击 自动(A) 按钮；如果单击鼠标才能播放声音，则单击 在单击时(C) 按钮。

图 5-40　提示框

⑤ 在幻灯片中将出现 图标，右击该图标，在弹出的快捷菜单中选择"编辑声音对象"命令，打开"声音选项"对话框，用户可以根据需要进行设置。

⑥ 也可以在"剪贴画"任务窗格的下方单击"管理剪辑…"超链接，从弹出的"剪辑管理器"对话框中查找需要插入的声音剪辑，或者单击"Office 网上剪辑"超链接，可以从网上查找自己需要的声音剪辑进行插入。

如果删除插入的声音，选择声音图标后按"Delete"键即可。

（2）插入声音文件

在幻灯片中除了插入剪辑库中的声音文件外，还可以插入来自其他文件的声音。这些文件可以是用户自己收集的歌曲，也可以是自己或别人的声音。

在幻灯片中插入声音文件的具体操作步骤如下：

① 打开需插入声音的幻灯片。

② 单击"插入"菜单的"影片和声音"命令，在其子菜单中选择"文件中的声音"，弹出"插入声音"对话框，如图 5-41 所示。

图 5-41 "插入声音"对话框

③ 在"查找范围"下拉列表框中找到需要插入的声音剪辑,单击"确定"按钮即可在幻灯片中插入来自文件的声音。

(3) 插入 CD 乐曲

在幻灯片中插入声音文件,需要占用非常大的内存空间,而且音效也不好。我们也可以在 PowerPoint 2003 中直接插入和播放 CD 唱片。通过播放 CD 向演示文稿中添加音乐,这时声音文件不会添加到幻灯片中。

在幻灯片中插入 CD 乐曲,其具体操作步骤如下:

① 打开需插入 CD 音乐的幻灯片。

② 单击"插入"菜单的"影片和声音"命令,在其子菜单中选择"播放 CD 乐曲",弹出"插入 CD 乐曲"对话框,如图 5-42 所示。

③ 在"剪贴画选择"选项组的"开始曲目"和"结束曲目"微调框中输入开始与结束的曲目编号。

图 5-42 "插入 CD 乐曲"对话框

④ 若要重复播放音乐,选中"循环播放,直到停止"复选框。

⑤ 单击"声音音量"右侧的 按钮,从弹出的列表框中可以调节音量的大小。

⑥ 各种选项全部设置好后,单击"确定"按钮。

(4) 在幻灯片中插入录制的声音

在单张幻灯片中插入已录制的声音信息,其具体操作步骤如下:

① 打开需插入 CD 音乐的幻灯片。

② 单击"插入"菜单的"影片和声音"命令,在其子菜单中选择"录制声音"命令,弹出

"录音"对话框,如图 5-43 所示。

③ 在该对话框中依次有 3 个按钮,"播放"按钮、"停止"按钮和"记录"按钮。单击"记录"按钮开始录音,完成录音后,单击"停止"按钮,要试听已录制的声音,单击"播放"按钮。录制完后单击"确定"按钮,返回幻灯片编辑窗口,在选定录制声音的幻灯片中将出现一个小喇叭图标。

图 5-43 "录音"对话框

2. 录制旁白

如果演示文稿要重复播放或自动播放,而演示人员不能到达演示现场,就可以为演示文稿录入旁白。一旦录制,就无法编辑与修改。如果幻灯片中除了旁白外还有其他的声音,那么旁白具有最高优先级,即放映包含旁白和其他声音的幻灯片时,只有旁白会被播放出来。其具体操作步骤如下:

(1) 选择"幻灯片放映"菜单中的"录制旁白"命令,弹出"录制旁白"对话框,如图 5-44 所示,在该对话框中显示有当前的录制信息。

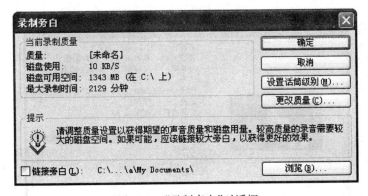

图 5-44 "录制旁白"对话框

(2) 单击"设置话筒级别"按钮,将弹出"话筒检查"对话框,用来设置话筒的级别。

(3) 单击"更改质量"按钮,将弹出"声音选定"对话框,如图 5-45 所示。在"名称"下拉列表框中选择所需的选项,分别为 CD 质量、电话质量和收音机质量,用来改变声音质量。

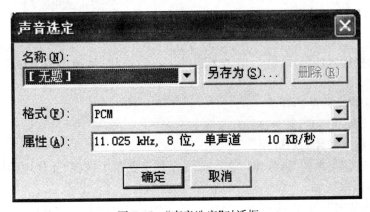

图 5-45 "声音选定"对话框

(4) 所有的设置完成后,单击"确定"按钮即可。

如果要删除一张幻灯片的旁白,可以在幻灯片视图中选中代表旁白的声音图标,然后按"Delete"键即可。

3. 在幻灯片中插入影片

在幻灯片中插入的影片有两种:一种是剪辑管理器中的影片;另一种是来自文件的影片。PowrPoint 2003 支持的影片文件格式有:.avi,.miv,.cda,.wmv,.mov,.mpe。

(1) 插入剪辑管理器中的的影片

在当前幻灯片中插入剪辑管理器中的影片文件,其具体操作步骤如下:

① 打开需插入影片的幻灯片。

② 单击"插入"菜单的"影片和声音"命令,在其子菜单中选择"剪辑管理器中的影片"命令,打开 剪贴画 任务窗格。

③ 选择需要插入的影片,然后单击旁边的下三角按钮,从弹出的下拉菜单中选择"预览/属性"命令,将弹出"预览/属性"对话框,如图 5-46 所示。在该对话框中可以预览影片的动态效果,单击"关闭"按钮关闭对话框。

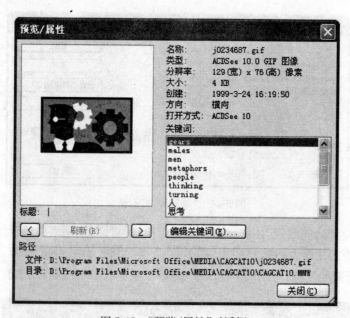

图 5-46 "预览/属性"对话框

④ 选择需要插入的影片,然后单击旁边的下三角按钮,从弹出的下拉菜单中选择"插入"命令插入影片。

(2) 插入来自文件的影片

插入来自文件的影片,其具体操作步骤如下:

① 打开需插入影片的幻灯片。

② 单击"插入"菜单的"影片和声音"命令,在其子菜单中选择"文件中的影片"命令,弹出"插入影片对话框"。

③ 在"查找范围"下拉列表框中选择需要插入的影片,然后单击"确定"按钮即可。

5.2.5 幻灯片的插入和删除、移动和复制

1. 插入幻灯片

将视图切换到幻灯片浏览视图，在需要插入新幻灯片的位置单击鼠标左键，将出现插入标记，然后按如下步骤进行操作：

（1）单击"常用"工具栏中的"新幻灯片"按钮，或选择"插入"菜单的"新幻灯片"命令，系统将弹出"新幻灯片"对话框。

（2）选定一种幻灯片版式后，单击"确定"按钮，即可在光标所在的位置插入一张新的幻灯片。

用户也可以插入一张幻灯片的副本，其操作方法是：选中需要复制的幻灯片（也可以是多张幻灯片），然后从"插入"菜单中选择"幻灯片副本"命令，这样就可以在原来的幻灯片之后插入该幻灯片的副本。

2. 选定幻灯片

在对幻灯片进行操作之前，先要选定幻灯片。在幻灯片浏览视图中，选定幻灯片的方法有：

（1）单击指定幻灯片，可选定该幻灯片。

（2）按下 Ctrl 键的同时单击，可以选定多张不连续的幻灯片。

（3）单击所要选定的第一张幻灯片，在按住 Shift 键的同时单击最后一张幻灯片，可以选定多张连续的幻灯片。

（4）按下 Ctrl＋A 键，可以选定全部幻灯片。

3. 删除幻灯片

删除幻灯片的方法是：先选定要删除的幻灯片，然后按 Delete 键或单击"常用"工具栏上的"剪切"按钮，或选择"编辑"菜单的"删除幻灯片"命令。

4. 移动和复制幻灯片

使用复制、剪切和粘贴功能，可以对幻灯片进行移动和复制，方法是：

（1）切换到幻灯片浏览视图方式。

（2）选定要移动或复制的幻灯片。

（3）单击"常用"工具栏上的"剪切"或"复制"按钮，或选择"编辑"菜单的"剪切"或"复制"命令。

（4）在放置剪切或复制内容的幻灯片处单击鼠标左键。

（5）单击"常用"工具栏上的"粘贴"按钮，或选择"编辑"菜单的"粘贴"命令。

移动或复制幻灯片，还可以采用拖放方法。使用拖放操作重新排列幻灯片的顺序，操作方法如下：

（1）在幻灯片浏览视图下，将鼠标指针指向所要移动的幻灯片。

（2）按住鼠标左键并拖动鼠标，将插入标记移动到某两幅幻灯片之间。

（3）松开鼠标左键，幻灯片就被移动到新的位置。

如果想撤销幻灯片的插入、删除、移动和复制操作，，可通过单击"常用"工具栏的"撤销"按钮进行操作。

5.3 设置幻灯片外观

在 PowerPoint 2003 中可以为幻灯片设置一致的外观,也可以为个别幻灯片设置不同的外观。控制幻灯片外观的方法主要有应用设计模板、设置幻灯片背景、更改幻灯片版式、修改母版和修改配色方案等。

5.3.1 应用设计模板

设计模板中包含配色方案、自定义的格式和标题母版以及字体的样式等。将设计模板应用到演示文稿中时,新模板的母版和配色方案将取代原来演示文稿中的配色方案和母版。具体操作步骤如下:

(1) 打开要应用设计模板的演示文稿。

(2) 选择"格式"菜单的"幻灯片设计"命令,或者单击"格式"工具栏中的 设计(S) 按钮,打开 幻灯片设计 任务窗格,如图 5-47 所示。

(3) 在"应用设计模板"列表框中列出了很多种设计模板,选择所需要应用的幻灯片模板,单击其右侧的下三角按钮,弹出如图 5-48 所示下拉列表。

(4) 如果要将选中的设计模板应用于所有的幻灯片中,选择"应用于所有幻灯片"命令;如果要应用于特定的幻灯片,选择"应用于幻灯片幻灯片"命令;如果要应用于所有新建演示文稿中,选择"用于所有新演示文稿"命令。

(5) 用户还可以单击"浏览…"超链接,弹出"应用设计模板"对话框,如图 5-49 所示。

(6) 打开"Presentation Designs"文件夹,在该文件夹中列出了几十种幻灯片模板,选择要应用的模板,在其右侧可以预览设计模板的样式。

(7) 最后单击"应用"按钮。

图 5-47 "幻灯片设计"任务窗格

5.3.2 设置幻灯片背景

在 PowerPoint 2003 中,用户可以为幻灯片设置不同的颜色、图案或者纹理等背景效果,也可以使用图片作为幻灯片背景。设置幻灯片背景的具体操作步骤如下:

(1) 选择要设置背景的幻灯片。

(2) 选择"格式"菜单的"背景"命令,或者在幻灯片

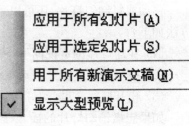

图 5-48 下拉列表

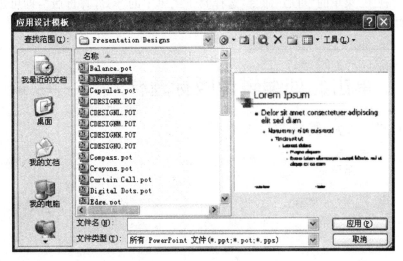

图 5-49 "应用设计模板"对话框

空白处单击鼠标右键,从弹出的快捷菜单中选择"背景"命令,弹出"背景"对话框,如图 5-50 所示。

(3) 单击"背景填充(B)"区域下方的列表框右边的下拉箭头,然后从下拉列表中选择所需的背景颜色。如果所需的颜色不在配色方案中,可以选择"其他颜色(M)…"或"填充效果(F)…"命令,弹出相应的对话框,在其中选择所需的颜色并设置过渡、纹理、图案和图片等。

(4) 设置完成后,返回"背景"对话框,单击"应用(A)"按钮,将所做的设置应用到当前幻灯片中,单击"全部应用(T)"按钮,则将所做设置应用到所有的幻灯片中。

图 5-50 "背景"对话框

在"背景"对话框中,如果选中"忽略母版背景图形"复选框后,可以使母版图形和文本不显示在当前选定的幻灯片或备注页上。

5.3.3 使用母版

所谓幻灯片母版,就是一张特殊的幻灯片,在其中可以定义整个演示文稿幻灯片的格式。这些格式包括幻灯片标题和正文文字的位置和大小、项目符号的样式、背景图案等。母版共分三类:幻灯片母版、备注母版和讲义母版。幻灯片母版与幻灯片的最后播放效果有直接关系,讲义母版只有在打印讲义时发挥作用,而备注母版用来控制备注页的版式和格式。

1. 幻灯片母版

幻灯片母版是最常用的母版,是存储有关应用的设计模板信息的幻灯片,它包括字形、占位符大小和位置、背景设计和配色方案。

(1) 插入幻灯片母版的操作步骤如下:

① 打开一个需要插入幻灯片母版的演示文稿。

② 单击"视图"菜单的"母版"命令,选择其子菜单中的"幻灯片母版",即可进入幻灯片母版视图,如图 5-51 所示。它有 5 个占位符,各部分的功能如表 5-1 所示。

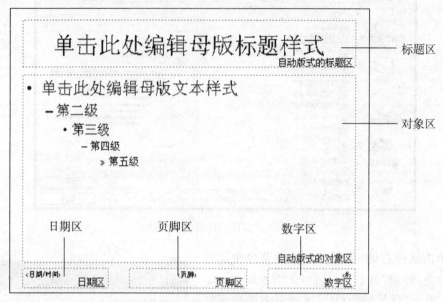

图 5-51 幻灯片母版

表 5-1 幻灯片母版中各占位符的功能

区域	功　　能
标题区	设置演示文稿中所有幻灯片标题文字的格式、位置和大小
对象区	设置幻灯片所有对象的文字格式、位置和大小以及项目符号的风格
日期区	为演示文稿中的每一张幻灯片自动添加日期,并决定日期的位置、文字的大小和字体
页脚区	给演示文稿中的每一张幻灯片添加页脚,并决定页脚文字的位置、大小和字体
数字区	给演示文稿中的每一张幻灯片自动添加序号,并决定序号的位置、文字的大小和字体

③ 在进入幻灯片母版视图后,系统会自动打开"幻灯片母版视图"工具栏,如图 5-52 所示。

图 5-52 "幻灯片母版视图"工具栏

(2) 编辑幻灯片母版

对幻灯片母版除了可以调整大小、设置字体及项目符号外,还可以利用"幻灯片母版视图"工具栏来进行以下设置:

① 插入新幻灯片母版:如果需要插入一个新幻灯片母版,可在"幻灯片母版视图"工具栏中单击"插入新幻灯片母版"按钮 。

② 插入新标题母版:如果需要插入一个新标题母版,可在"幻灯片母版视图"工具栏中单击"插入新标题母版"按钮 ,如图 5-53 所示。

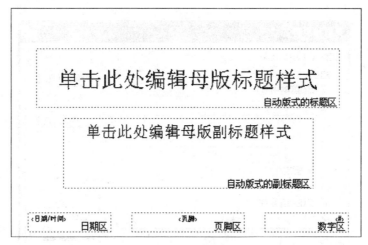

图 5-53 插入新标题母版

③ 重命名母版:如果要更改幻灯片母版的名称,可在"幻灯片母版视图"工具栏中单击"重命名母版"按钮,弹出"重命名母版"对话框,如图 5-54 所示,在"母版名称"文本框中输入要命名的名称,单击"重命名"按钮即可。

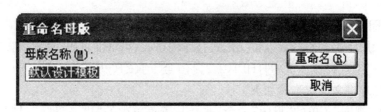

图 5-54 "重命名母版"对话框

④ 删除母版:在"大纲"窗格中选中要删除的幻灯片母版的缩略图,可单击鼠标右键,从弹出的快捷菜单中选择"删除母版"命令,或者在"幻灯片母版视图"工具栏中单击"删除母版"按钮。

(3) 更改幻灯片母版

同一演示文稿的多张幻灯片如果使用了同一模板,则要修改这些幻灯片时,只需要修改母版即可,而不必对每张幻灯片进行逐一修改。

① 更改文本格式

在幻灯片母版视图中选择对应的占位符或在对应的占位符上单击,可以设置字符格式、段落格式等。

② 设置页眉、页脚和幻灯片编号

在幻灯片的母版视图(也可以是其他任意视图)中选择"视图"菜单的"页眉和页脚"命令,弹出"页眉和页脚"对话框,选中"幻灯片"选项卡,如图 5-55 所示。进行相应的设置后单击"应用"或"全部应用"按钮。

③ 向母版插入对象

在母版中插入某个对象后,如剪贴画,该对象将在每一张幻灯片中出现。

所有的设置全部完成以后,单击"母版"工具栏的"关闭母版视图"按钮,退出幻灯片母版

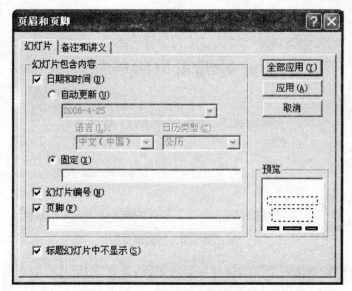

图 5-55 "页眉和页脚"对话框

视图。

2. 讲义母版

讲义母版用于控制幻灯片以讲义形式打印的格式,可增加页码、页眉页脚等,也可在"讲义母版"工具栏中选择在一页中打印 1,2,3,4,6 或 9 张幻灯片。

创建幻灯片讲义母版步骤如下:

(1) 单击"视图"菜单的"母版"命令,选择其子菜单中的"讲义母版",打开如图 5-56 所示的讲义母版,在讲义母版中,包括 4 个可以输入文本的占位符,分别为"页眉区"、"页脚区"、"日期区"和"数字区"。

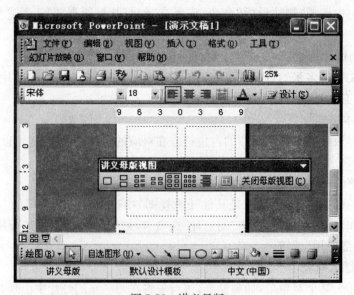

图 5-56 讲义母版

(2) 插入讲义母版以后，系统会自动打开"讲义母版视图"工具栏，如图 5-57 所示。

图 5-57 "讲义母版视图"工具栏

(3) 在"讲义母版视图"工具栏上选择每页显示多少张幻灯片的讲义；单击"讲义母版视图"工具栏中的"关闭母版视图"按钮，则回到普通视图。

(4) 单击"文件"菜单的"打印"命令，在打印内容的下拉菜单中选择讲义，单击"打印"按钮。

4. 备注母版

备注页也就是注释页，其作用是对幻灯片的内容进行注释，它与幻灯片一一对应。在演讲时可以对照备注页的内容进行讲解。

备注页可以通过备注母版来建立，具体操作步骤如下：

(1) 单击"视图"菜单的"母版"命令，选择其子菜单中的"备注母版"，打开"备注母版"视图，如图 5-58 所示。

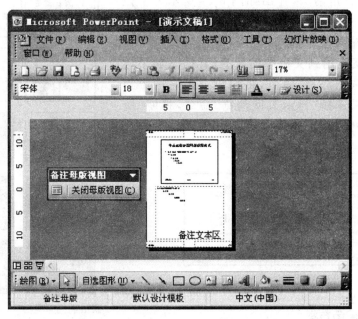

图 5-58 "备注母版"视图

(2) 在备注母版的上方是幻灯片缩略图，可以改变幻灯片的大小及位置。

(3) 在幻灯片的备注占位符中，单击鼠标右键，从弹出的快捷菜单中选择"编辑文本"命令，可在该占位符中编辑备注内容。

(4) 插入备注母版后，系统会自动打开"备注母版视图"工具栏，如图 5-59 所示。

(5) 编辑完成后单击"备注母版视图"工具栏中的"关闭母版视图"按钮，返回"普通"视图中。

图 5-59 "备注母版视图"工具栏

(6) 如果要查看编辑的备注内容，选择"视图"菜单中的"备注页"命令，打开"备注页"视图即可。

5.3.4 使用配色方案

系统根据幻灯片上常用的对象，如文本、背景、线条、填充等，配制了不同的颜色，组成不同的方案，用户可选择一种配色方案应用于个别幻灯片或全部幻灯片。

1. 使用标准配色方案

使用标准配色方案是改变演示文稿配色方案最简单的方法，其具体操作步骤如下：

(1) 打开要应用配色方案的演示文稿

(2) 在"格式"菜单中选择"幻灯片设计"命令，打开 幻灯片设计 ▼ × 任务窗格。

(3) 在该任务空格中单击"配色方案"超链接，在 幻灯片设计 ▼ × 任务窗格的"应用配色方案列表"中列出了系统自带的配色方案，如图 5-60 所示。

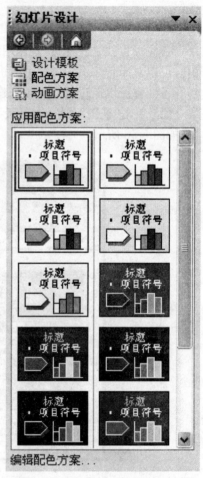

图 5-60 "幻灯片设计"任务窗格

(4) 在"应用配色方案"列表中选择配色方案，单击其右侧的下三角箭头，弹出如图 5-61 所示的下拉菜单。

(5) 在下拉菜单中选择"应用于所有幻灯片"命令，将配色方案应用到文稿中的所有幻灯片；如果选择"应用于所选幻灯片"命令，将配色方案应用于当前幻灯片；如果选择"显示大型预览"命令，将使"应用配色方案"列表框中的配色方案样式以较大的形式显示。

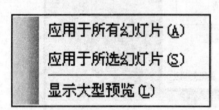

图 5-61 下拉菜单

2. 自定义配色方案

如果应用程序自带的配色方案不能满足用户的要求，可以创建自定义配色方案，并应用于演示文稿中。

自定义配色方案，其具体操作步骤如下：

(1) 打开要应用配色方案的演示文稿。

(2) 在"格式"菜单中选择"幻灯片设计"命令，打开 幻灯片设计 ▼ × 任务窗格。

(3) 在该任务空格中单击"配色方案"超链接，再单击任务窗格下方的"编辑配色方案"超链接，弹出"编辑配色方案"对话框，如图 5-62 所示。

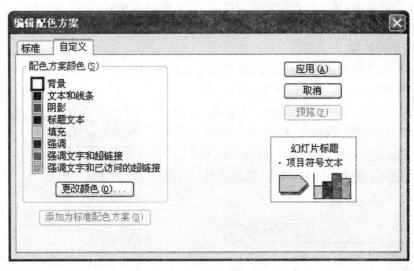

图 5-62　"编辑配色方案"对话框

(4) 单击"自定义"标签,打开"自定义"选项卡,如图 5-62 所示。

(5) 在"配色方案颜色"列表框中可以看到标准配色方案,如果要更改其配色方案,选中要更改的颜色选项,例如选择"背景"选项,单击 更改颜色(O)... 按钮。

(6) 弹出"背景色"对话框。打开"标准"选项卡,在"颜色"列表框中选择需要的颜色,如图 5-63 所示。如果"标准"选项卡中的颜色不能满足需要时,可以打开"自定义"选项卡,调出所需的颜色,然后单击"确定"按钮。

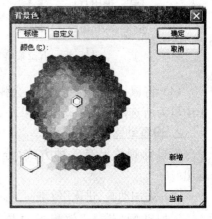

图 5-63　"背景色"对话框

5.4　动画和超级链接技术

为了提高演示文稿的表现能力,可以在幻灯片中设置动画效果、切换效果或添加多媒体技术等,从而充分调动观众的热情,获得最佳的播放效果。

5.4.1　自定义动画效果

缺省情况下,幻灯片放映效果与传统的幻灯片一样,幻灯片的所有对象是无声无息地同时出现的。利用 PowerPoint 提供的动画功能,可以为幻灯片的每个对象(如层次小标题、图片、艺术字、文本框等)设置出现的顺序、方式及伴音,以突出重点,控制播放的流程和提高演示的趣味性。

在 PowerPoint 的动画效果主要有两种:一种是自定义动画,是指为幻灯片中各种对象的出现设置动画效果；另一种是幻灯片切换动画，又称翻页动画，是指为幻灯片之间的切换设置动态效果。

1. 添加动画效果

为幻灯片添加自动义的动画效果，其具体操作步骤如下：

（1）打开要添加自动义动画效果的幻灯片。

（2）选中其中一个要添加动画的对象，在"幻灯片放映"菜单中选择"自动义动画"命令，打开 任务窗格，如图 5-64 所示。

（3）单击 按钮，弹出"添加效果"下拉菜单，如图 5-65 所示。

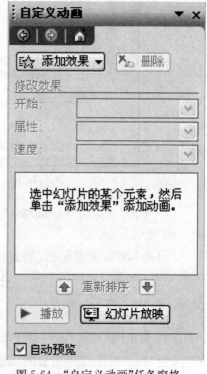

图 5-64 "自定义动画"任务窗格

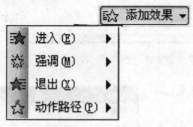

图 5-65 下拉菜单

（4）将鼠标移动到各选项，会弹出子菜单，在子菜单中可为所选对象设置动画效果。

2. 设置动画效果

设置动画效果有 3 种方式，分别为进入、强调和退出。

（1）添加动画"进入"效果

添加动画"进入"效果的具体操作步骤如下：

① 在幻灯片中选中欲添加进入效果的对象，单击 按钮，从弹出的下拉菜单中选择 子菜单中的 或其他动画效果，如图 5-66 所示。

② 如果子菜单中列出的动态效果不能满足用户要求时，选择"其他效果"命令，弹出"添加进入效果"对话框，如图 5-67 所示。

③ 在该对话框中选择一种合适的动画效果，单击"确定"按钮。

④ 选中添加动画效果后的对象，在 任务窗格的列表框中单击动画项目后的下三角按钮 ，如图 5-68 所示。

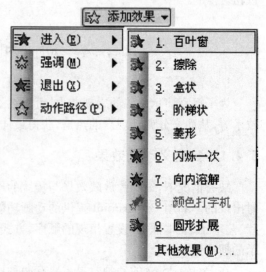

图 5-66 添加动画"进入效果"

图 5-67 "添加进入效果"对话框

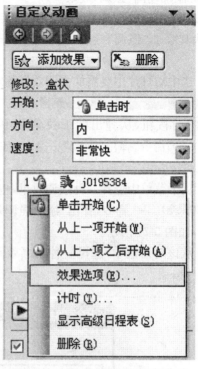
图 5-68 "设置动画效果"下拉菜单

⑤ 在下拉菜单中选择选项 效果选项(E)... ，弹出"盒状"对话框，如图 5-69 所示。

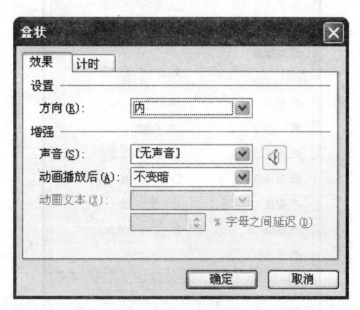
图 5-69 "盒状"对话框

⑥ 在该对话框中可设置动画"效果"、"计时"。如果为文本对象添加动画效果，盒状对话框中还包含"正文文本动画"选项卡。

(2) 添加动画"强调"效果

在幻灯片放映过程中,为了突出某个对象,可为其添加"强调"效果,其具体操作步骤如下:

① 选中幻灯片中要添加强调效果的对象,在 自定义动画 任务窗格中,单击 添加效果 按钮,从弹出的下拉菜单中选择 强调(M) 命令,弹出"强调"子菜单,如图5-70所示。

② 从子菜单中选择一种强调效果,也可选择 其他效果(M)... 命令,弹出"添加强调效果"对话框,如图5-71所示。

③ 从该对话框中,选择一种动画效果,单击"确定"按钮。

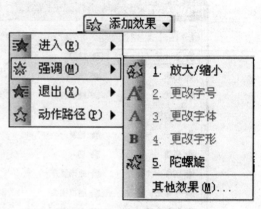

图5-70 "强调"子菜单

图5-71 "添加强调效果"对话框

(3) 添加动画"退出"效果

为幻灯片添加退出效果与添加进入、强调效果一样,不仅可以为单个对象设置动态效果,也可以为多个对象设置动态效果。

如果要为多个对象设置动态效果时,可按住 Shift 键或 Ctrl 键选中要设置动态效果的所有幻灯片,按照为单个对象设置动态效果的方法进行设置即可。

添加"退出"效果,其具体操作步骤如下:

① 选中幻灯片中要添加强调效果的对象,在 自定义动画 任务窗格中,单击 添加效果 按钮,从弹出的下拉菜单中选择 退出(X) 命令,弹出"退出"子菜单,如图 5-72 所示。

② 从子菜单中选择一种退出效果,也可选择 其他效果(M)... 命令,弹出"添加退出效果"对话框,如图 5-73 所示。

③ 从该对话框中选择一种动画效果,单击"确定"按钮。

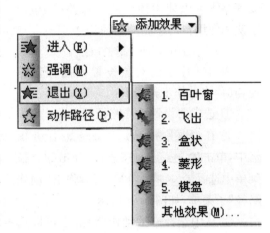

图 5-72 "退出"子菜单

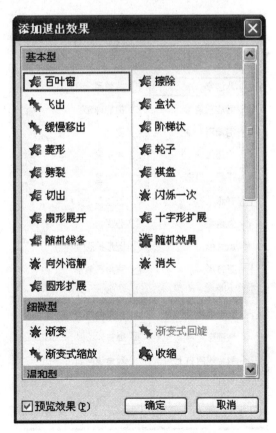

图 5-73 "添加退出效果"对话框

3. 使用和绘制动作路径

在 PowerPoint 中，可对一些小的动作设置动作路径，使其按照一定的路线运动。设置路线可以使用预设的动作路径，也可以使用使用自己绘制的路径。

（1）使用预设动作路径

为幻灯片中的对象设置使用预设路径，其具体操作步骤如下：

① 选中要设置动作路径的对象。

② 在 自定义动画 任务窗格中，单击 添加效果 按钮，从弹出的下拉菜单中选择 动作路径 命令，弹出"动作路径"子菜单，如图 5-74 所示。

③ 从中选择一种动作路径，也可以选择 其他动作路径(M)... 命令，弹出"添加动作路径对话框，如图 5-75 所示。

④ 从中选择动作路径，然后单击"确定"按钮。

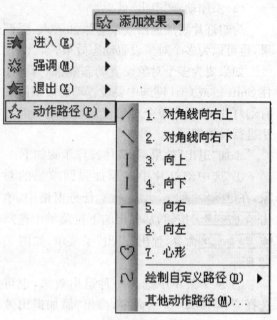

图 5-74 "动作路径"子菜单

图 5-75 "添加动作路径对话框

（2）绘制自定义路径

当用户对系统提供的预设路径不满意时，也可绘制自定义动作路径，其具体操作步骤如下：

① 选中要设置动作路径的对象。

② 在 自定义动画 任务窗格中，单击 添加效果 按钮，从弹出的下拉菜单中选择 动作路径 命令，弹出"动作路径"子菜单，如图 5-74 所示，选择其中的 绘制自定义路径 命令，弹出"绘制自定义路径"菜单，如图 5-76 所示。

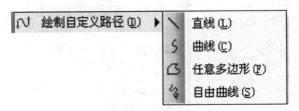

图 5-76 "绘制自定义路径"菜单

③ 在子菜单中选择 任意多边形 命令，将鼠标移动到幻灯片当中，当鼠标指针变成十字形状时，单击鼠标并移动，绘制一个多边形，绘制完成后双击鼠标，此时图片对象的动作路径如图 5-77 所示。

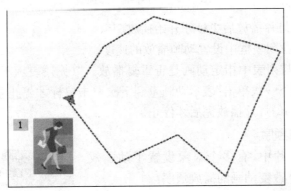

图 5-77 绘制多边形

④ 单击 自定义动画 任务窗格下方的 播放 按钮，可以测试图片对象的动态效果。

4. 播放自定义动画

如果希望设置好的动画效果以特殊的方式进行放映，就必须设置其播放自定义动画效果，其具体操作步骤如下：

（1）选中要设置播放自定义动画的对象。

（2）在 自定义动画 任务窗格列表框中单击动画项目后的下三角按钮，从弹出的下拉菜单中选择"计时"选项，如图 5-78 所示，弹出"百叶窗"对话框，如图 5-79 所示。

（3）在"开始"下拉菜单中选择"单击鼠标时"、"之前"或"之后"选项。"单击鼠标时"是指动画动作在单击鼠标时开始；"之前"是指动画动作在单击鼠标之前开始；"之后"是指动画动作在单击鼠标之后开始。

（4）在"延迟"微调框中设置播放的延迟时间，例如输入

图 5-78 下拉菜单

• 330 • 计算机应用基础

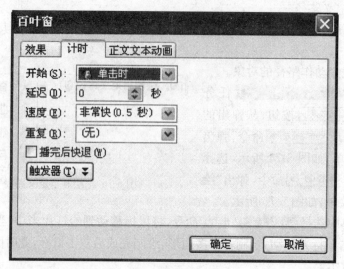

图 5-79 "百叶窗"对话框

"1"秒,表示动画在幻灯片播放后 1 秒才开始播放。

(5) 在"速度"下拉列表框中设置动画播放的速度。

(6) 在"重复"下拉列表中指定动画是否重复播放。"(无)"表示不重复播放;数字表示重复播放次数;"直到下一次单击"表示动画直到下次单击鼠标才停止重复播放;"直到幻灯片末尾"表示动画直到幻灯片播放完后才停止。

4. 改变动画播放顺序

如果同一张幻灯片中,有多个对象设置了动画效果,可以通过以下操作改变动画的播放顺序:

(1) 打开要改变动画播放顺序的幻灯片。

(2) 选中要改变动画播放顺序的对象。

(3) 单击 自定义动画 任务窗格下方"重新排序"左侧向上箭头 和右侧的向下箭头 ,如图 5-80 所示。

5.4.2 设置放映效果

设置放映效果包括设置切换效果、切换幻灯片、设置动作按钮以及应用动画方案。

1. 设置切换效果

切换是 PowerPoint 应用程序中自带的一组过渡显示效果之一。如果不设置切换效果,则单击鼠标后屏幕上立即换成下一张幻灯片。而设置了切换效果后,下一张幻灯片就以某种特定的方式进入屏幕上。设置幻灯片切换方式一般在"幻灯片浏览"窗口进行,操作步骤如下:

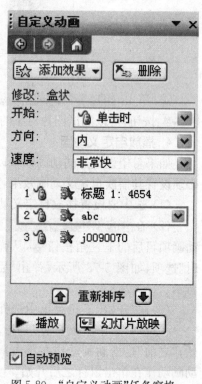

图 5-80 "自定义动画"任务窗格

(1) 打开要设置切换效果的演示文稿,并切换到幻灯片浏览视图中。

(2) 选择要进行切换效果设置的幻灯片,要为多张幻灯片设置同样的切换效果,可按住"Ctrl"键进行多张幻灯片的选取。

(3) 在"幻灯片放映"菜单中选"幻灯片切换"命令,或单击格式工具栏中的 切换(E) 按钮,打开 幻灯片切换 任务窗格,如图 5-81 所示。

(4) 从"应用于所选幻灯片"列表框中选择一种切换效果。

(5) 单击 播放 按钮,可以预览切换效果。

(6) 在"速度"下拉列表框中选择切换速度,包括慢速、中速和快速。

(7) 在"声音"下拉列表框中选择 PowerPoint 预置的声音效果,包括无声音、停止前一个声音、爆炸、抽气、锤打、打字机、微风等。

(8) 选中"循环播放,到下一声音开始时"复选框,则可使所选的声音循环播放,直到设置的下一个声音开始时停止。

(9) 在"切换方式"区域中,如果选中 单击鼠标时 复选框,只有在单击鼠标时才能切换到下一个动态效果;如果

图 5-81 "幻灯片切换"任务窗格

选中 每隔 复选框,在其后的微调框中输入间隔的时间来定时切换动态效果。

(10) 单击 应用于所有幻灯片 按钮,将设置的切换效果应用于整个演示文稿。

(11) 单击 幻灯片放映 按钮,可观看整个演示文稿的放映效果。

(12) 要删除幻灯片中设置的幻灯片切换效果,在"应用于所选幻灯片"列表框中选择"无切换"。

2. 切换幻灯片

切换是指从一张幻灯片转到另一张幻灯片的过程。在放映演示文稿时可使用多种方式来切换幻灯片。

(1) 转到下一张幻灯片

在放映幻灯片时,要转到下一张幻灯片可采用以下 5 种方法:

① 单击鼠标。

② 按键盘上的"Enter"键。

③ 按键盘上的"PageDown"键。

④ 按键盘上的方向键"↓"或"→"。

⑤ 用鼠标右键单击,从弹出的快捷菜单中选择"下一张"命令。

(2) 转到上一张幻灯片

在放映幻灯片时,如果要转到上一张幻灯片可采以下 4 种方法:

① 按键盘上的"BackSpace"键。

② 按键盘上的"PageUp"键。

③ 按键盘上的方向键"↑"或"→"。

④ 用鼠标右键单击,从弹出的快捷菜单中选择"上一张"命令。

(3) 观看以前查看过的幻灯片

在放映幻灯片时,要观看以前查看过的幻灯片,可单击鼠标右键,在弹出的快捷菜单中选择"上次查看过的(v)"命令。

(4) 转到指定的幻灯片

在放映幻灯片时,要转到指定的幻灯片上,可以采用以下两种方法:

① 输入幻灯片编号,再按键盘上的"Enter"键。

② 在幻灯片浏览视图中,单击鼠标右键,从弹出的快捷菜单中选择"定位到幻灯片(G)"命令,在其子菜单中选择所需的幻灯片。

3. 设置动作按钮

在幻灯片中设置动作按钮是为了更好地控制幻灯片的播放效果,可以在演示文稿中创建交互功能,使其可链接到其他的幻灯片、程序、影片甚至互联网上的任何一个地方。

在幻灯片中设置动作按钮,其具体操作步骤如下:

(1) 打开要设置动作按钮的幻灯片。

(2) 选择"幻灯片放映"菜单中的"动作按钮"命令,弹出"动作按钮"子菜单,如图5-82所示。

(3) 单击"动作按钮"子菜单中的按钮选项,将鼠标移到幻灯片中,当鼠标移到幻灯片中,当鼠标变成╋形状时,拖动鼠标绘制动作按钮,如图5-83所示。

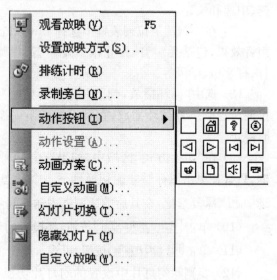

图 5-82 "动作按钮"子菜单

图 5-83 绘制动作按钮

(4)在释放鼠标后,会弹出"动作设置"对话框,如图5-84所示。其中:

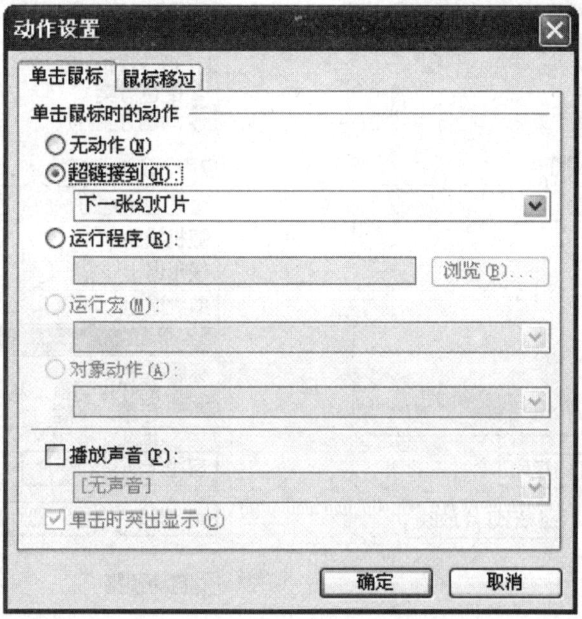

图 5-84 "动作设置"对话框

"单击鼠标"选项卡:表示用鼠标单击"动作按钮"时发生跳转。

"鼠标移过"选项卡:表示鼠标移过"动作按钮"时发生跳转。

(5)在"单击鼠标时的动作"区域中选中 超链接到(H) 单选按钮,在其下拉列表中选择要链接到的目标幻灯片。

(6)选中 播放声音(P) 复选框,从其下拉列表中选择一种单击动作按钮时的声音效果。

(7)设置完后,单击"确定"按钮,即在幻灯片中添加动作按钮,在放映幻灯片时,单击该动作按钮将自动执行选择的超链接。

4. 为对象设置动作

除了可以对动作按钮设置动作外,还可以对幻灯片对象设置动作。为对象设置动作后,当鼠标移过或单击该对象时,就能像动作按钮一样执行某种指定的动作。

在幻灯片中选定要设置动作的某个对象(如某段文字、图片等),选择"幻灯片放映"菜单的"动作设置"命令,或在该对象上右击鼠标,在打开的快捷菜单中选择"动作设置"命令,都可以打开如图5-84所示的"动作设置"对话框,从中进行设置(类似动作按钮的设置方法)。

5. 应用动画方案

动画方案是指PowerPoint中提供的多种动态效果,它可以被快速应用于幻灯片中。动画方案中包含了对幻灯片切换、标题、正文的动画设置。

用户只要选定要应用动画方案的幻灯片即可将所需动画方案应用到当前幻灯片中。为幻灯片添加动画方案,其具体操作步骤如下:

(1)打开需要应用动画方案的幻灯片,选择"幻灯片放映"菜单中的"动画方案"命令,打开 幻灯片设计 任务窗格,如图5-85所示。

• 334 • 计算机应用基础

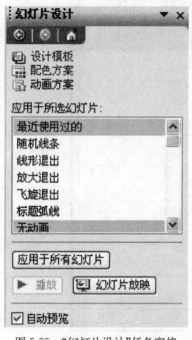

图 5-85 "幻灯片设计"任务窗格

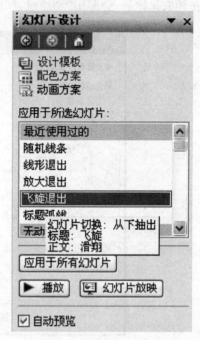

图 5-86 动画方案提示框

(2) 在"应用于所选幻灯片"列表框中拖动滚动条,可以看到所有的动画方案,主要分为"细微型"、"温和型"和"华丽型"3 大类,可根据需要选择合适的动画方案。

(3) 将鼠标移动到各动画方案标题上时,系统会弹出动画方案的动态提示框,如图 5-86 所示。

(4) 选中 ☑自动预览 复选框,在选择动画方案后,会自动在幻灯片窗格中显示动画效果,也可以通过单击 ▶ 播放 按钮,再次观看动画效果。

(5) 在 幻灯片设计 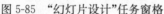 任务窗格中单击 应用于所有幻灯片 按钮,将此动画方案应用于整个演示文稿;单击 幻灯片放映 按钮,可观看整个演示文稿的放映效果。

(6) 如果要删除幻灯片中设置的动画方案,在"应用于幻灯片"列表框中选择"无动画"选项即可。

5.4.3 超级链接

在幻灯片播放过程中,从一张幻灯片跳转到另一张幻灯片、其他演示文稿、Word 文档、Excel 表格、Internet 等,也可以通过超级链接来实现。

1. 创建"超级链接"

创建超级链接的起点可以是任何文本或对象,激活超级链接一般用单击鼠标的方法。建立超级链接后,链接源的文本会添加下划线,并且显示系统配色方案指定的颜色。

在幻灯片上创建超级链接的方法与 Word 文档中创建超级链接的方法基本相同。具体如下:

(1) 在幻灯片中选择代表超级链接起点的文本或对象。

(2) 选择"插入"菜单的"超级链接"命令或"常用"工具栏的"插入超级链接"按钮,弹出

"插入超级链接"对话框,如图5-87所示。

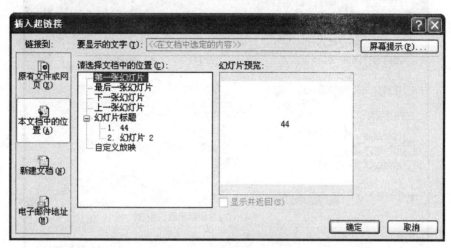

图5-87 "插入超级链接"对话框

(3)在"链接到"列表框中选择要链接的对象类型,选中一种类型,对话框中间就出现相应的提示,根据提示操作即可。

2. 编辑和删除超级链接

要编辑或删除超级链接,只要把鼠标指向某超级链接,右击鼠标,在弹出的快捷菜单中选择"编辑超级链接"命令,可以对已有的超级链接进行编辑;选择"删除超级链接"命令,将删除已有的超级链接。

5.5 演示文稿的放映和打印

5.5.1 设置放映方式

设置放映方式包括3种类型,分别为设置放映类型、定时放映幻灯片和自定义放映。幻灯片有多种放映方式,用户可根据自己的需要进行设置。

1. 放映类型

打开要放映的演示文稿,选择"幻灯片放映"菜单中的"设定放映方式"命令,弹出"设置放映方式"对话框,如图5-88所示。在对话框中有放映类型、放映选项、放映幻灯片、换片方式以及性能5个设置区域。

(1)"演讲者放映(全屏幕)"

它是系统默认的播放方式,主要用于演讲者亲自播放演示文稿。在放映时,可单击鼠标时进行放映,也可以自动控制放映,并且可控制幻灯片的放映进度和放映效果。

(2)"观众自行浏览(窗口)"

若放映演示文稿的地方是在类似于会议、展览中心的场所,同时又允许观众自己动手操作的话,可以选择的放映的类型。是一种较小规模的幻灯片放映方式。放映时,演示文稿会

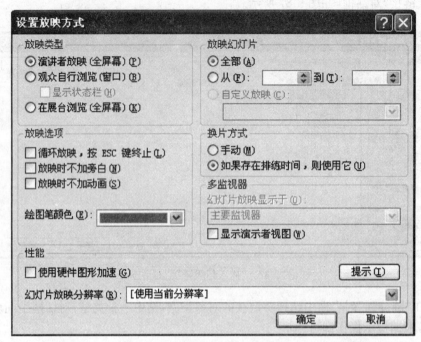

图 5-88 "设置放映方式"对话框

出现在一个可缩放的窗口中。在些窗口中观众不能用鼠标来切换播放的幻灯片,可以通过单击"web"工具栏中的"返回"按钮 或"向前"按钮 来浏览所以幻灯片。也可以通过单击鼠标右键,从弹出的快捷菜单中选择相应的命令切换幻灯片,如图 5-89 所示。

(3)在展台浏览(全屏幕)

如果幻灯片放映时无人看管,可以选择使用"在展台浏览(全屏幕)"方式。它是一种自动运行放映演示文稿的方式,在"幻灯片浏览"视图中,不能用鼠标激活任何菜单,放映只能依赖计时方式来切换幻灯片,演示文稿会在放映结束后重新开始。如果要结束幻灯片的放映,按 Esc 键,此时会返回到普通视图中。

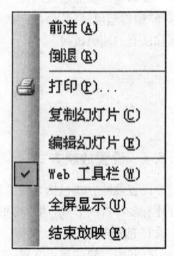

图 5-89 观众自行浏览快捷菜单

2. 定时放映幻灯片

在幻灯片放映过程中,为了使观众看清每一张幻灯片,可以在幻灯片播放时设置适当的时间段,用于控制幻灯片在放映时自动换到下一动态效果的时间。可人工为每张幻灯片设置放映时间,也使用排练计时功能,在排练时自动记录播放时间。

(1) 人工设置放映时间

人工为每张幻灯片设置放映时间,其具体操作步骤如下:

① 打开要放映的演示文稿,并切换到幻灯片浏览视图中。

② 选择"幻灯片放映"菜单中的"幻灯片切换"命令,打开 幻灯片切换 任务

窗格,如图 5-90 所示。

③ 在"换片方式"设置区域选中 ☑每隔 复选框,并在其后的微调框中输入每张幻灯片在屏幕上停留的时间,以"秒"为单位。

④ 如果要让所有幻灯片均以此时间间隔来播放,可单击 应用于所有幻灯片 按钮;如果单击 幻灯片放映 按钮,可以观看演示文稿的播放效果。

(2) 使用排练计时

在 PowerPoint 中提供了排练计时功能,用于设置幻灯片的实际放映时间。可先放映演示文稿再进行相应的演示操作,系统会自动记录幻灯片之间的切换时间。

使用排练计时,其具体操作步骤如下:

① 打开要放映的演示文稿,并切换到幻灯片浏览视图中。

② 选择"幻灯片放映菜单中的"排练计时"命令,系统切换到全屏播放,并自动打开"预演"工具栏,如图 5-91 所示,进入排练计时方式。

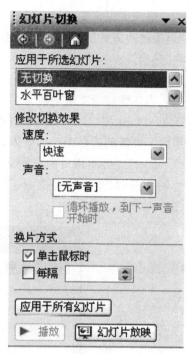

图 5-90 "幻灯片切换"任务窗格

图 5-91 "预演"工具栏

③ 此时可以开始试讲演示文稿。在"预演"工具栏中左边时间框中显示的是当前幻灯片的放映时间,右边显示的时间是当前整个演示文稿的放映时间。

④ 需要切换到下一页幻灯片时,可以单击"预演"对话框的"下一项"按钮 ➡ ,或单击鼠标左键,或按"P"键。

⑤ 在"预演"工具栏中单击"暂停"按钮 ▌▌ ,可暂停计时。

⑥ 在"预演"工具栏中单击"重复"按钮 ↺ ,可重新计时,或直接在"幻灯片放映时间"框中输入时间值。

⑦ 演示完毕后,出现如图 5-92 所示的提示框。

图 5-92 排练计时结果提示框

⑧ 单击"是"按钮则接受此排练时间;否则,单击"否"按钮不接受该时间,可以再次排练直到满意为止。

最后可以将满意的时间设置为自动放映的时间。方法是：选择"幻灯片放映"菜单中的"设置放映方式"命令，弹出如图 5-88 所示的对话框，然后选择"如果存在排练时间,则使用它"选项。

3. 自定义放映

当一个演示文稿中包含多张幻灯片，而针对某些观看对象又不能全部放映时，可使用 PowerPoint 提供的"自定义放映"功能，将需要放映的幻灯片重新组合起来并加以命名，来组成一个新的适合观看的整体的演示文稿，创建自定义放映，其具体操作步骤如下：

① 打开要自定义的演示文稿。

② 选择"幻灯片放映"下拉菜单中的"自定义放映"命令，弹出"自定义放映"对话框，如图 5-93 所示。

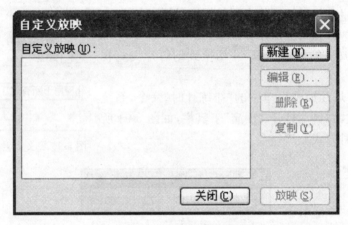

图 5-93 "自定义放映"对话框

③ 单击 新建(N)... 按钮，弹出"定义自定义放映"，如图 5-94 所示。

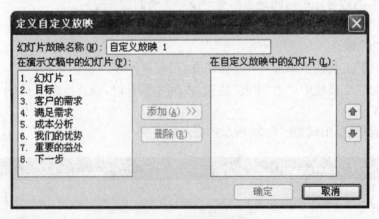

图 5-94 "定义自定义放映"

④ 从"演示文稿中的幻灯片"列表框中选择要放映的幻灯片，单击 添加(A)>> 按钮，即可将该幻灯片添加到"在自定义放映中的幻灯片"列表框中。

⑤ 如果要同时添加多张幻灯片，可按住"shift"键或"ctrl"键，依次选择多张幻灯片，然后单击 添加(A)>> 按钮。

⑥ 如果要删除"在自定义放映中的幻灯片"列表框中的幻灯片，可在其列表框中选中幻灯片，单击"删除"按钮。

⑦ 如果要调整"在自定义放映中的幻灯片"列表框的排列顺序，选中要调整的幻灯片，单击⬆或⬇按钮上下调整即可。

⑧ 在"幻灯片放映名称"文本框输入幻灯片放映名称。

⑨ 设置完成后单击 确定 按钮。

4. 隐藏幻灯片和取消隐藏

在 PoerPoint 中，除了用自定义放映功能重新组合要放映的幻灯片外，也允许将某些暂时不用的幻灯片隐藏起来，从而在幻灯片放映时不放映这些幻灯片。

（1）隐藏幻灯片的方法有三种

① 选定要隐藏的幻灯片，单击"幻灯片放映"菜单的"隐藏幻灯片"命令；

② 在"幻灯片浏览"视图中，选择要隐藏的幻灯片，再单击"幻灯片浏览"工具栏上的"隐藏幻灯片"按钮。

③ 在"幻灯片浏览"视图中，在要隐藏的幻灯片上右击鼠标，从弹出的快捷菜单中选择"隐藏幻灯片"命令。

被隐藏的幻灯片编号上将出现一个斜杠，标记该幻灯片被隐藏。

（2）取消隐藏

选定要取消隐藏的幻灯片，然后再次在"幻灯片放映"菜单中选择"隐藏幻灯片"命令。

5. 放映幻灯片

在 PowerPoint 2003 中启动放映幻灯片的操作方法有以下 3 种：

（1）在演示文稿窗口中，单击左下角的"幻灯片放映"按钮🖳。

（2）选择"幻灯片放映"下拉菜单中的"观看放映"命令，可按 F5 键。

（3）选择"视图"下拉菜单中的"幻灯片放映"命令

按"Esc"键或在幻灯片中单击鼠标右键，从弹出的快捷菜单中选择"结束放映"命令，可退出幻灯片放映状态。

5.5.2 控制放映的常用工具

1. 使用指针

在演讲的过程中，当需要通过添加一些内容或符号来提醒观众哪些内容应该加强注意时，就可以使用系统提供的标注工具来完成。

在幻灯片中使用指针，其具体操作方法如下：

（1）在放映幻灯片时，单击鼠标右键，从弹出的快捷菜单中"指针选项"命令，将打开子菜单，如图 5-95 所示。

（2）在"指针选项"子菜单中可选择"圆珠笔"、"毡笔尖"或"荧光笔"命令，来选择绘图笔。

（3）在"指针选项"子菜单中可选择"墨迹颜色"命令以，在打开的色板中选择绘图笔的

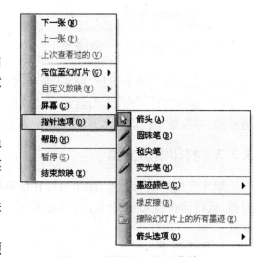

图 5-95 "指针选项"子菜单

颜色。

(4) 拖动鼠标在幻灯片中可绘制所需图案。

(5) 如果需要删除绘制的内容,在幻灯片放映过程中,单击鼠标右键,从弹出的快捷菜单选择"指针选项"中的"橡皮擦"命

图 5-96　提示框

令,此时鼠标指针变成橡皮擦的形状,拖动鼠标擦除绘制的内容即可。

(6) 在幻灯片放映完成后,系统会自动弹出一个提示框,如图 5-96 所示,提示是否将在幻灯片放映过程中绘制的内容保留。如果要保留单击"按钮",如果不保留单击"放弃"按钮。

2. 使用幻灯片放映工具

放映幻灯片时,可使用放映工具,其具体操作步骤如下:

(1) 在放映幻灯片时,单击鼠标右键,弹出如图 5-97 所示的快捷菜单。

(2) 在快捷菜单中选择"下一张"命令,可切换到下一张幻灯片;选择"上一张"命令,可切换到上一张幻灯片;选择"定位位幻灯片"命令,从弹出的子菜单中可以选择指定的幻灯片。

图 5-97　"放映幻灯片"快捷菜单

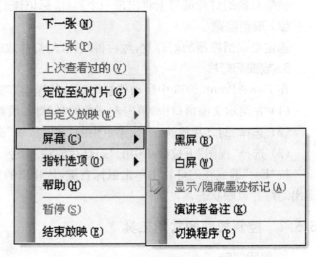

图 5-98　"屏幕"子菜单

(3) 在快捷菜单中选择"屏幕"命令,弹出的子菜单如图 5-98 所示。

(4) 选择"黑屏"命令,幻灯片在播放前,屏幕处于黑色显示;选择"白屏"命令,幻灯片在播放前,屏幕处于白屏显示;选择"演示者备注"命令,可添加演讲者备注。

5.5.3　打印演示文稿

制作完成的演示文稿,除了可以在计算机上播放外,还可将它们打印在纸上直接印刷成资料,或打印在投影胶片上,再通过投影放映机放映。打印前,应先进行页面设置、打印设置。

1. 页面设置

页面设置主要用来设置幻灯片的大小和打印方向。选择"文件"菜单的"页面设置"命

令，弹出"页面设置"对话框，如图 5-99 所示，其中：

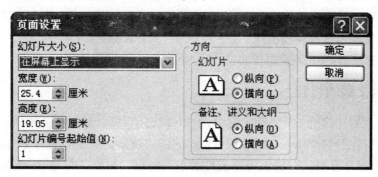

图 5-99 "页面设置"对话框

（1）幻灯片大小：可选择幻灯片的大小格式，PowerPoint 共提供了 7 种幻灯片版式。
（2）宽度、高度：设置幻灯片的尺寸。
（3）幻灯片编辑起始值：设置打印文稿的编号起始值。
（4）方向：设置"幻灯片"和"备注、讲义和大纲"的打印方向。

2. 打印选项设置

选择"文件"菜单的"打印"命令，弹出"打印"对话框，在对话框中，可以对打印机属性、打印范围、打印份数等进行设置或修改。

设置好各选项后，在对话框中单击"预览"按钮，可预览打印效果，如图 5-100 所示。

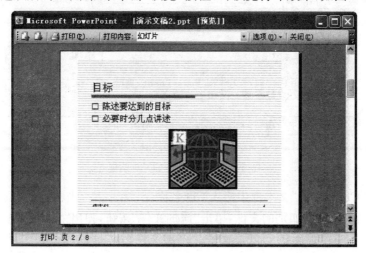

图 5-100 打印预览效果

该窗口上方的"打印预览"工具栏如图 5-101 所示。

图 5-101 "打印预览"工具栏

（1）在"打印预览"工具栏单击"上一页"按钮 或"下一页"按钮 ，可以逐页预览演示文稿中所有幻灯片的打印效果。

（2）单击"打印预览"工具栏中的 打印(P)... 按钮，可弹出"打印"对话框，单击"确定"按钮即可使演示文稿依次打印输出。

（3）预览完成后，单击 关闭(C) 按钮，关闭预览窗口。

5.5.3 演示文稿的打包

如果要在别的计算机上放映演示文稿，但不知该计算机中是否安装有 PowerPoint 程序时，可以使用"打包"向导将演示文稿进行打包，它能将演示文稿所需要的文件和字体打包到一起，然后在目标计算机或网络上将该文件解包并运行。另外，"打包"还能够打包 PowerPoint 播放器。

1. 打包演示文稿

如果要将演示文稿进行打包，可以按照以下操作步骤进行：

（1）打开要打包的演示文稿。

（2）单击"文件"菜单中的"打包成 CD"命令，弹出"打包成 CD"对话框，如图 5-102 所示。

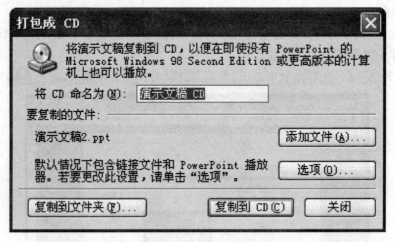

图 5-102 "打包成 CD"对话框

（3）在"将 CD 命令为"文本框中输入 CD 名称。

（4）如果用户还想添加别的文件，单击"添加文件"按钮，弹出"添加文件"对话框，在"查找范围"下拉列表中添加新的幻灯片文件。添加文件后，"打包成 CD"对话框的效果如图 5-103 所示。

（5）如果用户想更改要复制的文件的设置，单击"选项"按钮，弹出"选项"对话框，如图 5-104 所示。

（6）在该对话框中选中 嵌入的 TrueType 字体(E) 复选框，打包的演示文稿可以确保在其他计算机上能看到正确的字体。

（7）在"帮助保护 PowerPoint 文件"设置区域中可以对打包文件进行保护设置。

（8）设置完毕后，单击"确定"按钮，关闭"选项"对话框，返回到"打包成 CD"对话框中。

（9）在"打包成 CD"对话框中单击"复制到文件夹"按钮，弹出"复制到文件夹"对话框，如图 5-105 所示。

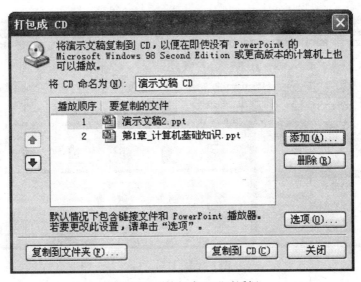

图 5-103 "打包成 CD"对话框

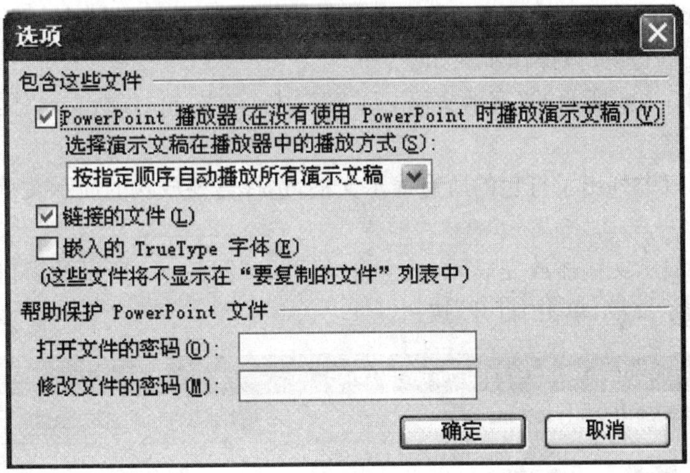

图 5-104 "选项"对话框

图 5-105 "复制到文件夹"对话框

(10) 在该对话框中输入文件夹名称,单击"浏览"按钮,在弹出的"选择位置"对话框中选择要打包的路径,单击"确定"确定,返回到"打包成 CD"对话框中,单击"关闭"按钮。

(11) 打开打包后的文件夹,所有打包后的文件如图 5-106 所示。

(12) 双击文件夹中的"play.bat"文件即可以播放演示文稿。

图 5-106 打包文件

2. 还原打包文件

通过双击"play.bat"文件只能运行当前演示文稿,而不能运行添加的演示文稿,如果要运行其他演示文稿,其具体操作步骤如下:

(1) 在如图 5-106 所示的"演示文稿 CD"窗口中,双击"pptview.exe"文件,弹出如图 5-107 所示的窗口。

(2) 在该窗口中列出了打包的所有演示文稿,选择需要放映的演示文稿,单击"打开"按钮即可。

(3) 选中的演示文稿播放完成后,又会自动返回到图 5-107 所示的窗口,可在其中选择其他要播放的演示文稿,单击"打开"按钮。

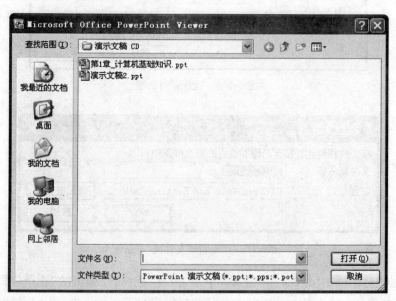

图 5-107 "Microsoft Office PowerPoint Viewer"对话框

习 题 5

一、选择题

1. 按( )快捷键可以退出 PowerPoint 2003。
   A. Alt+F4　　　B. Ctrl+F4　　　C. Ctrl+N　　　D. Ctrl+O
2. 由 PowerPoint 2003 创建的文档称为( )。
   A. 演示文稿　　　B. 幻灯片　　　C. 讲义　　　D. 多媒体课件
3. PowerPoint 2003 演示文稿文件以( )为扩展名进行保存。
   A. .ppt　　　B. .pot　　　C. .xls　　　D. .htm
4. 如果要在演示文稿进行放映过程中自动运行演示文稿,可以采用( )放映方式。
   A. 演讲者放映　　B. 观众自行浏览　　C. 在展台浏览　　D. 其他
5. ( )是事先定义好格式的一批演示文稿方案。
   A. 模板　　　B. 母版　　　C. 版式　　　D. 幻灯片
6. 对母版的修改将直接反映在( )幻灯片上。
   A. 每张　　　　　　　　　　B. 当前
   C. 当前幻灯片之后的所有　　D. 当前幻灯片之前的所有

二、思考题

1. 简单叙述演示文稿和幻灯片之间的关系。
2. 在 PowerPoint 2003 中建立演示文稿的方法有几种？
3. 在普通视图下,演示文稿的每一页由哪几个主要的区域构成？
4. 如何改变幻灯片的版式？
5. 常用的母版有哪几种类型？
6. 幻灯片放映通常有哪几种类型？各有什么特点？
7. 什么是切换效果？
8. 启动幻灯片放映有哪几种方法？
9. 幻灯片放映时如何定位至其他幻灯片？
10. 在手动换片方式下有必要设置放映时间吗？

第6章 Internet 的基础知识和简单应用

计算机网络由计算机和通信网络两部分组成,主要解决数据处理和数据通信的问题。计算机是通信网络的终端或信源,通信网络为计算机之间的数据传输和交换提供了必要的手段;计算机技术和通信技术的紧密结合,促进了计算机网络的发展,对人类社会的发展和进步产生了巨大的影响。

本章的主要内容安排如下:
1. 了解计算机网络的基本概念和基本技术;
2. 了解计算机局域网的相关概念和技术;
3. 了解 Internet 的相关概念和接入技术;
4. 了解浏览 Internet 的基本方法。

6.1 计算机网络概述

6.1.1 计算机网络的发展

计算机网络仅有几十年的发展历史,经历了从简单到复杂、从低级到高级、从地区到全球的发展过程。从应用领域上看,这个过程大致可划分为四个阶段。

第一阶段(20 世纪 60 年代):以单个计算机为中心的面向终端的计算机网络系统。这种网络系统是以批处理信息为主要目的,通过较为便宜的通信线路共享较昂贵的计算机。它的缺点是:如果计算机的负荷较重,会导致系统响应时间过长;单机系统的可靠性一般较低,一旦计算机发生故障,将导致整个网络系统的瘫痪。

第二阶段(20 世纪 70 年代):以分组交换网为中心的多主机互连的计算机通信网络。为了克服第一代计算机网络的缺点,提高网络的可靠性和可用性,人们借鉴了电信部门的电路交换的思想,提出了存储转发(store and forward)的交换技术。所谓"交换",从通信资源的分配角度来看,就是由交换设备动态地分配传输线路资源或信道带宽所采用的一种技术。英国 NPL 的戴维德(David)于 1966 年首次提出了"分组"(packet)这一概念。1969 年 12 月,美国的分组交换网网络中传送的信息被划分成分组(packet),该网称为分组交换网 AR-PANET(当时仅有 4 个交换点投入运行)。ARPANET 的成功标志着计算机网络的发展进入了一个新纪元。

第三阶段(20 世纪 80 年代):具有统一的网络体系结构,遵循国际标准化协议的计算机网络,是计算机局域网网络发展的盛行时期。

在第三代网络出现以前网络是无法实现不同厂家设备互连的。随着 ARPANET 的建立，各厂家为了霸占市场，采用自己独特的技术并开发了自己的网络体系结构，如 IBM 发布的 SNA(System Network Architecture，系统网络体系结构)和 DEC 公司发布的 DNA(Digital Network Architecture，数字网络体系结构)。这些网络体系结构的出现，使得一个公司生产的各种类型的计算机和网络设备可以非常方便地进行互连。但是，由于各个网络体系结构都不相同，协议也不一致，使得不同系列、不同公司的计算机网络难以实现互联。这为全球网络的互连、互通带来了困难，阻碍了大范围网络的发展。后来，为了实现网络大范围的发展和不同厂家设备的互连，1977 年国际标准化组织(International Organization for Standardization，ISO)提出一个标准框架——OSI(Open System Interconnection/ Reference Model，开放系统互连参考模型)共七层。1984 年正式发布了 OSI，使厂家设备、协议达到全网互连。

在计算机网络发展的进程中，另一个重要的里程碑就是出现了局域网。局域网可使得一个单位或部门的微型计算机互连在一起，互相交换信息和共享资源。由于局域网的距离范围有限、连网的拓扑结构规范、协议简单，使得局域网连网容易，传输速率高，使用方便，价格也便宜。所以很受广大用户的青睐。因此，局域网在 20 世纪 80 年代得到了很大的发展，尤其是 1980 年 2 月份美国电气和电子工程师学会组织颁布的 IEEE 802 系列的标准，对局域网的发展和普及起到了巨大的推动作用。

第四阶段(20 世纪 90 年代)：网络互连与高速网络。随着数字通信出现和光纤的接入，计算机网络飞速发展，其主要特征是：计算机网络化综合化、高速化、协同计算能力发展以及全球互联网络(Internet)的盛行。快速网络接入 Internet 的方式也不断地诞生，如 ISDN、ADSL、DDN、FDDI 和 ATM 网络等。随着 Internet 的商业化，计算机网络已经真正进入社会各行各业，走进平民百姓的生活。

6.1.2 计算机网络的定义

计算机网络指分布在不同地理位置上的具有独立功能的多个计算机系统，利用通信设备和通信线路相互连接起来，在网络软件的管理下实现数据传输和资源共享的系统。

上述计算机网络的定义包含以下三个要点：

① 一个计算机网络包含多台具有独立功能的计算机。所谓的"独立"是指这些计算机在脱离网络后也能独立工作和运行。通常被称为主机(Host)。

② 组成计算机网络的连接设备和传输介质，以及连接时必须遵循的约定和规则，即通信协议。

③ 建立计算机网络的主要目的是为了实现网络通信、资源共享或者是计算机之间的协同工作。一般将计算机资源共享作为网络的最基本特征。

6.1.3 计算机网络的功能

计算机网络的应用已经渗透到社会的各个领域，其基本功能是数据通信和资源共享。

1. 数据通信

是计算机网络的最基本的功能之一。利用计算机网络可实现各计算机之间快速可靠地互相传送数据，进行信息处理，如传真、电子邮件(E-mail)、电子数据交换(EDI)、电子公告牌(BBS)、远程登录(Telnet)与信息浏览等通信服务。数据通信能力是计算机网络最基本的功能。

2. 资源共享

包括软件资源、硬件资源和数据资源的共享,是计算机网络最突出的优点。通过资源共享,可以使网络中各地区的资源互通有无,分工协作,从而大大提高系统资源的利用率。

6.1.4 计算机网络的分类

计算机网络的分类,可按不同的标准进行划分。现较为普遍使用的方法是按网络覆盖的地理范围划分,主要有以下几类:局域网(Local Area Network,LAN)、城域网(Metropolitan Area Network,MAN)和广域网(Wide Area Network,WAN)。

1. 局域网

局域网是在微型计算机大量推出后被广泛使用的,其特点是覆盖范围小,最大距离不超过十公里,各个网络节点之间的距离较短,具有传输速率高(10~1000Mbps)、误码率低、延迟小、易维护管理等特点,其设备也比较便宜,往往由一个单位或部门筹建并使用。

2. 广域网

广域网的作用范围一般为几十公里到几千公里,可以跨省、跨国或跨洲。可以实现计算机更广阔范围上的互联,实现世界级范围内的信息数据共享。我们所熟悉的 Internet 就是广域网的典型应用。广域网传输速率较低,一般在 96Kbps~45Mbps 左右。

3. 城域网

城域网的作用范围介于 LAN 和 WAN 之间,一般为几公里到几十公里,传输速率一般在 50Mbps 左右,可以认为是一种大型的局域网(LAN),通常使用与局域网相似的技术,它可以覆盖一个城市的范围,并且城域网有可能连接当地的有线电视网络,提供更丰富的数据信息资源。

6.1.5 计算机网络结构

1. 计算机网络的组成

从数据通信和数据处理的功能来看,网络可分为两层:内层的通信子网和外层的资源子网,如图 6-1 所示。

通信子网包括通信线路、网络连接设备、网络协议和通信控制软件等,是用作信息交换的节点计算机和通信线路组成的独立的通信系统。它承担全网的数据传输、转接、加工和交换等通信处理工作。

网络中实现资源共享功能的设备及其软件的集合称为资源子网,资源子网包括连网的计算机、终端、外部设备、网络协议和网络软件等。资源子网主要负责全网的信息处理,为网络用户提供网络服务和资源共享功能等。

随着局域网技术的发展,网络结构也在随之变化,通过路由器可以实现网络互联,以构成一个大型的互联网络。

2. 网络的拓扑结构

将网络中的所有设备定义为结点,两个结点间的连线定义为链路,计算机网络就变成由一组结点和链路组成的系统。网络结点和链路的几何图形,就是网络拓扑结构。

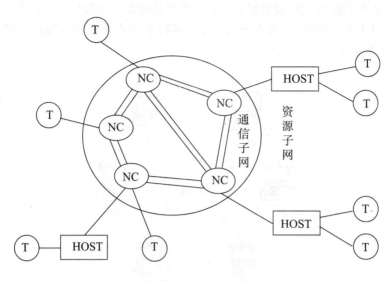

NC：通信处理机　　　　　双线：调整线路
　　　　　　　　　　　　单线：低速线路

图 6-1　计算机网络的通信子网和资源子网

网络拓扑结构反映了网络中各种网络设备的物理布局,局域网的三种基本网络拓扑结构有星形、环型和总线型,广域网的拓扑结构则是网状拓扑。另外,星形结构还可以扩展成树型结构。

（1）总线拓扑（CommonBus Topology）

在总线拓扑中,所有的设备都连接到一个线型的传输介质上,这个线型的传输介质通常称为总线。在总线的两头还必须有一个称为终结器的电阻器。终结器的作用是在信号到达目的地后终止信号,如图 6-2 所示。

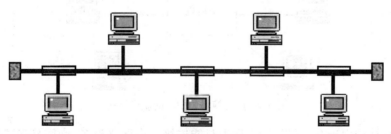

图 6-2　总线结构示意图

总线拓扑比较简单,所用的传输介质也很少。因此,总线拓扑与其他网络拓扑比费用是比较低的。但这种网络不能较好地扩展。另一个缺点是它们的容错能力较差,这是因为在总线上的某个中断或缺陷将影响整个网络。

（2）环型拓扑（Ring Topology）

在环型拓扑结构中,每个设备与两个最近的设备相连接使整个网络形成一个环状。环形网络总是单向传输的,每一台设备只能和它的下一个相邻节点直接通信。当一个节点要往另一个节点发送数据时,它们之间的所有节点都得参与传输。这样,比起总线拓扑来,更多的时间被花在替别的节点转发数据上。一个简单环型拓扑结构的缺点是单个发生故障的工作站可能使整个网络瘫痪,因为它会导致环中的所有节点无法正常通信。可以通过双环实现双向传输,提高网络的可靠性。

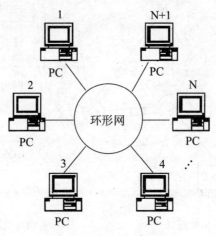

图 6-3 环形结构示意图

(3) 星形拓扑(Star Topology)

在星形拓扑中,网络上的设备都通过传输介质连接到处于中心的中央设备,如用交换机连接在一起。使用星形拓扑,连接到网络上的设备之间的通信都要经过集线器来实现,如图 6-4 所示。

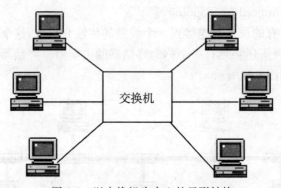

图 6-4 以交换机为中心的星形结构

星形拓扑结构由于在一段传输介质上只能连接一个网络设备,则同环形或总线网络相比将需要更多的传输介质,这样必然导致成本上升。但同时单个电缆或工作站发生故障不会使星形网络瘫痪。不过一个集线器的损坏将导致一个局域网段的瘫痪。由于中央连接点的使用,星形拓扑结构可以很容易地移动、隔绝或与其他网络连接,因此,它们更易于扩展。

(4) 树型结构

树型结构实际上是星形结构的一种变形,它将原来用单独链路直接连接的节点通过多级处理主机进行分级连接,如图 6-5 所示。

这种结构与星形结构相比降低了通信线路的成本,但增加了网络复杂性。网络中除最低层节点及其连线外,任一节点或连线的故障均影响其所在支路网络的正常工作。

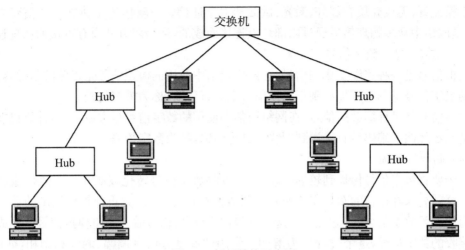

图 6-5 树型结构示意图

(5) 网状结构

网状结构分为完全连接网状和不完全连接网状两种形式。完全连接网状中,每一个节点和网络中其他节点均有链路连接。不完全连接网中,两节点之间不一定有直接链路连接,它们之间的通信,依靠其他节点转接(如图 6-6 所示)。这种网络的优点是节点间路径多,碰撞和阻塞可大大减少,局部的故障不会影响整个网络的正常工作,可靠性高,网络扩充和主机入网比较灵活、简单。但这种网络关系复杂,建网不易,网络控制机制复杂。广域网中一般用不完全连接网状结构。

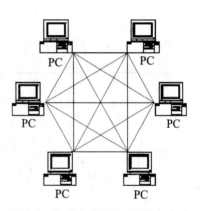

图 6-6 完全连接的网状结构示意图

6.1.6 数据通信常识

数据通信是依照通信协议,利用数据传输技术在两个功能单元之间传递数据信息。而数据传输是传播处理信号的数据通信,将源站点的数据编码成信号,沿传输介质传播至目的站点。数据传输的品质取决于被传输信号的品质和传输介质的特性。下面介绍几个常用术语:

(1) 信号

信号是数据传输的载体,信号中携带有要传输的信息,通过传输介质进行传输,它是由网络部件如网络接口卡产生的。信号分以下几类:

① 电信号:通过铜线媒介传输。

② 光信号:通过光缆、空气、真空等途径传播。

③ 电磁信号:在空间进行传播,主要在无线通信中使用。

(2) 信道

信道是信号传输的通路,在计算机网络中有物理信道和逻辑信道之分。物理信道是指用来传输信号的物理通路,由传输介质和相关通信设备组成。传输介质有有线介质和无线介质二种,有线介质包括双绞线、同轴电缆和光缆,同轴电缆有细缆和粗缆,光纤又有单模光纤和多模光纤;无线介质有红外、激光、微波和卫星通信。逻辑信道是建立在通信双方上的通路,是网络中众多物理信道通过内部结点连接而成的,通信双方并没有直接的物理连接。

(3) 模拟信号与数字信号

模拟信号是一种连续变化的信号,在网络通信中使用的模拟信号是正弦波信号,计算机产生的数字信号经调制后加载到正弦波信号上进行传输,称为模拟传输。

数字信号是一种离散的信号,在网络通信中使用的数字信号是方波信号,计算机能识别的二进制数经网卡编码后直接送到网线上进行传输,称为数字传输。

(4) 调制与解调

对于要将数字信号传播到较远距离时,可以将数字信号转化成能在长距离传输的模拟信号。这就要求在通信的双方安装调制解调器(Modem),发送方将计算机发出的数字信号转化为加载了数字信息的模拟信号,这个过程称为调制;而接收方则将模拟信号还原成计算机能接收的数字信号,这个过程称为解调。常用的调制方法有调幅、调频和调相,如图6-7所示。

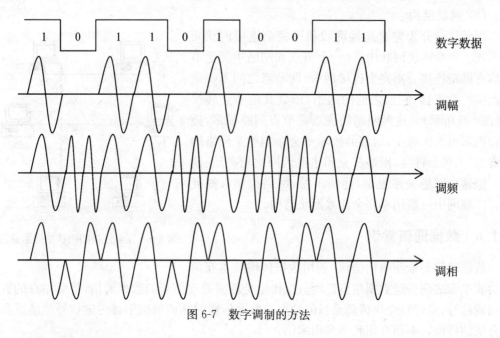

图 6-7 数字调制的方法

(5) 数据传输速率

数据传输速率是指单位时间内传送的二进制数据的位数,通常用 bps(bit per second,位每秒)或 Bps(Byte per second,字节每秒)作计量单位。

(6) 带宽

在模拟信道中,带宽表示电路可以保持稳定工作的频率范围,以信号的最高频率与最低频率之差来表示,频率(Frequency)是模拟信号波每秒变化的周期数,以 Hz 为单位。在数字通信中,通信信道的最大传输速率与信道带宽之间存在着明确的关系,所以网络技术中,带宽所指的其实就是数据传输速率,是通信系统的主要技术指标之一。

(7) 误码率

误码率是指在信息传输过程中数据出错的概率,是通信系统的可靠性指标,误码率是用来衡量误码出现的频率。计算机网络通信中,要求误码率低于 10^{-6}。IEEE 802.3 标准为 1000 Base-T 网络制定的可接受的最高限度误码率为 10^{-10}。这个误码率标准是针对脉冲振幅调制(PAM-5)编码而设定的,也就是千兆以太网的编码方式。

6.1.7 组网和连网的硬件设备

计算机网络由网络软件和硬件两部分组成,网络软件主要指网络操作系统,目前使用的网络操作系统有 Windows NT/2000/2003 Server、Netware、Unix 和 Linux 等。而硬件设备主要有以下几种。

1. 组网设备

(1) 计算机

网络中有两种不同的管理模式:客户机/服务器模式和对等网模式。这两种模式中使用的计算机是不同的。

① 客户机/服务器模式(Client/Server)

客户机/服务器模式是以网络服务器为中心的集中管理模式,网络包含了一台或多台安装了服务器软件的计算机,以及连接到服务器上的安装了客户端软件的一台或多台计算机。服务器要求有较高的性能和较大的存储容量,承担着提供整个网络数据存储和转发的功能,并集中为客户机提供服务。根据提供服务的不同,服务器可分为文件服务器、数据库服务器、Web 服务器和电子邮件服务器等。客户机则是普通的计算机,提供用户上网的平台,受到服务器的统一管理。网络数据库、网络在线游戏等都是客户机/服务器模式网络的典型应用。

② 对等网模式(Peer-to-Peer,P2P)

对等网模式的网络,在网络中的所有互联设备地位相同,网络中的计算机都称为工作站,既是服务器又当客户机,可以独自存储数据,直接传输数据而不需要中心服务器的参与。P2P 技术是网络文件共享服务的基础,例如互联网上著名的 P2P 软件——BT 下载以及微软的 Windows 对等网络等都是以此模式为理论依据的。

图 6-8 是客户机/服务器模式和对等网模式的比较图。

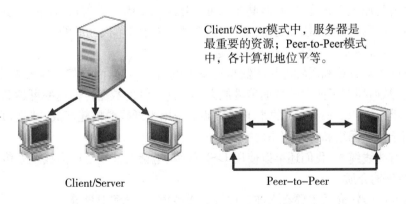

图 6-8 Client/Server 与 Peer-to-Peer 的对比

(2) 传输介质

网络中常见的传输介质有双绞线、同轴电缆、光纤和无线传输介质。

① 双绞线

双绞线是一种应用广泛、价格低廉的网络线缆。它的内部包含 4 对铜线,每对铜线相互绝缘并被绞合在一起,所以其得名双绞线。双绞线可以分为屏蔽双绞线和非屏蔽双绞线两大类,我们通常用的都是非屏蔽双绞线(如图 6-9)。双绞线现在正被广泛的应用于局域网中。

② 同轴电缆

在早期的局域网中经常采用同轴电缆作为传输介质。常用的同轴电缆有粗缆和细缆之分,粗缆的特点是连接距离长、可靠性高,最大传输距离可达 2500m;缺点为安装难度大,总体造价高。细缆的特点是传输距离略短,为 925m,但是安装比较简单,造价较低。同轴电缆适用于总线网络拓扑结构。在现代网络中,同轴电缆构成的网络已逐步被由非屏蔽双绞线或光纤构成的网络所淘汰。图 6-10 为同轴电缆的结构。

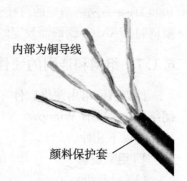

图 6-9 非屏蔽双绞线的结构

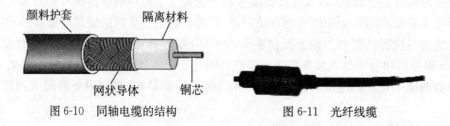

图 6-10 同轴电缆的结构　　图 6-11 光纤线缆

③ 光纤

光纤是一束极细的玻璃纤维的组合体。每一根玻璃纤维都称为一条光纤,它要比人们的头发丝还要细很多。由于玻璃纤维极其脆弱,因此,每一根光纤都有外罩保护,最后用一个极有韧性的外壳将若干光纤封装,就成了我们看到的光纤线缆,如图 6-11 所示。

光纤分单模光纤和多模光纤两种,所谓模是指光的路径,多模光纤允许多种不同入射角的光以全反射的原理在光纤中传播,其光源可以是发光二极管或激光;而单模光纤中的光是沿光纤直线传播的,其光源往往是激光。与多模光纤相比,单模光纤纤芯的直径要细得多,信号衰减更小,传输速率更快、传输距离更远。

光纤不同于双绞线和同轴电缆将数据转换为电信号传输,而是将数据转换为光信号在其内部传输,从而拥有了强大的数据传输能力。目前光纤的数据传输速率可达 2.4Gbps,传输距离可达上百千米。Internet 的主干网络就是采用光纤线缆搭建而成,并且,光纤也越来越多地应用于商业网络和校园网络之中。

除以上有线线缆外,我们还可以使用 USB 线缆、电话线甚至是电力线缆来传输数据。

④ 无线传输介质

常用的无线传输介质主要有微波、红外线、无线电、激光和卫星等。

无线网络的特点是传输数据受地理位置的限制较小、使用方便,其不足之处是容易受到障碍物和天气的影响。

(3) 网络接口卡

网络接口卡 NIC(Network Interface Card),通常被做成插件的形式插入计算机的一个扩展槽中,故也被称作网卡。在局域网中,计算机都是通过网络接口卡连接网络。

2. 网络互连设备

网络互连设备可实现多个网络的互连,主要有以下几种:

(1) 集线器

集线器(Hub)又称集中器,是多口中继器。把它作为一个中心节点,可用它连接多条传输媒体。其优点是当某条传输媒体发生故障时,不会影响到其他的节点。

(2) 交换机

交换机是一种类似于集线器的网络互连设备,它将传统的网络"共享"传输介质技术改变为交换式的"独占"传输介质技术,提高了网络的带宽。

集线器和交换机的重要区别就在于:集线器是共享线路带宽;交换机独占线路带宽。

(3) 路由器

路由器用来将不同类型的网络互联,能够实现数据的路由选择,支持局域网和广域网的互连,是互联网上的主要网络互连设备。

(4) 网关

具有交换机和路由器支持的所有功能,能实现两个以上的不同类型网络的互连。

6.2 Internet 基础

6.2.1 因特网概述

Internet(因特网)本意就是互联网,它的前身是 ARPANET,采用 TCP/IP 协议将世界范围内的计算机网络连接在一起,成为目前世界上最大的国际性计算机互联网,也是信息资源最多的全球开放性的信息资源网。

1. Internet 发展简史

1969 年,美国国防部国防高级研究计划署(DoD/DARPA)资助建立了一个名为 AR-PANET 的网络,这个网络把位于洛杉矶的加利福尼亚大学分校、位于圣芭芭拉的加利福尼亚大学分校、斯坦福大学,以及位于盐湖城的犹他州州立大学的计算机主机连接起来,位于各个结点的大型计算机采用分组交换技术,通过专门的通信交换机(IMP)和专门的通信线路相互连接。这个 ARPANET 就是 Internet 最早的雏形。

1972 年,全世界电脑业和通讯业的专家学者在美国华盛顿举行了第一届国际计算机通信会议,就在不同的计算机网络之间进行通信达成协议,会议决定成立 Internet 工作组,负责建立一种能保证计算机之间进行通信的标准规范(即"通信协议");1973 年,美国国防部也开始研究如何实现各种不同网络之间的互联问题。

至 1974 年,IP(Internet 协议)和 TCP(传输控制协议)相继问世,合称 TCP/IP 协议。这两个协议定义了一种在电脑网络间传送报文(文件或命令)的方法。随后,美国国防部决定向全世界无条件地免费提供 TCP/IP,即向全世界公布解决电脑网络之间通信的核心技术,TCP/IP 协议核心技术的公开最终导致了 Internet 的大发展。

1984 年 ARPANET 分解为 ARPANET 民用科研网和 MILNET 军用计算机网。

1986 年 NSF(美国国家科学基金会)围绕其六个大型计算机中心建设计算机网络,1986 年 NSF 建立了 NSFNET,分为主干网、地区网和校园网三级网络,NSFNET 后来接管了 ARPANET,并将网络更名为 Internet。最初主干网的速率仅为 56Kb/s,1989—1990 年提高到 1.544Mb/s,1990 年 ARPANET 正式关闭。

1991 年 NSF 和美国政府将 Internet 的主干网转交私人公司经营。

1993 年主干网速率提高到 45Mb/s。

1996 年主干网速率 155 Mb/s。

1999 年主干网速率达 622 Mb/s。

现在主干网速率达 1Gb/s。

CERN(欧洲原子核研究组织)开发的 WWW(万维网)被广泛应用于 Internet,大大方便了非网络专业人员对网络的使用,成为使 Internet 指数级增长的主要动力。1998 年统计有 60 多万个网络连在 Internet 上,上网计算机超过 2000 万台。

2. 下一代 Internet 计划

1996 年 10 月美国总统克林顿宣布在 5 年内用 5 亿美元的联邦资金实施"下一代 Internet 计划",即"NGI 计划"。

NGI 要实现的目标是:

开发下一代网络结构,以比现在的 Internet 高 100 倍的速度连接至少 100 个研究机构,以比现在的 Internet 高 1000 倍的速率连接 10 个类似的网点。其端到端的传输速率要超过 100Mb/s 到 10Gb/s。

另一个目标是:

使用更加先进的网络服务技术和开发出许多革命性的应用,如远程医疗、远程教育、有关能源和地球系统的研究、高性能的全球通信、环境监测和预报、紧急情况处理等。

3. Internet 在我国的发展

1980 年铁道部开始计算机连网实验,当时覆盖北京、济南和上海等铁路局及 11 个分局。

1989 年 11 月我国第一个公用分组交换网 CNPAC 建成运行。有 3 个分组结点交换机,8 个集中器和一个双机组成的网络管理中心组成。

1993 年 9 月建成新的公用分组交换网,改称 CHINAPAC,由国家主干网和各省内网组成。

1994 年 4 月,我国正式接入因特网,到 1996 年初,建成基于 Internet 技术并可以和 Internet 互连的四个全国性公用计算机网,分别为:

① CHINANET(中国公用计算机互联网)

这是中国的 Internet 骨干网,网管中心设在邮电部数据通信局,用户可用公用数字数据网(ChinaDDN),公用分组交换网(ChinaPAC),公用电话交换网(PSTN)接入该网,中国电信为业主,在北京、上海和广州设有高速国际出口线路与 Internet 相连,每月用户的增长率为 20%。

② CHINAGBN(中国金桥信息网)吉通通信公司为业主,其中心节点设在北京,在 24 个发达城市建有分中心。实行天地一网,即天上卫星网和地面光纤网互联互通,互为备用,

可以覆盖全国省市和自治区。

③ CERNET（中国教育和科研计算机网）由国家教委管理，主干网租用邮电部的 DDN 线路，中心在清华大学。

④ CSTNET（中国科学技术网）由中国科学院负责建设和管理，中国互联网络信息中心（CNNIC）就是在 CSTNET 和中国科学院网络信息中心的基础上成立。

前两个网络属于商业性网络，向全社会开放，后两个网络为非赢利性网络，主要面向科研和教育机构。

UNInet（中国联通公用互联网）：

1998 年由信息产业部批准，是 Chinanet 和 ChinaGBN 之后的第三家面向公众的计算机互联网络，1999 年建成并覆盖 100 多个城市，2000 年覆盖全国绝大部分本地网，国际出口总带宽 100M。

CNCnet（中国网通公用互联网）：

2000 年 10 月正式开通，致力于全国宽带骨干网络建设，是我国第一个 IP/DWDM 全光纤 IP 骨干网，网络总带宽 40G，国际出口总带宽 355M。

CIETnet（中国国际经贸网）：国际出口总带宽 4M。

Cmnet（中国移动互联网）：国际出口总带宽 90M。

4. 因特网提供的服务

（1）网页浏览

WWW（World Wide Web）是因特网的多媒体查询工具，包含有无数以超文本形式存在的信息，使用超文本链接可以使用户自由的在多个超文本网页中跳转。WWW 是当前 Internet 上最受欢迎、最为流行、最新的信息检索服务系统。

（2）文件传输（FTP）

FTP（File Transfer Protocol）是文件传输的最主要工具。它可以传输任何格式的数据。用 FTP 可以访问 Internet 的各种 FTP 服务器。访问 FTP 服务器有两种方式：一种访问是注册用户登录到服务器系统，另一种访问是用"隐名"（anonymous）进入服务器。

（3）电子邮件

电子邮件（E-mail）服务是 Internet 所有信息服务中用户最多和接触面最广泛的一类服务。电子邮件不仅可以到达那些直接与 Internet 连接的用户以及通过电话拨号可以进入 Internet 结点的用户，还可以用来同一些商业网（如 CompuServe，America Online）以及世界范围的其他计算机网络（如 BITNET）上的用户通信联系，具有省时、省钱、方便和不受地理位置限制等优点，是因特网上使用最广的一种服务。

（4）远程登录

Telnet 是将自己的计算机作为远程计算机的终端，通过远程计算机的登录帐号和口令访问该计算机。Telnet 使用户能够从与 Internet 连接的一台主机进入 Internet 上的任何计算机系统，只要你是该系统的注册用户。

6.2.2 Internet 的网络标识

1. TCP/IP 协议

TCP/IP（Transmission Control Protocol/Internet Protocol，传输控制协议/互联网络协

议)协议是 Internet 的标准连接协议。它为全球范围内各种不同网络的互连和网络之间的数据传输提供了统一的规则,对 Internet 的发展产生极其深远的意义。

TCP/IP 协议不是一个单一的协议,而是一个分层的协议簇,包含了上千个协议,TCP 和 IP 是其中的两个最重要的核心协议。TCP/IP 协议将网络分成了四个层次,分别为网络接口层、互联网层、传输层和应用层。

(1) 网络接口层(Network Interface Layer),是网络的最低层,主要完成网络的硬件连接和收发数据帧。

(2) 互联网层(Internet Layer),根据 IP 地址完成数据转发和路由,提供一个不可靠的、无连接的端到端的数据通路。其核心协议为 IP 协议。

(3) 传输层(Transport Layer),传输层实现端到端的无差错传输。其中的 TCP 协议为应用层提供了可靠的应用连接。

(4) 应用层(Application Layer),是 TCP/IP 协议的最高层,直接为用户提供各种网络服务,是用户进入网络的通道。

2. IP 地址和域名

(1) IP 地址

Internet 协议地址简称 IP 地址。在网络通信的过程中,互联网使用 IP 地址来标识不同的设备和主机,IP 地址是网络传输数据的依据,全球 IP 地址的规划和管理由 Internet NIC(Internet 网络信息中心)统一负责。

① IP 地址的分类

目前采用的 IP 协议是 IPv4,即版本 4,使用的 IP 地址长 32bit(4Byte),分为网络号和主机号两个部分,为方便人们使用,IP 地址经常被写成四位十进制数来表示,每个 Byte 转化为一个十进制数,中间用符号"."隔开,每个十进制数的范围是 0~255,如 58.193.81.1 和 221.228.255.1 都是合法的 IP 地址。

为了更合理的分配 IP 地址,根据第一个十进制数的值,IP 地址被分为 A、B、C、D、E 五类:0 到 126 为 A 类,前 8 个 bit 为网络号;128 到 191 为 B 类,前 16 个 bit 为网络号;192 到 223 为 C 类,前 24 个 bit 为网络号;224 到 239 为 D 类,为组播地址;240 到 255 为 E 类,为保留地址,暂时不用。

② 公有地址和私有地址

公有地址是 Internet 上的合法地址,在 Internet 中的每一台计算机均需要一个这样的 IP 地址,由 NIC 统一管理。

私有地址是在局域网内部使用的地址,无须申请。主要有以下范围:

A 类地址:10.0.0.1~10.255.255.254

B 类地址:172.16.0.1~172.31.255.254

C 类地址:192.168.0.1~192.168.255.254

(2) 域名

IP 地址虽然可以唯一标识网上主机的地址,但用户记忆数以万计的用数字表示的主机地址十分困难。为此,Internet 提供了一种域名系统 DNS(Domain Name System),为主机分配容易记忆的域名,域名采用层次树状结构的命名方法,由多个有一定含义的字符串组成,各部分之间用圆点"."隔开。它的层次从左到右,逐级升高,其一般格式是:

计算机名.组织机构名.二级域名.顶级域名

域名在整个 Internet 中是唯一的,当高级域名相同时,低级域名不允许重复。一台计算机只能有一个 IP 地址,但是却可以有多个域名,所以安装在同一台计算机上的服务可以有不同的域名,但共用 IP。注意:在域名中英文大小写是没有区分的。

① 顶级域名

域名地址的最后一部分是顶级域名,也称为第一级域名,顶级域名在 Internet 中是标准化的,并分为三种类型:

国家顶级域名:例如 cn 代表中国、fr 代表法国、hk 代表香港、jp 代表日本、uk 代表英国、us 代表美国。

国际顶级域名:国际性的组织可在 int 下注册。

通用顶级域名:最早的通用顶级域名共 6 个。

com 表示公司、企业　　　　　　net 表示网络服务机构
org 表示非盈利性组织　　　　　edu 表示教育机构
gov 表示政府部门(美国专用)　　mil 表示军事部门(美国专用)

随着 Internet 的迅速发展,用户的急剧增加,现在又新增加了 7 个通用顶级域名:

firm 表示公司、企业　　　　　　info 表示提供信息服务的单位
web 表示突出万维网活动的单位　arts 表示突出文化、娱乐活动的单位
rec 表示突出消遣、娱乐活动的单位　nom 表示个人
store(shop)表示销售公司和企业

② 二级域名

在国家顶级域名注册的二级域名均由该国自行确定。我国将二级域名划分为"类别域名"和"行政区域名"。其中"类别域名"有 6 个,分别为:

ac 表示科研机构;　　　　　　　com 表示工、商、金融等企业;
edu 表示教育机构;　　　　　　gov 表示政府部门;
net 表示互联网络、接入网络的信息中心和运行中心;
org 表示各种非盈利性的组织。

"行政区域名"34 个,适用于我国的各省、自治区、直辖市和特别行政区。例如,bj 为北京市;sh 为上海市;tj 为天津市;cq 为重庆市;hk 为香港特别行政区;mo 为澳门特别行政区;he 为河北省;js 为江苏省等。

若在二级域名 edu 下申请注册三级域名,则由中国教育和科研网络中心 Cernet NIC 负责;若在二级域名 edu 之外的其他二级域名之下申请注册三级域名,则应向中国互联网网络信息中心 CNNIC 申请。

③ 组织机构名

域名的第三部分一般表示主机所属域或单位。例如,域名 cernet.edu.cn 中的 cernet 表示中国教育科研网、域名 tsinghua.edu.cn 中的 tsinghua 表示清华大学、pku.edu.cn 中的 pku 表示北京大学等等。域名中的其他部分,网络管理员可以根据需要进行定义。

图 6-12 为 Internet 名字空间的结构示意图,它实际上是一棵倒置的树。树根在最上面,没有名字,树根下面一级的节点就是最高一级的顶级域节点,在顶级域节点下面的是二级域节点,最下面的叶节点就是单台计算机。

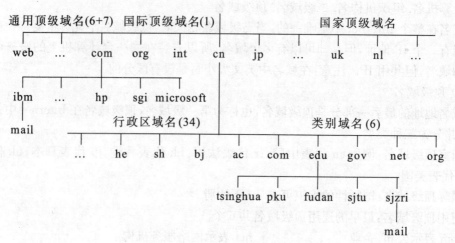

图 6-12 Internet 的名字空间示意图

域名和 IP 地址存在对应关系,当用户要与 Internet 中某台计算机通信时,既可以使用 IP 地址,也可以使用域名。域名易于记忆,用得更普遍。由于网络通信只能标识 IP 地址,所以当使用主机域名时,域名服务器通过 DNS 域名服务协议,会自动将登记注册的域名转换为对应的 IP 地址,从而找到这台计算机。把域名翻译成 IP 地址的软件称为域名系统,翻译的过程称为域名解析。

6.2.3 Internet 的接入方式

1. PSTN(Published Switched Telephone Network,公共电话网)

这是最容易实施的方法,费用低廉。是一种通过调制解调器拨号实现用户接入的方式,只要一条可以连接 ISP 的电话线和一个帐号就可以。但缺点是传输速度低,目前最高的速率为 56kbps,线路可靠性差。适合对可靠性要求不高的办公室以及小型企业。随着宽带的发展和普及,这种接入方式将被淘汰。

2. ISDN(Integrated Service Digital Network,综合业务数字网)

俗称"一线通",它采用数字传输和数字交换技术,将电话、传真、数据、图像等多种业务综合在一个统一的数字网络中进行传输和处理。用户利用一条 ISDN 用户线路,可以在上网的同时拨打电话、收发传真,就像两条电话线一样。ISDN 基本速率接口有两条 64kbps 的信息通路和一条 16kbps 的信令通路,简称 2B+D,当有电话拨入时,它会自动释放一个 B 信道来进行电话接听。

就像普通拨号上网要使用 Modem 一样,用户使用 ISDN 也需要专用的终端设备,主要由网络终端 NT1 和 ISDN 适配器组成。网络终端 NT1 就像有线电视上的用户接入盒一样必不可少,它为 ISDN 适配器提供接口和接入方式。ISDN 适配器和 Modem 一样又分为内置和外置两类,内置的一般称为 ISDN 内置卡或 ISDN 适配卡;外置的 ISDN 适配器则称之为 TA。

目前在国内迅速普及,价格大幅度下降,有的地方甚至是免初装费用。快速的连接以及比较可靠的线路,可以满足中小型企业浏览以及收发电子邮件的需求。而且还可以通过 IS-DN 和 Internet 组建企业 VPN。这种方法的性能价格比很高,在国内大多数的城市都有 IS-

DN 接入服务。

3. ADSL(Asymmetrical Digital Subscriber Line,非对称数字用户环路)

ADSL 是一种能够通过普通电话线提供宽带数据业务的技术,也是目前极具发展前景的一种接入技术。ADSL 素有"网络快车"之美誉,因其下行速率高、频带宽、性能优、安装方便、不需交纳电话费等特点而深受广大用户喜爱,成为继 PSTN、ISDN 之后的又一种全新的高效接入方式。

ADSL 方案的最大特点是不需要改造信号传输线路,完全可以利用普通铜质电话线作为传输介质,配上专用的 Modem 即可实现数据高速传输。ADSL 支持上行速率 640kbps～1Mbps,下行速率 1Mbps～8Mbps,其有效的传输距离在 3～5 公里范围以内。在 ADSL 接入方案中,每个用户都有单独的一条线路与 ADSL 局端相连,它的结构可以看作是星形结构,数据传输带宽是由每一个用户独享的,可进行视频会议和影视节目传输,非常适合中、小企业。

4. DDN(Digital Data Network)专线

这是随着数据通信业务发展而迅速发展起来的一种新型网络。DDN 的主干网传输媒介有光纤、数字微波、卫星信道等,用户端多使用普通电缆和双绞线。DDN 将数字通信技术、计算机技术、光纤通信技术以及数字交叉连接技术有机地结合在一起,提供了高速度、高质量的通信环境,可以向用户提供点对点、点对多点透明传输的数据专线出租电路,为用户传输数据、图像、声音等信息。DDN 的通信速率可根据用户需要在 $N\times 64kbps(N=1\sim 32)$ 之间进行选择,当然速度越快租用费用也越高。这种方式适合对带宽要求比较高的应用,如企业网站。由于整个链路被企业独占,所以费用很高,因此中小企业较少选择。这种线路优点很多:有固定的 IP 地址,可靠的线路运行,永久的连接等等。但是性能价格比太低,除非用户资金充足,否则不推荐使用这种方法。

5. 卫星接入

目前,国内一些 Internet 服务提供商开展了卫星接入 Internet 的业务。适合偏远地方又需要较高带宽的用户。卫星用户一般需要安装一个甚小口径终端(VSAT),包括天线和其他接收设备,下行数据的传输速率一般为 1Mbit/s 左右,上行通过 PSTN 或者 ISDN 接入 ISP。终端设备和通信费用都比较低。

6. 光纤接入

在一些城市开始兴建高速城域网,主干网速率可达几十 Gbit/s,并且推广宽带接入。光纤可以铺设到用户的路边或者大楼,可以以 100Mbit/s 以上的速率接入。适合大型企业。

7. 无线接入

由于铺设光纤的费用很高,对于需要宽带接入的用户,一些城市提供无线接入。用户通过高频天线和 ISP 连接,距离在 10km 左右,带宽为 2～11MBit/s,费用低廉,但是受地形和距离的限制,适合城市里距离 ISP 不远的用户。性能价格比很高。

8. Cable Modem(线缆调制解调器)接入

Cable-Modem 是近两年开始试用的一种超高速 Modem,很多的城市提供 Cable Modem 接入 internet 方式,它利用现成的有线电视(CATV)网进行数据传输,已是比较成熟的一种技术。随着有线电视网的发展壮大和人们生活质量的不断提高,通过 Cable Modem 利用有线电视网访问 Internet 已成为越来越受业界关注的一种高速接入方式。

由于有线电视网采用的是模拟传输协议,因此网络需要用一个 Modem 来协助完成数字数据的转化。Cable-Modem 与以往的 Modem 在原理上都是将数据进行调制后在 Cable(电缆)的一个频率范围内传输,接收时进行解调,传输机理与普通 Modem 相同,不同之处在于它是通过有线电视 CATV 的某个传输频带进行调制解调的。

Cable Modem 连接方式可分为两种:即对称速率型和非对称速率型。前者的 Data Upload(数据上传)速率和 Data Download(数据下载)速率相同,都在 500kbps~2Mbps 之间;后者的数据上传速率在 500kbps~10Mbps 之间,数据下载速率为 2Mbps~40Mbps。

采用 Cable-Modem 上网的缺点是由于 Cable Modem 模式采用的是相对落后的总线型网络结构,这就意味着网络用户共同分享有限带宽;另外,购买 Cable-Modem 和初装费也都不算很便宜,这些都阻碍了 Cable-Modem 接入方式在国内的普及。但是,它的市场潜力是很大的,毕竟中国 CATV 网已成为世界第一大有线电视网,其用户已达到 8000 多万。

9. LAN(Local Area Network,局域网)

LAN 方式接入是利用以太网技术,采用光缆+双绞线的方式对社区进行综合布线。具体实施方案是:从社区机房敷设光缆至住户单元楼,楼内布线采用五类双绞线敷设至用户家里,双绞线总长度一般不超过 100 米,用户家里的电脑通过五类跳线接入墙上的五类模块就可以实现上网。社区机房的出口是通过光缆或其他介质接入城域网。

采用 LAN 方式接入可以充分利用小区局域网的资源优势,为居民提供 10M 以上的共享带宽,这比现在拨号上网速度快 180 多倍,并可根据用户的需求升级到 100M 以上。

以太网技术成熟、成本低、结构简单、稳定性、可扩充性好;便于网络升级,同时可实现实时监控、智能化物业管理、小区/大楼/家庭保安、家庭自动化(如远程遥控家电、可视门铃等)、远程抄表等,可提供智能化、信息化的办公与家居环境,满足不同层次的人们对信息化的需求。

6.3 Internet 的应用

6.3.1 WWW 服务

1. WWW 概述

WWW 是 World Wide Web 的简称,译为万维网或全球网,是一种建立在因特网上的全球性的、交互的、动态的、多平台的、分布式的、超文本超媒体信息查询系统。它为用户提供了一个可以轻松驾驭的图形化界面,用户通过它可以查阅 Internet 上的信息资源。

WWW 的信息主要是以 Web 页的形式组织起来的,每个 Web 页都是超文本或超媒体的信息,通过超文本传输协议(HTTP)进行传送。这些 Web 页存放在世界各地的 WWW 服务器上,并用超链接互相关联起来,人们可以通过 WWW 摆脱地域的限制,方便地往返于遍布全球的 WWW 服务器,获取想得到的信息。如今,WWW 的应用已经涉及社会的各个领域,成为 Internet 上最大的信息宝库。

下面介绍几个与 WWW 相关的术语:

(1) 超文本和超链接

超文本不仅包含文本信息,还包含了指向其他网页的链接,这种链接称为超链接。一个超文本文件中可包含多个超链接,这些超链接可分别指向本地或远程服务器上的超文本,使用户可以根据自己的意愿任意移动于不同的网页之间,以跳跃的方式进行阅读。

(2) 超媒体

是超文本的发展,除了具有超文本的特点外,还包含了图像、声音、动画等多媒体信息,极大地丰富了 Web 页的形式和内容。正是多媒体技术在超文本中的应用,使得 WWW 得到了飞速的发展。

(3) 统一资源定位器(URL)

WWW 用统一资源定位器(Uniform Resource Locator,URL)来描述 Web 页的地址和访问它时所使用的协议,Internet 上的每个网页都有一个唯一的 URL 地址。

URL 的格式如下:

协议://IP 地址或域名/路径/文件名

其中协议是服务方式或获取数据的方法,如 http、ftp 等;IP 地址或域名是指存放该资源的服务器的 IP 地址或域名;路径和文件名是指网页在服务器中的具体位置和文件名。

如:http://sports.163.com/special/000525AD/roxroad08.html 就是一个网页的URL,该网页使用 HTTP 协议,在域名为 sports.163.com 的主机上,文件夹 special/000525AD 下的一个 HTML 语言文件 roxroad08.html。

(4) 超文本标记语言(HTML)

HTML 是用来创建 Web 页的一种专用语言,通过特定的标记来定义网页内容在屏幕上的外观和操作方式,如果用户想建立自己的个人主页,就应该了解有关 HTML 的语法结构。

(5) 超文本传输协议(HTTP)

HTTP 是 Web 浏览器与 WWW 服务器之间相互通信的协议,是 WWW 正常工作的基础。在浏览 Web 页时,浏览器通过 HTTP 与 WWW 服务器建立连接并发出请求,WWW 服务器将用户请求的相关网页发送到用户的计算机中,用户就可以浏览精彩的 Web 信息了。

(6) 主页

主页是每个 WWW 站点的起始页,对该站点的其他 Web 页起着导航和索引作用。主页就像书的目录,用来介绍该站点的主要内容,使人们能很方便地了解该站点包含的内容。

(7) 浏览器

浏览器是人们用来连接 WWW 服务器,查找和显示 Web 页并允许用户通过链接在页面跳转的应用软件。浏览器安装在用户机器上,负责与 WWW 服务器的连接、请求和接收、处理数据的全过程。浏览器有很多种,目前常用的有 Microsoft 公司的 Internet Explorer(IE)和 Netscape 公司的 Navigator,都是免费提供使用的。

2. 浏览网页

通过浏览器可以浏览网页,这里以 IE6.0 为例,介绍浏览器的使用方法。

(1) IE 的基本使用方法

IE 安装好以后,会在桌面上建立 IE6.0 的快捷方式,双击该快捷方式可以启动 IE。通过"开始"→"程序"→"Internet Explorer"也可启动 IE。

IE 是一个标准的 Windows 应用程序,其屏幕元素自上到下依次为标题栏、菜单栏、工具栏、地址栏、工作区、状态栏,如图 6-13 所示。

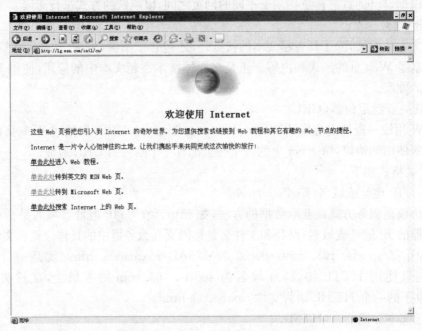

图 6-13 Internet Explorer 6.0 的窗口

① 输入网址

直接在地址栏中输入你想进入的网页(网站)地址,输入完成后敲回车键即开始与该网站建立链接。执行"文件"菜单下的"打开"命令也可以输入网址。

单击地址栏右边的小三角符号,可下拉出以前输入的网址,从中可选择想要进入的网站。

在地址栏中键入地址时,IE 6.0 的"自动完成"功能将在还未完全输入时列出与用户输入字符相符合的以前访问过的地址,可以从中选定所需的地址,而不必输入完整的 URL。

用户可以自行选择是否启用"自动完成"功能,具体方法如下:

选择"工具"菜单的"Internet 选项"命令,打开"Internet 选项"对话框。

选择"高级"选项卡,进入如图 6-14 所示画面。

在"浏览"区域,清除或选中"使用直接插入自动完成功能"复选框以关闭或启用此项功能。

② 前进和后退

前进和后退操作能在同一个 IE 窗口中浏览以前浏览过的网页中任意跳转。

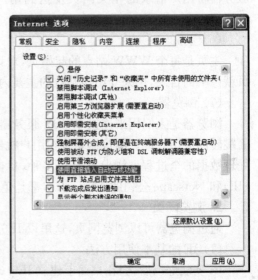

图 6-14 "自动完成"功能的选择

单击工具栏中的"后退"按钮,可以退到上一个浏览过的网页,如果单击"后退"右侧的小三角按钮,会弹出一个下拉列表,罗列出所有以前的网页,可以从列表中直接选择一个,则转到该网页。

如果前面通过"后退"按钮回退过,工具栏的"前进"按钮就可以使用了,否则是灰色的。单击工具栏的"前进"按钮可以前进一个网页。同样地,如果单击"前进"右侧的小三角按钮,会弹出一个下拉列表,罗列出所有访问当前网页后又访问过的网页,可以从列表中直接选择一个,则转到该网页。

③ 中断链接和刷新当前网页

单击工具栏中的"停止"按钮,可以中止当前正在进行的操作,停止和网站服务器的联系。

单击工具栏的"刷新"按钮,浏览器会和服务器重新取得联系,并显示当前网页的内容。

④ 自定义 Internet Explorer 窗口

打开 Internet Explorer,在"查看"菜单中选择"工具栏"子菜单,可以设置工具栏中显示的工具,包括标准按钮、地址栏、链接和自定义等。

执行"自定义"命令,将弹出"自定义工具栏"对话框。如图 6-15 所示,在该对话框中可以根据需要编辑在工具栏中显示的工具,可以将右边窗口(其中为当前窗口中显示的工具)中的工具从工具栏中删除,或将左边窗口(其中为可供选择的工具)中的工具添加到工具栏中显示。

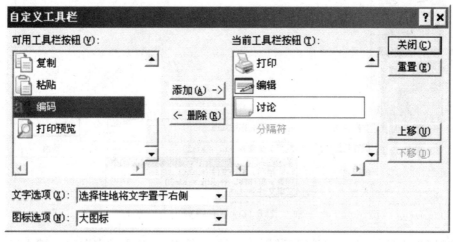

图 6-15 自定义工具栏

⑤ 全屏浏览网页

全屏幕显示可以隐藏掉所有的工具栏、桌面图标以及滚动条和状态栏,以增大页面内容的显示区域。

在"查看"菜单下选择"全屏显示"或单击工具栏上的"全屏"按钮(或按功能键 F11),即可切换到全屏幕页面显示状态。

再次按工具栏上的"全屏"切换按钮(或按功能键 F11),关闭全屏幕显示,切换到原来的浏览器窗口。

⑥ 打开多个浏览窗口

为了提高上网效率,一般应多打开几个浏览窗口,同时浏览不同的网页,可以在等待一个网页的同时浏览其他网页,来回切换浏览窗口,充分利用网络带宽。

选择"文件"菜单中的"新建"项,在弹出的子菜单中选择"窗口",就会打开一个新的浏览器窗口。

在超链接的文字上单击鼠标的右键,在弹出菜单中选择"在新窗口中打开链接"项,IE就会打开一个新的浏览窗口。

(2) 保存网页内容和网址

① 保存浏览器中的当前页

在"文件"菜单上,单击"另存为",弹出如图 6-16 所示对话框。

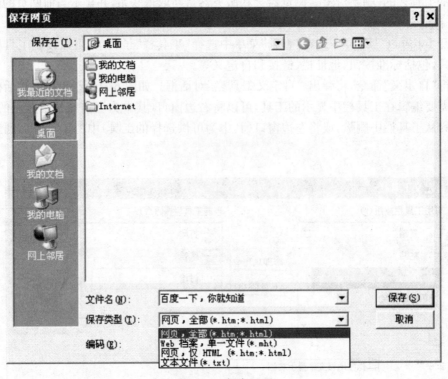

图 6-16　保存网页

在"保存在"框中,选择准备用于保存网页的文件夹。在"文件名"框中,键入该页的名称。在"保存类型"下拉列表中有多种保存类型。

选择一种保存类型,单击"保存"按钮。其中"文本文件(*.txt)"节省存储空间,但只能保存文字信息,不能保存图片等多媒体信息。

保存后的文件可通过 IE 浏览器进行脱机浏览,在 IE 窗口上,选择"文件→打开"命令,单击"浏览"按钮,从文件夹目录中指定所要打开的 Web 页文件。

② 保存超链接指向的网页或图片

如果想直接保存网页中超链接指向的网页或图像,暂不打开并显示,可进行如下操作:

用鼠标右键单击所需项目的链接。

在弹出菜单中选择"目标另存为"项,弹出 Windows 中保存文件的标准对话框。

在"保存文件"对话框中选择准备保存网页的文件夹,在"文件名"框中,键入这一项的名称,然后单击"保存"按钮。

③ 保存网页中的图像、动画

用鼠标右键单击网页中的图像或动画。

在弹出菜单中选择"图片另存为"项,弹出 Windows 中保存图片的标准对话框。

在"保存图片"对话框中选择合适的文件夹,并在"文件名"框中输入图片名称,然后单击"保存"按钮。

④ 设置起始网页

对于几乎每次上网都要光顾的网页,可以直接将它设置为启动 IE 后自动连接的主页。打开 IE"工具"菜单,执行"Internet 选项"命令,打开"Internet 选项"对话框,如图 6-17 所示。

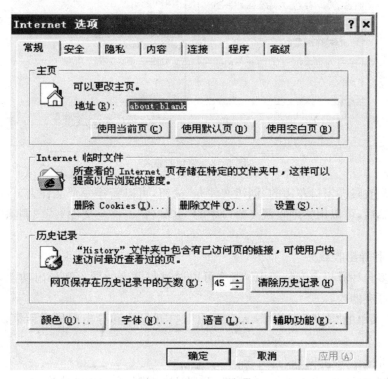

图 6-17　Internet 选项

选择或填入 IE 启动时的主页地址,点击"使用当前页"按钮则可将当前浏览的网页设为主页,也可使用空白页作为主页,还可以恢复系统默认页。

⑤ 使用收藏夹

在 IE 中,可以把经常浏览的网址存储起来,称为"收藏夹"。

进入到要收藏的网页/网站,单击菜单栏中的"收藏",执行"添加到收藏夹"命令,打开"添加到收藏夹"对话框。

在文本框中填入要保存的名称,单击"确定"即可将当前网页收藏到收藏夹中,如果要将网页保存到本地硬盘中便于离线后再阅读,只需选中"允许脱机使用"复选框即可。

⑥ 管理收藏夹

收藏夹和文件夹的组织方式是一致的，也是树形结构。定期地整理收藏夹的内容，保持比较好的树形结构，有利于快速访问。选择"收藏"菜单下的"整理收藏夹"，打开整理收藏夹窗口，如图 6-18 所示。

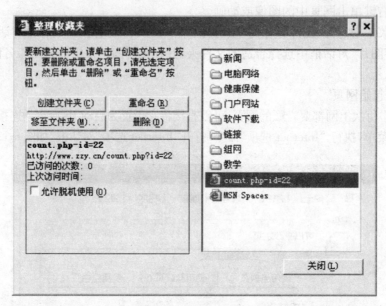

图 6-18　整理收藏夹

单击整理收藏夹窗口左边的"创建文件夹"按钮，可以新建一个文件夹。选中一个文件夹或网址标签后，可以用整理收藏夹窗口中的"重命名"、"移至文件夹"、"删除"按钮完成相应的功能。

⑦ 导入和导出收藏夹

如果在多台计算机上安装了 IE，那么可以通过收藏夹的导入和导出功能，在这些计算机上共享收藏夹的内容。

单击 IE 菜单的"文件"下的"导入和导出"，打开导入和导出向导对话框，按提示操作即可。

⑧ 浏览收藏夹中的网址

选择浏览器的"收藏"菜单，在菜单条下面显示的是收藏夹中的内容，显示的层次方式很像"开始"菜单。选择其中的网址，就会直接转到此网址。

⑨ 添加链接栏

链接栏中的按钮相当于快捷方式，按下后可以直接转到它指向的网页。可以向链接栏中添加一些网址，快速浏览网页。有以下几种方式将链接加入链接栏。

将网页图标从地址栏拖曳到（按下鼠标不放）链接栏，可以将当前网页的地址加入链接栏。将 Web 页中的链接拖到链接栏，可以将网页中的超链接加入链接栏。按下工具栏的"收藏"按钮，显示收藏窗口，将收藏窗口中的链接拖到其中的"链接"文件夹中。

(3) 脱机浏览

① 进入脱机工作方式

在"文件"菜单上,单击"脱机工作",选中其复选标识,进入脱机工作方式。再次选择此菜单选项,就除去了"脱机工作"前的复选标识,结束脱机方式。

② 预订和同步

可以使用预订和同步功能让 IE 按照安排检查收藏夹中的站点是否有新的内容,并可选择在有可用的新内容时通知你,或者自动将更新内容下载到本地硬盘上(例如计算机空闲时)以便以后浏览。

打开要预订的 Web 页;

在"收藏"菜单中,单击"添加到收藏夹";

在添加收藏夹的对话框中,选中"允许脱机使用"复选框,那么就收藏了该 Web 站点;

③ 利用历史记录脱机浏览

除了脱机浏览预订的 Web 站点或页面外,还可以查看存储在"历史记录"文件夹或 c:\windows\Local Settings\Temporary Internet Files 文件夹中的任何 Web 页面。

选中"文件"菜单中的"脱机工作"复选框,进入脱机方式。

单击浏览器工具栏中的"历史"按钮,浏览器的客户区会分成左右两部分,左边是以前访问的主页的地址记录,右边显示的是在左边选中的主页内容,如图 6-19 所示。

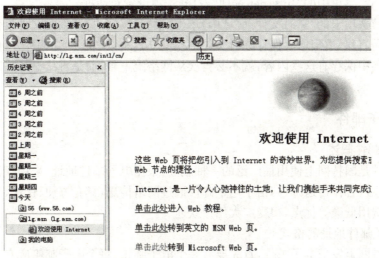

图 6-19 利用历史记录脱机浏览

在"查看"下拉的排列方式中(按日期、按站点、按访问次数、按今天的访问顺序)选中习惯的排列方式。

逐级选中想要浏览的网页。或直接单击左边分窗口中历史记录下面的"搜索",然后输入想要浏览的网址。

④ 脱机查看和管理临时文件

在浏览过程中会将下载的网页内容暂时保存在一个文件夹中,默认为 c:\windows\Local Settings \Temporary Internet Files。

选择"查看"菜单中的"Internet 选项",打开如图 6-17 所示的对话框,选中"常规"选项卡,在该选项卡的中间,是有关临时文件设置的"Internet 临时文件"区域。

如果临时文件积累过多并且不再需要,可单击"删除文件"按钮,清空"Temporary Internet Files"文件夹中的内容。

单击"设置"按钮,打开"设置"对话框,作如下设置:
- 是否检查该文件夹中所存网页的版本和检查方式。
- 通过滑动条或数值框设置临时文件夹所占的磁盘空间大小。
- 单击"移动文件夹"按钮,改变临时文件夹的位置。
- 单击"查看文件"按钮,打开一个资源管理器窗口,显示的是临时文件夹内容,你可以双击其中的内容,用浏览器查看保存的内容,此时,应首先将浏览器设置为脱机工作方式。

(4) 加快浏览速度

① 快速显示网页

选择"查看"菜单中的"Internet 选项",打开"Internet 选项"对话框。

选中"高级"选项卡。

在"多媒体"区域,清除"显示图片"、"播放动画"、"播放视频"和"播放声音"等全部或部分多媒体选项复选框选中标志。这样,在下载和显示主页时,只显示文本内容,而不下载数据量很大的图像、声音、视频等文件,加快了显示速度。

② 快速显示以前浏览过的网页

选择"查看"菜单中的"Internet 选项",打开选项设置对话框。

在"常规"选项卡的"临时文件"区域中,单击"设置"按钮,打开临时文件设置对话框。

将滑块向右移,适当增大保存临时文件的空间。这样,访问一些刚刚访问过的网页,如果临时文件夹中保存有这些内容,就不必再次从网络上下载,而是直接显示临时文件夹中保存的内容。

6.3.2 电子邮件

1. 电子邮件概述

电子邮件是因特网上使用最广泛的一种服务,根据电子邮件地址,采用存储转发的方式由网上多个主机合作传送邮件,由于电子邮件通过网络传送,具有方便、快速、不受地域或时间限制以及费用低廉等优点,很受广大用户欢迎。

(1) 电子邮件地址的格式

要在因特网上发送电子邮件,首先要有一个电子邮箱,每个电子邮箱应有一个唯一可识别的电子邮件地址,只有信箱的主人有权打开信箱,阅读和处理信箱中的邮件。电子邮件地址的格式是:<用户标识>@<主机域名>。地址中间不能有空格或逗号。例:udow@163.com 就是一个电子邮件地址。

电子邮件通过收件人的邮件服务器存放到收件人的信箱里,收件人可以随时打开自己的邮箱收取邮件,而不必和发件人同时打开邮箱来接收邮件。收发邮件都可以随时进行。

(2) 电子邮件的格式

电子邮件都有两个基本部分:信头和信体。信头相当于信封,信体相当于信的内容,如图 6-20 所示。

① 信头

包括以下几项内容:

收件人:收件人的 E-mail 地址。多个收件人地址之间用分号(;)隔开。

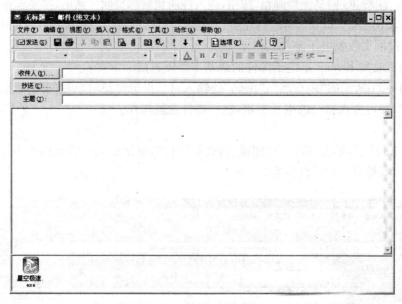

图 6-20　电子邮件格式

抄送：同时可接收到此邮件的其他人的 E-mail 地址。

主题：类似一本书的章节标题，它概括描述信件的内容。

② 信体

信的正文内容，还可以包括附件。

(3) 申请免费邮箱

因特网上的许多网站都提供免费的电子邮箱，用户可以通过申请来使用这些邮箱，下面以"网易"提供的免费邮箱为例，介绍申请的过程。

① 打开浏览器，进入网易主页（www.163.com），单击"免费邮"，可以进入"163 免费邮"页面，如图 6-21 所示。

图 6-21　申请免费邮箱

② 点击"注册 3G 网易免费邮箱"按钮,进入注册免费邮页面。然后,按要求逐一填写各项必要的信息,如用户名、口令等等进行注册。注册成功后,就可以登录邮箱收发电子邮件了。

(2) 通过网页收发电子邮件

通过网页收发 E-mail 是电子邮件的最基本收发方法。

在如图 6-21 所示的"用户名"、"密码"处输入自己申请邮箱时填写的用户名、密码,单击"登录邮箱",即可进入自己的电子邮箱,进行邮件收发操作。

① 收信

如图 6-22 所示,单击"收信"按钮或"收件箱"链接,显示信箱中收到的所有信件列表,单击邮件的主题,即可阅读信件内容。

图 6-22　电子邮箱——收信浏览区

② 发信

电子邮件的发送分为三种情况:发送新邮件、回复邮件和转发邮件。这与手机发送、回复或转发短信息类似。

发送新邮件相当于向其他手机发送新短信息。发短信时需要填写对方手机号码,书写短信内容。发送新邮件需要填好主题和收件人地址,书写邮件内容,单击"发送",完成邮件发送。

回复邮件相当于回复别人给你发送的短信息。手机上收到别人短信时,如需回信,可以直接进行回复操作,回复的号码被手机自动填好。回复邮件过程与之类似,在阅读邮件的窗口中,可以找到"回复邮件"链接(按钮),单击之后,系统自动把原邮件的寄信人地址填在回信的收件人地址处,并在邮件主题前加了"Re"字样,表示回信。

转发邮件相当于转发别人发给你的短信息。手机上收到一条好笑的短信,直接使用转发功能,输入对方手机号码,就可以将短信原样发给其他人。使用转发邮件功能,只需自己填写收件人地址,系统自动在原邮件主题前加"Fw"字样,意为转发,即可将该邮件完整转发于他人。

一般情况下,在电子邮箱页面的明显位置可以找到"写信"链接,用于发送新邮件。在阅读信件的过程中,使用"回复邮件"、"转发邮件"链接(按钮),进行邮件的回复和转发操作。

提示:

一封邮件如需同时发送给多人,可以在收件人地址处,同时填写多人的邮件地址,地址间用逗号","隔开。

邮件中如需发送照片、声音等非文字内容,可以作为邮件附件发送,如图 6-23,使用"添加附件"功能。

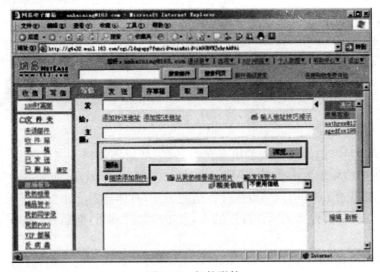

图 6-23　邮件附件

2. Outlook Express 的使用

(1) Outlook Express 功能简介

Outlook Express 提供了方便的信函编辑功能,在信函中可随意加入图片,文件和超级链接,如同在 Word 中编辑一样;多种发信方式,可立即发信,延时发信,信件暂存为草稿等方式;同时管理多个 E-mail 帐号,如果你有多个邮件帐号,可以方便管理;可通过通讯簿存储和检索电子邮件地址;提供信件过滤功能。

① 认识 Outlook Express 窗口

双击桌面上的 Outlook Express 图标,打开 Outlook Express 之后,会出现一个主窗口。如图 6-24 所示。

② 定制 Outlook Express 窗口

打开"查看"下拉式菜单,执行"布局"菜单命令,打开 Outlook Express 窗口布局对话框。

设置 Outlook Express 的布局,其中前面复选框中打勾的为在 Outlook Express 窗口中显示的内容。根据需要进行调整,做出最适合你工作风格的界面来。

(2) Outlook Express 的使用

① 撰写新邮件

打开 Outlook Express,在工具栏上,单击"新邮件"按钮就会弹出新邮件窗口。

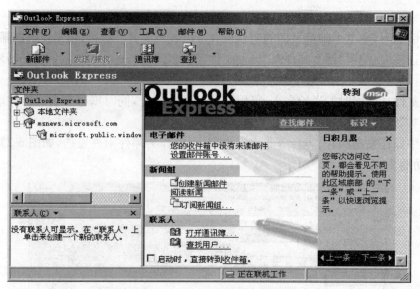

图 6-24 Outlook Express 的主界面

在"收件人"栏中,键入收件人的电子邮件地址,如果需要将一封邮件发送给多个收件人,可以在"抄送"栏中填入多个 E-mail 地址,地址之间用分号隔开,如果不希望多个收件人看到这封邮件都发给了谁,可以采取密件抄送的方式,具体通过点击"抄送"按钮打开"选择姓名"对话框,选择需要设置为密件抄送的人,点击"确定"即可,然后在"主题"框中,键入邮件的标题。

撰写邮件的内容:在主窗口中键入邮件正文,通过工具栏上的撤销、剪切、复制、粘贴等按钮,可以轻松地实现对邮件的编辑工作。

加入附件:还可以将文件插在邮件中发送出去,选择"插入→文件"菜单命令,或直接单击工具栏上的"附件"按钮,打开插入文件对话框,如图 6-25 所示,选择要插入的文件,单击"插入"按钮,在下面的"附件"框中就会出现所附加的文件名,一个邮件中可以添加多个附件。

美化邮件:如果想让邮件更加美观,可以使用 Outlook Express 信纸。信纸包括背景图像、特有的文本字体、想要作为签名添加的各种文本或文件以及名片。创建信纸时,字体设置或信纸图片将被自动添加到所有待发的邮件中,可以选择是将名片或签名添加到所有邮件,还是单个邮件中。使用信纸的方法如下:在"工具"菜单上,单击"信纸",然后在"邮件"选项卡上,选择希望包含在邮件中的信纸元素。如果要将信纸添加到新闻邮件中,就单击"新闻"选项卡。

② 电子邮件的发送

新邮件写好后,单击工具栏上的"发送"按钮将它立即发送出去,如果正在脱机撰写邮件,也可以单击"文件"菜单中的"以后发送",将邮件保存在"发件箱"中。

③ 电子邮件的接收和阅读

打开 Outlook Express,在工具栏上单击"发送和接收",Outlook Express 就开始检查新的电子邮件并将它下载下来。

下载完后,就可以在单独的窗口或预览窗口中阅读邮件。

已经插入的附件

图 6-25 添加附件

如果邮件有附件,可以双击文件附件的图标或者在预览窗中单击邮件标题中的文件附件图标,然后单击文件名,打开一个对话框。如果要保存,可单击"文件"菜单,指向"保存附件",然后单击文件名。

④ 邮件的回复与转发

看完邮件后若需要回复,可点出工具栏中的"答复发件人"或"全部答复"的按钮,弹出复信窗口,这时发件人和收件人的地址都已经由系统自动填好,原信件内容也都显示出来,只需填写好回复的内容后,单击"发送"即可。

转发邮件的方法和回复的方法相似,只需选中要转发的信件,或转发正在阅读的信件,点击"转发"按钮,填写收件人地址,若有多个地址用逗号或分号隔开,若有必要,可在转发的邮件下面撰写附加信息,最后,单击"发送"的按钮,完成转发。

⑤ 邮件的管理

在接收大量邮件时,可以使用 Outlook Express 查找邮件、自动将邮件分拣到不同的文件夹、在邮件服务器上保存邮件或者全部删除。这只需要通过 Outlook Express 的下拉式菜单栏中的编辑菜单,即可轻松实现。

⑥ 查找新闻组

通过新闻服务器搜索新闻组名称中的特定单词,查找感兴趣的新闻组:在文件夹列表中,单击服务器名,然后单击工具栏上的"新闻组"按钮,在"显示包含以下文字的新闻组"框中键入要搜索的内容,就可以查找与键入内容相关的新闻组。一旦找到感兴趣的新闻组,就可以预订这些新闻组,以便于访问。

⑦ 预订新闻组

在添加新闻服务器时,Outlook Express 会提示用户预订该服务器上的新闻组。预订的

好处在于,预订后的新闻组将包含在文件夹列表中,便于访问。可以按照以下方式预订新闻组:

单击文件夹列表窗中的服务器名,然后单击工具栏上的"新闻组"按钮。单击要预订的新闻组,然后单击"预订"即可。

在查看未预订的新闻组时,可单击"工具"菜单,然后单击"新闻组"。在文件夹列表中单击新闻组即可查看预订的新闻组。如果要取消对新闻组的预订,可单击工具栏上的"新闻组"按钮,选择所需的新闻组,然后单击"取消预订该新闻组"即可。

⑧ 投递新闻组邮件

在文件夹列表窗中,选择邮件要投递到的新闻组。

在工具栏上,单击"新邮件"按钮。要将邮件发送到其他的新闻组,可单击"工具"菜单上的"选择新闻组",单击列表中的某个新闻组,然后单击"添加"。

撰写邮件(记住一定要键入邮件的主题,否则无法投递),然后单击工具栏上的"投递邮件"按钮。

⑨ 回复新闻组邮件

在邮件列表中,单击要回复的邮件即可弹出回复新闻组邮件界面,填入内容后确认回复。

(3) 配置邮件帐号

如果没有邮件帐号,就无法使用 Outlook Express 发送和接收邮件。因此,在使用前需要配置邮件。

配置邮件帐号包括用户名、密码、电子邮件地址、POP 3 邮件服务器(邮件接收服务器)地址、SMTP 服务器(邮件发送服务器)地址。

① 添加邮件帐号

如果在 Outlook Express 还没有自己的邮件帐号,就需要添加一个属于自己的邮件帐号。添加步骤如下:

打开 Outlook Express,单击工具菜单下的"帐号",在弹出的"Internet 帐号对话框"中选择"邮件"选项卡。

单击"添加"按钮,在下拉菜单中选择"邮件",如图 6-26 所示。

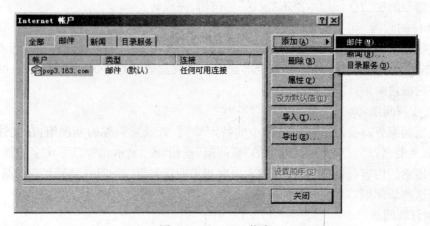

图 6-26　Internet 帐户

在显示姓名后面的文本框中填入姓名,然后单击"下一步"。

在邮件接收服务器下列单中选择邮件接收服务器的类型。然后填好邮件接收、发送服务器,单击"下一步"。

填入密码,单击"下一步",在弹出的对话框中如果显示成功设置了帐号,单击"完成"。图 6-27 显示了大概的过程。

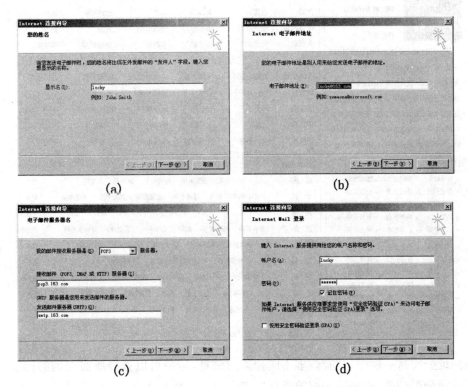

图 6-27 邮件帐户设置向导

② 修改邮件帐号

在 Internet 帐号对话框中选定需要修改的邮件帐号,然后单击"属性"按钮,进入"更改帐号"属性对话框。

在更改帐号属性对话框中可以更改在添加邮件帐号时所填入的所有信息。

在"高级"选项卡中设置服务器端口号、服务器超时时限、当邮件超过多少 KB 时拆分邮件进行发送、邮件副本在服务器中保留的时间等信息。

6.3.3 信息的搜索

因特网上的信息丰富多彩、包罗万象,要在这浩瀚的信息海洋中快速、高效地找到所需要的内容,并不是一件容易的事。对此,出现了许多专门为用户提供信息的分类检索服务的网站,称作"搜索引擎"。像雅虎(www.yahoo.com)和搜狐(www.sohu.com)等。这些搜索引擎极大地方便了用户的信息查询工作。

使用搜索引擎主要有分类列表查询和关键字查询两种方法。

1. 分类列表查询

打开 IE,在地址栏内键入一个门户网站的网址,例如:http://123.sogou.com 后按回车键,就会显示出 sohu 的搜索引擎页面。如图 6-28 所示。

图 6-28 sohu 搜索引擎

在网址分类这一栏中,列有许多不同种类的信息,用户可以选择所需查询的标题,即可进入下一级分类列表,再选择相应的类别后进入再下一级的列表,这样通过层层选择,很快就能找到所需的信息。

2. 关键字查询

使用分类列表查询的优点是操作简单、条理清晰,很适合于初学者使用。但由于搜索引擎对信息的分类和组织方法不尽相同,往往造成检索的效率不高。关键字查询是用户根据所查找的信息,找出其中有代表性的词语作为关键字进行查询,如:要查找浏览器方面的信息,就可以用"浏览器"作为查找的关键字。

(1) 简单查询

关键字的简单查询是在关键字的输入框直接输入所要查询信息的关键字,例如要查找搜索引擎的信息,直接输入"搜索引擎"后,按"搜索"按钮,如图 6-29 所示。结果找到 1,164,263,867 个网页(用时 0.002 秒),并一一列出,单击各项可进行浏览。

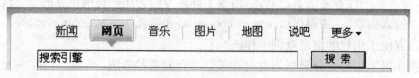

图 6-29 关键字搜索

(2) 进阶查询

使用简单查询可找到大量的信息,但往往在得到的信息中有不少毫不相关的信息,这是因为简单查询对关键字不加任何限制,而查询与其相关的尽可能多的信息,甚至在查询时会将关键字分解成独立的文字,分别查询所有与其匹配的结果,因而返回一些与实际所查询的内容毫无关联的信息。

为了更精确的查找所需信息,搜索引擎提供了关键字的进阶查询方法。

① 使用双引号

在输入关键字时,用双引号括起来,表示只查找与该关键字完全相同的信息。如上图中的关键字加上双引号,结果找到 609,060,397 个网页(用时 0.105 秒),可见减少了不少内容。

② 使用＋、－号

实际查询过程中往往需要同时输入几个关键字,使用＋、－号可以限定这些关键字之间的存在关系。

关键字前加"＋"号表示要求其出现在搜索结果中,关键字前加"－"号表示其不出现在结果中。如:＋WWW－搜索引擎,表示查询除了搜索引擎以外其他关于 WWW 的信息。

③ 指定关键字出现的字段

在关键字前加 t,表示搜索引擎仅在网站名称中查询;在关键字前加 u,表示仅在网页地址(URL)中查询。

6.3.4 因特网上的常用工具

1. 文件下载工具 FlashGet

FlashGet(网际快车)是上因特网上下载文件的工具软件。其主要特点是支持断点续传、多点连接和文件管理功能。断点续传是指掉线后,已经下载的内容仍然存在,下次可以继续下载其余部分,而不需再从头开始;多点连接则可将文件分为几段同时下载以提高下载速度;文件管理功能允许用户建立不限数目的类别,并为每个类别指定单独的文件目录以存储相关文件。下面介绍其使用方法。

(1) FlashGet 的安装

安装程序可以从 www.amazesoft.com/cn/网站或者国内其他网站下载。运行其安装程序即可,无须人工设定。安装完成后,安装程序自动在桌面上建立快捷方式。

(2) FlashGet 的界面设置

启动 FlashGet 后的界面如图 6-30 所示。并在桌面产生一个悬浮窗

① 栏目设置

选择"查看"菜单下的"栏目"命令,打开"栏目"对话框,对任务栏的各列进行增加或删减。如图 6-31 所示。

② 程序设置

选择"工具"菜单下的"选项"命令,打开"选项"对话框,可以对 FlashGet 进行设置。如图 6-32 所示。

(3) FlashGet 的文件管理功能

FlashGet 使用类别对已下载的文件进行管理,可为每种类别指定一个磁盘目录,某种类别的任务下载完成后,所下载的文件将自动保存到对应的磁盘目录中。

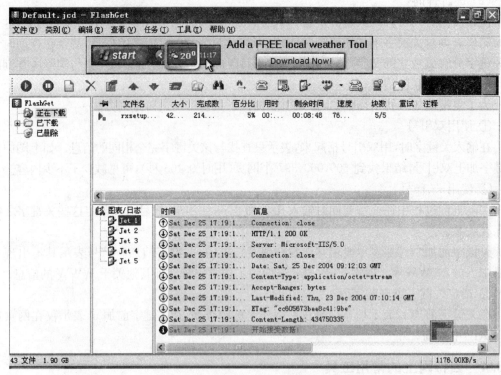

图 6-30 FlashGet 的界面

图 6-31 "栏目"对话框

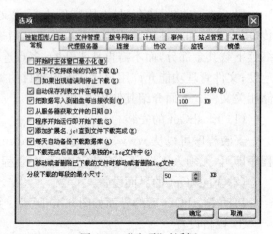

图 6-32 "选项"对话框

缺省状态下，FlashGet 自动建立了"正在下载、已下载、已删除"三个类别，所有未完成的下载任务均放在"正在下载"类别中，所有完成的下载任务均放在"已完成"类别中，所有删除的任务均放在"已删除"类别中，只有从"已删除"类别中删除才被真正删除。

（4）用 FlashGet 下载文件

添加下载任务有以下几种方法：

① 将文件链接拖拽至桌面上的悬浮窗内，在弹出的"添加链接"对话框内设置"选择分类"和"保存路径"，单击"确定"后开始下载。

② 用鼠标选中文件位置链接，将其复制到剪切板中，此时如果快车正在运行，会自动弹出"添加链接"对话框，设置"选择分类"和"保存路径"，单击"确定"后开始下载。

③ 运行快车软件，单击工具栏中的"新建"按钮，在弹出的"添加链接"对话框中，输入文件链接位置并设置"选择分类"和"保存路径"，单击"确定"后开始下载。

④ 使用右键点击文件链接，选择"使用快车（FlashGet）下载"来用网际快车进行下载。

当快车由以上几种方法调起的时候，会弹出新建任务窗口，如图 6-33 所示。

点击确定后，开始下载任务，如图 6-34 所示。

图 6-33　使用 FlashGet 下载文件

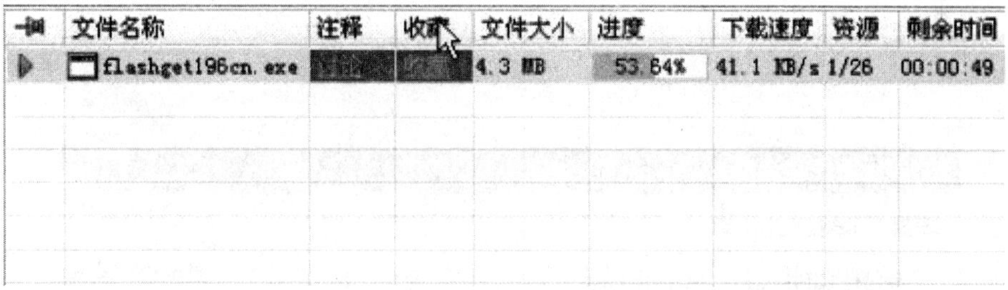

图 6-34　FlashGet 下载任务窗口

2. 文件压缩工具 WinRAR

一个较大的文件经压缩后，产生了另一个较小容量的文件。这个较小容量的文件，就叫压缩文件。目前互联网络上可以下载的文件大多属于压缩文件，文件下载后必须先解压缩才能够使用；另外在使用电子邮件附加文件功能的时候，最好也能事先对附加文件进行压缩处理。这样可以减轻网络的负荷。

目前网络上的压缩的文件格式有很多种，其中常见的有：Zip、RAR 和自解压文件格式 EXE 等。而目前在 Windows 系列系统中，最常用的压缩管理软件有 WinZIP 和 WinRAR 两种。其中，WinRAR 可以解压缩绝大部分压缩文件，WinZIP 则不能解压缩 RAR 格式的压缩文件。下面介绍 WinRAR 的使用方法。

从 www.winrar.com.cn 网站下载最新的 WinRAR 软件到硬盘，双击该软件按提示完成安装。

（1）解压缩文件

右击压缩文件（扩展名为.rar、.zip 等）后选择"解压文件"命令，如图 6-35 所示。

出现如图 6-36 的对话框，设置文件解压缩后存放的路径和相关参数。按"确定"按钮完成解压缩。

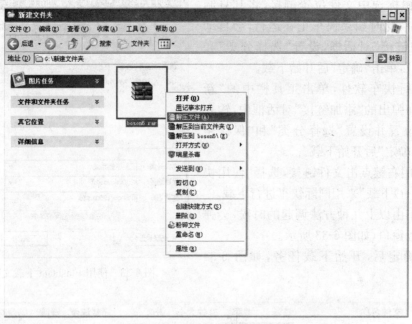

图 6-35 对压缩文件解压缩

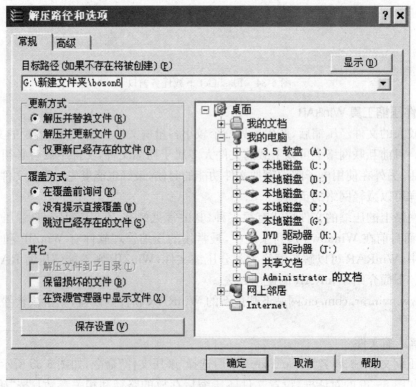

图 6-36 设置解压缩路径和参数

也可双击压缩文件,出现如图 6-37 所示的对话框,点击"解压到"按钮,出现如图 6-35 所示的对话框,设置文件解压缩后存放的路径和相关参数,"确定"后完成解压缩。

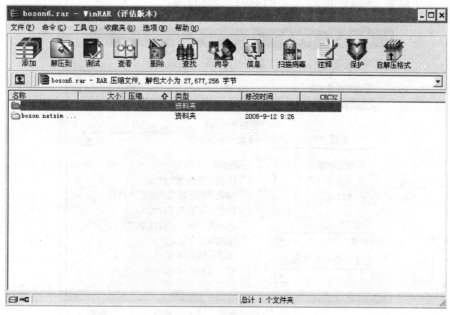

图 6-37 文件解压缩

(2) 制作压缩文件

打开要压缩的文件夹,单击选中要压缩的文件(按着 Ctrl 键可以多选);在选中的文件上点鼠标右键弹出菜单,选择"添加到压缩文件"命令,如图 6-38 所示。

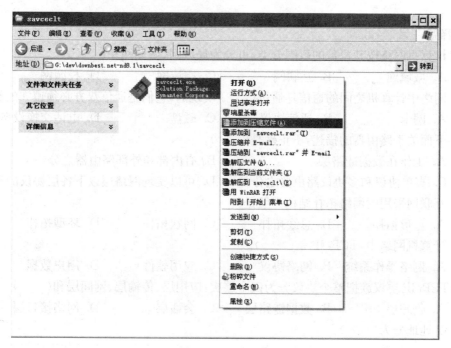

图 6-38 文件压缩

在出现的对话框中确定压缩文件名及压缩文件格式,按"确定"按钮后完成压缩。如图 6-39 所示。

若在图中设置"压缩分卷大小",可以进行分卷压缩。

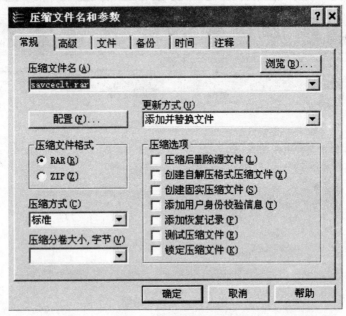

图 6-39　设置压缩参数

习　题　6

一、选择题

1. 计算机网络按其覆盖的范围分类,可分为局域网、城域网和(　　)。
   A. 城域网　　　　B. 互联网　　　　C. 广域网　　　　D. 校园网
2. 网络中计算机之间的通信是通过(　　)实现的,它们是通信双方必须遵守的约定。
   A. 网卡　　　　　B. 通信协议　　　C. 磁盘　　　　　D. 电话交换设备
3. 下面关于路由器的描述,不正确是(　　)。
   A. 工作在数据链路层　　　　　　　B. 有内部和外部路由器之分
   C. 有单协议和多协议路由器之分　　D. 可以实现网络层以下各层协议的转换
4. 互联网采用的网络拓扑结构一般是(　　)。
   A. 星形拓扑　　　B. 总线拓扑　　　C. 网状拓扑　　　D. 环型拓扑
5. 计算机网络中,TCP/IP 是(　　)。
   A. 网络操作系统　B. 网络协议　　　C. 应用软件　　　D. 用户数据
6. TCP/IP 协议族把整个协议分为四个层次:应用层、传输层、网间层和(　　)。
   A. 物理层　　　　B. 数据链路层　　C. 会话层　　　　D. 网络接口层
7. IP 地址分为(　　)。
   A. AB 两类　　　 B. ABC 三类　　　C. ABCD 四类　　 D. ABCDE 五类

8. 因特网上的每台正式计算机用户都有一个独有的(　　)。
   A. E-mail　　　B. 协议　　　C. TCP/IP　　　D. IP 地址
9. 在主机域名中,顶级域名可以代表国家。代表"中国"的顶级域名是(　　)。
   A. CHINA　　　B. ZHONGGUO　　　C. CN　　　D. ZG
10. 依据前三位数码,判别以下哪台主机属于 B 类网络(　　)。
    A. 010……　　　B. 111……　　　C. 110……　　　D. 100……
11. 统一资源定位器的英文缩写是(　　)。
    A. http　　　B. WWW　　　C. URL　　　D. FTP
12. HTML 是指(　　)。
    A. 超文本标记语言　　　B. JAVA 语言
    C. 一种网络传输协议　　　D. 网络操作系统
13. 下面说法中哪一个是错误的:超链点可以是文件中的(　　)。
    A. 一个词　　　B. 一个词组　　　C. 一幅图像　　　D. 一种颜色
14. IE6.0 刚刚访问过的若干 WWW 站点的列表被称之为(　　)。
    A. 历史记录　　　B. 地址簿　　　C. 主页　　　D. 收藏夹
15. IE6.0 收藏夹中存放的是(　　)。
    A. 最近访问过的 WWW 的地址　　　B. 最近下载的 WWW 文档的地址
    C. 用户新增加的 E-mail 地址　　　D. 用户收藏的 WWW 文档的地址
16. 在访问某 WWW 站点时,由于某些原因造成网页未完整显示,可通过单击(　　)按钮重新传输。
    A. 主页　　　B. 停止　　　C. 刷新　　　D. 收藏
17. 在使用 IE6.0 时,用户常常会被询问是否接受一种被称之为"cookie"的东西,cookie 是(　　)。
    A. 一种病毒
    B. 一种小文件,用以记录浏览过程中的信息
    C. 馅饼广告
    D. 在线定购馅饼
18. 单击 IE6.0 工具栏中的"主页"按钮,则会链接到(　　)。
    A. Microsoft 公司的主页　　　B. 回退到当前网页的上个网页
    C. 回退到当前主页的上个主页　　　D. Internet 选项设置中指定的网址
19. 关于 OutLook Express"本地文件夹"功能的描述,不正确的是(　　)。
    A. 用户接受到的电子邮件,将首先存放在"收件箱"文件夹中
    B. 用户已发出的电子邮件,将在"已发送邮件"文件夹中存留副本
    C. "发件箱"文件夹中,存放的是用户待发送电子邮件
    D. 被删除的电子邮件,总要存放在"已删除邮件"文件夹中
20. 电子邮件的发件人利用某些特殊的电子邮件软件,在短时间内不断重复地将电子邮件发送给同一个接收者,这种破坏方式叫做(　　)。
    A. 邮件病毒　　　B. 邮件炸弹　　　C. 特洛伊木马　　　D. 蠕虫

二、思考题

1. 计算机网络由几部分组成？各部分起什么作用？
2. 什么是通信协议？
3. 为什么要用层次化模型来描述计算机网络？比较 OSI/RAM 与 TCP/IP 模型的不同。
4. 什么是网络分段？分段能解决什么网络问题？
5. 说明以太网与令牌环网的工作原理。
6. 指出 IP 地址（202.206.1.31）的网络地址、主机地址和地址类型
7. 什么叫域名系统，为什么要使用域名系统？
8. 常见的网络拓扑结构有几种？
9. 网页如何保存？
10. HTML 是什么单词的缩写，它和网页有什么关系？
11. Internet 临时文件是什么？如何调整？
12. 除了 IE，经常用的浏览器还有哪些？
13. 电子邮件的原理是什么？它能够 24 小时发送吗？
14. 在 E-mail 地址中，"@"表示什么？
15. 电子邮件只能包含文字吗？
16. 用 Outlook Express 收发邮件和登陆到提供邮件服务的网站收发有什么区别？
17. 用 Outlook Express 收发邮件，可以同时给多个地址发吗？
18. 用 Outlook Express 只能管理一个邮件地址的邮件吗？